普通高等教育"十一五"国家级规划教材

·高等学校计算机基础教育教材精选·

多媒体技术及应用
（第2版）

王志强　杜文峰　编著

清华大学出版社
北京

内 容 简 介

本书根据教育部高等学校文科计算机基础教学指导委员会 2011 年公布的《大学计算机教学基本要求》中"多媒体技术及应用课程教学基本要求"和实际教学需要编写,在教材结构、内容取材和编写模式等方面在第 1 版的基础上做了较大的改动。

多媒体系统不仅需要配备一些专用的多媒体板卡和设备,而且还要有算法先进、功能丰富、界面友好的多媒体软件。本书共分为 7 章,第 1 章为多媒体技术概述,第 2 章为音频信息处理和音频编辑软件 Audition,第 3 章为图像信息处理与图像编辑软件 Photoshop,第 4 章为计算机动画设计与制作软件 Flash,第 5 章视频信息处理与视频编辑软件 Premiere,第 6 章为两个主流的多媒体著作工具软件 Authorware 和 Dreamweaver,第 7 章为多媒体应用软件开发实例等,本书配有电子教案。

本书既可作为高等学校非计算机专业多媒体技术基础课程的教材,也可作为计算机专业各层次多媒体技术课程的教材或实验教材,还可作为广大多媒体作品设计者的参考书。

图书在版编目(CIP)数据

多媒体技术及应用/王志强,杜文峰编著. —2 版. —北京:清华大学出版社,2011.6
(高等学校计算机基础教育教材精选)
ISBN 978-7-302-27083-6

Ⅰ. ①多… Ⅱ. ①王… ②杜… Ⅲ. ①多媒体技术-高等学校-教材 Ⅳ. ①TP37

中国版本图书馆 CIP 数据核字(2011)第 204479 号

责任编辑:汪汉友
责任校对:焦丽丽
责任印制:何 芊

出版发行:清华大学出版社　　　　　　　　　地　　址:北京清华大学学研大厦 A 座
　　　　　http://www.tup.com.cn　　　　　邮　　编:100084
　　社　　总　　机:010-62770175　　　　　邮　　购:010-62786544
　　投稿与读者服务:010-62795954,jsjjc@tup.tsinghua.edu.cn
　　质　量　反　馈:010-62772015,zhiliang@tup.tsinghua.edu.cn
印　刷　者:北京密云胶印厂
装　订　者:北京市密云县京文制本装订厂
经　　销:全国新华书店
开　　本:185×260　　　印　张:23　　　字　数:570 千字
版　　次:2011 年 6 月第 2 版　　　印　次:2011 年 6 月第 1 次印刷
印　　数:1～6000
定　　价:36.00 元

产品编号:024153-01

出版说明

高等学校计算机基础教育教材精选在教育部关于高等学校计算机基础教育三层次方案的指导下，我国高等学校的计算机基础教育事业蓬勃发展。经过多年的教学改革与实践，全国很多学校在计算机基础教育这一领域中积累了大量宝贵的经验，取得了许多可喜的成果。

随着科教兴国战略的实施以及社会信息化进程的加快，目前我国的高等教育事业正面临着新的发展机遇，但同时也必须面对新的挑战。这些都对高等学校的计算机基础教育提出了更高的要求。为了适应教学改革的需要，进一步推动我国高等学校计算机基础教育事业的发展，我们在全国各高等学校精心挖掘和遴选了一批经过教学实践检验的优秀的教学成果，编辑出版了这套教材。教材的选题范围涵盖了计算机基础教育的三个层次，包括面向各高校开设的计算机必修课、选修课以及与各类专业相结合的计算机课程。

为了保证出版质量，同时更好地适应教学需求，本套教材将采取开放的体系和滚动出版的方式（即成熟一本、出版一本，并保持不断更新），坚持宁缺毋滥的原则，力求反映我国高等学校计算机基础教育的最新成果，使本套丛书无论在技术质量上还是文字质量上均成为真正的"精选"。

清华大学出版社一直致力于计算机教育用书的出版工作，在计算机基础教育领域出版了许多优秀的教材。本套教材的出版将进一步丰富和扩大我社在这一领域的选题范围、层次和深度，以适应高校计算机基础教育课程层次化、多样化的趋势，从而更好地满足各学校由于条件、师资和生源水平、专业领域等的差异而产生的不同需求。我们热切期望全国广大教师能够积极参与到本套丛书的编写工作中来，把自己的教学成果与全国的同行们分享；同时也欢迎广大读者对本套教材提出宝贵意见，以便我们改进工作，为读者提供更好的服务。

第 2 版前言

新编第 2 版根据教育部高等学校文科计算机基础教学指导委员会 2011 年公布的《大学计算机教学基本要求》中"多媒体技术及应用课程教学基本要求"和实际的教学需要，在教材结构、内容取材和编写模式等方面做了较大的改动。

随着多媒体技术的飞速发展，特别是应用软件不断升级，第 1 版的部分内容已有些落后。经过近一段时间的努力，现已完成第 2 版。第 2 版的第 1～4 章由王志强编写，第 5～7 章由杜文峰编写，最后由王志强教授统稿。许多同志特别是我们所带的研究生，在本书的写作过程中给予很多帮助，在此表示衷心的感谢！

多媒体技术是一门综合性很强的技术，不仅涉及的知识面广，而且技术发展迅速。限于作者的水平和能力，书中难免存在不足之处，敬请广大读者批评指正。

编　者

2011 年 4 月

于深圳大学

目录

第 1 章 多媒体技术概述 1
  1.1 多媒体技术发展史 1
  1.2 多媒体的基本概念 2
    1.2.1 媒体及其分类 2
    1.2.2 多媒体定义 3
    1.2.3 多媒体元素 4
    1.2.4 多媒体技术 4
  1.3 多媒体系统的组成 5
    1.3.1 多媒体系统的层次结构 5
    1.3.2 多媒体系统的基本组成 6
    1.3.3 多媒体存储设备 9
  1.4 多媒体技术的研究内容 14
    1.4.1 多媒体数据压缩技术 14
    1.4.2 多媒体专用芯片技术 15
    1.4.3 多媒体硬件和软件平台 15
    1.4.4 多媒体数据库与检索技术 15
    1.4.5 多媒体网络与通信技术 16
    1.4.6 多媒体信息安全 16
    1.4.7 虚拟现实技术 17
  1.5 多媒体技术的应用领域 17
    1.5.1 教育与培训 17
    1.5.2 出版与图书 18
    1.5.3 商业与咨询 18
    1.5.4 通信与网络 19
    1.5.5 军事与娱乐 19
  本章小结 19
  习题 1 20

第 2 章 数字音频技术 23
  2.1 数字音频基础 23
    2.1.1 声音的基本概念 23

  2.1.2 声音的数字化 24

  2.1.3 音频的文件格式 25

  2.1.4 音频的采集与处理 27

 2.2 数字音频压缩标准 28

  2.2.1 音频压缩方法概述 28

  2.2.2 音频压缩技术标准 29

  2.2.3 音频压缩工具软件 30

 2.3 声卡与电声设备 31

  2.3.1 声卡 31

  2.3.2 传声器 33

  2.3.3 扬声器 36

  2.3.4 音箱 37

 2.4 MIDI 与音乐合成 39

  2.4.1 MIDI 技术概述 39

  2.4.2 MIDI 合成方式 39

  2.4.3 MIDI 的工作过程 40

  2.4.4 计算机音乐系统 40

  2.4.5 音乐软件的分类 41

 2.5 音频编辑软件 42

  2.5.1 Audition 概述 42

  2.5.2 音频的基本操作 46

  2.5.3 多轨音频的制作 49

  2.5.4 环绕声场的制作 51

  2.5.5 CD 音乐的刻录 53

 2.6 语音识别技术 54

  2.6.1 语音识别的发展历史 54

  2.6.2 语音识别的基本原理 54

  2.6.3 语音识别系统的分类 55

  2.6.4 语音识别软件 55

  2.6.5 文本—语音转换技术 57

 本章小结 58

 习题 2 58

第 3 章 图形与图像处理 61

 3.1 图形与图像概述 61

  3.1.1 光和颜色 61

  3.1.2 图形与图像 64

  3.1.3 图像的数字化 65

  3.1.4 图像的文件格式 67

3.2　静止图像压缩标准 68
　3.2.1　图像压缩方法概述 68
　3.2.2　JPEG 图像压缩标准 71
　3.2.3　JPEG 图像压缩工具 73
3.3　显示设备与扫描仪 76
　3.3.1　显示设备 76
　3.3.2　扫描仪 82
3.4　图像处理软件 85
　3.4.1　Photoshop 概述 85
　3.4.2　图像的基本操作 89
　3.4.3　图层的应用 109
　3.4.4　通道与蒙版 114
　3.4.5　路径与矢量图 119
　3.4.6　典型滤镜效果 124
本章小结 131
习题 3 132

第 4 章　计算机动画技术 135
4.1　计算机动画概述 135
　4.1.1　什么是计算机动画 135
　4.1.2　计算机动画的分类 135
　4.1.3　计算机动画的应用 137
　4.1.4　计算机动画的制作环境 139
4.2　计算机动画的设计方法 140
　4.2.1　计算机动画创意 140
　4.2.2　动画动作的设计 141
　4.2.3　影视片头的设计 145
4.3　矢量动画制作软件 146
　4.3.1　Flash 概述 147
　4.3.2　Flash 的基本操作 150
　4.3.3　基本动画制作 155
　4.3.4　元件与库资源 159
　4.3.5　声音与视频 161
　4.3.6　ActionScript 应用 163
　4.3.7　综合应用实例 169
本章小结 172
习题 4 173

第 5 章　数字视频技术 175

  5.1　数字视频基础 175

    5.1.1　视频的基本概念 175

    5.1.2　视频的数字化 176

    5.1.3　视频文件格式 178

    5.1.4　视频的采集与处理 180

  5.2　运动图像压缩技术 180

    5.2.1　视频压缩的基本原理 180

    5.2.2　MPEG 视频压缩标准 181

    5.2.3　视频转换压缩工具 184

  5.3　摄像头与数字摄像机 186

    5.3.1　数字摄像头 186

    5.3.2　数字摄像机 189

  5.4　视频编辑软件 193

    5.4.1　Premiere 概述 193

    5.4.2　视频转场效果 202

    5.4.3　音频转场效果 206

    5.4.4　视频效果 206

    5.4.5　音频效果 211

    5.4.6　视频制作过程 211

    5.4.7　字幕与标题 213

  5.5　视频光盘制作 218

    5.5.1　光盘制作系统 218

    5.5.2　VCD 与 DVD 制作软件 219

  本章小结 231

  习题 5 231

第 6 章　多媒体著作工具 234

  6.1　多媒体著作工具概述 234

  6.2　多媒体著作工具的类型 235

  6.3　多媒体著作工具的评价和选择 236

    6.3.1　多媒体著作工具的评价 236

    6.3.2　多媒体著作工具的选择 237

  6.4　基于图标的多媒体著作工具 238

    6.4.1　Authorware 概述 238

    6.4.2　图标的使用 241

    6.4.3　多媒体素材管理 253

    6.4.4　文字对象处理 254

    6.4.5　多媒体对象应用 256

　　　　6.4.6　多媒体程序交互 259
　　　　6.4.7　发布与打包 260
　　6.5　基于页的多媒体著作工具 261
　　　　6.5.1　Dreamweaver 概述 261
　　　　6.5.2　站点规划 267
　　　　6.5.3　多媒体网页创作 274
　　　　6.5.4　创建用户交互性 291
　　　　6.5.5　网页内容布局 295
　　　　6.5.6　多媒体网页发布 300
　　本章小结 302
　　习题 6 302

第 7 章　多媒体软件开发技术 305
　　7.1　多媒体软件工程概述 305
　　　　7.1.1　软件生命周期 305
　　　　7.1.2　瀑布模型 306
　　　　7.1.3　快速原型模型 306
　　　　7.1.4　螺旋模型 307
　　　　7.1.5　面向对象开发方法 307
　　7.2　多媒体软件的开发过程 308
　　　　7.2.1　多媒体软件的开发人员 308
　　　　7.2.2　多媒体软件的开发阶段 309
　　7.3　多媒体软件的界面设计 311
　　　　7.3.1　用户界面的特性 311
　　　　7.3.2　屏幕设计的原则 311
　　7.4　多媒体软件的美学原则 312
　　　　7.4.1　多媒体软件的色彩 312
　　　　7.4.2　多媒体软件的画面构成 313
　　7.5　开发案例 1　多媒体交互课件制作 315
　　　　7.5.1　需求分析 315
　　　　7.5.2　脚本设计 315
　　　　7.5.3　素材准备和制作 315
　　　　7.5.4　编码集成 316
　　　　7.5.5　系统测试 322
　　　　7.5.6　使用与维护 324
　　7.6　开发案例 2　多媒体网站建设 324
　　　　7.6.1　需求分析 324
　　　　7.6.2　脚本设计 324
　　　　7.6.3　素材准备和制作 326

　　　　7.6.4　编码集成 329
　　　　7.6.5　系统测试 342
　　　　7.6.6　使用与维护 342
　　本章小结 342
　　习题 7 342

附录 A　实验指导 345
　　实验 1　声音采集与处理 345
　　实验 2　图像获取与处理 346
　　实验 3　计算机动画制作 346
　　实验 4　视频采集与编辑 348
　　实验 5　多媒体著作工具软件 349
　　实验 6　多媒体网页制作工具 350
　　实验 7　图文声像的整合 350

附录 B　习题答案 352

多媒体技术及应用（第 2 版）

第 1 章　多媒体技术概述

多媒体技术是一种发展迅速的综合性电子信息技术，它给传统的计算机系统、音频和视频设备带来了方向性的变革，对大众传播媒介产生了深远影响。多媒体技术的发展与进步将加速社会各个方面的进程，给人们的工作、生活和娱乐带来深刻的变化。那么，多媒体技术究竟是一种什么样的技术？如何应用多媒体技术？如何借助于多媒体创作工具来制作多媒体应用软件？这正是本书所要讨论的内容。

本章简要介绍多媒体技术的发展历史、基本概念、层次结构、基本组成以及多媒体存储设备，最后介绍了多媒体技术的主要研究内容及其应用领域。

1.1　多媒体技术发展史

多媒体技术的发展始于 20 世纪 80 年代初期。到 1984 年，美国 Apple 公司推出被认为是代表多媒体技术兴起的 Macintosh 计算机，该计算机使用 Motorola 公司的 M68000 为 CPU，引入了位映射（Bitmap）的概念来对图形进行处理，使用窗口（Window）和图标（Icon）作为用户界面，并将鼠标（Mouse）作为交互设备，从而使得人机对话变得简单、直观和形象。

1985 年，美国 Commodore 公司将世界上第一台多媒体计算机系统 Amiga 展现在世人面前。它也是采用 Motorola 公司的 M68000 系列微处理器，采用自行设计的专用芯片，即图形处理芯片 Agnus 8370、音频处理芯片 Paula 8364 和视频处理芯片 Denise 8362，因此具有动画、音响和视频等功能。Commodore 公司还提供一个多任务 Amige 操作系统，具备下拉式菜单、多窗口、图标以及对图形、声音和视频信息处理等功能。

1986 年，荷兰 Philips 公司和日本 Sony 公司联合推出了交互式紧凑光盘系统（Compact Disc Interactive，CD-I），该系统将计算机软件和多媒体的图、文、声、像信息以数字化形式存放在 CD-ROM 光盘上，实现了人机交互操作，主要用于培训、教育和家庭娱乐等方面。为了便于计算机之间的通信，它们还公布了 CD-ROM 光盘的文件格式。到 1989 年，经过补充形成了 CD-ROM/XA 国际标准。

1987 年，美国 RCA（无线电）公司推出了交互式数字视频系统（Digital Video Interactive，DVI），它以计算机技术为基础，可以对存储在光盘上的静态图像、活动图像、声音和其他数据进行检索与重放。后由美国 Intel 公司和 IBM 公司联合将 DVI 技术发展成为多媒体开发平台 Action Media 750，该平台的硬件系统由音频板、视频板和多功能板组成，软件是基于 DOS 的音频视频支撑系统（Audio Video Support System，AVSS）。1991 年，它们又推出了改进型的 Action Media 750 Ⅱ，其硬件部分由采集板和用户板组成，软件采用基于 Windows 的音频视频内核（Audio Video Kernel，AVK）。

随着多媒体技术的快速发展，特别是多媒体技术向产业化发展，1990 年 11 月，在美国 Microsoft 公司主持下，Philips、NEC 等 14 家著名厂商共同组成了多媒体个人计算机市场协会（Multimedia Personal Computer Marketing Council）。该协会的主要任务是对计算机的多媒体技术进行规范化管理和制定相应的标准。1991 年多媒体个人计算机市场协会提出 MPC 1.0 标准，该标准对计算机增加多媒体功能所需的软硬件规定了最低标准和量化指标等，它为计算机整机、外设制造商、软件商提供了共同遵循的标准，促进了多媒体计算机及其软件的发展。

1993 年 5 月，多媒体个人计算机市场协会公布了 MPC 2.0 标准。该标准根据当时计算机硬件和软件的发展状况对 MPC 1.0 标准做出较大的调整和修改，尤其对声音、图像、动画和视频的播放等方面作了新的规定。此后，多媒体个人计算机市场协会演变成多媒体个人计算机工作组（Multimedia PC Working Group）。

1995 年 6 月，多媒体个人计算机工作组公布了 MPC 3.0 标准。该标准为适合多媒体个人计算机的发展，又提高了软硬件的技术指标。尤其是 MPC 3.0 标准采用了 MPEG 视频压缩技术，使视频播放更加成熟和规范化。同年，由美国 Microsoft 公司开发的 Windows 95 操作系统问世，使多媒体计算机的用户界面更加容易操作，功能更为强大。

1997 年 1 月，美国 Intel 公司推出了具有 MMX（MultiMedia eXtension）技术的奔腾处理器（Pentium processor with MMX）。MMX 技术是在 CPU 中加入了为视频信号、音频信号以及图像处理而设计的 57 条指令，因此 MMX CPU 极大地提高了个人计算机的多媒体处理功能。目前，多媒体个人计算机的配置已经远远高于 MPC 3.0 标准，无论是硬件还是软件其功能更为强大。多媒体功能已成为个人计算机的基本功能，因此可以说个人计算机已步入多媒体时代。

多媒体技术之所以能如此迅速的发展，主要有两个原因。

（1）多媒体技术使计算机适应了人们实际使用的习惯。在计算机发展初期，人们是用数值这种媒体承载信息，也就是用"0"、"1"两种符号表示信息，使用计算机非常不便，只能局限于少数计算机专业人员使用。20 世纪 50 年代出现了高级语言，可以使用英文文字作为信息载体，使用计算机就容易得多，计算机的应用扩大到一般的科技人员。到了 20 世纪 80 年代，人们开始研究适应人类日常交往的多媒体信息（如声音、图形和图像）作为信息媒体，使用计算机就更为直观和方便，因此计算机的应用便普及到普通公众范围，使人们进入一个有声有色的多媒体计算机世界。

（2）计算机技术的高速发展为多媒体技术的发展奠定坚实基础。近年来，超大规模集成电路的密度和速度的大幅发展，极大地提高了计算机的处理能力；各种专用芯片技术和并行处理技术的发展，为视频、音频信号的处理创造了条件；压缩和解压缩技术及其各种压缩芯片的发展，进一步为存储与传输视频和音频奠定了基础；作为多媒体信息主要存储载体的光盘在容量和速度上也获得了长足的发展，使单位存储成本大幅下降。

1.2　多媒体的基本概念

1.2.1　媒体及其分类

1. 媒体的含义

在现代社会中，信息的表现形式是多种多样的，这些表现形式称为媒体（Media）。传统的媒体，如报纸、杂志、广播、电影和电视等，都是以各自的媒体形式进行传播。在计算机领域中，媒体具有两种含义：一是表示信息的逻辑载体，如文本（Text）、音频（Audio）、图形（Graphic）、图像（Image）、动画（Animation）和视频（Video）等；二是存储信息的实际载体，如纸张、磁盘、光盘和录像带等。

2. 媒体的分类

现代科技的发展大大方便了人们之间的交流和沟通，也给媒体赋予许多新的内涵。根据国际电信联盟电信标准局 ITU-T（原国际电报电话咨询委员会 CCITT）的建议，媒体可分为下列五大类。

（1）感觉媒体（Perception Medium）。感觉媒体是指能直接作用于人的感官，使人能产生感觉的一类媒体，如视觉、听觉、触觉、嗅觉和味觉等形式。

（2）表示媒体（Representation Medium）。表示媒体是为了表达、处理和传输感觉媒体而人为构造的一种媒体，是信息的保存和表示形式，包括各种信息的编码方式，如文本编码、音频编码和图像编码等。借助于表示媒体，可以方便地将感觉媒体从一个地方传输到遥远的另一个地方。

（3）显示媒体（Presentation Medium）。显示媒体是指感觉媒体与用于通信的电信号之间的转换媒体，是用于表达信息的物理设备，它主要包括输入设备和输出设备。输入设备指用于将感觉媒体转换为表示媒体，如键盘、话筒和扫描仪等；输出设备指用于将表示媒体转换为感觉媒体，如显示器、打印机和音箱等。

（4）存储媒体（Storage Medium）。存储媒体是用于存放表示媒体的物理载体，以便计算机可以随时调用和处理存放在存储媒体中的信息编码，如磁盘、光盘和磁带等。

（5）传输媒体（Transmission Medium）。传输媒体是用于来将媒体从一处传送到另一处的物理载体，如双绞线、同轴电缆、光纤和无线传输介质等。

媒体也可以根据与时间的关系进行分类，它包括静态媒体和动态媒体。静态媒体是指信息的再现与时间无关，如文本、图形和图像等。动态媒体是指具有隐含的时间关系，其播放速度将影响所含信息的再现，如音频、动画和视频等。动态（连续）媒体的引入对传统的计算机系统、通信系统和分布式系统提出了更高的要求。

1.2.2　多媒体定义

多媒体一词译自英文单词 Multimedia，该词是由 Multiple（多样的、复合的）和 Medium（媒体、媒介物）复合而成，其对应词是单媒体 Monomedia。从字面上看，多媒体是由单媒体复合而成的。人们在信息交流中要使用各种信息载体，多媒体就是指两种或两种以上信息载体的表现形式和传递方式。

在计算机领域中，通常所指的多媒体就是对表示媒体（即文本、音频、图形、图像、动画和视频等）进行综合。所谓多媒体是指能融合两种或两种以上表示媒体的一种人机交互式信息交流和传播的媒体。

多媒体的实质是将自然形式存在的各种媒体数字化，然后利用计算机对这些数字信息进行加工或处理，以一种友好的方式呈现给用户。人们在日常交流时，可以用文字、声音、图形、图像、手势和体态进行信息传递，也可以通过触觉、嗅觉和味觉来感受外界信息，因此从某种意义上来说，人是一种多媒体信息处理系统。

研究资料表明，人类感知信息的第一个途径是视觉，通过视觉可以从外部世界获取83%左右的信息；其次是听觉，通过听觉可以从外部世界获取11%左右的信息；第3个途径是触觉（1.5%）、嗅觉（3.5%）和味觉（1%），它们合起来能获取的信息量约占6%。目前，多媒体只利用了人的视觉和听觉，虚拟现实中用到了触觉（如数据手套、数据衣服等）和嗅觉（如电子鼻等），而味觉尚未集成进来。随着多媒体技术的发展，多媒体的定义和范围将会得到进一步扩展。

1.2.3　多媒体元素

多媒体元素是指多媒体应用系统中可以呈现给用户的媒体组成，主要包括文本、音频、图形、图像、动画和视频等，如表1-1所示。

表1-1　常见的多媒体元素

名称	说　明
文本	各种文字，包括各种字体、字号、格式及色彩的文本
音频	包括波形声音、语音、音乐以及各种音响效果
图形	由外部轮廓线条构成的矢量图
图像	由像素点阵组成的实际画面
动画	借助于计算机生成一系列连续画面来显示运动和变化的过程
视频	由一幅幅单独的画面序列组成，这些画面以一定的速率播放产生连续影像效果

1.2.4　多媒体技术

所谓多媒体技术就是将文本、音频、图形、图像、动画和视频等多种媒体信息通过计算机进行数字化采集、编码、存储、传输、处理和再现等，使多种媒体信息建立逻辑连接，并集成一个具有交互性的系统。简而言之，多媒体技术就是利用计算机综合处理图、文、声、像等信息的技术。

从研究和发展的角度来看，多媒体技术具有以下特征。

（1）多样性。信息媒体的多样性使得多媒体技术具备多样性。多媒体技术就是要把计算机处理的信息多样化或多维化，使之在信息交互的过程中，具有更加广阔和自由的空间。通过对多维化信息进行捕获、变换、组合和回放，可以大大丰富信息的表现力。

（2）集成性。不仅指多媒体设备的集成，也包括多媒体信息集成或表现集成。即将多媒体信息进行技术集成和功能集成，实现图、文、声、像一体化。

（3）交互性。用户可以与计算机的多种信息媒体进行交互操作，从而为用户提供有效的控制和使用信息的手段。交互可以增加对信息的注意力和理解力，延长信息的保留时间。

从数据库中检索出用户需要的文字、照片和声音资料，是多媒体交互性的初级应用；通过交互特征使用户介入到信息过程中，则是交互应用的中级阶段；当用户完全进入到一个与信息环境一体化的虚拟信息空间遨游时，才达到了交互应用的高级阶段。

（4）实时性。在多媒体系统中，音频、动画和视频等媒体是与时间密切相关的，多媒体技术必然要提供对这些时基媒体的实时处理能力。例如，在视频会议系统中传输的声音和图像都应尽量避免延时、断续或停顿等。

总之，多媒体技术是一种基于计算机的综合技术，它包括信息处理技术、音频和视频技术、计算机硬件和软件技术、图像压缩技术、人工智能和模式识别技术、通信和网络技术等。或者说，多媒体技术是以计算机为中心，把视听技术、通信技术等集成在一起的高新技术。具有这种功能的计算机称为多媒体计算机。

1.3   多媒体系统的组成

多媒体系统是指能对文本、音频、图形、图像、动画和视频等多媒体信息进行逻辑互连、获取、编辑、存储和播放的一个具有交互性的计算机系统。由于多媒体系统能灵活地调度和使用多种媒体信息，使之与硬件协调地工作，因此，多媒体系统是一种硬件和软件相结合的复杂系统。

1.3.1   多媒体系统的层次结构

多媒体系统的层次结构如图 1-1 所示，该结构与常用的计算机系统的结构原则上是相通的，它主要包括以下几层。

第 1 层（最底层）是多媒体硬件系统，它是多媒体系统的硬件设备。除了一般 PC 的硬件外，还有各种媒体控制板卡及其输入输出设备，其中包括多媒体实时压缩和解压缩卡。由于实时性要求高，有些板卡使用以专用集成电路为核心的硬件来实现。

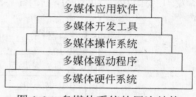

图 1-1   多媒体系统的层次结构

第 2 层是多媒体驱动程序，它直接用来控制和管理多媒体硬件，并完成设备的初始化、设备的启动和停止、设备的各种操作、基于硬件的压缩/解压缩、图像快速变换以及功能调用等。一种多媒体硬件需要相应的驱动程序，它通常随多媒体硬件产品一起提供。

第 3 层是多媒体操作系统，又称多媒体核心系统（Multimedia Kernel System）。它除了一般操作系统的功能外，应具有实时任务调度、多媒体数据转换和同步控制机制、对多媒体设备的驱动和控制以及具有图形和声像功能的用户接口等。根据多媒体系统的用途，多媒体操作系统的设计方法有两种。

（1）专用多媒体操作系统。它们通常是配置在一些公司推出的专用多媒体计算机系统上，如 Commodore 公司的 Amiga 多媒体系统上配置的 Amiga DOS 系统，在 Philips 和 Sony 公司的 CD-I 多媒体系统上配置的 CD-RTOS（Real Time Operating System）等。

（2）通用多媒体操作系统。随着计算机技术的发展，越来越多的计算机具备了多媒体功能，因此通用多媒体操作系统就应运而生。早期的通用多媒体操作系统是美国 Apple 公司为其著名的 Macintosh 机配置的操作系统，目前流行的通用多媒体操作系统是美国 Microsoft 公司的 Windows 系列操作系统（包括 Windows 95/98/ME/NT/2000/XP/Vista/7）。

第 4 层是多媒体开发工具，它主要用于开发多媒体应用的工具软件，其内容丰富、种类繁多，通常包括多媒体素材制作工具、多媒体著作工具和多媒体编程语言 3 种。开发人员可以选用适应自己的开发工具，制作出绚丽多彩的多媒体应用软件。

第 5 层（最顶层）是多媒体应用软件，这类软件与用户有直接接口，用户只要根据多媒体应用软件所给出的操作命令，通过简单的操作便可使用这些应用软件。

1.3.2 多媒体系统的基本组成

多媒体系统是一种复杂的硬件和软件有机结合的综合系统。它把多媒体与计算机系统融合起来，并由计算机系统对各种媒体进行数字化处理。多媒体系统由多媒体硬件和多媒体软件两大部分组成，如图1-2所示。

图1-2 多媒体系统的基本组成

1. 多媒体硬件

多媒体硬件系统是由计算机主机以及可以接收和播放多媒体信息的各种多媒体外部设备及其接口板卡组成的，如图1-3所示。

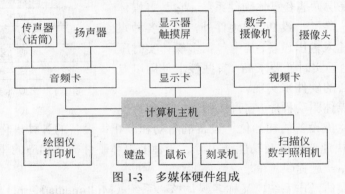

图1-3 多媒体硬件组成

（1）计算机。多媒体计算机可以是MPC，也可以是图形工作站。

MPC是目前市场上最流行的多媒体计算机系统，通常可以通过两种途径获取：一是直接购买厂家生产的MPC；二是在原有的PC基础上增加多媒体套件升级为MPC，升级套件主要有音频卡、光盘驱动器等，再安装其驱动程序和软件支撑环境即可使用。由于多媒体计算机要求有较高的处理速度和较大的主存空间，因此MPC既要有功能强、运算速度高的CPU，又要有较大的内存空间。另外，高分辨率的显示接口也是必不可少的。

图形工作站是一种从事图形、图像、动画与视频工作的高档专用计算机的总称。其特点是：整体运算速度高、存储容量大、具有较强的图形处理能力、支持TCP/IP网络传输协议以及拥有大量科学计算或工程设计软件包等。如美国SGI公司研制的SGI Indigo多媒体工作站，它能够同步进行三维图形、静止图像、动画、视频和音频等多媒体操作和应用。它与MPC的区别在于，不是采用在主机上增加多媒体板卡的办法来获得视频和音频功能，而是从总体设计上采用先进的均衡体系结构，使系统的硬件和软件相互协调工作，各自发挥最大效能，满足较高层次的多媒体应用需求。

（2）多媒体板卡。多媒体板卡是根据多媒体系统获取或处理各种媒体信息的需要插接在计算机上，以解决多媒体输入和输出问题。多媒体板卡是建立多媒体应用工作环境必不可少的硬件设备。常见的多媒体板卡有显示卡、音频卡和视频卡等。

显示卡又称显示适配器，它是计算机主机与显示器之间的接口，用于将主机中的数字信号转换成图像信号并在显示器上显示出来。

音频卡又称声卡，它可以用来录制、编辑和回放数字音频文件，控制各声源的音量并加以混合，在记录和回放数字音频文件时进行压缩和解压缩，采用语音合成技术让计算机朗读文本，具有初步的语音识别功能，另外还有 MIDI 接口以及输出功率放大等功能。

视频卡是一种基于 PC 的多媒体视频信号处理平台，它可以汇集多路模拟视频源的信号，经过捕获、压缩、存储、编辑和特技制作等，产生非常亮丽的视频画面。

（3）多媒体外部设备。多媒体外部设备十分丰富，工作方式一般为输入或输出。常用的多媒体外部设备有光盘刻录机、扫描仪、数字照相机、摄像头、数字摄像机、触摸屏、传声器（俗称麦克风或话筒）、扬声器和绘图仪等，如图 1-4 所示。

图 1-4　典型的多媒体外部设备

刻录机是一种向光盘写入数据的光驱，同时具备读和写的功能。刻录机分为 CD 刻录机、COMBO 和 DVD 刻录机，其中 COMBO 是 CD 刻录机和 DVD-ROM 的技术集成。由于光盘具有大容量、每兆字节成本极低、记录可靠等优点，刻录机的应用越来越广。

扫描仪是一种静态图像采集设备。它内部有一套光电转换系统，可以把各种图片信息转换成数字图像数据，并传送给计算机。如果再配上文字识别 OCR 软件，则扫描仪可以快速地把各种文稿录入到计算机中。

数字照相机是利用电荷耦合器件（Charge Coupled Device，CCD）或 COMS 进行图像传感，将光信号转变为电信号记录在存储器或存储卡上，然后借助于计算机对图像进行加工与处理，以达到对图像制作的需要。

摄像头又称为网络摄像机，它用于网上传送实时影像，在网络视频电话和视频电子邮件中实现实时影像捕捉。摄像头只能实时连续地捕获数字化图像和视频信息，但它不能存储和处理视频信息。

数字摄像机与摄像头的不同之处在于能实时连续地捕获并存储数字化图像和视频信息。数字摄像机可以通过 USB 接口直接与计算机相连。由于它具有高质量的图像、高稳定性且易于调节和操作，所以其应用范围越来越广。

触摸屏是一种定位设备。当用户用手指或者其他设备触摸安装在计算机显示器前面的触摸屏时，所摸到的位置（以坐标形式）被触摸屏控制器检测到，并通过接口送到 CPU，从而确定用户所输入的信息。

传声器俗称麦克风或话筒，是一种将声音信号转换为相应电信号的输入设备。

扬声器是一个能将模拟脉冲信号转换为机械性的振动，并通过空气的振动再形成人耳可以听到的声音的输出设备。

绘图仪是一种按照人们要求自动绘制图形的设备，它可将计算机的输出信息以图形的方式输出。现代的绘图仪已具有智能化的功能，它自身带有微处理器，可以使用绘图命令，具有直线和字符演算处理以及自检测等功能。

2. 多媒体软件

构建一个多媒体系统，硬件是基础，软件是灵魂。多媒体软件的主要任务是将硬件有机地组织在一起，使用户能够方便地使用多媒体信息。多媒体软件按功能可分为多媒体系统软件、多媒体支持软件和多媒体应用软件，如图 1-5 所示。

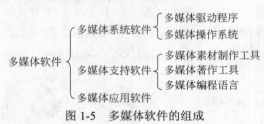

图 1-5　多媒体软件的组成

（1）多媒体系统软件。多媒体系统软件除了具有一般系统软件的特点外，还反映了多媒体技术的特点，如数据压缩、媒体硬件接口的驱动、新型交互方式等。多媒体系统软件包括多媒体驱动程序和多媒体操作系统等。

（2）多媒体支持软件。多媒体支持软件是指多媒体创作工具或开发工具等一类软件，它是多媒体开发人员用于获取、编辑和处理多媒体信息，编制多媒体应用软件的一系列工具软件的统称。它可以对文本、音频、图形、图像、动画和视频等多媒体信息进行控制和管理，并把它们按要求连接成完整的多媒体应用软件。多媒体支持软件大致可分为多媒体素材制作工具、多媒体著作工具和多媒体编程语言等 3 种。

多媒体素材制作工具是为多媒体应用软件进行数据准备的软件，其中包括文字"监视器"制作软件 Word（艺术字）、COOL 3D，音频处理软件 Audition、Cakewalk SONAR，图形与图像处理软件 CorelDRAW、Photoshop，二维和三维动画制作软件 Flash、3ds max 以及视频编辑软件 Premiere、会声会影等。

多媒体著作工具又称多媒体创作工具，它是利用编程语言调用多媒体硬件开发工具或函数库来实现的，并能被用户方便地编制程序，组合各种媒体，最终生成多媒体应用程序的工具软件。常用的多媒体创作工具有 PowerPoint、Authorware、Dreamweaver 等。

多媒体编程语言可用来直接开发多媒体应用软件，不过对开发人员的编程能力要求较高。但它有较大的灵活性，适应于开发各种类型的多媒体应用软件。常用的多媒体编程语言有 Visual Basic、Visual C++、Java 等。

（3）多媒体应用软件。多媒体应用软件又称多媒体应用系统或多媒体产品，它是由各种应用领域的专家或开发人员利用多媒体编程语言或多媒体创作工具编制的最终多媒体产品，是直接面向用户的。多媒体计算机系统是通过多媒体应用软件向用户展现其强大的、丰富多彩的视听功能。例如，各种多媒体教学软件、培训软件、声像俱全的电子图书等，这些产品都可以光盘或网络形式面世。

1.3.3　多媒体存储设备

多媒体存储技术是多媒体计算机得以实用化的关键技术之一，光盘的出现是多媒体计算机发展的一个里程碑。在计算机行业飞速发展的今天，多媒体技术被广泛应用于各个领域，光盘存储技术以其存储容量大、密度高、寿命长和价格低等优点，已成为多媒体计算机系统普遍使用的存储设备。

1. 光盘的发展历史

光盘存储技术的研究始于 20 世纪 60 年代，但真正获得发展在 20 世纪 70 年代。最初，人们发现激光经聚焦后可以获得直径小于 1μm 的光束，利用这一特性，荷兰 Philips 公司的研究人员开始研究用激光来记录和重放信息，并于 1972 年 9 月向全世界展示了光盘系统。大约在 1978 年，研究人员开始把声音信号变成 "0" 和 "1" 表示的二进制数字，然后记录到以塑料为基片的金属镀膜圆盘上。

1982 年，Sony 公司推出了世界上第一台 CD 播放机 CDP-101，并生产了第一张 CD 盘即高密度光盘（Compact Disc）。1985 年，Philips 和 Sony 定义了 CD-ROM 标准。1990 年，Philips 和 Sony 将 CD-ROM 标准扩展为 CD-ROM XA 和 CD-R 标准。1995 年 9 月，Sony 和其他 8 家公司制定了 DVD 格式的统一标准。

2. 光盘介质的结构

CD 盘片的横断面结构如图 1-6 所示，它主要由保护层、铝反射层、刻槽和聚碳酸脂衬垫组成。通常人们将激光唱盘、CD-ROM、数字激光视盘等统称为 CD 盘。CD 盘上有一层铝反射层，看起来是银灰色的，故称为"银盘"。另一种盘为 CD-R 盘，它的反射层是金色的，所以又称为"金盘"。

CD 盘的光道结构与磁盘的磁道结构不同，磁盘是同心圆磁道，而光盘是螺旋形光道，CD 盘的光道长度大约为 5km，如图 1-7 所示。

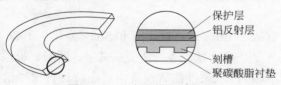
图 1-6　CD 盘的横断面结构

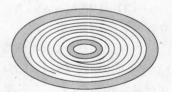
图 1-7　CD 盘的光道

CD 盘的物理参数如图 1-8 所示，其外直径为 120mm，重量为 14～18g。CD 盘面分为 3 个区，即导入区、数据记录区和导出区。

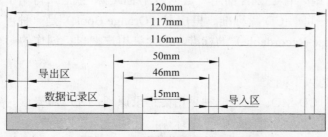
图 1-8　CD 盘的物理结构示意图

3. 光盘格式与标准

光盘中存储的信息不论是文字、图片，还是音频、视频都有一定的存放规则，否则在读出光盘数据时，不同厂商的产品就不能互相兼容。因此，光盘的数据格式在国际标准化组织 ISO 的规范书中都有详细规范。而记载各种光盘数据格式的规范文本的封面又被赋予一种颜色加以区别，人们也就习惯把光盘的标准以其文本的封面颜色来划分。

（1）红皮书——激光唱盘标准。红皮书（Red Book）是 Philips 和 Sony 公司在 1981 年为 CD-DA 定义的标准。CD-DA （CD-Digital Audio，数字音频光盘或激光唱盘）用来存储数字音频信息，如音乐歌曲等，符合这个标准的光盘都标有 Digital Audio 的标识。由于 CD-ROM 驱动器是在 CD 基础上产生的，所以带有音乐输出的 CD-ROM 驱动器都可以播放 CD 唱片。

红皮书定义了 CD 的尺寸、物理特性、编码方式和错误校正等。通常在激光唱盘上有许多首歌曲，一首歌曲被安排在一条光道上。一条光道由许多节组成，一节由 98 帧组成。

（2）黄皮书——CD-ROM 标准。黄皮书（Yellow Book）是 Philips 和 Sony 公司在 1985 年为 CD-ROM 定义的标准。CD-ROM （CD-Read Only Memory，只读光盘存储器）主要用于计算机的辅助存储器，用来存放计算机数据以及声音、图像和视频信息等。1988 年由 Philips、Microsoft 和 Sony 公司共同发布 CD-ROM/XA （CD-ROM Extended Architecture，CD-ROM 扩展结构）标准，它是黄皮书标准的扩充，可以在 CD-ROM 中交错存放计算机数据以及声音、图像和视频等数据。

黄皮书在红皮书的基础上增加了 3 种类型的光道，因此 CD-ROM/XA 有 4 种类型的光道。

① CD-DA：用于存储声音数据。

② CD-ROM Mode 1：用于存储计算机数据。

③ CD-ROM Mode 2：用于存储压缩的声音数据、静态图像和视频图像数据。

④ CD-ROM Mode2/XA：用于存储计算机数据、压缩的声音数据、静态图像和视频图像数据。

（3）绿皮书——CD-I 标准。绿皮书（Green Book）是 Philips 和 Sony 公司在 1986 年为 CD-I 定义的标准。CD-I（CD- Interactive，交互式光盘）是一种集成文字、图形、影像、动画和照片等数据的交互式多媒体光盘，该标准涉及硬件播放设备，可在特定音视频消费电子产品上播放。

绿皮书还定义了 CD-ROM Mode 2 下的 Form 1 和 Form 2 两种方式。

① Form 1：每扇区有 2048B 的用户数据，有 EDC 和 ECC，可用于存储数据。

② Form 2：每扇区有 2324B 的用户数据，无 EDC 和 ECC，可用于存储音像资料。

（4）橙皮书——可写 CD 盘标准。橙皮书（Orange Book）是一种可写 CD 光盘存储器 CD-R（Compact Disc-Recordable）的标准，它允许用户把自己创作的影视节目或者多媒体文件写到光盘上。

可写 CD 盘分为以下两类。

① CD 型光盘 CD-MO。它是一种采用磁记录原理，利用激光读写数据的盘。用户可以把数据写到 MO 盘上，盘上的数据可以抹掉，抹掉后又可以重写。

② CD 型写一次盘 CD-WO。这种盘又称为 CD-R 盘，用户可以把数据写到盘上，但

是数据一旦写入，就不能把写入的数据抹掉。

（5）白皮书——VCD标准。白皮书（White Book）是由 JVC、Philips 和 Sony 公司联合制订的数字电视视盘技术规格 VCD（Video CD，视频光盘），它采用 CD 格式和 MPEG-1 压缩标准来保存视频和音频信息，可以存储 74min 动态图像。VCD 格式光盘是一种在 CD-ROM/XA 格式光盘上记录 CD-I 信息的方式，且只能以 Mode 2 或以 CD-DA 格式来作记录。

（6）DVD标准。DVD 原名是 Digital Video Disc 的缩写，意思是数字电视光盘，这是为了与 VCD 相区别。实际上 DVD 的应用不仅是用来存放电视节目，也可以用来存储其他类型的数据，因此又把 Digital Video Disc 更改为 Digital Versatile Disk，缩写仍然是 DVD。

MPEG-1 的压缩质量不太高，仅接近一般家用录像机。高质量的 MPEG-2 压缩标准被应用到 DVD 规范中。使用 DVD 可录制 133～488min 的影片，容量为 4.7～17GB，图像质量可与电视演播室相比，音响效果达到电影院的音响效果。

4. 光盘数据读取原理

光存储技术的发明始于人们对激光技术的研究，激光的强度取决于输入的能量大小与所使用的物质。在光驱中，激光由激光头里的半导体激光发生二极管受伺服电路的刺激而发出，根据半导体材质的不同所发出的激光波长也不同。强烈而集中的激光束射向光驱内旋转中的光盘特定区域产生反射，反射光被感光二极管接收，反射光强弱的变化，通过电路转变成计算机可以识别的二进制信号。由于激光束非常细微，能够准确地读取信息，使得光盘上的数据密度可以做得很高。

计算机所能识别的数据是由"0"和"1"组成的二进制数据，那么，光盘驱动器是如何读取数据的呢？在光驱中激光射向旋转中的光盘片，光束照射在连续的平面或连续的凹槽上时，反射光通过透镜射向接收信号的光电装置，这时光电装置将这个光信号转换成相应的数字信号"0"。当光束照射在平面向凹槽转变或凹槽向平面转变的位置时，反射光会发生很大的变化，强度变得很弱，这时光电装置将这个较弱的光信号转换为相应的数字信号"1"，如图 1-9 所示。

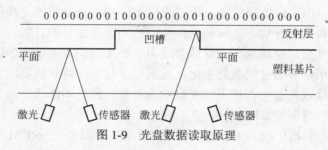

图 1-9　光盘数据读取原理

特定长度和大小的平面、凹槽需要特定波长的激光才能读取。DVD 盘片与 CD 盘片虽然大小一样，但是 DVD 盘片的凹槽和轨道宽度要比 CD 盘片小一倍，如图 1-10 所示，因此 DVD 盘片的容量比 CD 盘片大很多，单面单层 DVD-ROM 容量是 4.7GB，它是容量 680MB 的 CD 盘片的 7 倍，再加上双层、双面存储技术的应用，使 DVD 光盘容量可以达到 17GB。这种微观上的差别，使 DVD 盘片需要 650nm 波长的激光束读取，而不同于 CD 盘片的 780nm 波长的激光束，这也是 DVD 与 CD 本质上的区别。

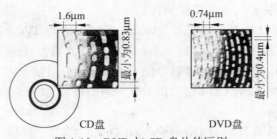

图 1-10　DVD 与 CD 盘片的区别

5. 光盘刻录技术

在光盘刻录过程中，激光头将激光束聚焦并按照数据要求烧蚀许多"凹坑"，这些"凹坑"具有特定宽度和深度，并且长短不一，从而构成了数据记录层。刻录机之所以有 CD-R/RW、COMBO、DVD-ROM、DVD-R/RW、DVD+R/RW 之分，除所用盘片有着本质的不同外，主要是激光强度和波长的不同。

（1）CD-R/RW 刻录机。CD-R/RW 刻录机同时拥有 CD-R 和 CD-RW 两种刻录技术，既可以刻录 CD-R（CD-Recordable）光盘，又可以刻录 CD-RW（CD-ReWritable）可重复擦写光盘。

采用 CD-R 刻录技术刻录 CD-R 光盘时，激光头发射的激光束照射在 CD-R 光盘的数据记录层——有机染料层，使其发生化学变化并产生凹坑。由于这种化学变化是不可逆的，有机染料不能恢复到原来的状态，所以 CD-R 光盘只能刻录一次。严格地讲，只能刻录一次是指 CD-R 盘片的同一部位只能一次性写入数据，如果光盘还有剩余容量，就可以继续在未使用的区域进行再次刻录。不过，这是在采用多轨道或多区段追加技术而进行的刻录，而不是在同一部位进行重复刻录。

采用 CD-RW 刻录技术刻录 CD-RW 光盘时，可以在光盘上反复进行数据擦写操作。CD-RW 采用相变技术来存储数据，与 CD-R 盘片不同的是，CD-RW 盘片的数据记录层采用了具有逆变特性的相变结晶材料。它具有非结晶和固定结晶两种状态，两种状态各有不同的反射率，因此可以记录不同信号。通过改变 CD-RW 刻录机激光头的不同发射强度就可以在相变结晶材料的两种状态之间转换，从而达到反复擦写的目的。最高强度的激光用于写操作，由于温度高，聚焦部分的晶体会成为一种无组织游离状态，因此数据就写到光盘中。擦除操作使用中等强度的激光来熔化数据记录层，并将其转换成晶体状态，使其恢复如初。当刻录机读取光盘时，使用强度最低的激光，此时不能改变数据记录层中的晶体状态，只能达到读取数据的目的。

（2）COMBO 刻录机。COMBO 是一种集 CD-R/RW 和 DVD-ROM 为一体的光驱。它既可以刻录 CD-R 或 CD-RW 光盘，也可以读取 DVD 光盘，还可以当做 CD-ROM 光驱来使用。正如前文所述，无论是刻录光盘还是读取光盘数据，都是通过激光头发射不同强度的激光束聚焦在光盘数据记录层来完成相应操作的，COMBO 的 CD-R/RW 读写操作也是这个原理。另外，由于读取 CD-ROM 和 DVD-ROM 光盘所使用的激光波长不同，因此 COMBO 通过控制激光头发射不同波长的激光束来完成对 CD-ROM 和 DVD-ROM 光盘的读取操作，这也就是 COMBO 光驱的技术核心。

（3）DVD 刻录机。CD 标准制定很统一，因此各厂商的产品不存在兼容性的问题。而

DVD 制定的标准不统一，主流的 DVD 格式主要有 DVD-R/RW 和 DVD+R/RW 两种，大部分 DVD 光盘，包括 DVD 影碟、游戏机光盘等使用前一种格式，而后一种格式的优点在于它的技术规格比前者更高，而且得到了美国微软公司的大力支持。

DVD-R/RW 标准是由日本 Pioneer（先锋）公司于 1998 年提出。DVD-R/RW 的刻录原理和普通 CD-R/RW 刻录类似，采用恒定线速度的刻录方式。其中，DVD-R 能做一次性写入数据的操作，DVD-RW 采用变相式的读写技术，可以重复擦写数据。DVD-R 因用途不同，还分为两种子格式：一种是专业 DVD-R，适合于商业用途；另一种是通用 DVD-R，适合普通用户。它们的主要区别是在写入和读取时的激光波长不同，以及防止复制的能力不同。由于 DVD-R 盘片的反射率和 DVD-ROM 相似，因此能被大多数计算机上的 DVD 光盘驱动器以及多数 DVD 影碟机读取。

DVD+R/RW 的规格是由 Philips/Sony/Yamaha/Mitsubishi Chemical-Verbatim/Ricoh/HP/Thomson 制订的。DVD+R 与 DVD-R 相同，属于一次性写入数据。而 DVD+RW 与 DVD-RW 一样，具有重复可写的特点。DVD+R/RW 采用的是恒定角速度刻录方式，并且使用与硬盘类似的结构，数据的读写性能要强于 DVD-RW。此外，DVD+RW 联盟还加入了无损连接技术。在无损连接状态下，不同数据区块的间隙可以低到 $1\mu m$ 以下，这样读写头可以在上次停下来的地方继续写入数据。因此，这种格式的空间使用率高，数据可以随时写入，非常适合存储视频图像。

正是由于有了 DVD 的不同标准，才导致市面上出现多种不同规格的 DVD 刻录机及刻录盘片。

① 单规格 DVD 刻录机：指只能支持一种 DVD 标准的刻录机。

② 双规格 DVD 刻录机：DVD Dual 支持 DVD-R/RW 和 DVD+R/RW 两种标准。

③ 多规格 DVD 刻录机：DVD Multi 支持 DVD-RAM 和 DVD-R/RW 标准，既可充分发挥 DVD-RAM 在数据备份方面的优势，又可利用 DVD-R/RW 在 DVD 视频制作方面的特长。

全规格 DVD 刻录机：DVD Super Multi 可以很好地支持 DVD-RAM、DVD-R/RW 和 DVD+R/RW 标准，是一种全兼容的 DVD 刻录机。

DVD 的下一代标准将采用蓝色激光技术，其最大存储容量可达 27GB 以上。蓝光刻录机使光存储产品率先走进了高清时代，但蓝光刻录机的价格使普通用户望而生畏。

光盘不同刻录规格如表 1-2 所示。

表 1-2　不同刻录规格的比较

光盘类型	CD	DVD	Blu-ray Disc	HD-DVD
光源	GAALAS 半导体激光器	GAALNP 半导体激光器	ZNCDSE 半导体激光器	蓝紫色 半导体激光器
激光波长/nm	780	635 或 650	405	405
光盘容量/GB	0.65 或 0.7	4.7、8.5、9.4 或 17	23.3、25 或 27	25 或 32
存储视频类型	MPEG-1	MPEG-2	MPEG-2	MPEG-2/4
刻录速度	150KBps	1.35MBps	4.5MBps	3.13~3.94MBps

6. 光盘刻录软件

光盘刻录软件直接控制刻录机，它是用户刻录光盘时的操作界面。因此，软件的功能和易用性、兼容性是刻录软件要面对的主要问题。目前，市面上的主流刻录软件有 Nero、Easy Media Creator 和 WinOnCD 等。

Nero 是德国 Ahead Software 公司出品的刻录软件，是目前支持光盘格式最丰富的刻录软件之一。它可以制作数据光盘、音乐光盘和影像光盘，即 CD、音乐 CD、Video CD、Super Video CD 或 DVD 等。高速、稳定的烧录技术，再加上友好的操作接口，使 Nero 成为刻录机的最佳搭档。Nero 最新版本采用了新的引擎技术，支持蓝光刻录机和 HD-DVD。

Easy Media Creator 是 Roxio 软件公司推出的一款多媒体刻录软件，它整合了 Easy CD & DVD Creator、PhotoSuite、VideoWave 与 Napster 等程序，可以组织、管理、编辑、保存和共享用户的数字相片、音乐、视频与资料等各种数据。同时它也提供强大的刻录与备份组件，从而使用户可以把所有的媒体类型的信息刻录、复制和归档到 CD 与 DVD 中。

WinOnCD 与 Easy CD & DVD Creator 一样都是由 Roxio 公司出品的，而且 WinOnCD 是一款界面友好、操作简单、功能强大的刻录软件，特别是在多媒体光盘制作方面更是独领风骚。WinOnCD 和上述两款刻录软件一样，提供了众多光盘类型的刻录向导功能，如数据光盘、音乐光盘、视频光盘等。

1.4 多媒体技术的研究内容

多媒体技术现已成为计算机行业关注的热点之一，多媒体技术的发展被列为许多国家的高科技发展规划。当前多媒体技术研究的主要内容包括以下几个方面。

1.4.1 多媒体数据压缩技术

在多媒体系统中，由于涉及大量数字化的图像、音频和视频，数据量是非常大的。例如，一幅中等分辨率（640×480 像素）的真彩色（24 位/像素）图像约占 900KB，若以 25 帧/秒图像的速度播放，每秒全运动视频画面约占 22MB。即使是存储容量为 680MB 的 CD-ROM 也只能播放 30s 左右。因此，对多媒体信息进行压缩是十分必要的。

从多媒体信息本身来说，数据压缩也是可能的。首先，原始的多媒体信源数据存在着大量的冗余。例如，一张照片有着蓝色的天空、绿色的草地，画面中的很多部分都有同一种颜色，这种密切的相关性称为空间相关，显然可以用少量的数据来表示这些空间相关的信息。又如，一段视频图像除了具有上述空间相关的特性外，相邻两帧图像之间产生的变化很小，它们存在着大量重复的数据，这种相关性称为时间相关。因此，这种帧内像素间的空间相关和帧与帧之间的时间相关产生了大量的数据冗余。这些冗余的数据就是进行压缩的对象。其次，由于人类的视听觉器官具有某种不敏感性，多媒体信息中还存在着从主观感受来看的大量冗余。例如，人眼对边缘剧变不敏感，以及对亮度信息敏感而对颜色分辨力不敏感等。基于这种不敏感性，可以对某些原非冗余的信息进行压缩，从而可以大幅度提高压缩比。

目前，最流行的多媒体压缩编码的国际标准有静止图像压缩标准（JPEG）和运动图像压缩标准（MPEG）。从当前的情况来说，除对已有的标准进一步完善外，主要工作是降低实现成本，提高多媒体计算机软硬件的质量，促进多媒体技术的普及。

1.4.2　多媒体专用芯片技术

多媒体计算机需要快速、实时完成视频和音频信息压缩和解压缩、图像的特技效果（如改变比例、淡入淡出、马赛克）、语音信息处理（如抑制噪声、滤波）等，要圆满地完成上述任务，一定要采用专用的芯片。因此，专用芯片是多媒体硬件体系结构的关键技术。

多媒体专用芯片主要有两种：一种是固定功能的芯片，如多媒体信号的采集和播放芯片、对音频和视频数据进行压缩和存储的高速信息处理芯片；另一种是可编程的数字信号处理器（DSP）芯片。DSP 芯片是为了完成某种特定信号处理设计的，在通用机上需要多条指令才能完成的处理，在 DSP 上可用一条指令完成。

1.4.3　多媒体硬件和软件平台

多媒体硬件和软件平台是实现多媒体系统的基础。在过去的研究和开发中，每一项重要的技术突破都直接影响到多媒体技术的发展与应用的进程。大容量的光盘、带有多媒体功能的软件如 Windows 等，都曾直接推动了多媒体技术的迅速发展。这方面需要研究的内容包括多媒体信息的输入、处理、存储、管理、输出和传输等各种技术和设备。

在硬件平台方面，一些多媒体设备已经成为多媒体计算机的标准配置，如光盘驱动器、音频卡、图像显示卡等，而现在的计算机 CPU 也加入了多媒体与通信的指令体系，扫描仪、数字照相机、摄像头、数字摄像机和彩色打印机等都越来越普及到每个家庭。目前多媒体技术已经在向更为复杂的应用体系发展，其硬件平台自然更加复杂，例如视频点播系统、虚拟现实系统等。

在软件平台方面，从操作系统、多媒体素材编辑工具、多媒体创作工具到更复杂的多媒体专用软件，早已是遍地开花并形成了相应的工业标准，产生了一大批多媒体软件系统。特别是在 Internet 发展的大潮中，多媒体软件更是得到很大的发展，同时还促进了网络的应用。

1.4.4　多媒体数据库与检索技术

在多媒体系统中存在着文本、图形、图像、动画、音频和视频等多媒体信息，与传统的数据库应用系统中只存在字符、数值相比扩充很多，这就需要一种新的数据库管理系统对多媒体数据进行管理。这种多媒体数据库管理系统 MDBMS 能对多媒体数据进行有效的组织、管理和存取，而且还可以实现以下功能：多媒体数据库对象的定义，多媒体数据存取，多媒体数据库运行控制，多媒体数据组织、存储和管理，多媒体数据库的建立和维护，多媒体数据库在网络上的通信。

目前，有不少商品化的数据库管理系统（如 SQL Server、Oracle、Sybase 等）围绕上述 MDBMS 管理多媒体数据的要求进行扩充。其常用的作法是将大二进制对象 （Binary Large Objects，BLOB）作为新的数据类型，看作二进制和自由格式文本进行管理。但实际上它只包括 BLOB 的位置信息，而多媒体数据实际上存放在数据库外部独立的服务器中。

面向对象的多媒体数据库是多媒体数据管理的发展方向，这是由于“类”的概念和面向对象数据库模型非常适合多媒体数据。美国 CA 公司的 Jasmine 数据库是世界上第一个真正面向对象的多媒体数据库，它支持类、封装、继承、唯一对象识别、方法、多态性和聚合等高级功能。

由于多媒体数据库中包含大量的图像、声音和视频等非格式化数据，对它们的查询或检索比较复杂，往往需要根据媒体中表达的情节内容进行检索。基于内容的检索就是针对多媒体信息检索使用的一种重要技术。

实现基于内容的检索系统主要有两种途径，一是基于传统的数据库检索方法，即采用人工方法将多媒体信息内容表达为关键词集合，再在传统的数据库管理系统框架内处理；二是基于信号处理理论，即采用特征抽取和模式识别的方法来克服基于数据库方法的局限性，但全自动地抽取特征和识别时间开销太大，并且过分依赖于领域知识，识别难度大。上述两种途径在实用系统中常结合使用，如 IBM 的 QBIC（Query By Image Content）系统。基于内容检索的图像、视频库特征，系统采用半自动方法抽取，用户通过提供例图、手绘素描、颜色或纹理模板、摄像机和物体运动情况来辅助检索。

1.4.5　多媒体网络与通信技术

早期的计算机网络主要是为了解决数据的通信问题。随着多媒体技术的发展以及人们对于图、文、声、像等多媒体信息的需求增加，多媒体网络通信技术应运而生。

多媒体通信技术是将计算机的交互性、通信的分布性和广播电视的真实性融为一体。多媒体系统要通过通信网络传送文本、图形、图像、动画、音频和视频等不同媒体，这些媒体对通信网各有不同的要求。文本和图片要求的平均速率较低，音频信号的传输速率不要求太高，但实时要求高，视频则需要极高的传输速率。多媒体通信的发展要求有适合于传输多媒体信息的通信网，如以异步转移模式（ATM）为基础的宽带综合业务数字网（B-ISDN）、有线电视（CATV）等。

1.4.6　多媒体信息安全

随着多媒体网络通信的逐渐普及，许多传统的媒体内容都向数字化转变，并且在电子商务中将占据巨大市场份额，如 MP3 的网上销售、数字影院的大力推行、网上图片以及电子图书的销售等。但是，数字媒体内容的安全问题成了瓶颈问题，制约着信息化的进程。为此，国际上成立了一些专门的机构，如 Copy Protection Technique Working Group 从 1995 年开始致力于基于 DVD 的视频版权保护研究，Secure Digital Music Initiactive 从 1999 年开始研究音频的版权保护，数字水印就是其中的核心关键技术。

数字水印是向多媒体数据（如图像、声音、视频信号等）中添加某些数字信息而不影响原数据的视听效果，并且这些数字信息可以部分或全部从混合数据中恢复出来，以达到版权保护等作用。一般地，数字水印应具有如下的特性。

（1）安全性。嵌入在宿主数据中的水印是不可删除的，且能够提供完全的版权证据。

（2）鲁棒性。水印对有意或无意的图像操作与失真具有一定的抵抗力。

（3）不可觉察性。水印对人的感觉器官应是不可觉察的，或者说是透明的。

（4）保真性。加入水印后，并不会损害原来的媒体内容价值。

水印算法识别被嵌入到保护对象中的所有者有关信息并能在需要时将其提取出来，用来判别对象是否受到保护，并能够监视被保护数据的传播、真伪鉴别以及非法复制控制等。数字水印技术与古老的信息隐藏和数据加密技术关系非常密切，这些技术的发展以及融合为今后信息技术的发展提供必不可少的安全手段。

1.4.7　虚拟现实技术

虚拟现实（Virtual Reality，VR）又称人工现实或灵境技术，它是在许多相关技术（如仿真技术、计算机图形学、多媒体技术等）的基础上发展起来的一门综合技术，是多媒体技术发展的更高境界。虚拟现实的本质是人与计算机之间或人与人借助计算机进行交流的一种方式，这种方式具有相当逼真的三维虚拟世界，即具有三维交互接口，如图 1-11 所示。

图 1-11　虚拟现实系统

虚拟现实具有如下特征。

① 多感知性。所谓多感知是指除了一般多媒体计算机具有的视觉感知和听觉感知外，还有触觉感知、力觉感知、运动感知，甚至包括嗅觉感知和味觉感知等。理想的虚拟现实技术应有一切人所具有的感知功能，目前由于传感器技术的限制尚不能提供嗅觉感知和味觉感知。

② 临场感。临场感又称存在感，它是指用户作为主角存在于模拟环境中感觉到的真实程度。理想的模拟环境应该达到使用户难以分辨真假，如实现比现实更逼真的照明和音响效果。

③ 交互性。交互性是指用户对模拟环境内物体的可操作程度和从环境得到反馈的自然程度。如用户可以用手去直接抓取模拟环境中的物体，这时手有握着东西的感觉，并可以感觉物体的重量，视场中被抓的物体也会随着手的移动而移动。

④ 自主性。自主性是指虚拟环境中物体依据物理定律动作的程度，如当物体受到力的推动时会向力的方向移动或翻倒。

虚拟现实技术推动了通用计算机中多媒体设备的发展，在输入输出方面也由普通的键盘和二维鼠标器发展为三维球、三维鼠标器、数据手套、数据衣服以及头盔显示器等。

1.5　多媒体技术的应用领域

由于多媒体技术集图、文、声、像于一体，充分体现了 20 世纪 90 年代科技时代特征，其应用范围非常广泛，几乎涉及人类社会的各个领域。因此，多媒体技术的发展将会改变人类未来的工作、学习和生活方式。

下面简单介绍多媒体技术的几个主要应用领域。

1.5.1　教育与培训

多媒体技术最有前途的应用之一是教育领域，多媒体丰富的表现形式以及传播信息的巨大能力赋予现代教育技术以崭新的面目。利用多媒体技术编制的教学课件，能创造出图文并茂、绘声绘色、生动逼真的教学环境和交互操作方式，从而可以大大激发学生学习的积极性和主动性，改善学习环境，提高学习质量，如图 1-12 所示。

图 1-12 《走遍美国》多媒体课件

利用多媒体技术不仅能模拟物理和化学实验，而且也能制作出天文或自然现象等真实场景，还能十分逼真地模拟社会环境以及生物繁殖和进化等。多媒体、虚拟现实和网络技术的发展已经将教学模拟推向一个新的阶段，各种形式的虚拟课堂、虚拟实验室、虚拟图书馆等与学校教育密切相关的新生事物不断涌现，这些新技术将会为教育工作者提供前所未有的强大工具和手段。

员工技能培训是生产或商业活动中不可缺少的重要环节。传统的员工培训是教师讲解并示范操作，然后指导员工操作练习，这种方法成本较高。尤其是机械操作技能的培训，不仅需要消耗大量的原材料，同时操作失误还可能给员工造成身体伤害。多媒体技能培训系统不仅可以省去这些费用和不必要的身体伤害，而且由于教学内容直观、生动并自由交互，使培训员工的印象深刻，培训教学效果也得到提高。

1.5.2 出版与图书

随着多媒体技术和光盘技术的迅速发展，出版业已经进入多媒体光盘出版时代。E-book（电子图书）、E-newspaper（电子报纸）、E-magazine（电子杂志）等电子出版物大量涌现对传统的新闻出版业形成了强大的冲击，电子出版物具有容量大、体积小、成本低、检索快、易于保存和复制、能存储图文声像信息等特点。如用一张光盘就可以装下一套百科全书的全部内容。

正是多媒体技术在出版方面的逐渐普及，给图书馆带来了巨大的变化。首先，出现了大量多媒体存储信息，各类电子出版物越来越多；其次，在信息检索中，以非线性的结构组织信息，为用户提供了友好的使用界面；再次，用户使用 Internet 便可以遨游世界各大数字图书馆，查找所用的信息。

1.5.3 商业与咨询

多媒体技术的商业应用包括商品简报、查询服务、产品演示以及商贸交易等方面。如房地产公司通过多媒体计算机屏幕演示引导客户身临其境地观看建筑物的各个角落，而不需要把客户带到现场去。在商贸方面电子商务已形成一股热潮，它提供经 Internet 及其他在线服务进行产品或信息的买卖功能。

利用多媒体技术可为各类咨询提供服务，如旅游、邮电、交通、商业、气象等公共信息以及宾馆、百货大楼等服务指南都可以存放在多媒体系统中，向公众提供多媒体咨询服务。用户可通过触摸屏进行操作，查询所需的多媒体信息资料。

1.5.4　通信与网络

多媒体技术应用到通信上，将把电话、电视、传真、音响、卡拉 OK 机以及摄像机等电子产品与计算机融为一体，由计算机完成音频和视频信号采集、压缩和解压缩、多媒体信息的网络传输、音频播放和视频显示，形成新一代的家电类消费产品。

随着多媒体网络技术的发展，视频会议、可视电话、家庭间的网上聚会交谈等日渐普及。多媒体通信和分布式系统相结合而出现了分布式多媒体系统，使远程多媒体信息的编辑、获取、同步传输成为可能。如远程医疗会诊就是以多媒体为主体的综合医疗信息系统，使医生远在千里之外就可以为患者看病开处方。对于疑难病例，各路专家还可以联合会诊，这样不仅为危重病人赢得了宝贵的时间，同时也使专家们节约了大量的时间。

1.5.5　军事与娱乐

多媒体技术在军事上的应用，对未来战争的作战和指挥产生了重要的影响。在军事通信中使用多媒体技术可以使现场信息及时、准确地传给指挥部。同时指挥部也能根据现场情况正确地判断形势，将信息反馈回去实施实时控制与指挥，如图 1-13 所示。现在的 MPC 体积小、重量轻、便于携带，对于部队的野外训练、作战及通信联络都是一个很好的工具。

多媒体技术的发展，促使 MPC 进入家庭，改变了传统家电的格局。在 MPC 中可以播放 CD、VCD、DVD 等光碟。MPC 以其逼真的音响效果、良好的图形界面和优质的动画效果，使计算机游戏变得更加生动有趣。如果是在网络上，不同地方的用户可以通过网络一起玩交互式游戏。

图 1-13　虚拟战场

本 章 小 结

本章首先回顾了多媒体技术的发展历程，着重介绍了多媒体的基本概念以及多媒体系统的组成，包括媒体及其分类、多媒体、多媒体技术、多媒体系统的层次结构和基本组成以及多媒体存储设备等。最后介绍了多媒体技术的主要研究内容及其应用领域。

多媒体技术是综合处理图、文、声、像等信息的技术，多媒体技术具有信息载体的多样性、集成性、交互性和实时性等特征。多媒体系统是一种复杂的硬件和软件相结合的计算机系统，其层次结构包括多媒体硬件系统、多媒体驱动程序、多媒体操作系统、多媒体开发工具和多媒体应用软件。光盘的出现是多媒体计算机得以实用化的关键技术。

多媒体技术的优势可能不在于某些具体的应用，而是在于它能把复杂的事物变得简单，把抽象的东西变得具体。

习 题 1

一、单选题

1. 由美国 Apple 公司研发的多媒体计算机系统是_____。
   - A. Action Media 750
   - B. Amiga
   - C. CD-I
   - D. Macintosh

2. 媒体有两种含义：表示信息的载体和_____。
   - A. 表达信息的实体
   - B. 存储信息的实体
   - C. 传输信息的实体
   - D. 显示信息的实体

3. _____是指用户接触信息的感觉形式，如视觉、听觉和触觉等。
   - A. 感觉媒体
   - B. 表示媒体
   - C. 显示媒体
   - D. 传输媒体

4. _____是用于处理文本、音频、图形、图像、动画和视频等计算机编码的媒体。
   - A. 感觉媒体
   - B. 表示媒体
   - C. 显示媒体
   - D. 存储媒体

5. 在多媒体计算机中，静态媒体是指_____。
   - A. 音频
   - B. 图像
   - C. 动画
   - D. 视频

6. 多媒体技术的主要特性有_____。
   - A. 多样性、集成性、交互性
   - B. 多样性、交互性、实时性、连续性
   - C. 多样性、集成性、实时性、连续性
   - D. 多样性、集成性、交互性、实时性

7. 多媒体的层次结构有 5 层，_____是直接用来控制和管理多媒体硬件，并完成设备的各种操作。
   - A. 多媒体应用软件
   - B. 多媒体开发工具
   - C. 多媒体操作系统
   - D. 多媒体驱动程序

8. 计算机主机与显示器之间的接口是_____。
   - A. 网卡
   - B. 音频卡
   - C. 显示卡
   - D. 视频压缩卡

9. _____属于多媒体外部设备。
   - A. 显示适配器
   - B. 音频卡
   - C. 视频压缩卡
   - D. 数字摄像头

10. 多媒体软件可分为_____。
   - A. 多媒体系统软件、多媒体应用软件
   - B. 多媒体系统软件、多媒体操作系统、多媒体编程语言
   - C. 多媒体系统软件、多媒体支持软件、多媒体应用软件
   - D. 多媒体操作系统、多媒体支持软件、多媒体著作工具

11. 多媒体素材制作工具是_____。
    A. FrontPage   B. Authorware
    C. PowerPoint   D. Flash

12. Adobe Premiere 应属于_____。
    A. 音频处理软件   B. 图像处理软件
    C. 动画制作软件   D. 视频编辑软件

13. 常用 CD 光盘的外直径是_____。
    A. 15mm   B. 50mm   C. 120mm   D. 180mm

14. CD 盘的光道长度大约 5km，其结构形式是_____。
    A. 同心环光道   B. 螺旋形光道
    C. 椭圆形光道   D. 都不是

15. VCD 标准属于_____。
    A. 红皮书   B. 黄皮书   C. 绿皮书   D. 白皮书

16. DVD 盘片需要_____波长的激光束才能读取。
    A. 650nm   B. 780nm   C. 790nm   D. 1000nm

17. 一幅 1024×768 分辨率的真彩色（24 位/像素）图像的原始数据量是_____。
    A. 2.25Mb   B. 2.34Mb   C. 2.25MB   D. 2.34MB

18. 世界上第一个面向对象的多媒体数据库系统是_____。
    A. Jasmine   B. Oracle   C. SQL Server   D. Sybase

19. 超文本数据模型是一个复杂的非线性网络结构，其要素包括_____。
    A. 结点、链   B. 链、网络
    C. 结点、链、HTML   D. 结点、链、网络

20. 灵境技术是多媒体技术发展的更高阶段，它具有逼真的三维_____。
    A. 自然世界   B. 虚拟世界   C. 物理世界   D. 生物世界

二、多选题

1. 传输媒体有_____等几类。
    A. 互联网   B. 光盘
    C. 光纤   D. 无线传输介质
    E. 局域网   F. 城域网
    G. 双绞线   H. 同轴电缆

2. 多媒体实质上是指表示媒体，它包括_____。
    A. 数值   B. 文本   C. 图形   D. 动画
    E. 视频   F. 语音   G. 音频   H. 图像

3. 多媒体硬件大致可分为_____。
    A. 计算机   B. 音频卡
    C. 视频卡   D. 多媒体板卡
    E. 扫描仪   F. 数字照相机
    G. 多媒体外部设备   H. 传声器和扬声器

4. 多媒体素材制作工具有_____。

    A. 3d Studio max   B. Authorware

    C. Cool Edit   D. Flash MX

    E. FrontPage   F. Photoshop

    G. PowerPoint   H. Premiere

5. DVD 光盘的容量包括_____。

    A. 650MB   B. 700MB   C. 4.7GB   D. 8.5GB

    E. 9.4GB   F. 17GB   G. 25GB   H. 32GB

三、问答题

1. 什么是多媒体技术？其主要特征是什么？

2. 试解释光盘数据的读写技术？

3. 试叙述 DVD-ROM、DVD-R 和 DVD-RW 三者之间的异同。

4. 查找网络资料，了解最新的多媒体产品的发展动态。

5. 有人说，多媒体技术就是人机界面技术，你同意吗？为什么？

第 2 章　数字音频技术

声音是携带信息的重要媒体，而多媒体技术的一个主要分支便是数字音频技术。在多媒体系统中，可以通过声卡直接表达和传递声音信息，或者制造出某种声音效果和气氛以及演奏音乐等。本章首先介绍声音数字化的基本概念和音频压缩标准，然后简述声卡与电声设备的工作原理和性能指标以及 MIDI 音乐，在此基础上详细讲述音频编辑软件 Audition 的使用方法和操作技巧，最后介绍计算机语音识别技术。

2.1　数字音频基础

2.1.1　声音的基本概念

声音是人类进行交流和认识自然的主要媒体形式，语言、音乐和自然声构成了声音的丰富内涵，人类一直被包围在丰富多彩的声音世界之中。

声音是通过一定介质（如空气、水等）传播的一种连续的波，在物理学中称为声波。声音的强弱体现在声波的振幅上，音调的高低体现在声波的周期或频率上，如图 2-1 所示。

声波是随时间连续变化的模拟量，它有 3 个重要指标。

（1）振幅。声波的振幅通常是指音量，它是声波波形的高低幅度，表示声音信号的强弱程度。

（2）周期。声音信号的周期是指两个相邻声波之间的时间长度，即重复出现的时间间隔，以秒（s）为单位。

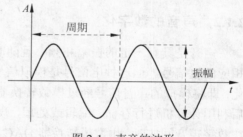

图 2-1　声音的波形

（3）频率。声音信号的频率是指每秒信号变化的次数，即为周期的倒数，以赫兹（Hz）为单位。

声音按频率可分为 3 种：次声波、可听声波和超声波。人类听觉的声音频率范围为 20～20000Hz，低于 20Hz 的为次声波，高于 20kHz 的为超声波。人说话的声音信号频率通常为300～3000Hz，把在这种频率范围内的信号称为语音信号。

声音质量是用声音信号的频率范围来衡量，频率范围又叫"频域"或"频带"，不同种类的声源其频带也不同。一般而言，声源的频带越宽，表现力越好，层次越丰富。例如，调频广播的声音比调幅广播好，宽带音响设备的重放声音质量（10～40000Hz）比高级音响设备好，尽管宽带音响设备的频带已经超出人耳可听域，但正是因为这一点，把人们的感觉和听觉充分调动起来，产生极佳的声音效果。

现在公认的声音质量分为 4 级，如表 2-1 所示。

表 2-1　声音质量的频率范围

声音质量	频率范围/Hz	声音质量	频率范围/Hz
电话质量	200~3400	调频广播	20~15000
调幅广播	50~7000	数字激光唱盘	10~20000

声音的质量特性主要体现在音量、音调和音色 3 个方面。音量与声波的振动幅度有关，它反映了声音的大小和强弱，振幅大则音量大；音调与声音的频率有关，频率高则声音尖锐，频率低则声音低沉；音色是此声音区别于彼声音的特征，人们能够分辨具有相同音高的钢琴和小提琴声音，就是因为它们具有不同的音色。从波形上来看，在一个基本的频率上叠加了很多的高频成分，高频成分的多少和幅度可导致千变万化的音色。

声音的类型可分为波形声音、语音和音乐 3 种。

（1）波形声音。波形声音实际上包含了所有的声音形式。在计算机中，任何声音信号都要对其进行数字化处理，并能准确地恢复出来。

（2）语音。语音是指人的声音，也称为话音。人的语音不仅是一种波形，而且还有内在的语言以及语速、语调和语气携带着比文本更加丰富的信息，可以利用特殊的方法进行抽取。

（3）音乐。音乐是一种符号化的声音。这种符号就是乐谱，而乐谱则是转变为符号媒体形式的声音。MIDI 就是十分规范的一种音乐形式。

2.1.2　声音的数字化

声音是具有一定的振幅和频率且随时间变化的声波，通过话筒等转化装置可将其变成相应的电信号，但这种电信号是模拟信号，不能由计算机直接处理，必须先对其进行数字化，即将模拟的声音信号经过模数转换器 ADC 变换成计算机所能处理的数字声音信号，然后利用计算机进行存储、编辑或处理，现在几乎所有的专业化声音录制、编辑都是数字的。在数字声音回放时，由数模转换器 DAC 将数字声音信号转换为实际的声波信号，经放大由扬声器播出。

把模拟声音信号转变为数字声音信号的过程称为声音的数字化，它是通过对声音信号进行采样、量化和编码来实现的，如图 2-2 所示。

声音的模拟信号 → 采样 → 量化 → 编码 → 声音的数字信号

图 2-2　声音的数字化过程

仅从数字化的角度考虑，影响声音数字化质量主要有以下 3 个因素。

（1）采样频率。采样频率又称取样频率，它是指将模拟声音波形转换为数字音频时，每秒所抽取声波幅度样本的次数。采样频率越高，则经过离散数字化的声波越接近于其原始的波形，也就意味着声音的保真度越高，声音的质量越好。当然所需要的信息存储量也越多。目前通用的采样频率有 3 个，它们分别是 11.025kHz、22.05kHz 和 44.1kHz。

（2）量化位数。量化位数又称取样大小，它是每个采样点能够表示的数据范围。量化位数的大小决定了声音的动态范围，即被记录和重放的声音最高与最低之间的差值。当然，量化位数越高，声音还原的层次就越丰富，表现力越强，音质越好，但数据量也越大。例如，16 位量化位数可表示 2^{16}，即 65536 个不同的量化值。

图 2-3 是声波（正弦波）的数字化过程示意图，可以帮助读者理解音频信号数字化过程中各个阶段的具体情况。

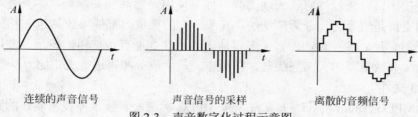

连续的声音信号　　　　声音信号的采样　　　　离散的音频信号

图 2-3　声音数字化过程示意图

（3）声道数。声道数是指所使用的声音通道的个数，它表明声音记录只产生一个波形（即单音或单声道）还是两个波形（即立体声或双声道）。当然立体声听起来要比单音丰满优美，但需要两倍于单音的存储空间。

通过对上述 3 个影响声音数字化质量因素的分析，可以得出声音数字化数据量的计算公式：

$$声音数据化的数据量 ＝ 采样频率 × 量化位数 × 声道数 / 8$$

其中，采样频率的单位是赫兹（Hz），量化位数的单位是比特（b），声音数据化的数据量单位是字节每秒（Bps）。

根据上述公式，可以计算出不同的采样频率、量化位数和声道数的各种组合情况下的数据量，如表 2-2 所示。

表 2-2　采样频率、量化位数、声道数与声音数据量的关系

采样频率/kHz	量化位数/b	数据量/KBps	
		单声道	双声道
11.025	8	10.77	21.53
	16	21.53	43.07
22.05	8	21.53	43.07
	16	43.07	86.13
44.1	8	43.07	86.13
	16	86.13	172.27

2.1.3　音频的文件格式

音频数据是以文件的形式保存在计算机里。数字音频的文件格式主要有 WAV、MP3、RA、WMA、MID 和 RMI 等，专业数字音乐工作者一般都使用非压缩的 WAV 格式进行操作，而普通用户更乐于接受压缩率高、文件容量相对较小的 MP3 或 WMA 格式。

1. WAV 文件

这是 Microsoft 和 IBM 共同开发的 PC 标准声音格式。由于没有采用压缩算法，因此无论进行多少次修改和剪辑都不会产生失真，而且处理速度也相对较快。这类文件最典型的

代表就是 PC 上的 Windows PCM 格式文件，它是 Windows 操作系统专用的数字音频文件格式，扩展名为 WAV，即波形文件。

标准的 Windows PCM 波形文件包含 PCM 编码数据，这是一种未经压缩的脉冲编码调制数据，是对声波信号数字化的直接表示形式，主要用于自然声音的保存与重放。其特点是：声音层次丰富、还原性好、表现力强，如果使用足够高的采样频率，其音质极佳。对波形文件的支持是迄今为止最为广泛的，几乎所有的播放器都能播放 WAV 格式的音频文件，而电子幻灯片、各种算法语言、多媒体工具软件都能直接使用。但是，波形文件的数据量比较大，其数据量的大小直接与采样频率、量化位数和声道数成正比。

2. MP3 文件

MP3（MPEG Audio Layer 3）文件是按 MPEG 标准的音频压缩技术制作的数字音频文件，它是一种有损压缩，通过记录未压缩的数字音频文件的音高、音色和音量信息，在它们的变化相对不大时，用同一信息替代，并且用一定的算法对原始的声音文件进行代码替换处理，这样就可以将原始数字音频文件压缩得很小，可得到10∶1～20∶1的压缩比。因此，一张可存储 15 首歌曲的普通 CD 光盘，如果采用 MP3 文件格式，即可存储超过 160首 CD 音质的 MP3 歌曲。

MP3 Pro 是 MP3 的改进算法，它采用变压缩比的方式，即对声音中的低频成分采用较高压缩率，对高频成分采用低压缩率。MP3 Pro 的出现，改变了传统 MP3 文件高音损耗严重的缺陷，在提高压缩率减少文件存储空间的同时还提升了音质，并且保证了与 MP3 编码格式的兼容性。MP3 文件的理想播放器是 Winamp，当然也可以使用其他媒体播放工具。

3. RA 文件

RealAudio（即时播音系统）是 RealNetworks 公司开发的一种新型流式音频（Streaming Audio）文件格式。它主要用于在低速的广域网上实时传输音频信息。

Real 文件的格式很多，主要有 RA（RealAudio）、RM（RealMedia，RealAudio G2）和 RMX（RealAudio Secured）等 3 种，这些文件格式可以随网络带宽的不同而改变声音的质量，在保证大多数人听到流畅声音的前提下，令带宽较宽敞的听众获得较好的音质。

4. WMA 文件

WMA（Windows Media Audio）文件是 Windows Media 格式中的一个子集，而 Windows Media 格式是由 Microsoft Windows Media 技术使用的格式，包括音频、视频或脚本数据文件，可用于创作、存储、编辑、分发、流式处理或播放基于时间线的内容。WMA 表示 Windows Media 音频格式。

WMA 文件可以在保证只有 MP3 文件一半大小的前提下，保持相同的音质。同时，现在的大多数 MP3 播放器都支持 WMA 文件。

5. MID 和 RMI 文件

MIDI（Musical Instrument Digital Interface，乐器数字接口）国际标准，它定义了电子音乐设备与计算机的通信接口，规定了使用数字编码来描述乐谱的规范，实际上是一种音乐演奏序列。

MID 和 RMI 中只包含产生声音的指令，即使用什么 MIDI 设备、所演奏声音的强弱、音节持续的时间长短等。这些指令通过计算机发给声卡，声卡再对这些声音信息进行合成，实现声音的输出。因此，可以说 MIDI 类型的声音存储的并不是声音的信息，而是构成声音的"乐谱"信息，这样，它的数据量大为缩小，一段几分钟的音乐只需要几十千字节甚至几千字节。

MIDI 的播放效果与硬件有很大关系，同一首 MIDI 音乐在不同声卡上播放的差异非常明显。正因为如此，MID 文件广泛应用在手机铃声等对音质要求不高且对存储空间有严格限制的场合。与波形文件相比，MID 文件的音色比较单调，层次感稍差，表现力不够。

6. VOC 文件

VOC 文件是创新公司开发的声音文件格式，多用于保存 Creative Sound Blaster 系列声卡所采集的声音数据，被 Windows 平台和 DOS 平台所支持。

每个 VOC 文件由文件头块（Header Block）和音频数据块（Data Block）组成。文件头包含一个标识、版本号和一个指向数据块起始的指针。数据块分成各种类型的子块，如声音数据、静音、标识、ASCII 码文件、重复以及终止标志、扩展块等。

2.1.4　音频的采集与处理

在音像作品或多媒体应用系统中，声音的作用是十分重要的。通常，解说词、歌曲和音乐是音像或多媒体应用系统中常见的声音表现形式。由于这些声音的内容和用途各不相同，所以在声音的采集和处理上，所选用的设备和编辑方法也不尽相同。

声音的采集或获取主要有以下几种情况。

① 利用录音软件直接录制。利用声卡和相关的录音软件，可以直接录制 WAV 文件。用户可以对所录制的声音进行编辑，或者制作各种特技效果。比如对立体声进行空间移动效果处理，使声音渐近、渐远以及产生回音等。

② 使用专业录音棚录制。在专业录音棚中录音，不但可以大大减少环境噪声，而且可以获得高保真音质，因此在影视配音、音乐制作中常常使用。当然，这种录制方式需要专业的隔音设备和专业录音设备，因此成本较高。

③ 从唱盘或录音带中进行转录。对已录制在 CD 唱盘或录音带上的音乐和歌曲，可通过适当的软件转录为数字声音文件，然后再加工或处理。

④ 购买数字音频库。可以直接选用存储在光盘或磁盘上数字音频库中的音频文件，也可以上网下载音频文件。目前网上流行 MP3 音乐，下载和使用这些音乐作品应获得版权的许可。

声音处理的作用就是修饰和编辑原有的声音文件，使它能满足多媒体制作的要求。音频编辑软件非常多，几乎所有与音频有关的软件都有编辑功能，但其效果却相差很大。比如，Windows 中的录音机、Adobe Audition 等。

音频编辑与处理的主要任务如下。

① 删除无用的部分，将需要合并的音轨拼贴起来。

② 降噪，即去除录音时的背景噪声。

③ 调节均衡，使得高、中、低几个频段听起来更加悦耳。

④ 添加混响、延迟和变速等效果。

⑤ 压缩与限制，即动态处理。

⑥ 音频文件格式的转换。

前期录音的效果直接决定音频数据的效果，如果前期录音的质量太差，即使后期花很大的精力去修饰，也未必有很好的效果。

数字音频编辑又称为非线性音频编辑，是指利用数字化的手段对声音进行录制、存放、编辑、压缩和播放的技术，能够简单快速地完成各种声音处理工作。传统线性编辑是按照信息记录顺序，从磁带中重放音频数据来进行编辑，需要较多的外部设备，工作流程十分复杂。与传统的音频编辑技术相比较，数字音频编辑在价格、处理和存储等方面具有明显的优势。

2.2　数字音频压缩标准

音频信号是多媒体系统的重要组成部分。音频信号可分成电话质量的语音、调幅广播质量的音频信号和高保真立体声信号（如调频广播音频信号和激光唱盘音频信号）。针对不同的音频信号，已制订了相应的压缩标准。

2.2.1　音频压缩方法概述

在多媒体音频处理中，一般需要对数字化后的音频信号进行压缩编码，使其成为具有一定字长的二进制数字序列，并以这种形式在计算机内传输和存储，最后由解码器将二进制编码恢复成原来的音频信号播放，如图 2-4 所示。

输入音频信号 → 编码器 → 传输/存储 → 解码器 → 输出音频信号

图 2-4　音频压缩处理流程

所谓压缩编码技术，就是指用某种方法使数字化信息的编码率降低的技术。音频信号能进行压缩编码的基本依据有两个：一是声音信号中存在很大的冗余度，通过识别和去除这些冗余度，便能达到压缩编码率的目的；二是人的听觉具有一个强音能抑制一个同时存在的弱音的现象，这样就可以抑制与信号同时存在的量化噪声。另外，人耳对低频端比较敏感，而对高频端不太敏感，由此引出了"子带编码技术"。

一般来说，音频信号的压缩编码主要分为无损压缩编码和有损压缩编码两大类，无损压缩编码包括不引入任何数据失真的各种熵编码；有损压缩编码又分为波形编码、参数编码和混合编码。

1. 熵编码

这是以信息论变长编码定理为理论基础的编码方法，如霍夫曼编码、算术编码和行程编码等。

2. 波形编码

波形编码是利用采样和量化过程来表示音频信号的波形，使编码后的音频信号与原始信号的波形尽可能匹配。它主要根据人耳的听觉特性进行量化，以达到压缩数据的目的。波形编码的特点是适应性强，音频质量好，在较高码率的条件下可以获得高质量的音频信号，适合于高质量的音频信号，也适合于高保真语音和音乐信号。由于易受量化噪声影响，进一步降低编码率较困难。

波形编码方法有全频带编码（脉冲编码调制 PCM、差分脉冲编码调制 DPCM、自适应差分脉冲编码调制 ADPCM）、子带编码（自适应变换编码 ATC、心理学模型）和矢量量化编码等。

3. 参数编码

参数编码是将音频信号以某种模型来表示，利用特征提取的方法抽取必要的模型参数和激励信号的信息，并对这些信息编码，最后在输出端合成原始信号。其目的是重建音频，保持原始音频的特性。参数编码的压缩率很大，但计算量大，保真度不高，适合于语音信号的编码。

参数编码方法有线性预测（LPC）声码器、通道声码器、共振峰声码器等。

4. 混合编码

混合编码是在参数编码方法的基础上，引用波形编码准则优化激励源信号的一种方案，可以在较低的码率上得到较高的音质。

混合编码方法有多脉冲线性预测编码 MPLPC、码本激励线性预测编码 CELP、短延时码本激励线性预测编码 LD-CELP、长延时线性预测规则码激励 RPE-LTP 等。

2.2.2 音频压缩技术标准

1. 电话质量的音频压缩标准

电话质量语音信号的频率范围是 200～3400Hz，采用标准的脉冲编码调制（PCM），当采样频率为 8kHz，量化位数为 8 位时，对应的数据速率为 64Kbps。为了压缩音频数据，国际上从 CCITT 最初的 G.711 标准开始，已制定了一系列的语音压缩编码的标准。表 2-3 是 ITU 建议的用于电话质量的语音压缩标准。

表 2-3　ITU 建议的用于电话质量的语音压缩标准

标准	说　明
G.711	采用 PCM 编码，采样频率为 8kHz，量化位数为 8 位，因此速率为 64Kbps
G.721	将 64Kbps 的比特流转换成 32Kbps，基于 ADPCM
G.723	一种以 24Kbps 运行的基于 ADPCM 的有损压缩标准
G.728	采用 LD-CELP 压缩技术，比特率为 16Kbps，带宽限于 3.4kHz

随着数字移动通信发展，人们对于低速语音编码有了更迫切的要求。1989 年美国公布的数字移动通信标准 CTIA，采用矢量和激励线性预测技术（VSELP），速率为 8Kbps。为了适应保密通信的要求，美国国家安全局 NSA 分别于 1982 年和 1989 年制定了基于 LPC，速率为 2.4Kbps 和基于 CELP，速率为 4.8Kbps 的编码方案。

2. 调幅广播质量的音频压缩标准

调幅广播质量音频信号的频率范围是 50～7000Hz，当使用 16kHz 的采样频率和 14 位的量化位数时，信号速率为 224Kbps。1988 年 ITU 制定了 G.722 标准，它可把信号速率压缩成 64Kbps。

G.722 标准采用基于子带 ADPCM 技术，将现有的带宽分成两个独立的子带信道，使输入信号进入滤波器组分成高子带信号和低子带信号，然后分别进行 ADPCM 编码，最后进入混合器形成输出码流。利用 G.722 标准可以在窄带 ISDN 的一个 B 信道上传输调幅广播质量的音频信号。由于这种压缩方法能够在每秒 8Kbps 的存储量下给出相当好的音乐信号，因此也适合于需要存储大量高质量音频信号的多媒体系统使用。

3. 高保真立体声音频压缩标准

高保真立体声音频信号的频率范围是 50～20000Hz，在 44.1kHz 采样频率下用 16 位量化，信号速率为每声道 705Kbps。目前，世界上第一个高保真立体声音频压缩标准为 MPEG 音频压缩算法，虽然 MPEG 音频标准是 MPEG 标准的一部分，但它也完全可以独立使用。

MPEG 音频标准提供了 3 个独立的压缩层次，用户对层次的选择可在复杂性和声音质量之间进行权衡。第一层的编码器最为简单，编码器的输出数据率为 384Kbps，主要用于小型数字合式磁带 （Digital Compact Cassette，DCC）；第二层的编码器的复杂程度属于中等，编码器的输出数据率为 192～256Kbps，其应用包括数字广播音频、数字音乐、CD-I 和 VCD 等；第三层的编码器最为复杂，编码器的输出数据率为 64Kbps，主要应用于 ISDN 上的声音传输。

2.2.3　音频压缩工具软件

音频文件的种类繁多，无论是压缩文件还是未压缩文件都可以互相转换。通常音频文件的转换方式有两种：一种是通过音频处理软件的"另存为"来实现；另一种是借助于音频文件转换器来实现。比如 Audio Converter，它能方便地在 MP3、WMA、WAV 和 AIFF 等之间转换音频文件，还可以将 CD 音轨转换为 MP3、WMA、WAV 等文件格式。

音频压缩工具是一种用来优化或降低音频文件大小的软件，比如 Mp3Resizer 就是一种用来减少 MP3 文件大小，用来优化的音乐播放器软件。当用户使用手机、MP3 播放器、掌上计算机等来听 MP3 音乐时非常有用。通常 MP3 播放器内存较小，例如一个 5min 的 256Kbps 的 MP3 文件就会占用大约 9.15Mb。通过音频压缩工具实施进一步压缩，文件大小可减少到 2.86Mb，输出文件几乎比原文件小 3 倍多，而 MP3 音质基本无损。

运行 Mp3Resizer 音频压缩工具，出现的用户界面如图 2-5 所示。单击"添加文件"图标，选择需要优化的 MP3 文件，适当选择或调整品质、比特率与采样率等选项，单击"调整大小"按钮即可生成压缩比更大的 MP3 文件。

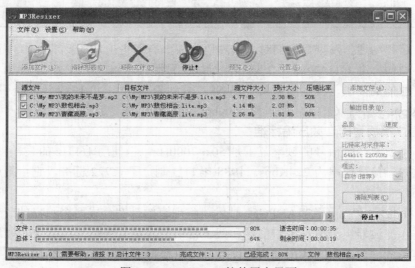

图 2-5　Mp3Resizer 软件用户界面

2.3 声卡与电声设备

2.3.1 声卡

声卡，又称声音卡或音频卡。它是装置在计算机内部，能让计算机发出音乐、音效和各种声响的硬件板卡。声卡是组成多媒体计算机的必要部件，也是计算机进行所有与声音相关处理的硬件单元。

声卡的历史可以追溯到 20 世纪 80 年代中期。更早之前，计算机上没有任何用于专门处理声音的硬件设备，唯一能够产生一些简单提示音的是机箱上附带的喇叭，其作用也仅仅是当启动或程序出错时发出"滴"一声而已。PC 上最早的声卡是 1984 年由 Adlib Audio 公司研发的 Adlib 音乐卡，它能通过 FM 合成的方式制造出 4 复音数的 MIDI 音乐，但不能发出诸如人声等各种音效，因此只能叫做音乐卡而不是真正的声卡。第一块功能全面的声卡是新加坡创新公司的 Sound Blaster 声卡，它在兼顾 MIDI 音乐合成的同时，加入了对 Wave 音效的处理能力。在声卡发展历程中，创新 Sound Blaster 逐渐成为业界的标准。

当前的声卡已经从最早的 8 位/单声道发展到了与专业设备相齐的 24 位/192kHz，硬件形态也经历了从 ISA 到 PCI，甚至是 USB 外置盒的变革，音质越来越好，价格越来越便宜，功能也越来越丰富。

1. 声卡的主要功能

声卡是负责录音、播音和声音合成的一种多媒体板卡，其功能包括录制、编辑和回放数字音频文件，控制各声源的音量并加以混合，在记录和回放数字音频文件时进行压缩和解压缩，采用语音合成技术让计算机朗读文本，具有初步的语音识别功能，MIDI 接口和输出功率放大，等等。

2. 声卡的组成原理

声卡是将话筒或线性输入的声音信号经过 A/D 转换变成数字音频信号进行数据处理，然后再经过 D/A 转换成模拟信号，送往混音器中放大，最后输出驱动扬声器发声。图 2-6 是声卡的组成原理框图。

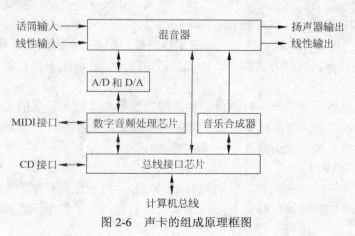

图 2-6　声卡的组成原理框图

从图 2-6 中可以看出，声卡的核心器件是数字音频处理芯片和音乐合成器，它们决定了声卡的性能优劣。目前的声卡已经将这两个芯片集成到一块芯片内，使声卡集成度提高，性能和质量也随之提高。下面对声卡的各个组成部分作一介绍。

（1）总线接口芯片。总线接口芯片为声卡的各个部分与系统总线提供握手信号，同时它也是命令和数据的缓冲器，在声卡与系统总线之间传输命令与数据。

（2）数字音频处理芯片。数字音频处理芯片可以完成各种信号的记录和播放任务，还可以完成许多处理工作，如 ADPCM 音频压缩与解压缩运算、改变采样频率、解释 MIDI 指令或符号以及控制和协调直接存储器访问（DMA）工作。

（3）音乐合成器。音乐合成器负责将数字音频波形数据或 MIDI 消息合成为声音。

（4）A/D 和 D/A 转换器。A/D 和 D/A 转换器完成声音信号从模拟到数字和从数字到模拟的相互转换。

（5）混音器。混音器可以将不同途径，如话筒或线路输入、CD 输入的声音信号进行混合。此外，混音器还为用户提供软件控制音量的功能。

3. 声卡的性能指标

（1）采样和量化能力。这是衡量音响器材音质好坏的性能指标，通常采样频率和量化位数越高，则声卡能产生的声音就越细腻。

采样频率一般有 3 种标准：11.025kHz（语音等级）、22.05kHz（音乐等级）、44.1kHz（高保真效果等级）。采样频率的高低直接影响声卡的频率响应范围。

量化位数通常有两种标准：8 位和 16 位。对于语音信号，8 位量化位数基本可以满足要求；但是对于音量幅度变化很大的交响乐，就需要 16 位量化音频质量。

（2）芯片类型。采用什么样的核心器件是决定声卡性能高低的主要因素。有些声卡采用的芯片性能比较差，如 CODEC 芯片，有些控制任务要由 CPU 完成，这样的声卡价格较为便宜。声卡专用的数字信号处理器集成度很高，不但具有数字信号处理能力，而且还集成了 A/D 转换器，甚至集成了音乐合成器。这样的芯片处理能力很强，对 CPU 的依赖性小，因此采用这种芯片的声卡性能好，但是价格较高。

（3）总线类型。声卡依其与计算机的连接方式不同，分为 ISA 总线、PCI 总线和通过 USB 电缆连接的外置方式。其中，ISA 总线声卡属于比较老的产品，安装和设置复杂，而且目前新款主板都已取消了 ISA 插槽，ISA 声卡根本无法安装；PCI 总线声卡是当今市场上的主流产品，一般计算机都可装备，由于支持即插即用 PnP，因此安装和设置都很方便；USB 声卡由于与计算机连接方式简单，便于携带，因此广泛应用于台式机、笔记本和一些家用设备中。

（4）输出声道数。声卡所支持的声道数的增加也是声卡技术发展的重要标志之一，它决定了声卡的基本功能。通常有 2 声道（即立体声）、2.1 声道、4.1 声道、5.1 声道甚至 7.1 声道等，多通道声卡是营造逼真音效环境的先决条件。

4. 声卡的外部接口

声卡一般有 4～6 个外部接口（俗称插口或插座），用于连接外部的音频设备。不同厂商和不同档次声卡的外部接口略有不同。图 2-7 是一种声卡的外形示意图，下面简要介绍声卡各个外部接口的作用。

（1）线性输入接口（Line In）。用来连接外部音频设备，如录音机、CD 唱机和音响等，进行播放或录音。

（2）话筒输入接口（Mic In）。用来连接话筒，直接输入现场的声音信号，使计算机具有录音机的功能。

（3）线性输出接口（Line Out）。用来连接外部音频设备的 Line In 输入口，也可连接大功率有源音响。

（4）扬声器输出接口（Speaker Out）。用来连接扬声器，从声卡的内置功率放大器向扬声器输出声音。

（5）游戏杆/MIDI 接口（Joystick/MIDI）。连接游戏杆或 MIDI 设备。用户可以购买可选的 MIDI 套件，它允许同时插入游戏杆和 MIDI 设备。

（6）CD 音频连接器。使用 CD 音源线连接 CD-ROM 驱动器，这样可以直接播放 CD音乐，而不占用 CPU 时间。

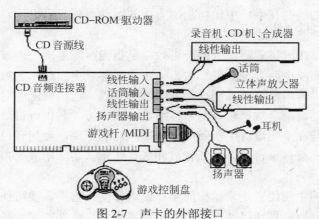

图 2-7　声卡的外部接口

2.3.2　传声器

传声器是一种将声信号转换成相应电信号的能量转换器件，俗称话筒或麦克风。传声器的历史可以追溯到 19 世纪末，贝尔（Alexander Graham Bell）等科学家致力于寻找更好的拾取声音的办法，用于改进当时的最新发明——电话。他们发明了液体话筒和炭粒话筒，这些话筒效果并不理想。到了 20 世纪，话筒由最初通过电阻转换声电发展为电感式、电容式转换，大量新的话筒技术逐渐发展起来，这其中包括铝带、动圈等话筒以及当前广泛使用的电容话筒和驻极体话筒等。

1. 传声器的分类

传声器的品种繁多，其分类方式也有多种。

（1）按换能原理分类，可分为电动式、电容式、电磁式、压电式、炭粒式和光纤式等传声器。

（2）按声学原理分类，可分为压强式、压差式和复合式等传声器。

（3）按指向性分类，可分为全指向型（O 形）、单向型（心形）、双向型（8 字形）、超指向型、半球形、半心形等传声器。

（4）按用途分类，可分为会议传声器、演唱传声器、录音传声器、测量传声器等。

（5）按使用方式分类，可分为台式、颈挂式、手持式、吊杆式等传声器。

（6）按有线无线分类，可分为有线传声器和无线传声器。

2. 传声器的工作原理

传声器的工作原理是一种声与能的转换过程，目前通用的传声器有电动式传声器和电容式传声器等。

（1）电动式传声器。电动式传声器是应用最多的一种传声器。它主要有动圈式传声器和带式传声器两种，两者工作原理相同，都是按照电磁换能原理工作的。

动圈式传声器采用了最基本的电磁换能原理。它的构造很像电动式纸盆扬声器，不同的是它用膜片代替了扬声器的纸盆，更重要的是在膜片前后设有腔、槽、孔和吸音材料等，组成声学滤波器用于控制频率响应。动圈式传声器的音圈由漆包线绕成，然后将音圈粘在受声波驱动的轻质塑料振膜后面。当声波传到传声器的膜片上，膜片受声压的作用而产生运动，与膜片相连的线圈在磁场中做切割磁力线的运动而感应出电流。此电流的波形与声波传到膜片上的音频波形一致。

动圈式传声器存在近讲效应。所谓近讲效应是指当声源距离比声波长小时，处于球面波状态，声压随距离减少而衰变梯度很大。当传声器移近声源时，波长较大的低频会被提升。专门设计的近讲传声器可以抑制这种低频过重失真。近讲效应有时可以为录音和放音所利用。例如，歌唱演员喜欢把传声器靠近嘴边演唱，可以利用近讲效应来增加声乐的温暖感与柔和感。但若在演唱过程中不断改变与传声器的距离，会使音色改变太大，故应确定一个稳定的使用距离。录音时，对低音鼓和低音弦乐器实际拾取的声音会比乐器原发声听起来感觉大得多。

动圈式传声器的主要优点是，结构简单，使用方便；它不需要附加前置放大器，没有极化电压，因而不要向它馈送电源；与电容传声器相比，性能稳定，噪声电平较低；价格相对低廉等。

（2）电容式传声器。电容式传声器依靠振膜振动引起的电容量变化实现换能。电容式传声器由极头、前置放大器和极化电压供给电路三大部分组成。与动圈式传声器不同，电容式传声器的振膜本身就是换能机构的主要部分。由于振膜又薄又轻，使电容式传声器具有灵敏度高、动态范围大、频率响应宽且平坦、瞬态特性好、失真度低等特点，因此在广播电视、音乐录音及要求较高的舞台拾音等场合得到了广泛的应用。

由于电容式传声器的振膜很薄，受潮后会引起变形，产生极间漏电现象而出现噪声，所以电容式传声器在使用中要注意防潮，不用时应放入干燥缸中，并在其中放些变色硅胶粒吸潮。

（3）驻极体式传声器。驻极体式传声器是利用驻极体材料制作的电容传声器，因此与电容式传声器工作原理相同。所不同的是振动膜片经过特殊电处理，表面被永久地驻有极化电荷，从而取代了电容传声器的极板，故名为驻极体式电容传声器。

由于省去电容式传声器所需的极化电压，使驻极体式传声器具有结构简单、体积小、耐振动、价格较低等特点。目前驻极体式传声器广泛应用于广播、录音、扩声和电声测量中，还大量用于盒式录音机、助听器、电话机、声控设备和声控玩具中。

（4）无线传声器。无线传声器不是指传声器的结构原理，而是指信号的传输方法。一般传声器带有电缆且只能固定在某一位置上使用。在舞台演出时，对于行走的演员表演，由于距传声器时近时远，则影响拾音效果，演员的动作受到了很大的限制。无线传声器省去了电缆，解脱了电缆线对演员表演的束缚，可以在较大范围内移动，更好地发挥演员的表演能力。因此无线传声器在广播电视、录音、音乐会和课堂教学中获得了广泛的应用。

无线传声器的工作原理是用传声器将声音信号转变成电信号，经调频后形成超高频信号发射出去，相当于一个微型的调频无线电台。接收机是专用的调频接收机，与发射机配套对应，用天线接收载波信号并经过高放、变频、中放、鉴频和低放，最后输出音频信号。

无线传声器的极头有驻极体式、电容式和动圈式，其中驻极体式电容传声器，因其体积小、重量轻、性能好，使用最为广泛。

3. 传声器的性能指标

（1）灵敏度。灵敏度表示传声器的声电转换效率，即指传声器在声电转换过程中，把声压转换成电压的能力。当传声器入射声音频率为 1kHz 纯音时，声压为 1Pa，传声器开路端产生的电压值就是传声器灵敏度的常用单位，即 mV/Pa。

实际传声器常用灵敏度级表示，即 $L=20\lg (E/E_r)$，其中：E 为实际声压灵敏度，E_r 为参考声压灵敏度（1V/Pa）。一般动圈式传声器的灵敏度级约为$-60\sim-70$dB，电容式传声器约为$-40\sim-50$dB。不同灵敏度的传声器适用于不同的声源拾音。使用过程中，灵敏度高对提高信噪比有利，但也不可过分追求，太高的灵敏度往往会引起失真。

（2）频率响应。传声器在不同频率的声波作用下的灵敏度是不同的，频率响应是指传声器输出电平与频率的关系。传声器在一定声压作用下，输出电平随不同频率的声压变化称频率响应。频率响应可以用频率响应曲线来表示，该曲线中出现峰点或谷点会对音质产生不利的影响，传声器的频率响应在工作频带内应有平直的特性，这是获得良好音质的必要条件。

传声器的频率响应范围越宽，价格也就越高。在教学和演讲时，由于人的语言频率范围不大，对传声器的频率特性要求可以低一些，通常选用电动式传声器。而音乐的频率范围则要大得多，在音乐录音及高档演出场合中，应使用尽可能宽的频率特性的电容式传声器。

（3）指向性。指向性是指在某一指定频率下，随着声波入射方向的不同相应灵敏度的变化特性，通常以某一特定频率的声波按不同方向入射到传声器上，记录对应的灵敏度，画出入射角—灵敏度对应的极坐标图来表征传声器的指向特性。

传声器的指向特性又称方向性，以其拾取音源方向的覆盖空间可以分成全指向性、双指向性和单指向性 3 种。全指向性传声器适合需要环境气氛的现场采访或小型座谈会录音，双指向性传声器适合个人采访、双方会谈的录音，单指向性传声器适合会议和演唱使用，也用于远距离采访或体育比赛场景拾音。

（4）输出阻抗。由于阻抗中容抗与感抗均与频率有关，所以传声器的输出阻抗是指声器的两根输出线之间在 1kHz 时的阻抗。传声器的输出阻抗有低阻（如 50Ω、150Ω、200Ω等）和高阻（如 10kΩ、20kΩ、50kΩ）两种。

传声器的输出阻抗越高，其空载灵敏度也就越高。但是从信号传输的角度来看，传声器的输出阻抗越高，信号传输途中就越容易受外界杂散电磁场的干扰，容易出现感应交流声等，在传声器电缆较长情况下尤其如此，因此，专业传声器基本上都采用低阻传声器，只有在要求不高的语言扩音时才使用高阻传声器。

（5）动态阈。动态阈是指在规定的谐波失真条件下（一般规定为 0.5%），传声器所承受的最大声压级与绝对安静条件下传声器的等效噪声级之差。传声器拾取的声音范围上限受到非线性失真的限制，而下限受其固有噪声的限制。高保真传声器的最大声压级是谐波失真 0.5%时，要求达到 114dB。若等效噪声级为 25dB，则动态阈约为 90dB。

动态阈太小会引起声音失真，音质变坏，所以要求传声器有足够大的动态阈。专业传声器对噪声问题解决得相当好，其下限可以做到 20dB，上限可达 140～160dB。

2.3.3 扬声器

扬声器俗称喇叭，是一种将电信号转换成声音信号的电声器件。

1. 扬声器的工作原理

扬声器的种类很多，这里以最常见的电动式锥形纸盆扬声器的结构为例来说明扬声器的工作原理。锥形纸盆扬声器大体由 3 个部分组成。

① 磁路系统，包括永磁铁、导磁板和圆铁心柱等。

② 振动系统，包括锥形纸盆和音圈等。

③ 辅助系统，包括音圈纸架、纸盆铁架和防尘盖等。纸盆扬声器结构如图 2-8 所示。

纸盆扬声器的工作原理是，当音圈中通入按声音变化的电流时，音圈会在磁场中磁力的作用下产生相应的振动，于是就带动纸盆与之振动。纸盆将振动通过空气传播出去，于是就产生了声音。

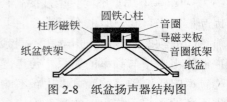

图 2-8　纸盆扬声器结构图

如果电流幅度大，则音圈振动幅度大，产生的声音响度大；如果电流频率高，则音圈振动快，产生的声音音调高；如果电流波形不同，则音圈振动波形不同，产生的声音音色不同。

2. 扬声器的分类

扬声器有不同的分类方法。

（1）按工作原理分类。按工作原理的不同，扬声器可分为电动式扬声器、电磁式扬声器、静电式扬声器和压电式扬声器等。

① 电动式扬声器。这种扬声器采用通电导体作为音圈，当音圈中输入一个音频电流信号时，音圈相当于一个载流导体。如果将它放在固定磁场中，根据载流导体在磁场中受力运动的原理，音圈会受到一个大小与音频电流成正比，方向随音频电流变化而变化的力。这样，音圈就会在磁场作用下产生振动，并带动振膜振动，振膜前后的空气也随之振动，即可将电信号转换成声波向四周辐射。

② 电磁式扬声器。这种扬声器又称为舌簧式扬声器，声源信号电流通过音圈后会将软磁材料制成的舌簧磁化，磁化了的可振动舌簧与磁体相互吸引或排斥，产生驱动力，使振膜振动而发声。

③ 静电式扬声器。这种扬声器利用电容原理，将导电振膜与固定电极按相反极性配置，形成一个电容。将声源电信号加到此电容的两极，极间因电场强度变化而产生吸引力，从而驱动振膜振动发声。

④ 压电式扬声器。这种扬声器是利用压电材料受到电场作用发生形变的原理，将压电电动元件置于音频电流信号形成的电场中，使其发生位移，从而产生逆压电效应，最后驱动振膜发声。

（2）按放声频率分类。扬声器按放声频率，可分为低音扬声器、中音扬声器、高音扬声器和全频带扬声器等。

① 低音扬声器。主要播放低频信号的扬声器称为低音扬声器，其低音性能很好。低音扬声器为使低频放音下限尽量向下延伸，因而扬声器的口径做得都比较大，能输入较大的功率。为了提高纸盆振动幅度的容限值和降低自身谐振频率，常采用软而宽的支撑边，如橡皮边、布边、绝缘边等。一般情况下，低音扬声器的口径越大，低频音质越好，所承受的输入功率就越大。

② 中音扬声器。主要播放中频信号的扬声器称为中音扬声器，它可以实现低音扬声器和高音扬声器重放音乐时的频率衔接。由于中频占整个音域的主导范围，且人耳对中频的感觉较其他频段灵敏，因而中音扬声器的音质要求较高。其主要性能要求是声压频率特性曲线平坦、失真小、指向性好等。

③ 高音扬声器。主要播放高频信号的扬声器称为高音扬声器。高频扬声器为使高频放音的上限频率能达到人耳听觉上限频率 20kHz，因而口径较小，振动膜较轻。与低、中音扬声器相比，高音扬声器的性能要求除与中音单元相同外，还要求其重放频段上限要高。

④ 全频带扬声器。全频带扬声器是指能够同时覆盖低音、中音和高音各频段的扬声器，可以播放整个音频范围内的电信号。其理论频率范围要求是从几十赫兹至 20 千赫兹，但实际上采用一只扬声器很难达到这样的要求。因此，有些全频带扬声器做成双纸盆扬声器或同轴扬声器。双纸盆扬声器在扬声器的大口径纸盆中央加上一个小口径的纸盆，用来重放高频声音信号，从而有利于频率特性响应上限值的提升。同轴式扬声器采用两个不同口径的低音扬声器和高音扬声器安装在同一个中轴线上。

3. 扬声器的性能指标

扬声器是音箱的关键部位，音箱的放声质量主要由扬声器的性能指标决定，进而决定了整套音箱的放音指标。扬声器的性能指标主要有输出功率、频率特性、信噪比、谐波失真、灵敏度和额定阻抗等。因为纸盆扬声器是不能单独工作的，必须把它装入音箱才能使用，因此扬声器相关指标与音箱很类似，故在音箱性能指标进行详细说明。

2.3.4　音箱

音箱又称扬声器系统，它是音响系统中极为重要的一个环节。它将高、中、低音扬声器组装在专门设计的箱体内，并经过分频网络将高、中、低频信号分别送至相应的扬声器进行重放。随着多媒体技术的发展，4.1 音箱和 5.1 音箱逐渐流行起来。即便如此，传统的 2.0 音箱凭借其在音乐欣赏方面独有的特质，依然受到许多用户的钟爱。如果用户使用计算机来观看 DVD 影片或玩游戏，那么 5.1 音响系统是首选；如果用户只作一般的音乐欣赏，那么选择传统的 2.0 音箱系统更适合。

1. 音箱的分类

（1）按使用场合不同，可分为家用音箱和专用音箱两种。家用音箱一般音质纤细，解析力强，精致美观，但灵敏度较低（约 80～95dB），承受的功率相对较小；而专业音箱的灵敏度较高（约 95～110dB），放音声压高，指向性强，承受功率大。与家用音箱相比，其音质偏硬，但有力度，一般用于歌舞厅、影剧院、体育场馆等专业文娱场所。

（2）按功率放大器的内外置，可分为有源音箱（放大器内置）和无源音箱（放大器外置或无功放）两种。

（3）按内部结构不同，可分为密闭式、倒相式、空纸盆式、迷宫式和号角式等音箱。

（4）按声道数量不同，可分为 2.0（双声道立体声）、2.1（双声道加一超重低音声道）、4.1（四声道加一超重低音声道）和 5.1（五声道加一超重低音声道）等，如图 2-9 所示。

图 2-9 几种不同声道数的音箱

通常 4.1 声道有 5 个发音点：前左、前右、后左、后右，听者被包围在中间，同时还附加一个超重低音音箱，以加强对低频信号的回放处理。5.1 声道环绕立体声是以 4.1 声道环绕立体声为基础，以杜比 AC-3、DTS 等声音录制压缩格式为技术蓝本的新型声场环绕系统。相对于 4.1 环绕来说，它的不同之处在于增加了一个中置单元，用于在观看影片时，将对话集中在整个声场的中部，加强电影中对白的表现效果，以增加整体的影院效果。

2. 音箱的性能指标

（1）输出功率。输出功率是音箱最重要的指标，输出功率分为额定功率和最大峰值功率两种。额定功率是音箱谐波失真在标准范围内变化时，音箱长时间工作输出功率的最大值。最大峰值功率是在不损坏音箱的前提下，瞬时功率的最大值。在选择音箱时应注意的是额定功率，而不是最大峰值功率。一般来说，音箱的功率越大，音质效果越好。在一个 $20m^2$ 的房间内要取得满意的放音效果，30W 的音箱就可以了。

（2）频率范围与频率响应。频率范围是指音箱最低有效回放频率和最高有效回放频率之间的范围，单位为赫兹（Hz）。频率响应是指将一个以恒定电压输出的音频信号与音箱系统相连接时，音箱产生的声压会随频率的变化而增大或衰减，相位也会随频率而发生变化，这种声压、相位与频率的变化关系称为频率响应，声压、相位与频率变化的曲线分别叫做幅频特性和相频特性，合称频率特性。这是考察音箱性能优劣的一个重要指标，它与音箱的性能和价位有着直接的关系。音箱的频率响应曲线越平坦，失真越小，性能越高。

（3）信噪比。信噪比是指音箱回放的有效信号与噪声信号的比值，单位是分贝（dB）。当然信噪比越高越好。若信噪比较低，小信号输入时噪声严重，使整个音域的声音都变得浑浊不清。普通音箱的信噪比为 70～80dB，高档音箱的信噪比为 80～90dB，专业音箱的信噪比在 95dB 以上。

（4）失真度。失真度分为谐波失真、互调失真和瞬态失真 3 种。谐波失真是指声音回放中由于增加了原信号没有的高次谐波成分而导致的失真；互调失真影响到的主要是声音的音调方面；瞬态失真是因为扬声器具有一定的惯性质量，盆体的振动无法跟上瞬间变化的电信号的振动而导致的原信号与回放音色之间的差异。瞬态失真直接影响到音质音色的还原程度，所以这项指标与音箱的品质密切相关。这项指标常以百分数表示，数值越小，表示失真度越小。

（5）灵敏度。灵敏度是指产生全功率输出时的输入信号。输入信号越低，灵敏度越高，音箱性能就越好。音箱的灵敏度每差 3dB，输出的声压就相差一倍，一般 84dB 以下为低灵敏度，87dB 为中灵敏度，90dB 以上为高灵敏度。

（6）阻抗。阻抗是指扬声器输入信号的电压与电流的比值。音箱的输入阻抗一般分为高阻抗和低阻抗两种，高于 16 Ω的是高阻抗，低于 8 Ω的是低阻抗，音箱的标准阻抗是 8 Ω。在功放与输出功率相同的情况下，低阻抗的音箱可以获得较大的输出功率，但阻抗太低又会造成欠阻尼和低音劣化等现象。

2.4　MIDI 与音乐合成

MIDI 是多媒体计算机系统产生音乐的一种主要方式，适用于长时间音乐演奏的场合。MIDI 技术不仅是多媒体音频的重要组成部分，而且也会对演奏音乐和使用乐器的方式带来很大的变化。

2.4.1　MIDI 技术概述

1. 什么是 MIDI

MIDI（Musical Instrument Digital Interface，乐器数字接口）是一种利用合成器产生的音乐技术，即利用数字信号处理技术合成各种各样的音效，如模仿钢琴、小提琴、小号等许多音色，以及超越时空的太空音乐。

MIDI 是由 Yamaha、Roland 等公司在 1983 年联合制定的一种规范，它是各种电子乐器之间以及它们与计算机之间用来互相沟通的一种语言，可以使不同厂家生产的电子音乐合成器互相发送和接收音乐信息，并且还能满足音乐创作和长时间播放音乐的需要。MIDI 的特点是其文件内部记录着演奏数字音乐的全部动作过程，如音色、音符、延时、音量和力度等信息，所以 MIDI 的数据量相当小。

MIDI 信息是乐谱的数字化描述，乐谱由音符序列、定时及合成音色的乐器定义所组成。比如，将音色 Acoustic Piano 编号为 00，将音符 C3 编号为 00，将 8 分音符编号为 60，如果要一个原声钢琴 8 分音符的 C3 音，在 MIDI 文件中就记录下"00 00 60"。当一组 MIDI 信息通过音乐合成器演奏时，合成器将解释这些符号并产生音乐。

2. MIDI 标准

MIDI 是一种用在不同的电子音乐设备和计算机之间交换信息的国际标准，它主要包括以下两个部分。

（1）MIDI 硬件规范。MIDI 硬件规范是指各种乐器之间连接的硬件接口标准和信号传输机制，通常包括输入和输出通道的类型、连接电缆的样式和插座形式。

（2）MIDI 信息规范。MIDI 信息规范是指传输音乐信息的一种编码方式，包括音符、音符长短、音调和音量等，是一种表达各种声音的作曲系统。

2.4.2　MIDI 合成方式

MIDI 合成器接收到 MIDI 命令后按要求合成不同的声音，合成声音的质量是由合成方式决定的。目前，MIDI 合成方式主要是调频合成法和波形表合成法。

1. 调频合成法

调频（Frequency Modulation，FM）合成法，它是早期的电子合成乐器所采用的发音方式，后来由 Yamaha 公司将它应用到 PC 的声卡中。调频合成的理论基础是傅里叶级数，MIDI 合成器接收到 MIDI 音乐信息后，利用傅里叶级数原理将其分解为若干个不同频率的正弦波，然后生成 MIDI 音乐信息中指定乐器的各个正弦波分量，最后将这些分量合成起来送至扬声器播放。调频合成法的特点是开销较小，声音听起来比较清脆，但音色少，音质差。

2. 波形表合成法

波形表（Wave Table，WT）合成法，其原理是在 MIDI 合成器的 ROM 中预先存有各种实际乐器的声音样本。在进行音乐合成时，合成器以查表的方式调用这些样本，使其与MIDI 音乐信息的要求完全相配，然后合成器将这些分段合成的样本送至扬声器播放。由于波形表合成法采用的是真实的声音样本，因此它的音乐听起来比调频合成的音乐真实感强、音色更加自然。

波形表合成法有软硬之分，它们都是采用真实的声音样本进行回放。硬波形表的音色库存放在声卡的 ROM 或 RAM 中，而软波形表的音色库则以文件的形式存放在硬盘里，需要时再通过 CPU 调用。由于软波形表是通过 CPU 的实时运算来回放 MIDI 音效，因此软波形表对计算机系统的要求较高。

2.4.3　MIDI 的工作过程

MIDI 的工作过程如图 2-10 所示，MIDI 输入设备通过 MIDI 接口与计算机相连，MIDI依靠这个接口来传递数据而进行彼此间的通信。这样，计算机可通过音序器软件采集 MIDI输入设备发出的一系列数据或指令。这一系列数据可记录到以 mid 为扩展名的 MIDI 文件中。在计算机上音序器可对 MIDI 文件进行编辑和处理，并最终将 MIDI 数据送往合成器，由合成器进行解释并产生波形，然后送往扬声器播放出来。

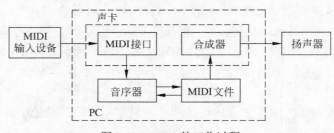

图 2-10　MIDI 的工作过程

2.4.4　计算机音乐系统

提到 MIDI 音乐制作，人们很容易想到合成器、编曲机、MIDI 键盘、采样器等大量复杂昂贵的专业设备，而作为音乐爱好者很难接触到这些设备。然而随着多媒体技术的发展，使得原来很多需要专业设备才能实现的功能，现在可以通过计算机软件来模拟实现，音乐系统的建设成本也大大降低。

那么，怎样构建计算机音乐系统呢？一般需要 3 种基本设备，即 MIDI 输入设备、音源、音序器或音序软件。

1. 输入设备

输入设备可以说是音乐创作者和音序器之间的接口，主要是把人的音乐创作意图通过输入设备转换为 MIDI 数据传给音序器。在专业系统中一般采用专用的 MIDI 键盘，而作为音乐爱好者可以采用带 MIDI 接口的电子琴替代。若没有电子琴，也可以采用音序软件中的虚拟键盘。

2. 音源

简单地说，音源就是模拟乐器发声的设备，对于 PC，就是声卡。当然模仿乐器并不是声卡的主要功能，声卡模仿的效果也有好有坏，这与声卡的档次有关。声卡模仿乐器发声的方式有好几种，最简单的方式是频率调制，用几个波形叠加来模拟某种乐器的音色，大多数低档声卡的调制算法都很简单，模拟出来的效果就像低档的电子琴一样，完全谈不上逼真。稍好一些的声卡在乐器模拟方面采用波形表方式，对某种乐器的音色进行采样分析，存储该乐器的波形信息到特定的存储器中，在调用到该乐器时，就从存储器中提取该乐器的波形信息进行播放，它能够比较真实地模拟乐器的音色。

现在任何一块声卡都有 128 种以上的音色库，也就是说，声卡内置了 MIDI 音源。如果要制作 MIDI 音乐，选择一款中档的声卡即可。

3. 音序器

音序器或音序软件相当于制作音乐的处理器，用来编辑各种音乐数据，实现同步播放。它能将音乐的各种要素，如音符、速度、力度、调性、控制器、效果器等以数字的语汇进行有序的排列，相当于一个音乐数据库。

音序软件是指为 MIDI 作曲而设计的音乐软件。它能够将音乐制作的 MIDI 信息记录并存储在计算机中，而且可以在此基础进行修改和编辑，是计算机音乐系统的核心部分。

2.4.5　音乐软件的分类

近些年来，由于计算机音乐的蓬勃发展，各种软件及其新版本层出不穷。通常音乐软件可分为这样几类：音序类、记谱类、教育类、音频编辑类和效果器插件类等。

1. 音序软件

音序软件是最常用的音乐软件，它可以记录输入计算机的各种数据，然后对这些数据进行修改、移位、删除、拼接、生成等编辑，最后再对这些数据进行重放。

音序软件有 Cakewalk（Twelve Tone Systems 公司产品）、MusicatorWin3（美国 Jo Brodtkord 公司和挪威 Musicator 联合开发的产品）以及 Master Tracks Pro Audio、Cubase VST、Logic Audio 等。

2. 乐谱打印软件

可以用合成器键盘或鼠标输入乐谱，然后进行乐谱的编辑、排版、输入汉字和添加音乐符号等，打印出标准的专业乐谱。MIDI Scan 软件可以利用扫描仪把五线谱扫描成图像文件并转换成 MIDI 文件，进行音乐播放或打印乐谱。乐谱打印软件还包括 Encore（美国 Passoort Designs 公司产品）、Finale（Coda 公司产品）等。

3. 音乐教育软件

音乐教育软件可以说是音乐爱好者的良师益友，它是目前品种最多的音乐软件，其中有节奏训练、听力训练、乐理教学、和声教学、乐器知识教学等。音乐教育软件的好处在于它能以生动的界面、灵活的手段把枯燥乏味的练习变得生动有趣。

音乐教育软件有 Earnaster（练耳教学软件，美国 MIDITee Denmark 公司产品）、Tonica（和声教学软件，英国 Software Partners 公司产品）、Teach me piano（钢琴教学软件 Voyetra Turtle Beach 公司产品）等。

4. 音频编辑软件

音频编辑软件是采用数字化手段对声音进行录制、存放、编辑、压缩或播放的一种工具软件。它能够帮助用户快速地完成各种声音处理工作。

音频编辑软件有 Cool Edit（美国 Syntrllium Software 公司产品）、Audition（美国 Abobe 公司产品）、Sound Forge（美国 Sonic Foundry 公司产品）以及 Wavelab（德国 Steinberg 公司产品）等。

5. 效果器软件

效果器软件主要是指各类音频插件，使用它们可以在不同的音乐软件平台上进行各种丰富的音频效果处理，充分发挥各类资源的作用。效果器软件有 TC Native、Dsspfx Virtual pack、VST（虚拟录音棚技术）系列等。

2.5　音频编辑软件

Windows 环境下用于录制声音的软件通常也包含编辑、特殊效果或转换功能，如录音机、Wave Studio、Audition 等。这些软件一般都有直观友好的界面，其录音功能的使用与普通录音机十分相似。本节以 Adobe Audition 3.0 为例，介绍声音录制和编辑的基本操作以及一些特殊音效使用技能。

2.5.1　Audition 概述

1. Audition 的发展历史

1997 年 9 月，美国 Syntrillium 公司发布了一款多轨音频编辑软件，名为 Cool Edit Pro 1.0。到 1999 年 6 月又发表 Cool Edit Pro 1.2 版本，它可以运行在 Windows 98 或 Windows NT 平台上，带有 30 多种效果器。以后 Syntrillium 陆续发布了几个插件，丰富着 Cool Edit Pro 的音效处理功能，使它开始支持 MP3 格式的编码与解码。2002 年 1 月，Cool Edit Pro 2.0 版本被发布，除了界面变得更加友好外，它开始支持视频素材、MIDI 播放以及新增一批实用音频处理功能。Cool Edit Pro 因其影响力越来越大，引起了著名的多媒体软件公司 Adobe 的注意。

2003 年 5 月，Adobe 公司宣布收购 Syntrillium 软件公司。2003 年 7 月，Adobe 公司将 Cool Edit Pro 更名为 Audition，并推出 Audition 1.0 版本，该软件与 Cool Edit Pro 2.1 版本几乎完全一样。2004 年 4 月，Adobe 公司又推出 Audition 1.5 版本，在原有的基础上增加了包括支持 VST 效果器插件、直接刻录音乐 CD 和视频播放等功能。

2006 年 2 月，Adobe Audition 2.0 正式发布，并将其整合到媒体创意集成软件 Adobe Production Studio 中，与 After Effects 7.0、Premiere Pro 2.0 以及 Encore DVD 2.0 组成一套强大的桌面视频解决方案。2007 年底，Adobe 发布了 Audition 3.0 单行版本，它在原有基础上增加许多功能和人性化设置，成为当前流行的音频处理软件之一。

2. Audition 的基本功能

Audition 是集声音录制、音频混合和编辑于一身的音频处理软件，它的主要功能包括录音、混音、音频编辑、效果处理、降噪、音频压缩与刻录音乐 CD 等，还可以与其他音频软件或视频软件协同工作。

数字音频技术已经深入到人们的工作和生活中，它的应用范围相当广泛，其中包括唱片工业、广播电视、电影与 DVD、流媒体和增值服务等，像彩铃业务是一种手机的增值服务，彩铃最早就是由一批数字音频技术的爱好者发起制作的，并逐渐演化成一种商业服务。

3. Audition 的启动和退出

开机进入 Windows 后，选择"开始"|"所有程序"|Adobe Audition|Adobe Audition 菜单项，即可启动 Adobe Audition。如果用户熟悉 Windows 操作系统，还有更多地启动 Audition 的方法，甚至可以在桌面上设置其快捷的启动方式。

如果要退出 Audition，可以选择"文件"|"退出"菜单项，或按 Ctrl+Q 键，或直接单击 Audition 应用程序窗口右上角的"关闭"按钮，这时 Audition 停止运行并退出。在退出之前，如果有已修改但未存盘的文件，系统会提示保存它。

4. Audition 的窗口组成

Audition 应用程序窗口（单轨模式）是由标题栏、菜单栏、工具栏、"文件"和"效果"列表栏、波形显示区、控制面板、电平指示条、状态栏等组成，如图 2-11 所示。

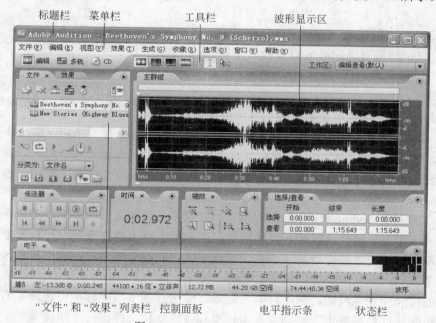

图 2-11　Audition 应用程序窗口

（1）标题栏。标题栏是 Audition 应用程序窗口最上面的一个矩形条，它显示该应用程序名称（Adobe Audition）以及当前正在处理的音频文件名。标题栏的最左端是控制菜单框，可以进行还原、移动、大小、最小化、最大化和关闭操作，右端的 3 个按钮分别是"最小化"按钮、"最大化/还原"按钮和"关闭"按钮。

（2）菜单栏。菜单栏位于标题栏的下方，它包括"文件"、"编辑"、"视图"、"效果"、

"生成"、"收藏"、"选项"、"窗口"和"帮助"这9个菜单项。用鼠标选择某个菜单选项或按键盘的 Alt+带下划线字母键,则打开相应的下拉式菜单,然后选择菜单项。利用菜单栏可以完成对音频文件的读取、修改、存储以及进行软件设置等。

(3)工具栏。工具栏左侧包括单轨模式(编辑视图)、多轨模式(多轨视图)和 CD 模式(CD 视图)3个按钮,单击它们可以在3种模式之间进行切换。右侧的按钮或图标随着视图模式的不同而有所改变。如选择"编辑视图"后会出现显示波形、显示频谱、显示声相谱、显示相位谱以及时间选择工具和刷选工具等,选择"多轨视图"后会出现混合工具、时间选择工具、"移动"和"复制"剪辑工具以及"刷选"工具等。工具栏右侧有一个工作区下拉菜单,可以从中选择进入更多不同的界面。

默认状态下,工具栏紧靠在菜单栏的下方。也可以像操作其他面板一样,使用拖曳的方法将其转换为"工具"面板,将其放置在软件窗口中的任何位置。选择"窗口"|"工具"菜单项,可以打开或关闭工具栏。

(4)"文件"和"效果"列表栏。"文件"和"效果"列表栏如图 2-12 所示,单击其上方的"文件"标签可以显示文件列表框,单击上方的"效果"标签则可以显示效果器列表框。

在"文件"列表栏中,显示当前工程文件所涉及的所有音频文件名称,方便总体监控以及快速查看。同时通过鼠标主键选取音频文件并拖曳至波形显示区中,可以快速地将音频文件插入到波形工作区中。在"效果"列表栏中,显示出所有 Audition 自带的效果器,利用这些效果器可以对音频进行各种编辑和处理,作出丰富多彩的音乐效果。

图 2-12 "文件"和"效果"列表栏

(5)波形显示区。波形显示区的上方长条矩形表示声音波形的时间总长,绿条表示当前显示在波形显示区的波形在整个声音波形中所占的位置和长度。把鼠标移到绿条上,鼠标就变成小手的形状。单击绿条并拖曳它,显示在波形显示区的波形也就跟着移动。用鼠标右击绿条并拖曳它可以改变绿条的长度,当然也就改变了波形显示的范围。

波形显示区是 Audition 工作界面的主体,它显示了音频文件的波形。波形中的竖直黄线指示当前选择点、播放点或插入点的位置。在波形上单击并拖曳鼠标可以选定当前工作的区域,双击鼠标可以选定当前显示在波形显示区内的整个波形。在波形显示区中,单声道只有一个波形,而双声道可以显示上下两个波形。

波形的横坐标表示时间,纵坐标表示振幅。单击并拖曳横坐标能使波形左右移动,单击并拖曳纵坐标能使波形上下移动。右击横坐标或纵坐标会弹出一个快捷菜单,通过它可以进行缩放波形、改变坐标度量等。

(6)控制面板。控制面板包括"传送器"面板、"时间"面板、"缩放"面板以及"选择/查看"面板等,如图 2-13 所示。

"传送器"面板可以对声音进行播放、暂停、停止、快进、倒回和录音等操作,"时间"面板用于显示当前的播放时间,"缩放"面板用于缩放音轨显示区中的波形和频谱等,而"选择/查看"面板用于显示选择波形时的开始点、结束点和时间长度,以及波形显示区中当前

图 2-13　控制面板

显示波形的位置时间点和时间长度。

（7）"电平"指示条。"电平"指示条显示出当前音频电平的大小情况，方便用户对总体音频情况进行监控。这里的电平可以理解为声音的大小，如图 2-14 所示。图中的两条不等长渐变色横带分别代表左右声道的电平大小，其中上面为左声道电平，下面为右声道电平。

图 2-14　电平指示条

如果话筒音量设置不当，或者歌手离话筒太近，则可能出现电平过载现象。所谓电平过载是指电平超过了规定的数值，从而会产生噪声或破音等。

（8）状态栏。状态栏位于工作窗口的最底端，它会显示一些状态信息，包括波形状态、采样频率、量化位数、文件大小和剩余空间及时长等，如图 2-15 所示。通过选择"视图"|"状态栏"|"显示"菜单项，可以显示或隐藏菜单栏。

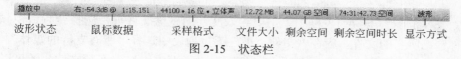

图 2-15　状态栏

鼠标数据是显示立体声文件的声道、以分贝为单位显示的振幅以及从文件开始处到当前位置的时间码。数据会随着鼠标的移动而改变，例如在编辑视图下，当显示"右：-54.3dB@0:00:234"时，鼠标指示右声道 0.234 秒处-54.3dB 的位置上。

显示方式是指波形显示区中当前内容，在编辑视图下有 4 种音频显示方式：显示波形、显示频谱、显示声相谱和显示相位谱。用户可以根据不同需要选择并使用它们。

5. 编辑视图和多轨视图

Audition 为编辑音频和创建多轨混音提供了不同的视图，编辑独立的音频文件应使用编辑视图，而混合多轨文件或混合 MIDI 音乐及视频应使用多轨视图。编辑视图和多轨视图采用不同的编辑方法，每种方法都有其独特的用途和优势。

编辑视图采用破坏性编辑方法编辑独立的音频文件，并将更改后的数据保存到源文件中。而多轨视图采用非破坏性编辑方法对多轨道音频进行混合，编辑与施加的效果是暂时性的，不影响源文件。多轨编辑需要更多的处理能力，从而增强了编辑的灵活性和复杂的处理能力。要结合这两种视图模式的特点，才能完成相对复杂的音频和视频的编辑任务。

选择"视图"|"编辑视图"或"多轨视图"菜单项，可以在编辑视图和多轨视图之间进行切换，单击工具栏上的编辑视图按钮和多轨视图按钮也可以进行相应的切换。在多轨视图中双击一个音频素材片段，可以在编辑视图中将其打开，同样在文件列表框中双击一

个音频文件，也可以在编辑视图中将其打开。

2.5.2 音频的基本操作

1. 导入、录音与播放

在"编辑"视图下，可以通过打开的方式，将各种格式的音频文件导入到 Audition 中，包括 MP3、WAV 和 AIFF 等格式；还可以打开视频文件中的音频部分，其中包括 AVI、MPEG、MOV 或 WMV 格式。其操作过程如下。

（1）选择"文件"|"打开"或"文件"|"打开视频中的音频"菜单项，会出现"打开"对话框，如图 2-16 所示。

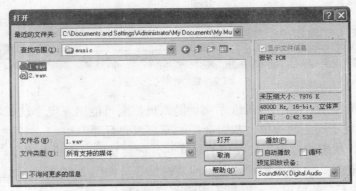

图 2-16 "打开"对话框

在"查找范围"下拉列表框中单击要导入文件的磁盘文件夹，选择音频或视频文件。如果没有看见所需的文件，应在"文件类型"下拉列表中选择"所有支持的媒体"，以显示 Audition 支持导入的所有文件。如果在"打开"对话框中，选中音频文件，还可以在对话框右侧，通过单击"播放"按钮，对其进行预览。

（2）选择完后并单击"打开"按钮，可将音频文件导入，其波形显示在波形显示区中。

录制声音前首先确定录音设备，如话筒、CD 播放器等，将这些设备与声卡连接好。

在 Audition 应用程序窗口中，选择"选项"|"Windows 录音控制台"菜单项，出现"录音控制"对话框，用于录音音量。在这里可以调节录音电平，不用的音源不要选中，以减少噪声。调整滑块位置，以使试录时电平指示在 -6～-3dB 之间，这样录音效果较好。一般情况下，录音电平越高越好，但是不能达到峰值。

录音电平调试好后，就可以开始录音，其操作过程如下。

（1）选择"文件"|"新建"菜单项，这时会出现"新建波形"对话框，如图 2-17 所示。选择适当的采样频率、分辨率和声道数，例如采样率选择 44100Hz、分辨率选择 16 位和通道选择立体声就可到达 CD 音质效果了。

（2）单击左下部传送器控制面板中的"录音"按钮，开始录音。

图 2-17 "新建波形"对话框

（3）拿起话筒唱歌或播放 CD 等。

（4）完成录音后，单击"传送器"面板中的"停止"按钮。

2. 后期音频剪辑

利用 Audition 编辑音频，与在文字处理软件中编辑文本相似。一方面它包括复制、剪切和粘贴等操作，另一方面必须事先选择编辑对象或范围，这样操作才有意义。一般的选择方法如下。在波形上按住鼠标左键向右或向左滑动，若要选整个波形，双击鼠标即可。此外，Audition 还提供了一些选择特殊范围的菜单项，它们集中在"编辑"菜单中，如"零点交叉"菜单项可以将事先选择波段的起点和终点移到最近的零交叉点（波形曲线与水平中线的交点），"查找小节"菜单项可以以节拍为单位选择编辑范围。

Audition 提供了 5 个内部剪贴板，加上 Windows 剪贴板，总共有 6 个剪贴板可同时使用。可以通过选择"编辑"|"剪贴板设置"菜单项，选择和切换当前剪贴板。

利用 Audition 的编辑功能，还可以将当前剪贴板中的声音，与窗口中的声音混合。其使用方法如下。单击"编辑"|"混合粘贴"菜单项，然后选择需要的混合方式，如插入、重叠（混合）、替换或调制。波形图中黄色竖线所在的位置为插入点，混合前应先调整好该位置。

如果一个声音文件听起来断断续续，用户可以使用 Audition 的"删除静音"功能，将它变为一个连续的文件，其使用方法是选择"编辑"|"删除静音区"菜单项。在弹出的"删除静音区"对话框里对静音区与音频分别进行定义，设置完后单击"确定"按钮，即可删除静音。

3. 后期音效处理

施加效果是音频后期处理的一个重要环节，常用的效果有振幅类效果、修复类效果、延迟类效果等。

用户常会发现录制的声音音量不太合适，因此增大或减少音量的方法是，选取需要修改的波形区域，或者双击波形显示区选取整个声音波形，然后选择"效果"|"振幅和压限"|"放大"菜单项，在出现的"VST 插件-放大"对话框中，拖曳"声道增益"滑块，可以改变当前波形或被选中波形的振幅大小，也就是放大或缩小了声音音量。

如果最初音量很小甚至无声，最终音量相对较大，就形成了一种淡入效果；反之，如果最初音量较大，最终音量很小甚至无声，就形成了一种淡出效果。实现音频淡入或淡出效果的方法如下。先选择区域，然后选择"效果"|"振幅和压限"|"振幅/淡化（进程）"菜单项，在出现的"振幅/淡化"对话框中选择"渐变"选项卡，如图 2-18 所示。

在"预设"框中，可以选择"淡入"或"淡出"选项，0%相当于音量被减小至无声，100%相当于音量没有改变。声音中间部分音量放大的倍数，将按最初和最终音量放大的倍数呈线性变化或对数变化。

在语音停顿的地方会有一种振幅变化不大的声音，如果这种声音贯穿于录制声音的整个过程，这就是环境噪声。消除环境噪声的方法是在语音停顿处选取一段有代表性的环境噪声，它的时间长度不少于 0.5s，如图 2-19 所示。

选择"效果"|"修复"|"降噪器（进程）"菜单项，在弹出的"降噪器"对话框，如图 2-20 所示。

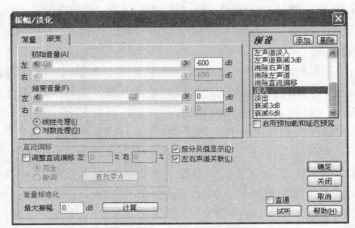

图 2-18 "渐变"选项卡

图 2-19 选取一段环境噪声

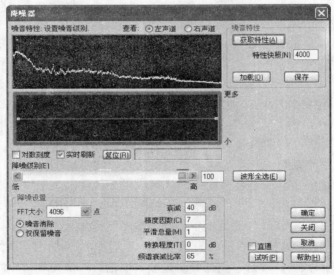

图 2-20 "降噪器"对话框

单击"获取特性",Audition 会获取噪声轮廓,显示在"噪声特性"框中,设置 FFT 大小为 8192,其他各项取默认值。单击"确定"按钮,系统就会自动清除环境噪声。如果消除环境噪声后发现有用的话音也发生了变形,可以使用撤销工具取消降噪操作,然后把"降噪器"对话框中降噪级别滑块向"低"端移动,再进行降噪处理。

加入延时效果不仅可以模拟各种房间效果,还能模拟空中回声、隧道以及立体声远处延时效果。使用方法如下。通过选择"效果"|"延迟和回声"菜单项,添加各种回声、多

重延迟、房间回声等延迟效果。

4. 应用实例

通过制作一段原创音乐"春天的故事"为例，具体讲解 Audition "编辑"菜单中各功能的使用。

（1）准备好话筒，与声卡连接好。启动 Audition，单击工具栏左侧的"编辑"视图，选择单轨模式。选择"文件"|"新建"菜单项，使用 44.1kHz 采样率、立体声通道、16 位分辨率，保存该会话文件。

（2）对照"春天的故事"文字歌词，单击传送器面板上的红色录音按钮，开始清唱并录音，清唱完毕，单击"停止"按钮停止录音。

（3）单击"传送器"面板上的"播放"按钮，试听录音效果。如果发现录制歌声的声音过大或是过小，可以选择"效果"|"振幅和压限"|"放大"菜单项，在弹出的"VST 插件-放大"对话框中，通过移动左右声道增益滑块，进行适当调节。

（4）由于录音场合和个人原因，难免会出现环境噪声，此时采用 Audition 的降噪功能。

（5）播放并试听录制的文件，若演唱过程中出现杂音或咳嗽声，可以通过选择"编辑"|"删除所选"菜单项去掉。编辑完成后，根据具体情况，选出自己喜欢的一段歌声波形区域，选择"效果"|"混响"菜单项或选择"效果"|"延迟和回声"|"回声"菜单项，加入需要的效果。

（6）再次试听文件直到满意后，通过选择"文件"|"另存为"菜单项，保存当前会话文件。

2.5.3　多轨音频的制作

1. 多轨音频波形处理

"多轨"编辑视图可以进行 MIDI 音轨、音频轨和视频轨等多轨操作。在"多轨"视图中可以通过导入的方式，将音频文件导入到 Audition 音频会话中，其使用方法是选择"文件"|"新建会话"菜单项，出现"新建会话"对话框，选择一种合适的采样率新建一个会话。再选择"文件"|"导入"菜单项，在弹出的"导入"对话框中选择一个音频文件。

在"多轨"视图中，可以对音频片段进行剪辑和扩展，以满足音频混合的需求。使用方法如下。选择一段音频波形片段，选择"剪辑"|"分离"菜单项，即可将片段从选择区边缘位置进行分离。若要重新组合，选择被分离的音频片段，选择"剪辑"菜单下的"合并"、"组合"、"分离"子菜单可将其与相邻的音频片段重新组合在一起。"多轨"视图与"单轨"视图的复制类似，不同的是"多轨"视图中可以批量复制音频剪辑，并将它们放置在不同的音轨中。

为了避免处理好的音频片段在时间轴上移动，可以将其锁定。先选择一个或多个音频片段，选择"剪辑"|"锁定时间"菜单项，即可锁定相应的音频片段。锁定后的音频可以上下移动，但是对应的时间轴不变。如果要对多个音频片段做相同的处理，可以选择"剪辑"|"剪辑编组"菜单项，组合后的音频组与其他的音频片段颜色不一样。

Audition 可以将多个音频片段混合输出到新的音频轨道中。即选择要合并的多个音频片段，选择"编辑"|"合并到新音轨"的子菜单项，可以选择以立体声或单声道格式插入到新的音频中，如图 2-21 所示。

图 2-21　合并音频剪辑到新音轨

2. 多轨混缩工程

在"多轨"视图中的"混音器"面板，可以通过对每个音轨的音量调整改变音量大小，通过动态 EQ 处理目标频率范围。单击 EQ 按钮，打开相应轨道的 EQ 对话框，以图表的形式设置调节。EQ 可以营造不同乐器的层次感，使得声音在整体上更加平衡。

"多轨"视图的添加效果与"编辑"视图下的有所不同，可以在"主群组"面板、"混音器"面板和效果框架中添加、排序或删除效果。其使用方法是，在混音器中的效果栏菜单中选择所需的效果添加即可。

包络编辑是指通过时间线对音频片段的某个属性进行动态编辑，使其在播放时，随着时间的变化而变化。"多轨"模式的包络编辑可分为音频包络编辑与轨道包络编辑。对音频片段进行包络编辑可以在时间线上设置片段的音量和声像。默认状态下，音频片段的音量包络线是一条绿色的直线，位于音频片段的顶端，表示百分之百音量；而声像包络线是蓝色的，位于音频片段的中央，表示没有偏移。通过添加并设置包络点的方式，改变两条包络线的位置和形状，从而使音频片段的音量和声像随时间的变化而变化，如图 2-22（a）所示。刚设置好的包络线是折线，通过选择"剪辑"|"剪辑包络"|"音量（声像）"|"采用采样曲线"菜单项，可以使音频片段的音量和声像包络线变为平滑的曲线，如图 2-22（b）所示。

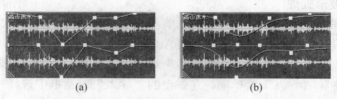

　　　　(a)　　　　　　　　　　　　(b)

图 2-22　音量和声像包络线编辑

轨道包络编辑可以在时间线上设置轨道的音量、声像以及效果参数。轨道的包络编辑线在每个轨道下方的动态区域中显示。

3. 应用实例

通过制作一首配乐诗为例，具体讲解 Audition "多轨"视图中各功能的使用。音乐素材文件选用中国古代名曲"高山流水"，诗词朗诵选用徐志摩的"再别康桥"。

（1）准备好话筒，与声卡连接好，启动 Audition，单击工具栏左侧的"多轨"按钮，选择多轨混录模式。选择"文件"|"新建会话"菜单项，采用默认的采样率，保存该会话文件。

（2）在多轨视图中，单击一条音轨的 R 按钮，设置该音轨为录音音轨，对照"再别康桥"诗文内容，单击传送器面板的红色录音按钮，进行朗诵和录音。朗诵完后单击"停止"按钮，停止录音。此时录音音轨出现的是新录入的诗歌波形图。

（3）双击录音轨道，进入单轨"编辑"视图，参照上节应用实例，编辑音频波形，包括调整声音的大小、降噪、删除杂音，并根据需要加入回声或混响等效果。

（4）当录音文件编辑好后，再次单击"多轨"按钮。进入多轨混录模式。将准备好的背景音乐用鼠标拖曳到第 2 条音轨中，移动到合适的位置。选取背景音乐多余的部分，按 Delete 键进行删除，如图 2-23 所示。

图 2-23　删除背景音乐多余部分

（5）对背景音乐做"淡入淡出"音效处理，使两段音频融合更加自然。其使用方法如下。双击音轨音频波形，进入"编辑"视图，选择"效果"|"振幅和压限"|"振幅淡化（进程）"菜单项进行淡入淡出处理。

（6）选择"文件"|"导出"|"混缩音频"菜单项，导出一段配乐诗。

2.5.4　环绕声场的制作

1. 环绕声场概述

环绕声实际上是通过多个声道表现出多方位上的声音，从而模拟出真实的音响效果。20 世纪 90 年代，随着电影技术的发展，第一套环绕声场系统 Dolby Pro Logic 应运而生，它由美国杜比实验室开发。随后在 Dolby Pro Logic 基础上改进推出了 Dolby Digital 系统，使环绕声大规模地进入美国电影院。另一个环绕声场的主要开发者是数字影院系统（DTS）公司，它开发出著名的 DTS 5.1 环绕声系统，并被应用于好莱坞大片《侏罗纪公园》中，获得空前成功。在编码模式方面，DTS 拥有更高的采样精度以及编码速率，具有更高的声音质量。时至今日，杜比（Dolby）与数字影院（DTS）系统仍是主流的环绕声系统，被广泛应用于家庭影院和电影工业领域。

5.1 声道环绕声是 DVD 影片中常见的环绕声系统。所谓 5.1 声道，是指 5 个主声道，即中置声道、左前声道、右前声道、左后声道和右后声道和一个低音效果。有 AC3 和 DTS 两种编码方式。AC3 全称是 Dolby Digital Surround AC-3，后更名为 Dolby Digital。DTS 系统在音场架构与 Dolby Digital 类似，都是 5.1 声道，但 DTS 的数字压缩比更小，更注重声音的音质。

2. 设置 5.1 环绕声场

Audition 支持设置和制作 5.1 环绕声场，5.1 环绕声场包括前中置、左前、右前、左后、右后和一个低音单元，准备好这 6 个发声单元，就可以设置 5.1 环绕声场。

具体的操作过程如下。

（1）在 Audition "多轨"视图中，选择"文件"|"导入"菜单项，导入一段音频波形。

（2）选择"视图"|"环绕编码"菜单项，打开"环绕编码器"对话框，如图 2-24 所示。

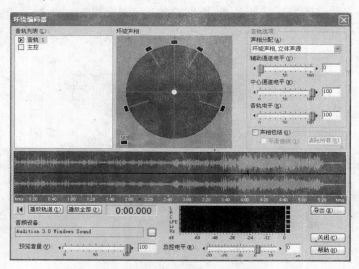

图 2-24 "环绕编码器"对话框

（3）单击对话框底部中间的"…"按钮，打开"音频硬件设置"对话框，Audition 默认已经切换至"环绕编码"选项卡。在"环绕编码"选项卡的"输出通道映射"栏，进行详细的多轨输出通道设置。自上而下分别代表了左前、右前、中置、低音单元、左后、右后输出通道，需要分别设置为正确的输出通道，即左-Front L/R、右-Front L/R、中间-Center/LFE、低频效果-Center/LFE、左环绕-Rear L/R 和右环绕-Rear L/R。

（4）设置完后单击"确定"按钮，完成 5.1 环绕声场的设置。

3. 制作 5.1 环绕声场

通过"环绕编码器"对话框完成 5.1 环绕声场的设置后，就可以制作 5.1 环绕声场了。具体的操作方法如下。

（1）在"多轨"视图中选择"文件"|"导入"菜单项，导入 6 段音频波形分别加入到 6 条音轨中。

（2）选择"视图"|"环绕编码"菜单项，打开"环绕编码器"对话框，如图 2-24 所示。

（3）在"环绕编码器"对话框的"音轨列表"中单击一条音轨，在"环绕声相"中通过拖曳中央的白球，可以让当前音轨的声音集中在某一个范围。例如，将白球拖曳到左上角的"左"位置，则此时当前音轨的声音就只从左音响输出。通过这种方法，对 6 条音轨分别进行操作，分别拖曳到左上角"左"位置，右上角"右"位置，中间"中心"位置，左下角"左环绕"位置以及右下角"右环绕"位置。

4. 导出 5.1 环绕声场

在上面操作后，单击"导出"按钮，打开"多通道导出选项"对话框，其中选择"导出为 6 个独立的单声道波形文件"将 6 个声音通道分别导出为单独的 6 路单声道 WAV 波形文件。选择"导出为一个隔行扫描、6-通道的波形文件"将 6 个通道的声音输出为一个复合型的 WAV 文件，该 WAV 文件同时包含有 6 个轨道的声音，代表 6 个不同声音通道。

选择"导出并编码为 Windows Media Audio Pro 6-通道文件"将制作好的 6 通道环绕声导出为一个包含有 6 个通道的 WMA 文件。选择一种导出方式，并制定相应的格式，如选中"导出为 6 个独立的单声道波形文件"，并指定格式为"Windows PCM 波形音频-32 位标准化浮点（类型 3）"，单击"确定"即可输出环绕声。

5. 制作实例

通过一个实例操作，制作出声音 360°旋转的环绕声场效果。

（1）切换至"多轨"视图模式，导入待处理的音频素材文件"嘀嘀声.wav"，该文件声音模拟发电报时的"嘀嘀"声。选择"视图"|"环绕编码"菜单项，弹出"环绕编码器"对话框，如图 2-24 所示。设置"辅助通道电平"参数为 10，单击"声像包络"复选框以启用声像包络线。

（2）设置声像包络线，如图 2-25 所示。

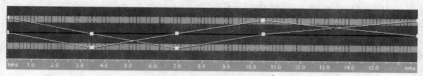

图 2-25　声像包络线的设置

（3）设置完后单击"平滑曲线"复选框，启用平滑曲线。单击"播放全部"按钮对设置后的音频文件进行试听，可以发现声像沿顺时针旋转 360°，并回到正前方，从而实现环绕声效果。

（4）单击"导出"按钮，打开"多通道导出选项"对话框，命名为"5.1 环绕声效_360°环绕声"，选择"导出为 6 个独立的单声道波形文件"，设置文件导出路径，其他采用默认设置，即可导出 6 个通道的音频文件，如图 2-26 所示。

图 2-26　导出的 6 个通道文件

2.5.5　CD 音乐的刻录

Audition 的 CD 视图，可以整合 CD 轨道、设置轨道属性以及刻录 CD，也可以一次性整合 CD 轨道，或将编辑完成的音频文件插入到不同的音频轨道中，最后进行刻录。

在"CD"视图中，可以选择"插入"|"音频"菜单项，把音频插入 CD 轨道，或直接在左侧"文件"面板中，选择一个或多个文件，向 CD 列表中拖曳。编辑 CD 列表也十分方便，可以采用右侧面板内"上移"、"下移"、"移除"按钮调整、分配和移除音频轨道。

刻录 CD 前，确保刻录设备已经准备好，计算机具备刻录 CD 的光驱，并插入一张可写入的 CD 光盘。CD 音乐必须是 44.1kHz，16 位，立体声的设置，若 CD 列表中有不同采样类型的音频文件，Audition 会自动转换。选择"选项"|"CD 设备属性"菜单项，在出现的"刻录机属性"对话框中，选择 CD 刻录机设备，设置缓存大小和刻录速度，可以保持默认设置。设置完后就可以刻录 CD。

单击右下角的"刻录 CD"按钮或选择"文件"|"写入 CD"菜单项，在弹出的"刻录光盘"对话框中设置 CD 刻录机驱动器、刻录模式、复制数量以及附加的文本信息，如指定 CD 的标题、艺术家姓名等。设置完后单击"刻录光盘"按钮，即可开始刻录。

2.6 语音识别技术

语音识别技术就是让机器通过识别和理解过程，把语音信号转变为相应的文本或命令的高技术，它是一门交叉学科，涉及数学、信息科学、生理学、心理学、统计学和语言学等领域。近几十年来，语音识别技术取得了显著的进步，开始从实验室走向市场。

2.6.1 语音识别的发展历史

语音识别的历史可以追溯到 20 世纪 50 年代。1952 年，Bell 实验室的 K. H. David 等人研制成功了可识别 10 个数字的语音识别器（Audry 系统），这是语音识别研究工作的真正开端。1959 年，J.W.Rorgie 和 C.D.Forgie 采用数字计算机识别英文元音及孤立字，从此开始了计算机语音识别。

20 世纪 60 年代，提出的动态规划（DP）和线性预测分析（LP）技术，对整个语音识别、语音合成、语音分析、语音编码等的研究产生了巨大的推动作用。此后，语音识别领域不断取得突破性进展，到 20 世纪 70 年代末 80 年代初，LP 技术和动态规整技术（DTW）基本成熟，又提出了矢量量化（VQ）和隐马尔可夫模型（HMM）理论，并实现了基于线性预测倒谱和 DTW 技术的特定人孤立词小词汇量语音识别系统。

20 世纪 80 年代，在实践中成功应用了 HMM 模型和人工神经元网络（ANN），1988 年美国卡内基-梅隆大学运用 VQ 和 HMM 技术研制出了非特定人、大词汇量、连续语音识别系统，即 SPHINX 系统，它可以理解由 1000 个单词构成的 4200 个句子，被认为是语音识别历史上的一个里程碑。

进入 20 世纪 90 年代，多媒体时代呼唤语音识别系统从实验室走向实用。许多发达国家，如美国、日本以及 IBM、Apple、AT&T、NTT 等著名公司都为语音识别系统的实用化投以巨资开发研究，如 IBM 公司研发的 ViaVoice 语音识别系统等。我国也将语音识别系统的研制纳入了 863 计划，由中科院声学所、自动化所及北京大学等单位研究开发，取得了高水平的科研成果。如中科院自动化所研制的非特定人、连续语音听写系统和汉语语音人机对话系统，其字准确率或系统响应率可达 90%以上。

2.6.2 语音识别的基本原理

一个典型的语音识别系统如图 2-27 所示。

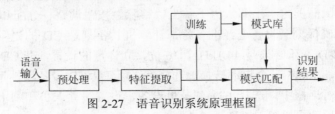

图 2-27 语音识别系统原理框图

预处理部分包括语音信号采样、反混叠带通滤波、去除个体发音差异和设备、环境引起的噪声影响等，并涉及语音识别基元的选取和端点检测问题。特征提取部分用于提取语音中反映本质特征的声学参数，如平均能量、平均跨零率、共振峰等。训练在识别之前进行，通过让讲话者多次重复语音，从原始语音样本中去除冗余信息，保留关键数据，再按照一定规则对数据加以聚类，形成模式库。模式匹配部分是整个语音识别系统的核心，它是根据一定的准则（如某种距离测度）以及专家知识（如构词规则、语法规则、语义规则等），计算输入特征与库存模式之间的相似度（如匹配距离、似然概率），判断出输入语音的语意信息。

2.6.3　语音识别系统的分类

按可识别的词汇量多少考虑，可以将语音识别系统分为 3 类。

（1）小词汇量语音识别系统：通常包括几十个词的语音识别系统。

（2）中等词汇量语音识别系统：通常包括几百个词到上千个词的语音识别系统。

（3）大词汇量语音识别系统：通常包括几千到几万个词的语音识别系统。词表越大，困难越多。

从说话者与识别系统的相关性考虑，可以将语音识别系统分为 3 类。

（1）特定人语音识别系统：仅考虑对于专人的语音进行识别。

（2）非特定人语音识别系统：识别的语音与人无关，通常要用大量不同人的语音数据库对识别系统进行学习。

（3）限定人识别系统：通常能识别一组人的语音，或者成为特定组语音识别系统，该系统仅要求对要识别的那组人的语音进行训练。

从说话的方式考虑，也可以将语音识别系统分为 3 类。

（1）孤立词语音识别系统：要求输入每个词后要停顿。

（2）连接词语音识别系统：要求对每个词都清楚发音，一些连音现象开始出现。

（3）连续语音识别系统：是自然流利的连续语音输入，会出现大量连音和变音。

语音识别研究的最终目标是要实现大词汇量、非特定人、连续语音的识别，这样的系统才有可能完全听懂并理解人类的自然语言。

2.6.4　语音识别软件

近几年来，语音识别技术的突破加上 PC 计算能力的提高，使得语音输入和输出渐渐成为人机界面的新选择。语音识别软件包括语音听写、语音命令和语音合成等，现在语音听写的准确率已可达到 95% 以上，速度每分钟 200 个汉字。只要继续研究，在即兴式的谈话、中英文混合模式、自然语言理解上加以突破，语音将成为最主要的人机界面。目前 IBM、Acer、联想等公司的 PC 已预装有中文听写、语音命令及语音合成的 IBM ViaVoice。

ViaVoice 8.0 中文语音识别系统是在 Windows 上使用的中文普通话语音识别听写系统及相应的开发工具。由于采用连续语音识别技术，汉字输入速度快且识别率高，无须指定说话人，无须专门训练，可采取自由句式输入。另外，ViaVoice 语音识别系统本身是智能化的，在不断使用的过程中，识别率也会不断地提高。

选择"开始"|"程序"|"ViaVoice 语音中心"菜单项，屏幕上出现 ViaVoice 语音中心任务栏，如图 2-28 所示。

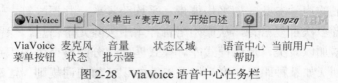

ViaVoice　麦克风　音量　状态区域　语音中心　当前用户
菜单按钮　状态　批示器　　　　　帮助

图 2-28　ViaVoice 语音中心任务栏

语音中心提供了访问大多数 ViaVoice 功能的途径。用户可以进入 ViaVoice 菜单，改变话筒的状态，监测音量，查看口述的语音命令，打开帮助文件和检查当前用户。

（1）ViaVoice 菜单按钮。可以让用户通过一个菜单按钮访问 ViaVoice 所有的选项、工具和特性。朗读 ViaVoice 菜单，或者单击 ViaVoice 按钮，可以打开此菜单并访问所有ViaVoicw 程序。

（2）话筒状态。如表 2-4 所示。

表 2-4　话筒状态图示说明

图示	描述
	话筒打开，可以接收用户的命令或听写
	话筒关闭，不能接收或处理用户的任何语音信号
	话筒进入休眠，只能对唤醒命令做出反应，用户也可以单击话筒按钮而将其打开
	话筒挂起，用户必须等到按钮变成打开状态时才能读命令或口述文本

（3）音量指示器。显示了 ViaVoice 对用户语音的接收程度，其具体细节如表 2-5 所示。

表 2-5　音量指示器图示说明

图示	描述
	音量指示器显示为亮绿色并且颜色柱的高度接近最高时，ViaVoice 对用户语音的接收程度最好
	如果音量太低，则指示器显示为暗绿色。如果用户确实是在以正常语调发音，而音量指示器仍长时间处于这种颜色，请用音频设置向导程序进行调整
	如果音量太高，则指示器显示为红色。如果用户确实是在以正常语调发音，而音量指示器仍长时间处于这种颜色，请用音频设置向导程序进行调整

（4）状态区域。系统显示当前工作状态或上一条识别出的命令。如果 ViaVoice 不能识别一个词汇或命令，语音中心显示信息"您说什么？"。重复一遍用户的命令或在当前命令集窗口寻找正确命令。

（5）语音中心帮助。这个按钮显示语音中心帮助主题，如果用户要查看 ViaVoice 的所有帮助文件，可单击语音中心按钮。

（6）当前用户。显示当前用户名。

语音板是听写时的字处理程序。它不仅具有和写字板一样的字处理特性，而且还通过ViaVoice 增加了听写和朗读能力。在 ViaVoice 菜单按钮上选择"听写到"|"语音板"菜单项，此时出现语音板应用程序窗口，如图 2-29 所示。单击话筒按钮，打开话筒，确定出现

在语音中心的是自己的用户名。在进行听写时，要使用连续语音，并注意同时口述标点符号和编排命令，比如句号、逗号和另起一段等。

语音板具有如下功能。

（1）记录与识别当前输入的语音信息，并显示在文本窗口中。

（2）纠正识别错误的词并将它加入到个人词汇表中。

（3）使用标准的字处理功能，如录入、编辑（剪切、复制、粘贴）、格式（字体、段落风格等）、对象链接与嵌入以及打印。

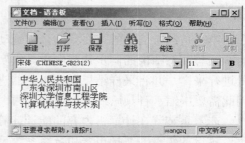

图 2-29　ViaVoice 语音板

（4）传送口述后的文本给其他应用程序。

（5）保存和打开文件。

当用户在口述时，不必盯着计算机屏幕看听写进去的字，而应将注意力集中在构思上。ViaVoice 将会保存听写结果和相关的声音数据。这样，可以在口述一段甚至整篇文档之后再来纠正语音识别错误。听写时要注意不要说话太慢，应当像与人说话一样自然地发音，清晰的语音将能提高识别率。

对于 ViaVoice 来说，正确辨别哪个用户正在口述是重要的。每次使用时，ViaVoice 都需要检查用户设置，确定当前用户。在 ViaVoice 安装过程中，在用户信息窗口中输入一个用户名，此名称将成为默认用户名，也就是 ViaVoice 的当前用户。当训练、加词、纠错或删除词时，ViaVoice 将为该用户更改语音文件，从而使语音识别率得到提高。

如果是多人使用 ViaVoice，需要为每一位使用 ViaVoice 的人员建立一个用户，否则，如果另一用户用他人的用户名打开 ViaVoice 并进行纠错或训练操作，该语音文件将被更改。下次该用户使用 ViaVoice 时，系统就很有可能识别不出这些被纠错的词。

2.6.5　文本—语音转换技术

在使用金山词霸等词典软件时，都会感觉到由计算机读出单词，比自己用眼看音标来得更加直观和真实。如果能让计算机帮助阅读电子邮件或小说，就可以使用户疲劳的双眼稍适休息。文本—语音转换技术使得计算机具有对信息进行讲解的能力，从而达到声文并茂的效果。

文本—语音转换技术是基于声音合成技术的一种声音产生技术，它能将计算机内的文本转换成连续自然的语言流。这种转换实际上是系统按需求先合成语音单元，再按语言学规则连接起来，形成自然的语言流。

按照文本—语音转换技术的实现功能区分，有两种类型：一种是有限词汇的计算机语音输出。常用于语音报时、汽车报站等，实现方法比较简单。可采用录音/重放技术，或有限词汇合成技术，对语言理解没有要求。另一种是基于语音合成技术的文本—语音转换器（TTS），这是目前计算机语言输出的主要研究领域。它不仅包括复杂的语音合成技术，还包括对语言的理解和语音的声韵处理等。

文本—语音转换技术的发展方向是特定应用场合的计算机言语输出系统、韵律特征的获取与修改、语言理解与语言合成的结合以及计算机语言输出与计算机语言识别的结合。

本 章 小 结

声音是携带信息的重要载体,娓娓动听的音乐和解说使静态图像变得更加丰富多彩,而音频与动态图像的同步使视频更具真实性。声音数字化是指以一定的时间间隔对音频信号进行采样,并将采样结果送到量化器进行量化,转化成数字信息。音频信息数据量大,因此需要压缩,音频压缩方法可分为两大类:有损压缩方法和无损压缩方法。

声卡是装置在计算机内容的能让计算机发出音乐、音效和各种音响的硬件板卡,而电声设备包括传声器、扬声器和音箱系统等。MIDI 音乐是一种利用合成器产生的音乐技术,要了解计算机音乐系统以及音乐软件的分类。

利用音频编辑软件来录制、导入和播放音乐文件,并能进行后期音效处理。能够设置、制作或导出 5.1 环绕声场。通过本章的学习,人们可以利用计算机制作出优美的音频文件。

计算机语音识别是指计算机收到语音信号后,如何模仿人的听觉器官辨别所听到的语音内容或讲话人的特征,进而模仿人脑理解出该语音的含义或判别出讲话人的过程。

习 题 2

一、单选题

1. 声波重复出现的时间间隔是_____。
   A. 振幅   B. 周期   C. 频率   D. 频带

2. 调频广播声音质量的频率范围是_____。
   A. 200～3400Hz   B. 50～7000Hz   C. 20～15000Hz   D. 10～20000Hz

3. 将模拟声音信号转变为数字音频信号的声音数字化过程是_____。
   A. 采样→编码→量化   B. 量化→编码→采样
   C. 编码→采样→量化   D. 采样→量化→编码

4. 通用的音频采样频率有 3 个,其中_____是不正确的。
   A. 11.025kHz   B. 22.05kHz
   C. 44.1kHz   D. 88.2kHz

5. 1min、双声道、16 位量化位数、22.05kHz 采样频率的声音数据量是_____。
   A. 2.523MB   B. 2.646MB   C. 5.047MB   D. 5.292MB

6. 一般说来,要求声音的质量越高,则_____。
   A. 采样频率越低和量化位数越低   B. 采样频率越低和量化位数越高
   C. 采样频率越高和量化位数越低   D. 采样频率越高和量化位数越高

7. 下列采集的波形声音中,_____的质量最好。
   A. 单声道、8 位量化和 22.05kHz 采样频率
   B. 双声道、8 位量化和 44.1kHz 采样频率
   C. 单声道、16 位量化和 22.05kHz 采样频率
   D. 双声道、16 位量化和 44.1kHz 采样频率

8. 数字音频文件数据量最小的是_____文件格式。

    A. MID   B. MP3   C. WAV   D. WMA

9. 音频信号的无损压缩编码是_____。

    A. 熵编码   B. 波形编码   C. 参数编码   D. 混合编码

10. 高保真立体声的音频压缩标准是_____。

    A. G.711   B. G.722   C. G.728   D. MPEG 音频

11. 具有杜比环绕音的声卡通道数是_____。

    A. 1.0   B. 2.0   C. 2.1   D. 5.1

12. 多媒体音箱的信噪比越高越好，通常普通音箱的信噪比是_____。

    A. 70dB 以下   B. 70～80dB   C. 80～90dB   D. 90dB 以上

13. 在 Audition 中，音频选区的起始音量很小甚至无声，而最终音量相对较大，这种音效是_____。

    A. 延迟   B. 淡入   C. 淡出   D. 回音

14. MIDI 音乐制作系统通常是由 3 种基本设备组成，它们是_____。

    A. 音源、合成器、MIDI 输入设备   B. 音源、合成器、MIDI 输出设备

    C. 音源、音序器、MIDI 输入设备   D. 音源、音序器、MIDI 输出设备

15. 中等词汇量的语音识别系统通常包括_____个词。

    A. 十几   B. 几十到上百   C. 几百到上千   D. 几千到几万

二、多选题

1. 声音质量可分为 4 级，它们是_____。

    A. 电话   B. 调幅广播

    C. 调频广播   D. 电台广播

    E. 电视台广播   F. 立体声

    G. 环绕立体声   H. 数字激光唱盘

2. 音频信号的有损压缩编码方法有_____。

    A. 霍夫曼编码   B. 全频带编码   C. 算术编码   D. 子带编码

    E. 行程编码   F. 矢量量化编码   G. 通道声码器   H. RPE-LTP

3. 按照换能原理分类，传声器（话筒）可分为_____。

    A. 电动式   B. 电磁式   C. 压电式   D. 压强式

    E. 炭粒式   F. 光纤式   G. 电容式   H. 压差式

4. 声卡的数字音频处理芯片可以完成的工作或任务有_____。

    A. 提供声卡与系统总线的握手信号

    B. ADPCM 音频压缩与解压缩运算

    C. 改变采样频率

    D. 解释 MIDI 指令或符号

    E. 负责将数字音频波形数据或 MIDI 消息合成

    F. 完成声音信号的 A/D 或 D/A 转换

    G. 控制和协调直接存储器访问工作

    H. 控制各声源的音量并加以混合

5. Audition 支持设置和制作 5.1 环绕声场，它们包括_____。

    A. 中置声道   B. 左前声道   C. 右前声道   D. 低音单元

    E. 主声道   F. 左后声道   G. 右后声道   H. 中音单元

三、问答题

1. 音频文件的数据量与哪些因素有关？

2. 单声道和立体声的波形有何区别？

3. 计算机音乐系统的核心是什么？主要功能是什么？

4. 录制的音频文件中出现噪声、杂音等，应如何处理？

5. 什么是语音识别？一个典型的语音识别系统实现过程有哪几个步骤？

第 3 章　图形与图像处理

　　图形与图像处理是多媒体技术的重要组成部分，也是人们非常容易接收的信息媒体。常言道，"百闻不如一见"，这说明图形与图像是信息量极其丰富的媒体。一幅图画可以形象、生动和直观地表现大量的信息，具有文本和声音所不可比拟的优点。因此在多媒体应用软件中，灵活地使用图形与图像，可以提供色彩丰富的画面和良好的人机交互界面。

　　本章首先介绍图形与图像的基本知识和静止图像压缩标准，然后简述显示设备与扫描仪的工作原理和性能指标，最后着重介绍图像处理软件 Photoshop 的使用。

3.1　图形与图像概述

　　图形和图像都是视觉媒体元素。谈到视觉，自然离不开光和颜色。

3.1.1　光和颜色

1. 光的本质

　　从本质上讲，光是一种电磁波。通常意义上的光是指可见光，即能引起人的视觉的电磁波，它的频率为 $3.84 \times 10^{14} \sim 7.89 \times 10^{14}$ Hz，相应的在真空中的波长为 $780 \sim 380$ nm。由物理学可知，光具有波粒二相性，作为电磁波，光具有干涉和衍射等特性；作为粒子，光又具有直线传播、反射和折射等特性。光的这些特性给世界带来了变换无穷、千奇百怪的彩色景象。

　　通过对光的物理特性研究，进一步证实了光和无线电波一样都是电磁波。也就是说，从无线电波、微波、红外线、可见光、紫外线、X 射线到 γ 射线本质上都是相同的电磁波，它们的特性服从共同的规律，但是不同波长的电磁波表现出不同的特性。光是某一个特定波长范围内的电磁波，如图 3-1 所示。

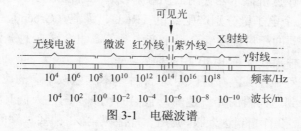

图 3-1　电磁波谱

2. 颜色内涵

　　人的视觉系统既可以感觉到光的强度（即亮度），也可以感觉出光的颜色（即色彩）。人对亮度和色彩的感觉过程是一个物理、生理和心理的复杂过程。在自然世界中，人们看到的大多数光不是单一波长的光，而是由多种不同波长的光组合而成的。生理学研究表明，人的视网膜有两类视觉细胞：一类是对微弱光敏感的杆状体细胞；另一类是对红色、绿色和蓝色敏感的 3 种锥体细胞。因此，从这个意义上说，颜色只存在于人的眼睛和大脑中。对于客观的光而言，颜色就是不同波长的电磁波。光的波长与人的颜色感觉之间的关系，如表 3-1 所示。

表 3-1　光的波长与颜色关系

颜色	红色	橙色	黄色	绿色	青色	蓝色	紫色
波长/nm	700	620	580	546	480	436	380

通常人眼对颜色的感知采用色调、饱和度和亮度来度量，它们共同决定了视觉的总体效果。

（1）色调。色调表示光的颜色，它决定于光的波长。某一物体的色调是指该物体在日光照射下所反射的光谱成分作用到人眼的综合效果，如红色、蓝色等。自然界中的七色光就分别对应着不同的色调，而每种色调又分别对应着不同的波长。

（2）饱和度。也称为纯度或彩度，它是指彩色的深浅或鲜艳程度，通常指彩色中白光含量多少。对于同一色调的彩色光，饱和度越深颜色越纯。比如当红色加进白光后，由于饱和度降低，红色被冲淡成粉红色。饱和度的增减还会影响到颜色的亮度，比如在红色中加入白光后增加了光能，因而变得更亮了。所以在某色调的彩色光中掺入别的彩色光，会引起色调的变化，而掺入白光时仅引起饱和度的变化。

色调与饱和度合起来统称为色度，它表示颜色的类别与深浅程度。

（3）亮度。人眼之所以能看到物体的明暗，是因为物体反射光的强度有差异的缘故。亮度就是用来表示某种颜色在人眼视觉上引起的明暗程度，它直接与光的强度有关。光的强度越大，物体就越亮；光的强度越小，物体就会变暗。

3. 色彩模式

色彩模式是指在计算机上显示或打印图像时表示颜色的数字方法。在不同的领域，人们采用的色彩模式往往不同。比如计算机显示器采用 RGB 模式，打印机输出彩色图像时用 CMYK 模式，从事艺术绘画的采用 HSB 模式，彩色电视系统采用 YUV/YIQ 模式，另外还有其他一些色彩模式的表示方法。

（1）RGB 模式。计算机显示器使用的阴极射线管（Cathode Ray Tube，CRT）是一个有源物体，CRT 使用 3 个电子枪分别产生红色（Red）、绿色（Green）、蓝色（Blue）3 种波长的光，并以各种不同的相对强度综合起来产生颜色。组合这 3 种光波以产生特定颜色称为相加混色，因此这种模式又称 RGB 相加模式。

从理论上讲，任何一种颜色都可以用这 3 种基本颜色按不同的比例混合得到。3 种基本颜色的光强越强，到达人眼的光就越多，它们的比例不同，人们看到的颜色也就不同，没有光到达人眼，就是一片漆黑。当 3 种基本颜色按不同强度相加时，总的光强增强，并可得到任何一种颜色。比如，当 3 种基本颜色等量相加时，得到白色或灰色；等量的红绿相加而蓝为 0 值时得到黄色；等量的红蓝相加而绿为 0 时得到品红色；等量的绿蓝相加而红为 0 时得到青色。这 3 种基本颜色相加的结果如图 3-2 所示。

现在使用的彩色电视机和计算机显示器都是利用这 3 种基本颜色混合来显示彩色图像，而把彩色图像输入到计算机的扫描仪则是利

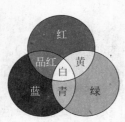
图 3-2　相加混色

用它的逆过程。扫描是把一幅彩色图像分解成 R、G、B 3 种基本颜色，每一种基本颜色的数据代表特定颜色的强度，当这 3 种基本颜色的数据在计算机中重新混合时又显示出它原来的颜色。

（2）CMYK 模式。计算机屏幕显示彩色图像时采用的是 RGB 模式，而在打印时一般需要转换为 CMY 模式。CMY 模式是使用青色（Cyan）、品红（Magenta）、黄色（Yellow）3 种基本颜色按一定比例合成色彩的方法。CMY 模式与 RGB 模式不同，因为色彩的产生不是直接来自于光线的颜色，而是由照射在颜料上反射回来的光线所产生的。颜料会吸收一部分光线，而未吸收的光线会反射出来，成为视觉判定颜色的依据。利用这种方法产生的颜色称为相减混色。

在相减混色中，当 3 种基本颜色等量相减时得到黑色或灰色；等量黄色和品红相减而青色为 0 时得到红色；等量青色和品红相减而黄色为 0 时得到蓝色；等量黄色和青色相减而品红为 0 时得到绿色。3 种基本颜色相减结果如图 3-3 所示。

虽然理论上利用 CMY 为 3 种基本颜色混合可以制作出所需要的各种色彩，但实际上同量的 CMY 混合后并不能产生完备的黑色或灰色。因此，在印刷时常加一种真正的黑色（Black），这样 CMY 模式又称为 CMYK 模式。

彩色打印机和彩色印刷都是采用 CMYK 模式实现彩色输出的。RGB 与 CMY 模式是互补模式，可以相互转换。但实际上因为发射光与反射光的性质完全不同，显示器上看到的颜色不可能精确地在彩色打印机上复制出来，因此实际的转换过程会有一定程度的失真，应尽量减少转换的次数。

（3）HSB 模式。RGB 模式和 CMYK 模式都是因产生颜色硬件的限制和要求形成的，而 HSB 模式则是模拟了人眼感知颜色的方式，比较容易为从事艺术绘画的画家们所理解。HSB 模式是使用色调（Hue）、饱和度（Saturation）和亮度（Brightness）3 个参数来生成颜色。利用 HSB 模式描述颜色比较自然，但实际使用却不方便，例如显示时要转换成 RGB 模式，打印时要转换为 CMYK 模式等。

在 Windows XP 中的画图软件中，其"编辑颜色"对话框里显示了采用 HSB 和 RGB 模式与颜色的对应关系，使得颜色的编辑十分直观和方便，如图 3-4 所示。

在"编辑颜色"对话框中，右侧上方正方形中有一个颜色拾取框，水平方向移动它，将改变色调，垂直方向移动它，将改变饱和度。而右侧与正方形等高的长条表示亮度，可

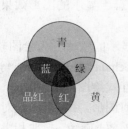

图 3-3　相减混色

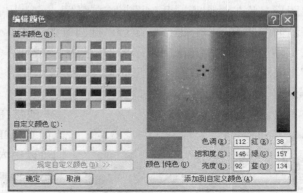

图 3-4　"编辑颜色"对话框

以使用鼠标上下拖曳三角形图标，改变其亮度。当前拾取的颜色信息显示在"颜色"|"纯色"预览框中。

（4）YUV/YIQ 模式。在彩色电视系统中，使用 YUV 模式或 YIQ 模式来表示彩色图像。在 PAL 制式中使用 YUV 模式，其中 Y 表示亮度，U、V 用来表示色度，是构成彩色的两个分量。在 NTSC 制式中使用 YIQ 模式，其中 Y 表示亮度，I、Q 是两个彩色分量。

YUV 模式的优点是亮度信号和色度信号是相互独立的，即 Y 分量构成的亮度图与 U 或 V 分量构成的带着彩色信息的两幅单色图是相互独立的，所以可以对这些单色图分别进行编码。如果只用亮度信号而不采用色度信号，则表示的图像就是没有颜色的灰度图像，人们使用的黑白电视机能够接收彩色电视信号就是这个道理。

由于现在所有的显示器都采用 RGB 值来驱动，所以不管是用 YUV 模式还是 YIQ 模式来表示彩色图像，都要求在显示每个像素之前，把彩色分量值转换成 RGB 值。在考虑人的视觉系统和阴极射线管（CRT）的非线性特性后，RGB 和 YUV 的对应关系可以近似地用下面的方程式表示：

$$Y=0.299R+0.587G+0.114B$$
$$U=0.147R-0.289G+0.436B$$
$$V=0.615R-0.515G-0.100B$$

RGB 和 YIQ 的对应关系可以近似地用下面的方程式表示：

$$Y=0.299R+0.587G+0.114B$$
$$I=0.596R-0.275G-0.321B$$
$$Q=0.212R-0.523G+0.311B$$

（5）灰度模式与黑白模式。灰度模式采用 8 位来表示一个像素，即将纯黑和纯白之间的层次等分为 256 级，就形成了 256 级灰度模式，它可以用来模拟黑白照片的图像效果。

黑白模式只采用 1 位来表示一个像素，于是只能显示黑色和白色。黑白模式无法表示层次复杂的图像，但可以制作黑白的线条图。

3.1.2 图形与图像

计算机绘制的图片有两种形式，即图形和图像，它们也是构成动画或视频的基础。

1. 图形

图形又称矢量图形、几何图形或矢量图，它是用一组指令来描述的，这些指令给出构成该画面的所有直线、曲线、矩形、椭圆等的形状、位置、颜色等各种属性和参数。这种方法实际上是用数学方法来表示图形，然后变成许许多多的数学表达式，再编制程序，用语言来表达。计算机在显示图形时从文件中读取指令并转化为屏幕上显示的图形效果，如图 3-5 所示。

通常图形绘制和显示的软件称为绘图软件，比如 CorelDRAW、Freehand 和 Illustrator 等。它们可以由人工操作交互式绘图，或是根据一组或几组数据画出各种几何图形，并可方便地对图形的各个组成部分进行缩放、旋转、扭曲和上色等编辑和处理工作。

图 3-5 矢量图形

矢量图形的优点在于不需要对图上每一点进行量化保存，只需要让计算机知道所描绘对象的几何特征即可。比如一个圆只需要知道其圆半径和圆心坐标，计算机就可调用相应的函数画出这个圆，因此矢量图形所占用的存储空间相对较少。矢量图形主要用于计算机辅助设计、工程制图、广告设计、美术字和地图等领域。

2. 图像

图像又称点阵图像或位图图像，它是指在空间和亮度上已经离散化的图像。可以把一幅位图图像理解为一个矩形，矩形中的任一元素都对应图像上的一个点，在计算机中对应于该点的值为它的灰度或颜色等级。这种矩形的元素就称为像素，像素的颜色等级越多则图像越逼真。因此，图像是由许许多多像素组合而成的，如图 3-6 所示。

放大后的像素

图 3-6　位图图像

计算机上生成图像和对图像进行编辑处理的软件通常称为绘画软件，如 Photoshop、PhotoImpact 和 PhotoDraw 等。它们的处理对象都是图像文件，它是由描述各个像素点的图像数据再加上一些附加说明信息构成的。位图图像主要用于表现自然景物、人物、动植物和一切引起人类视觉感受的景物，特别适应于逼真的彩色照片等。通常图像文件总是以压缩的方式进行存储的，以节省内存和磁盘空间。

3. 图形与图像的比较

图形与图像除了在构成原理上的区别以外，还有以下几个不同点。

（1）图形的颜色作为绘制图元的参数在指令中给出，所以图形的颜色数目与文件的大小无关；而图像中每个像素所占据的二进制位数与图像的颜色数目有关，颜色数目越多，占据的二进制位数也就越多，图像的文件数据量也会随之迅速增大。

（2）图形在进行缩放、旋转等操作后不会产生失真；而图像有可能出现失真现象，特别是放大若干倍后可能会出现严重的颗粒状，缩小后会吃掉部分像素点。

（3）图形适应于表现变化的曲线、简单的图案和运算的结果等；而图像的表现力较强，层次和色彩较丰富，适应于表现自然的、细节的景物。

图形侧重于绘制、创造和艺术性，而图像则偏重于获取、复制和技巧性。在多媒体应用软件中，目前用得较多的是图像，它与图形之间可以用软件来相互转换。利用真实感图形绘制技术可以将图形数据变成图像，利用模式识别技术可以从图像数据中提取几何数据，把图像转换成图形。

3.1.3　图像的数字化

图像只有经过数字化后才能成为计算机处理的位图。自然景物成像后的图像无论以何种记录介质保存都是连续的。从空间上看，一幅图像在二维空间上都是连续分布的，从空间的某一点位置的亮度来看，亮度值也是连续分布的。图像数字化就是把连续的空间位置和亮度离散，它包括两方面的内容：空间位置的离散和数字化，亮度值的离散和数字化。

把一幅连续的图像在二维方向上分成 $m \times n$ 个网格，如图 3-7 所示。每个网格用一个亮度值表示，这样一幅图像就要用 $m \times n$ 个亮度值表示，这个过程称为采样。正确选择 m、n，才能使数字化的图像质量损失最小，显示时才能得到完美的图像质量。

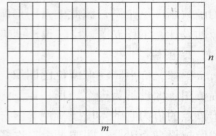

图 3-7　图像网格

采样的图像亮度值，在采样的连续空间上仍然是连续值。把亮度分成 k 个区间，某个区间对应相同的亮度值，共有 k 个不同的亮度值，这个过程称为量化。通常将实现量化的过程称为模数变换，相反地把数字信号恢复到模拟信号的过程称为数模变换，它们分别由 A/D 和 D/A 变换器实现。经过模数变换得到的数字数据可以进一步压缩编码，以减少数据量。

影响图像数字化质量的主要参数有分辨率、颜色深度等，在采集和处理图像时，必须正确理解和运用这些参数。

（1）分辨率。分辨率是影响图像质量的重要参数，它可以分为显示分辨率、图像分辨率和像素分辨率等。

① 显示分辨率。显示分辨率是指在显示器上能够显示出的像素数目，它由水平方向的像素总数和垂直方向的像素总数构成，例如某显示器的水平方向为 800 个像素，垂直方向为 600 个像素，则该显示器的显示分辨率为 800×600。

显示分辨率与显示器的硬件条件有关，同时也与显示卡的缓冲存储器容量有关，其容量越大，显示分辨率越高。通常显示分辨率采用的系列标准模式是 320×200、640×480、800×600、1024×768、1280×1024、1600×1200 等，当然有些显示卡也提供介于上述标准模式之间的显示分辨率。在同样大小的显示器屏幕上，显示分辨率越高，像素的密度越大，显示图像越精细，但是屏幕上的文字越小。

② 图像分辨率。图像分辨率是指数字图像的实际尺寸，反映了图像的水平和垂直方向的大小。例如，某图像的分辨率为 400×300，计算机的显示分辨率为 800×600，则该图像在屏幕上显示时只占据了屏幕的四分之一。当图像分辨率与显示分辨率相同时，所显示的图像正好布满整个屏幕区域。当图像分辨率大于显示分辨率时，屏幕上只能显示出图像的一部分，这时要求显示软件具有卷屏功能，使人能看到图像的其他部分。

图像分辨率越高，像素就越多，图像所需要的存储空间也就越大。

③ 像素分辨率。像素分辨率是指显像管荧光屏上一个像素点的宽和长之比，在像素分辨率不同的计算机间传输图像时会产生图像变形。例如，在捕捉图像时，如果显像管的像素分辨率为 2：1，而显示图像的显像管的像素分辨率为 1：1，这时该图像会发生变形。

（2）颜色深度。颜色深度是指记录每个像素所使用的二进制位数。对于彩色图像来说，颜色深度决定了该图像可以使用的最多颜色数目；对于灰度图像来说，颜色深度决定了该图像可以使用的亮度级别数目。颜色深度值越大，显示的图像色彩越丰富，画面越自然、逼真，但数据量也随之激增。

在实际应用中，彩色图像或灰度图像的颜色分别用 4 位、8 位、16 位、24 位和 32 位等二进制数表示，其各种颜色深度所能表示的最大颜色数如表 3-2 所示。

表 3-2　图像的颜色数量

颜色深度/位	数值	颜色数量	颜色评价
1	2^1	2	二值图像
4	2^4	16	简单色图像
8	2^8	256	基本色图像
16	2^{16}	65536	增强色图像
24	2^{24}	16777216	真彩色图像
32	2^{32}	4294967296	真彩色图像

图像文件的大小是指在磁盘上存储整幅图像所需的字节数，它的计算公式如下：

图像文件的字节数＝图像分辨率×颜色深度/8

例如：一幅 640×480 的真彩色图像（24 位），它未压缩的原始数据量如下：

640×480×24/8 b＝921600B＝900KB

显然，图像文件所需要的存储空间较大。在制作多媒体应用软件中，一定要考虑图像的大小，适当地掌握图像的宽、高和颜色深度。如果对图像文件进行压缩处理，可以大大减少图像文件所占用的存储空间。

3.1.4　图像的文件格式

常用的图像文件格式有 BMP、GIF、JPEG、TIFF、PNG 和 PSD 等，由于历史的原因以及应用领域的不同，数字图像文件的格式还有很多。大多数图像软件都可以支持多种格式的图像文件，以适应不同的应用环境。

BMP（Bitmap）是 Microsoft 公司为其 Windows 系列操作系统设置的标准图像文件格式。在 Windows 系统中包括了一系列支持 BMP 图像处理的应用编程接口（API 函数）。由于 Windows 操作系统在 PC 上占有绝对的优势，所以在 PC 上运行的绝大多数图像软件都支持 BMP 格式的图像文件。BMP 文件格式的特点有：每个文件存放一幅图像；可以多种颜色深度保存图像（16/256 色、16/24/32 位）；根据用户需要可以选择图像数据是否采用压缩形式存放（通常 BMP 格式的图像是非压缩格式）、使用 RLE 压缩方式可得到 16 色的图像，采用 RLE8 压缩方式则得到 256 色的图像；以图像的左下角为起始点存储数据；存储真彩色图像数据时以蓝、绿、红的顺序排列。

GIF（Graphics Interchange Format）是由 CompuServe 公司于 1987 年开发的图像文件格式。它主要是用来交换图片的，为网络传输和 BBS 用户使用图像文件提供方便。目前，大多数图像软件都支持 GIF 文件格式，它特别适合于动画制作、网页制作以及演示文稿制作等领域。GIF 文件格式的特点有：对于灰度图像表现最佳；采用改进的 LZW 压缩算法处理图像数据；图像文件短小，下载速度快；具有 GIF97a（一个文件存储一个图像）和 GIF89a（允许一个文件存储多个图像）两个版本；不能存储超过 256 色的图像；采用两种排列顺序存储图像，即顺序排列和交叉排列。

JPEG（Joint Photographic Experts Group）是一种比较复杂的文件结构和编码方式的文件格式。它是用有损压缩方式去除冗余的图像和彩色数据，在获得极高压缩率的同时能展现十分丰富和生动的图像，换句话说，就是可以用最少的磁盘空间得到较好的图像质量。因此，JPEG 文件格式适用于互联网上用作图像传输，常在广告设计中作为图像素材，在存储容量有限的条件下进行携带和传输。JPEG 文件格式的特点有：适用性广，大多数图像类型都可以进行 JPEG 编码；对于数字化照片和表达自然景物的图片，JPEG 编码方式具有非常好的处理效果；对于使用计算机绘制的具有明显边界的图形，JPEG 编码方式的处理效果不佳。

TIFF（Tag Image File Format）是一种通用的位映射图像文件格式。TIFF 格式的图像文件由 Aldus 公司开发，早在 1986 年就已推出，后来与 Microsoft 公司合作，进一步发展了 TIFF 格式，至今已经历了多种不同版本。TIFF 文件格式的特点如下：支持从单色到 32 位真彩色的所有图像；适用于多种操作平台和多种机型，如 Windows 和 Macintosh 系统；具有多种数据压缩存储方式等。

PNG（Portable Network Graphic）是 20 世纪 90 年代中期开发的图像文件格式，其目的是企图替代 GIF 和 TIFF 文件格式，同时增加一些 GIF 文件格式所不具备的特性。PNG 用来存储彩色图像时其颜色深度可达 48 位，存储灰度图像时可达 16 位，并且还可存储多达 16 位的 α 通道数据。PNG 文件格式的特点有：流式读写性能；加快图像显示的逐次逼近显示方式；使用从 LZ77 派生的无损压缩算法以及独立于计算机软硬件环境等等。

PSD（Photoshop Document）是 Adobe 公司的图像处理软件 Photoshop 的专用格式。PSD 其实是 Photoshop 进行平面设计的一张"草稿图"，它里面包含有各种图层、通道、蒙版等多种设计的样稿，以便于下次打开文件时可以修改上一次的设计。在 Photoshop 所支持的各种图像格式中，PSD 的存取速度比其他格式都快，功能也很强大。由于 Photoshop 越来越被广泛地应用，所以有理由相信，这种格式也会逐步流行起来。

表 3-3 中列出了常见的图片文件格式及其说明。

表 3-3 常见的图片文件格式

图 片 类 型	说　　　明
BMP	鲜艳、细腻，但尺寸大
GIF	尺寸小，有小动画效果
JPEG、JPG	质量高，尺寸小，略失真
PCX	压缩比适中，能快速打开
PNG	适合在网络上传输及打开
PSD	Photoshop 专用，图像细腻
TIFF、TIF	用于扫描仪、OCR 系统
WMF	Office 组件专用剪贴画

3.2 静止图像压缩标准

3.2.1 图像压缩方法概述

1. 图像压缩编码的发展

第一代图像编码技术是 Shannon（香农）于 1948 年在他的经典论文《通信的数学原理》

中首次提出并建立了信息率失真函数概念。1959 年他又进一步确立了码率失真理论，从而奠定了信息编码的理论基础。此后，图像压缩编码理论和方法都有很大发展，主要的编码方法有预测编码、变换编码和统计编码，也称为三大经典编码方法。

第二代图像编码技术是 Kunt 等人于 1985 年提出的，他们认为图像编码不局限于信息论的框架，要求充分利用人的视觉、生理、心理和图像信源的各种特征，才能获得较高的压缩比。这类编码技术的代表性方法有子带图像编码。

第三代图像编码技术是指标准化的压缩编码技术。图像编码的研究内容是图像数据压缩，其主要应用领域是图像通信和图像信息存储。当需要对所传输或存储的图像信息进行高比率压缩时，必须采取复杂的图像编码技术。但是如果没有一个共同的标准，不同系统之间不能兼容，各系统之间的联结将十分困难。因此，近年来国际标准化组织（ISO）、国际电工委员会（IEC）以及国际电信联盟电信标准部（ITU-T）已经制定一系列静止图像和运动图像编码的国际标准，如 JPEG 标准、MPEG 标准和 H.261 标准。由于这些国际标准的出现，图像编码尤其是视频图像压缩技术得到了飞速发展。

图像压缩编码技术总的来说就是利用图像数据固有的冗余性和相干性，将一个大的图像数据文件转换成较小的同性质的文件。两个文件的大小之比（压缩比）确定了压缩的程度。以压缩后的文件能否准确恢复原文件为界，将图像压缩编码技术分为无失真编码技术和有失真编码技术。

2. 无失真编码方法

无失真编码方法又称可逆编码方法或无损压缩。这类编码在压缩时不丢失数据，解压缩后的还原图像与原始图像完全一致，但它不能提供较高的压缩比。如霍夫曼编码、行程编码、算术编码等。

（1）霍夫曼编码。在无失真编码方法中，霍夫曼编码是一种比较有效的编码方法。霍夫曼编码是一种长度不均匀的、平均码率可以接近信息熵值的一种编码。它的编码思想是，对于出现概率大的信息采用字短的码，对于出现概率低的信息采用字长的码，以达到缩短平均码长，从而实现数据的压缩。霍夫曼编码的最高压缩比可达到 8∶1。

（2）行程编码。行程编码是相对简单的一种无失真编码方法。它的编码思想是，将相同的连续符号串用一个符号和串长的值来代替。比如有一个符号串"777779999999555555"，则其行程编码为（7，5）（9，7）（5，6）。压缩前的符号串串长是 18，压缩后只需用 6 个字符或数值来表示，显然数据得到了压缩。行程编码对传输误差很敏感，一个符号出错会影响整个编码效果，克服的办法是采用行同步或列同步，使其误差被控制在一行或一列之内。

（3）算术编码。算术编码是统计编码的一种，它的编码思想是：将被编码的信息表示成实数轴上 0 和 1 之间的间隔，信息越长，间隔越小，表示这一间隔所需的二进制位数就越多。由于行程编码的某些方面优于霍夫曼编码，因此在 JPEG 标准的扩展系统中，算术编码已经取代了霍夫曼编码。

3. 有失真编码方法

有失真编码方法又称不可逆编码方法或有损编码。这类编码在压缩时舍弃部分数据，解压缩后的还原图像与原始图像存在一定的误差，但视觉效果一般可以接受，即主观图像是令人满意的，能满足具体应用的要求，且可以提供较高的压缩比。如预测编码、变换编码、矢量量化编码、子带图像编码、小波变换编码和分形图像编码等。

（1）预测编码。如果已知图像一个像素离散值，利用其相邻像素的相关性，预测它的下一个像素（水平方向或垂直方向）的可能值，求其两者差，再量化编码。预测编码方法计算简单，若采用霍夫曼编码技术，压缩比从 2：1 到 4：1 仍有满意的效果。

（2）变换编码。图像经过正交变换后能够实现图像数据压缩的本质在于：经过多维坐标系中的适当坐标旋转和变换，能够把散布在各坐标轴上的原始图像数据，在新的适当的坐标系中集中到少数坐标轴上，因而有可能用较少的编码字节数来表示一幅图像，实现图像的压缩编码。从数学上来看，可用于图像压缩编码的正交变换有很多种，如 Fourie 变换、Walsh-Hadamard 变换、Sine 变换、Cosine 变换（DCT）、Slant 变换、Haar 变换和 K-L 变换等。

（3）矢量量化编码。前面介绍的预测编码、变换编码都属于标量量化，即先将图像经某种映射变换成一个数的序列，然后一个数一个数地进行量化编码。矢量量化（VQ）在近几年发展较快，它与标量量化方法不同，它把图像数据分成很多组，每组看成为一个矢量，然后逐个矢量进行量化编码。在矢量量化算法中，图像中的各种相关信息（如各像素点之间、各块之间以及相邻编码地址间等）可通过有效的码书设计得以充分地去除，矢量量化是限失真压缩编码方法，压缩比可达到 40：1。

（4）子带图像编码。子带图像编码是一种高质量、高压缩比的图像编码方法。它的编码思想是利用一滤波器组，通过重复卷积的方法，经取样将输入信号分解为高频分量和低频分量，然后分别对高频分量和低频分量进行量化和编码。解码时，高频分量和低频分量经过插值和共轭滤波器而合成原信号。进行子带图像编码的一个关键问题是如何设计共轭滤波器组，除去混叠频谱分量。子带图像编码技术已经在语音信号压缩编码中获得了广泛的应用。

（5）小波变换编码。近年来，小波变换在静止图像压缩方面得到了较好的应用。小波变换是一种有效的时频域分析工具，它能够将一个信号分解成对空间和时间、频率的独立贡献，同时又不失原信号所包含的信息。图像的小波变换可以理解为图像信号经过一系列带通滤波器的结果，这组滤波器在对数意义下具有相同的带宽，从小波变换后不同分层定位中提取出图像的特征，低频部分平滑表示背景，高频部分不平稳表示细节。利用不同层次对恢复图像的贡献大小和对人的视觉系统影响大小，采用不同的编码方法，可以达到图像压缩的目的。采用小波变换对图像数据进行压缩，压缩比可为 10：1～100：1。

（6）分形图像编码。20 世纪 80 年代后期，Barnsley 等人研究利用分形几何学的思想进行图像压缩的方法，并提出了一种适合图像压缩的分形模型—迭代函数系统（IFS）。分形图像编码的基本思想是把一幅数字图像，通过图像处理技术将原始图像分成一些子图像，然后在分形集中查找这样的子图像。分形集实际上并不是存储所有可能的子图像，而是存储许多迭代函数，通过迭代函数的反复迭代，可以恢复出原来的子图像。也就是说，子图像所对应的只是迭代函数，而表示这样的迭代函数一般只需要几个数据即可。因此分形图像编码可以实现很高的压缩比（最高可达 10000：1）。

各种压缩编码方法适用的场合不同，达到的效果也不同。为了充分利用各自的优点，克服缺点，相应产生了多种复合方法，如基于小波变换的分形图像压缩、基于 DCT 的分形图像压缩、基于小波变换和矢量量化的图像压缩，等等。

3.2.2　JPEG 图像压缩标准

对于静止图像压缩已有多个国际标准，如三大国际组织 ISO、IEC、ITU-T 先后制定了 JPEG 标准、JBIG 标准、G3 和 G4 标准等。本小节主要介绍 JPEG 标准，它适用于黑白及彩色照片、彩色传真和印刷图片等。

1. JPEG 标准

1986 年，国际化标准组织 ISO 和国际电报电话咨询委员会 CCITT（现 ITU-T）共同成立了联合图像专家组（Joint Photographic Experts Group，JPEG），该专家组从探讨图像压缩的工业标准和学术意义两个方面入手，着重研究静止图像的压缩技术。JPEG 专家组于 1991 年提出了 ISO CD 建议草案，即多灰度静止图像数字压缩编码标准，该建议草案经 ISO/IEC 批准成为第 10918 号标准，即 JPEG 高质量静止图像压缩编码标准，简称 JPEG 标准。

JPEG 专家组开发了两种基本的压缩算法，一种是采用以离散余弦变换（Discrete Cosine Transform，DCT）为基础的有损压缩算法，另一种是采用以预测编码技术为基础的无损压缩算法。使用有损压缩算法时，在压缩比为 25∶1 的情况下，压缩后还原得到的图像与原始图像相比较，非图像专家难以找出它们之间的区别，因此得到了广泛的应用。如在 VCD 和 DVD 电视图像压缩技术中，就使用 JPEG 的有损压缩算法来取消空间方向上的冗余数据。

JPEG 压缩是有损压缩，它利用了人的视角系统的特性，使用量化和无损压缩编码相结合来去掉视角的冗余信息和数据本身的冗余信息，JPEG 算法框图如图 3-8 所示。

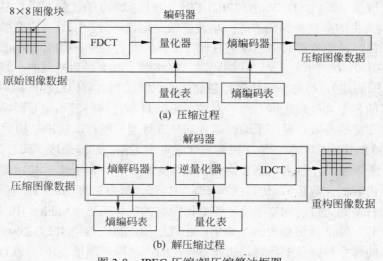

(a) 压缩过程

(b) 解压缩过程

图 3-8　JPEG 压缩/解压缩算法框图

由图 3-8（a）可知，JPEG 压缩编码过程大致分成以下 3 个步骤。

（1）使用正向离散余弦变换（Forward Discrete Cosine Transform，FDCT）把空间域表示的图像变换成频率域表示的图像。

（2）使用加权函数对 DCT 系数进行量化，这个加权函数对于人的视觉系统是最佳的；

（3）使用霍夫曼可变字长编码器对量化系数进行编码。

解压缩过程与压缩过程正好相反，如图 3-8（b）所示。

目前，JPEG 技术在使用硬件压缩时，在典型分辨率下处理速度可达每秒压缩 5～30

幅图像，图像压缩比 2～400 倍可调。而 Photoshop 等图像处理软件也提供了 JPEG 标准的压缩功能，尽管用软件的方法进行压缩速度慢，但成本低。

2. JPEG 2000 标准

JPEG 2000 原始提案最早出现在 1996 年瑞士日内瓦会议上，它的目标是建立一个能够适用于不同类型（二值图像、灰度图像、彩色图像、多分量图像等）、不同性质（自然图像、计算机图像、医学图像、遥感图像、复合文本等）及不同成像模型（客户机/服务器、实时传送、图像图书馆检索、有限缓存和带宽资源等）的统一图像编码系统。该图像编码系统在保证失真率和主观图像质量优于现有标准的条件下，能够提供对图像的低码率压缩。

JPEG 2000 可分为 6 个部分：

第 1 部分，图像编码系统，它是标准的核心系统；

第 2 部分，扩展系统，在核心系统上添加一些功能；

第 3 部分，运动 JPEG 2000，针对运动图像提出的解决方案；

第 4 部分，兼容性；

第 5 部分，参考软件；

第 6 部分，复合图像文件格式，主要是针对印刷和传真应用。

JPEG 专家组从 1997 年开始征集 JPEG 2000 的议案。JPEG 2000 第 1 至第 6 部分的 FCD（Final Committee Draft，最终委员会草案）分别于 2000 年 3 至 12 月完成，第一部分的正式国际标准（ISO/IEC 15444-1）也已经在 2001 年 2 月正式出版。

与基于离散余弦变换（DCT）的 JPEG 相比，JPEG 2000 的优势在于它是基于离散小波变换（DWT）为主的多解析编码方式。小波变换是现代谱分析工具，它既能考察局部时域过程的频域特征，又能考察局部频域的时域特征，因此它能弥补 JPEG 在非平稳过程上的不足。JPEG 2000 大致的流程是，在编码时，将离散小波变换后得到的小波系数划分成小的数据单元（即码块），对每个码块进行独立的嵌入式编码。解码过程则相对比较简单。编码器和解码器的各个功能块之间有一一对应关系，只不过解码器不需要码率控制部分。根据压缩码流中存储的参数，对应于编码器各部分进行逆向操作，输出重构数据。

JPEG 2000 的应用领域包括数字照相机（感觉上无损，低复杂度编码），网络传输（渐进模式，误码鲁棒性强），医疗（适度有损到完全无损操作，安全性要求），数字图书馆（渐进模式，基于内容的元数据），传真（基于条的处理，低复杂度的编码和解码），扫描和打印（视觉上的有损到无损，低复杂度）和低比特率的视频编码（Motion JPEG 2000）等。

目前对 JPEG 2000 热情最大的是数字照相机厂商，他们希望 JPEG 2000 能有效地解决数字摄影面临的海量数据压缩问题，从而为自己的产品推广铺平道路。JPEG 2000 和 JPEG 相比优势明显，且向下兼容，取代传统的 JPEG 格式指日可待。

3. JPEG 与 JPEG 2000 的比较

JPEG 2000 是 JPEG 的升级换代标准，其性能差异很大，如表 3-4 所示。

表 3-4　JPEG 与 JPEG 2000 的性能比较

标　　准	JPEG	JPEG 2000
标题	连续色调静止图像的数字压缩编码	新一代静止图像压缩编码
起止日期	1986.3—1992.10	1996.2—2000.12

标　　准	JPEG	JPEG 2000
主要编码技术	离散余弦变换 DCT 知觉量化 Zigzag 扫描 霍夫曼编码 算术编码	离散小波变换 DWT EBCOT 核心算法 ROI 编码 空间可扩展编码 质量可扩展编码 面向对象编码 位图形状编码 容错编码、TCQ、零树扫描
压缩比	2～30	2～50
算法效率	30∶1 以上急剧下降	100∶1 以上平稳衰减
速率失真特性		比 JPEG 提高 30%
应用场合	Internet 数字照相 图像视频编辑	Internet 数字照相 数字图书馆 电子商务 打印、扫描、传真、遥感

3.2.3　JPEG 图像压缩工具

目前 JPEG 是在 Internet 上应用最为广泛的一种图像文件格式。如前所述，JPEG 采用的是一种有损压缩算法，压缩后的图像会出现一定程度上的失真。但是人们还是普遍使用 JPEG 格式，这是因为它在当前的静止图像格式中的压缩比是最高的，仅为其 BMP 原图像大小的十分之一左右。这使得用户通过 Internet 传送图像不那么困难，浏览图像较多的网页时等待时间也不那么漫长。那么，还能不能对 JPEG 图像作进一步的压缩呢？答案是肯定的。选用 JPEG Optimizer、JPEG Imager、JPEG Compressor 等几款图像压缩工具软件，可以对图像文件进行压缩和优化处理，有的还可以在压缩过程中提供交互式控制。下面以 JPEG Optimizer 4.0 为例介绍其使用方法。

1. JPEG Optimizer 概述

JPEG Optimizer 是一种适合网站进行图像压缩和优化处理的工具软件，它具有 3 个显著特点：一是采用了图像区域压缩技术，不但可以由用户选择特定图像区域进行优化处理，还能够智能化地对图像自动进行区域压缩处理，即 MagiCompress（魔力压缩）技术；二是在图像压缩过程中采用了非常直观的交互式设置，使用者可以方便地在图像质量和压缩比之间取得平衡；三是可以对图像文件进行批量压缩的功能，为一次处理大量的图像文件提供了很大的方便。

JPEG Optimizer 除了能够处理 JPEG 文件格式的图像外，还能够压缩 BMP、Targa 和未压缩的 TIFF 文件格式的图像。

2. 工作模式

开机进入 Windows XP 后，首先单击任务栏上"开始"按钮，在弹出的开始菜单中选择"所有程序"|xat.com JPEG Optimizer|xat.com JPEG Optimizer 菜单项来启动该图像压缩工具软件。针对不同的用户，JPEG Optimizer 系统提供了以下 4 种工作模式。

（1）普通模式。在 JPEG Optimizer 应用程序窗口中，单击工具栏上 Open 按钮，出现一个"打开"对话框。在该对话框中找到需要处理的 JPEG 图像文件并将其打开，这时打开的图像文件一式两份层叠显示在工作窗口中。一份是原图像文件，在其上端显示文件名、文件字节数等信息，另外一份是压缩处理后的图像，在其上端显示图像压缩后的比率和文件字节数。选择 Window|Tile 菜单项可将图像平铺显示以便比较，如图 3-9 所示。若再选择 Window|Cascade 菜单项可回到层叠状态。

图 3-9　工作窗口（层叠）

通过查看压缩后的图像，用户可以发现，系统自动压缩后几乎在很小失真的情况下，图像压缩到了原图像的 54%。如果压缩的是 BMP 图像或是未经压缩的 TIFF 图像，其压缩效果更加惊人，可达到原图像的 2%～5%。

用户还可以手动调节压缩效果，工具栏中有一个图像质量控制滑块（Small File-Large File）和一个微调数字框，调整控制滑块的位置或者改变数字框中的数值，即可控制图像的质量和大小，其调整后的效果立刻显示在压缩后的图像中。

要优化图像质量，就将控制滑块往右边移动或者增大数字框中的数值。控制滑块移动到最右端或者数字增大到 100 时，图像达到最高质量。要压缩图像时，就将控制滑块向左边移动或者减少数字框中的数值，当图像质量变得仅能接受时，文件大小便达到最小值。此时的最小值是用户调整的，还可以借助于系统的 MagiCompress 技术进一步压缩图像。单击工具栏上的 Auto 按钮，这时系统将智能化地选择图像的相应区域加以额外压缩以便减少图像的尺寸。

经过上面的过程将图像质量调整到符合自己的需要后，单击工具栏上的 Save 按钮，打开"另存为"对话框，将处理后的图像保存为 JPEG 文件供今后使用。

（2）专家模式。选择 Options|Expert Mode 菜单项，进入专家模式。此时原普通模式下的 Auto 按钮和 More 按钮就被其他两个包括若干个工具的按钮组所代替，即一个是压缩按钮组，另一个是工具按钮组，如图 3-10 所示。

专家模式为用户提供了更强的交互控制功能，便于用户在保障图像质量的前提下最大限度地对图像进行压缩。例如，在一幅图像中不很重要的纯色部分，用户可以选取后进行极限压缩。

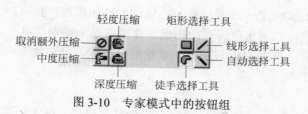

轻度压缩　　矩形选择工具

取消额外压缩——　——线形选择工具

中度压缩——　——自动选择工具

深度压缩　徒手选择工具

图 3-10　专家模式中的按钮组

（3）专家模式＋向导菜单。通过向导菜单可以提高专家模式的功能和适应性。如果希望更好地控制图像的压缩过程，可以将专家模式和向导菜单结合起来使用。

选择 Options|Expert Mode|Wizard Menu 菜单项，即可打开 Wizard Menu 对话框，如图 3-11 所示。

在 Wizard Menu 对话框中，Extra Compression 控制滑块用于改变固定压缩量的大小，而 MagiCompression 控制滑块则用于控制自动压缩量的大小。如果选择 Region 框中 Work on a Region 复选框，则最后选定的区域将被框起来，以便利用这里的控制滑块控制相应的选定区域的压缩情况。

选定操作区域后，单击 Invert 按钮将反向选择已经被选定区域之外的区域，而 Select All 按钮则用于在需要的情况下快速地选定整个图像区域。

选中 Keep Wizard Menu on top 复选框，将使得向导菜单始终位于最外层而不被其他应用程序窗口遮盖。

（4）批处理模式。批处理模式是为一次处理大量的图像文件提供了很大的方便。单击工具栏中的 Open 按钮，一次选择多个要处理的图像文件，或者直接将多个要处理的图像文件拖曳到 JPEG Optimizer 工作窗口中，这时就会打开批处理模式的设置对话框，如图 3-12 所示。

图 3-11　Wizard Menu 对话框

图 3-12　Batch Mode Settings 对话框

先选择 Use MagiCompression 复选框，以便让 JPEG Optimizer 系统额外地对非细节区域加以压缩，再通过右面的数字框设置压缩比，默认的压缩比是 50%。压缩比越大，魔力压缩程度就越高。选择 Read Quality from input JPEG 复选框后，系统在打开图像时会估计图像的质量并预先设置压缩比控制滑块的位置，这样便于控制多个图像文件的每个压缩比同读入的图像文件压缩比相同。

Default Compression Quality 数字框用于控制压缩的质量，取值范围是 1～100，默认值是 70%。如果选择 Ignore Errors 复选框，则压缩处理图像时，JPEG Optimizer 将跳过有问题的图像文件，否则在遇到出现错误的图像文件时将显示错误信息。

完成以上设置后，单击 OK 按钮开始批量处理过程。处理结束后系统提示用户选择目标文件夹存放结果文件。

3. 实用技巧

（1）"累进"效果图像。网上浏览网页时，有时会遇到一些大型图像。由于该图像显示非常慢，常采用"累进"效果，即开始时显示的图像很模糊，随着数据的不断下载，图像的显示质量不断提高直到完全显示。

在 JPEG Optimizer 应用程序窗口的工具栏右侧有 3 个复选框，这些复选框用于设置图像的输出格式。在对图像进行压缩和优化处理后，需要保存为"累进"显示效果的图像，就单击 Progressive 复选框，再保存即可。当访问网页时，该图像就具有"累进"的显示效果。如果希望将处理后的图像保存为灰度图像，就选择 Crayscale 复选框。如果希望处理后的图像在颜色上有所加强，包含额外的颜色信息，就选择 Extra Color 复选框，可增强图像的显示效果，不过同时会使图像尺寸有所增大，当然可以用更多的压缩来抵消这种数据量的增加。

（2）区域压缩技术。区域压缩技术是 JPEG Optimizer 的特色之一，可以对图像的局部区域进行特定的压缩。系统提供的 MagiCompress（魔力压缩）技术实际上就是智能化的区域压缩，用户可以自行选择特定区域进行压缩。

在对图像进行整体压缩后，如果发现图像的某些关键区域被压缩的过多或者某些次要区域还可以进一步压缩，就可以使用区域压缩技术。该技术必须在专家模式中进行，先选择压缩模式，再选择压缩区域，反之也可。单击工具按钮组中的 3 个区域选择工具之一，如矩形选择工具，用鼠标指针在目的区域拖出一个方框，然后选择压缩按钮组中的压缩工具，对选中区域进行额外压缩；或者选择取消额外压缩工具，恢复到未经额外压缩时的图像质量。

区域压缩技术在 Wizard Menu 中可以直观地控制，选择 Region 框中的 Work on a Region 复选框，则操作在选定区域中进行。用户可通过 Extra Compression 和 MagiCompression 控制滑块便可控制选定区域的压缩情况。

3.3　显示设备与扫描仪

3.3.1　显示设备

显示设备是多媒体计算机系统实现人机交互的实时监视的外部设备，它是计算机不可缺少的重要输出设备。显示设备主要是由显示器和显示卡组成，显示设备与主机的关系及其连接如图 3-13 所示。

图 3-13　显示设备与主机的连接

1. 显示卡

显示卡又称显示适配器或显示接口卡，它是显示器与主机通信的控制电路和接口，用于将主机中的数字信号转换成图像信号并在显示器上显示出来。

（1）显示卡的发展过程。PC中的显示卡经历了由单色到彩色，由MDA（Monochrome Display Adapter，单色显示卡）、CGA（Color Display Adapter，彩色显示卡）、EGA（Enhanced Graphic Adapter，增强型图形显示卡）、VGA（Video Graphic Array，视频图形阵列）到2D/3D图形加速卡，总线接口由8位的PC/XT总线显示卡、16位的ISA总线显示卡、32位的VESA局部总线显示卡、32位的PCI总线显示卡到目前流行的AGP接口的显示卡，由中低分辨率的显示卡到高分辨率的显示卡等一系列的发展过程。在PC中，显示卡是除CPU外发展速度最快的部件，显示器必须配上显示卡才能正常显示出计算机的各种信息。

（2）显示卡的基本结构。无论何种类型的显示卡，都有着大致相同的结构。显示卡的结构是由显示芯片、显示内存、RAM DAC、VGA BIOS、总线接口等部件组成，此外还有一些连接插座和插针。

显示卡的大致工作过程是，首先由CPU向图形处理部件发出命令，显示卡将图形处理完成后送到显示内存，显示内存进行数据读取，然后将其送到RAM DAC中。最后RAM DAC将数字信号转化为模拟信号输出显示。

（3）显示卡的分类。显示卡根据不同的分类标准可分为不同的类型。如按照图形处理的不同原理可分为普通显示卡、2D加速卡和3D加速卡。按照总线类型的不同可分为ISA显示卡、EISA显示卡、VESA显示卡、PCI显示卡和AGP显示卡。目前市场上可以看到的主要有PCI显示卡和AGP显示卡两种，而且以AGP显示卡为主流。

（4）显示卡的性能指标。当前市场上的显示卡种类繁多，不同种类的显示卡都有其特定的性能指标。但无论那种显示卡，都有3项最基本的指标，即分辨率、颜色数和刷新频率。

① 分辨率。分辨率又称解析度，是指在显示器屏幕上所能描绘的像素点数量，通常用水平像素点数×垂直像素点数来表示。由于现在的绝大多数显示器屏幕横纵比是4:3，所以标准分辨率也是4:3的比例，如640×480、800×600、1024×768、1600×1200等。显示器分辨率的大小取决于显示卡的分辨率，由于显示器的屏幕大小不变，所以分辨率越高，可显示的内容就越多，当然在屏幕上显示的单个字符或图像会按比例缩小。

② 颜色数。颜色数又称颜色深度，它是指显示卡在当前分辨率下能同屏显示的色彩数量，一般以多少色或多少位色来表示。颜色数和颜色深度的关系为：颜色数$=2^{颜色深度}$，比如标准VGA显示卡在640×480分辨率下的颜色为8位色，则可以在屏幕上显示出256种颜色。颜色位数一般设定为8位、16位、24位或32位不等。

当然，颜色数的位数越高，用户所能看到的颜色就越多，屏幕上的图像质量就越好。但是当颜色数增加时，也增大了显示卡所要处理的数据量，随之而来的问题是速度的降低和屏幕刷新频率的降低。

③ 刷新频率。刷新频率是指图像在显示器上更新的速度，即屏幕每秒重新显示的次数。实际上刷新频率是RAM DAC向显示器传送的显示信号，使其每秒重绘屏幕的次数，它的单位是赫兹（Hz）。刷新频率越高，屏幕上图像闪烁感越小，图像的稳定性越高。过低的刷新频率会使用户感到屏幕严重的闪烁，时间一长就会使眼睛感到疲劳，所以刷新频率应

大于 75Hz。

2. 图形加速卡

随着多媒体计算机的不断发展和家庭娱乐的需求，3D 图形加速卡也越来越受到人们的关注。3D 图形加速卡的性能是由卡上的 3D 显示芯片决定的，3D 显示芯片除应具有一般 2D 显示芯片的功能（包括 YUV-RGB、双线性缩放、图像缩放、插值、压缩等）外，还应能支持 3D 运算特性。一般来说，作为具有 3D 图形加速功能的芯片主要应具有以下几个特征。

（1）Z 缓冲器。在三维图形中，除了 X 轴和 Y 轴外，还需要一个 Z 轴。Z 参数为缓冲器中的像素提供实际坐标比较。

（2）颜色内插。使着色更准确，图形更具真实感和立体感。

（3）纹理映射。能在每个三维图形的表面贴上同样材质的花纹，使画面更具真实感。

（4）浓度暂存。带有 3D 引擎的 16 位浓度暂存器，能用于消除隐藏的线条和表面。

（5）雾化处理。能产生由近及远的层次感。

（6）边缘平滑处理。消除边缘锯齿效应，使图像之间过渡更加自然。

（7）透明色处理。调整花纹各部分的角度，大小比例，产生融合效果，提高透视效果。

除此之外，还可能包括透视校正、双缓存、着色技术、气氛效果和 Alpha 变换等。由于 3D 显示芯片档次不尽相同，因而功能强弱也有一定差别。

3D API（3D Application Programming Interface，3D 应用程序接口）是许多程序的集合，它是架设在 3D 图形应用程序和 3D 图形加速卡之间的桥梁。一个 3D API 能让编程人员所设计的 3D 软件调用其 API 内的程序，从而让 API 自动与硬件的驱动程序沟通，启动 3D 芯片内强大的 3D 图形处理功能，从而大大地提高了 3D 程序设计的效率。目前普遍应用的 3D API 主要有 DirectX、OpenGL、Dlide 和 Heidi 等。

由于 3D 显示芯片功能日趋强劲，大大减轻了系统的负荷，使很多三维软件的潜力和功能得到充分发挥。在选购 3D 图形加速卡时，主要应考虑如下因素：3D 图形显示控制芯片的性能，RAM DAC 的位数和速度，显存的类型、容量和速度，显示 BIOS 的性能，接口总线类型及所支持的数据传输速度以及显示驱动程序是否完善等。

3. CRT 显示器

（1）显示器的工作原理。显示器的作用是将主机发出的信号经一系列处理后转换成光信号，最终将文字和图形显示出来。最早出现的显示器是 CRT（Cathode Ray Tube，阴极射线管）显示器，下面就以 CRT 为例介绍显示器的工作原理。

CRT 是由电子枪、偏转电压、荧光粉层、阴罩和玻璃外壳 5 个部分组成。当显示器加电后，在电子枪和荧光粉层之间形成一个高达几万伏的直流电压加速场，当电子枪射出的电子束经过聚焦和加速后，在偏转线圈产生的磁场作用下，按所需要的方向偏转，通过阴罩上的小孔射在荧光屏上，荧光屏被激活就会产生彩色。当图像被显示在屏幕上时，它由许多小点组成，这些小点称为像素。每个像素都有自己的颜色，正是由各个像素的颜色构成一幅完整的彩色图画。

（2）显示器的分类。

① 按显示颜色分类。

● 单色显示器：只能显示一种颜色。

- 彩色显示器：可以显示高达 1677 万种颜色。

② 按显示器件材料分类。

- 阴极射线管显示器（CRT）。采用阴极射线管作为光电转换材料，它是目前的主流显示器。

- 液晶显示器（LCD）。最近这种显示器逐渐流行起来，它是利用液晶的分子排列对外界的环境变化（如温度、电磁场的变化）十分敏感，当液晶的分子排列发生变化时，其光学性质也随之改变，因而可以显示各种图形。

- 等离子体显示器（PDP）。它的工作方式与液晶显示器类似，但是在两块玻璃之间夹着的材料不是液晶，而是一层气体，它将气体和电流结合起来激发像素，虽然分辨率较低，但图像明亮且成本比有源阵列 LCD 低，适合商业演示使用。

- 发光二极管显示器（LED）。主要采用 LED 作为显示阵列，在一些大型的户外广告牌上经常使用。

③ 按显示屏幕形状分类。

- 球面屏幕。这类显像管是目前技术最成熟、使用最广泛的显像管。但它的缺点也很明显，就是随着观察角度的改变，球面屏幕上的图像会发生歪斜，而且非常容易引起外部光线的反射，降低对比度。这种显像管的优势就在于价格便宜。

- 柱面屏幕。这类显像管的特点是从水平方向看呈曲线状，而在垂直方向则为平面。它采用了条形荫罩板和带状荧屏技术，透光性好、亮度高、色彩鲜明，适合对色彩表现要求高的场合。但是这种显像管的缺点是它采用的条栅状光栅抗冲击性能较差，不适合在严酷的工业场合应用。

- 平面直角屏幕。平面直角显像管由于采用了扩张技术，使传统的球面管在水平和垂直方向向外扩张。因此，这种显像管比传统的球面显像管看上去要平坦很多，同时在防止光线的反射和眩光方面也有不少改进，加上比较低廉的价格，使其在 15in 以上的显示器中得到广泛的应用。但从技术上讲，它还不是真正的平面显像管。

- 纯平面屏幕。这种显像管在水平和垂直两个方向上真正做到了平面。因为越平的屏幕，人眼观看屏幕的聚焦范围就越大，图像看起来也就更逼真和舒服。但这种显像管的成本比较高。

（3）显示器的性能指标。一台显示器有许多指标，这些指标中有的是电器性能，它决定了显示器的档次，有些指标则是附加功能，从小的方面体现厂家的技术力量。下面是显示器的主要性能指标。

① 屏幕尺寸。屏幕尺寸是衡量显示器屏幕大小的技术指标，它是用显像管对角线的距离来表示，单位一般用英寸，目前常见的显示器有 14in、15in、17in 和 21in 等。实际上，显示器的可视范围要比屏幕尺寸小一些，如 15in 显示器的可视对角尺寸为 13.8in。

② 点距。点距是指显示器荧光屏上两个相邻的相同颜色磷光点之间的距离。点距越小，显示出来的图像越细腻。点距的单位为毫米（mm），用显示区域的宽和高分别除以点距，即得到显示器在水平和垂直方向最高可以显示的像素点。以点距为 0.28mm 的 14in 显示器为例，它在水平方向最多可以显示 1024 个像素点，在垂直方向最多可显示 768 个像素点，因此其极限分辨率为 1024×768。目前，高清晰大屏幕显示器通常采用 0.28mm、0.27mm、0.26mm、0.25mm 的点距，有的产品甚至达到 0.21mm。

③ 分辨率。分辨率是指屏幕上可以容纳像素的个数。分辨率越高，屏幕上能显示的像素数就越多，图像也就越细腻，显示的内容就越多。通常分辨率用水平方向像素的个数与垂直方向像素的个数的乘积来表示，例如，800×600 表示在水平方向有 800 个像素点，在垂直方向有 600 个像素点。显示器的分辨率受到点距和屏幕尺寸的限制，也与显示卡的性能有关。

④ 刷新频率。刷新频率是指每秒刷新屏幕的次数，刷新频率可分为垂直刷新频率和水平刷新频率。垂直刷新频率又称场频，它指屏幕图像每秒从上到下刷新的次数，单位是赫兹（Hz）。垂直刷新频率越高，图像越稳定，闪烁感越小。显示器使用的垂直刷新频率在 60～90Hz 之间，一般垂直刷新频率在 72Hz 以上。水平刷新频率又称行频，它指电子束每秒在屏幕上水平扫描的次数，单位为千赫兹（kHz）。行频的范围越宽，可支持的分辨率越高。如 15in 彩色显示器的行频范围在 30～70kHz 之间。

⑤ 扫描方式。扫描方式可分为有两种：隔行扫描和逐行扫描。隔行扫描是电子枪先扫描奇数行，后扫描偶数行，因为一帧图像分两次扫描，所以容易产生闪烁现象。逐行扫描是指逐行一次性扫描完并组成一帧图像。现在的显示器一般都采用逐行扫描方式，逐行扫描在垂直刷新频率低时也会感到闪烁。国际 VESA 协会认为，逐行扫描方式的垂直刷新频率达到 75Hz 才能实现无闪烁，最近又提出了逐行扫描的最佳无闪烁标准是垂直刷新频率为 85Hz。

⑥ 带宽。带宽是显示器所能接收信号的频率范围，是评价显示器性能的重要参数。不同的分辨率和刷新频率需要不同的带宽，以兆赫兹（MHz）为单位。带宽越宽，表明显示控制能力越强，显示效果越佳。一般来说，可接受带宽=水平像素×垂直像素×刷新频率×系数（取 1.5）。

⑦ 辐射和环保。长时间在显示器前工作，会受到显示器的辐射，它直接影响到用户的视力及身体健康。国际上关于显示器电磁辐射量的标准有两个：即瑞典的 MPR-Ⅱ标准和更高要求的 TCO 标准。目前达到 MPR-Ⅱ标准的显示器较多，达到 TCO 标准的显示器在市场上较少，只有一些名牌产品才有 TCO 的认证标志。

显示器带有 EPA（能源之星）标志的具有绿色功能，在计算机处于空闲状态时，自动关闭显示器内部部分电路，使显示器降低电能消耗，以节约能源和延长显示器的使用寿命。

4. 液晶显示器

液晶显示器 LCD（Liquid Crystal Display）是一种数字显示技术，可以通过液晶和彩色过滤器过滤光源，在平面面板上产生图像，如图 3-14 所示。随着液晶显示技术的不断进步，LCD 显示器在笔记本计算机市场占据多年的领先地位后，开始逐步地进入台式计算机系统。与传统的 CRT 显示器相比，LCD 显示器具有占用空间小、重量轻、低功耗、低辐射和无闪烁等优点。

（1）液晶显示器的工作原理。液晶显示器是以液晶材料作为主要部件的一种显示器。液晶是一种具有透光特性的物质，它同时具备固体与液体的某些特征。从形状和外观看液晶是一种液体，但它的水晶式分子结构又表现出固体的形态，光线穿透液晶的路径由构成它的分子排列决定，这是固体的一种特征。在研究过程中，人们发现给液晶加电时，液晶分子会改变它的方向。液晶显示器的原理是利用液晶的

图 3-14 液晶显示器

物理特性，给液晶加电时让光线通过，不加电时则阻止光线通过，从而在屏幕上显示出黑白的图像和文字。

彩色液晶显示器是在液晶材料与光源之间加入 RGB 三色滤光片，当文字和图像信号经过显示卡进入显示器时，经过一系列过程将文字和图像信号变成控制信号，通过显示器内的发光管发出的光线通过偏光板射向液晶，当每一颗液晶单元受到不同的电压大小时，其分子排列方式就会发生改变，使得液晶单元产生不同的透光度，当不同的透光经过 RGB 三色滤光片时，屏幕就会因为不同的透光程度形成各种色彩的文字和图像信号。

（2）液晶显示器的分类。目前常见的液晶显示器可分为以下 4 种。

① TN-LCD（Twisted Nematics-LCD，扭曲向列 LCD）。

② STN-LCD（Super TN-LCD，超扭曲向列 LCD）。

③ DSTN-LCD（Double-layer Super TN-LCD，双层超扭曲向列 LCD）。

以上 3 种液晶显示器的显示原理基本相同，只是液晶分子的扭曲角度不同而已。

④ TFT-LCD（Thin Film Transistor-LCD，薄膜晶体管 LCD）。

TFT-LCD 是指每个液晶像素点都是由集成在像素点后面的薄膜晶体管来驱动，从而可以做到高速度、高亮度、高对比度显示屏幕信息。TFT-LCD 是目前最好的 LCD 彩色显示设备之一，其效果接近 CRT 显示器，是现在笔记本计算机和台式机上主流显示设备。

（3）液晶显示器的性能指标。

① 屏幕尺寸。如前所述，显示器的屏幕尺寸就是显示屏对角线的长度，以英寸为度量单位。对于液晶显示器也是采用同样的测量标准。目前常见的液晶显示器的主要尺寸有 12.1in、13.3in、14.1in、15in 等。

② 可视角度。可视角度分为水平可视角度和垂直可视角度。现在的 LCD 显示器，140° 以上的水平可视角度和 120° 以上的垂直可视角度已成为基本指标。可视角度可以通过从不同角度观察来衡量，当画面强度或亮度变暗、颜色改变、文字模糊等现象出现时，说明超过了它的可视角度范围。通常 LCD 显示器的可视角度达 120° 就可以满足一般要求，当然可视角度越大，看起来会更轻松一些。

③ 响应时间。响应时间是指液晶显示器各像素点对输入信号反应的速度，即像素由亮转暗或由暗转亮所需的时间。响应时间越小则使用者在看运动画面时不会出现拖影的现象。而当响应时间较大时，在纯白全屏幕下快速移动鼠标时，会有残影的现象，这是因为 LCD 反应太慢，来不及改变亮度的关系。

④ 亮度。亮度是一台 LCD 显示器中较重要的指标，其单位为 cd/m^2，也就是每平方米的烛光数量。高亮度值的 LCD 显示器画面更亮丽，不会朦朦胧胧。而一台液晶显示器最好拥有 $200cd/m^2$ 以上的亮度值，才能显示出合适的画面。目前市场上的 LCD 液晶显示器的亮度值一般在 $150\sim350cd/m^2$ 之间。

⑤ 对比度。对比度是直接体现该液晶显示器能否体现丰富色阶的参数，对比度越高，还原的画面层次感就越好。目前市场上的 LCD 液晶显示器的对比度普遍在 150:1～400:1，一般 200:1 的产品就可以满足普通用户的要求。

⑥ 显示颜色。LCD 的色度层次比较丰富，但 TFT-LCD 和 DSTN-LCD 有较大差别。TFT-LCD 一般有 16 位 64K 种色彩和 24 位 16M 种色彩，由于亮度和对比度高，彩色十分鲜艳。而 DSTN-LCD 只有 256 种色彩，不但亮度和对比度较差，彩色也不够艳丽。

（4）液晶显示器与 CRT 显示器的比较。经过几十年的发展，CRT 显示器技术已经相当成熟，由于显示效果好，色彩鲜艳，所以仍是目前主流显示器之一。不过它也存在一些致命的缺陷，如体积庞大且笨重、功耗大、辐射大等。新一代的 LCD 液晶显示器则凭借其轻、薄、低辐射等特点受到了用户的欢迎，由于它的发展时间短，有些技术不是很成熟。下面对 LCD 液晶显示器和 CRT 显示器作一简单比较，如表 3-5 所示。

表 3-5　LCD 与 CRT 显示器比较

类型	LCD	CRT
优缺点	体积小、重量轻	外形庞大、笨重
	辐射极低	辐射较高
	功耗低、发热量小	功耗大、发热量大
	不存在聚焦、高压稳定性问题	存在聚焦、高压稳定性问题
	信号反应速度慢	信号反应速度快
	色彩表现力一般	色彩表现力强
	可视角度一般	不受可视角度限制

3.3.2　扫描仪

自 1984 年第一台扫描仪问世以来，短短十几年的时间，扫描仪有了突飞猛进的发展。扫描仪的产品类型由过去比较单一的型号发展成种类繁多、档次齐全、性能各异的产品，技术性能也由黑白二色扫描过渡到灰色扫描，到现在的 36 位彩色扫描。目前在扫描仪行业中驰骋的品牌主要有 HP、Microtek、Uniscan（清华紫光）3 家。

1. 什么是扫描仪

扫描仪是一种光、机、电一体化的高科技数字化输入设备，它可以将图像或文稿等转换成计算机能够识别和处理的数字图像文件，其强大的获取信息能力使它成为继键盘和鼠标之后的第三代计算机输入设备，如图 3-15 所示。扫描仪的最大优点是，可以像彩色打印机一样，最大程度地保留原稿的风貌，这是键盘和鼠标器无法实现的。

平板式　　　　　手持式　　　　　滚筒式

图 3-15　各类扫描仪

2. 扫描仪的工作原理

简单来说，扫描仪的工作过程是，首先对原稿进行光学扫描，然后将扫描得到的光学图像传送到光电转换部件 CCD 中，经过处理后变为模拟信号，再由 A/D 转换器将模拟信号变换成为数字信号，最后通过与计算机的接口送至主机中。

根据扫描原稿的不同，扫描仪的工作原理也有所不同。扫描原稿可分为扫描反射式图稿（纸张、照片等）和扫描透明图稿（幻灯片、胶卷等）两类，下面仅对扫描反射式图稿类扫描仪的实现原理作一介绍，如图 3-16 所示。

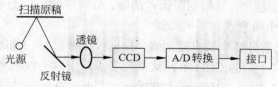

图 3-16 扫描仪的实现原理

首先将扫描的原稿正面向下平铺在扫描仪的玻璃板上。在软件中启动扫描仪驱动程序后，安装在扫描仪内部的可移动光源开始扫描原稿。为了均匀照亮稿件，扫描仪光源是一条卡在两条导轨上的长条形，并沿 y 方向扫过整个原稿。

照射到原稿上的光线经反射后穿过一个很窄的缝隙，形成沿 x 方向的光带，又经过一组反射镜，由光学透镜聚焦并进入分光镜，经过棱镜和红绿蓝三色滤色镜得到的三条彩色光带分别照到各自的 CCD 上，CCD 完成自己的工作而转变出模拟信号，此信号又被 A/D 转换器转变为数字信号。到此为止，反映原稿图像的光信号已转变为计算机能够接受的二进制数字信号，最后通过 SCSI 或 USB 等接口送至控制扫描仪的软件，由软件重组为计算机图像文件。

3. 扫描仪的分类

（1）按扫描原理分类。

① 平板式扫描仪。平板式扫描仪是由步进电动机带动扫描头对图片进行自动扫描。其特点是扫描精度较高、成像稳定和使用方便，它适用于图稿幅面不太大，精度要求较高的场合。目前流行的商用和家用扫描仪都是平板式，它还可以用来进行文字识别 OCR。

② 手持式扫描仪。手持式扫描仪是以手动的方式推动扫描仪对图片进行扫描。其特点是体积小、携带方便、价格便宜，但由于手推进速度均匀性问题，容易造成图像失真。它适用于图稿幅面小、精度要求不太高的场合。

③ 滚筒式扫描仪。滚筒式扫描仪是采用扫描头固定、滚动式走纸机构移动图纸而自动完成扫描。其特点是幅面大，它适用于大型工程图纸的输入，主要应用于工程制图等专业领域。

（2）按扫描仪接口分类。

① USB 接口。USB 接口是一种新型的接口方式，目前新出的扫描仪都会提供 USB 接口方式，它的成本也不高，而且连接相当简单，支持热插拔，最高传输率可达 12Mbps。最新的 USB 2.0 接口标准也已经出台，其数据传输率最高可达 480Mbps，相信不久的将来用户就能在市场上看到采用 USB 2.0 接口的新型扫描仪。

② SCSI 接口。传统的扫描仪一般都采用 SCSI 接口，其接口数据传输速度快（可达 20MBps），而且占用系统资源也比较低，但其价格较贵，而且安装也麻烦，需要在机箱内安装相应的 SCSI 卡。所以用在专业扫描仪上能提高效率。

③ 并行接口。并行接口的传输速度是这几种接口方式中最慢的，但是其成本低，而且安装简单方便。使用并行接口也有缺点，当连接在计算机并口上的打印机和扫描仪同时工作时，由于它们通过并口同时与计算机进行数据传输，其传输速度会变得很慢。

4. 扫描仪的性能指标

（1）分辨率。分辨率是扫描仪的重要性能指标之一，分辨率的大小，直接决定了扫描图像的清晰程度，分辨率越高，其扫描图像越清晰。分辨率的单位为 dpi（dot percent inch），其意义是每英寸有多少个像素点。

CCD 元件是决定光学分辨率的直接因素，扫描仪工作时将扫描图像的一线通过透镜反射到 CCD 的一列上，这一列的 CCD 单元数量的多少除上这一线的宽度就决定了扫描仪的光学分辨率。如一台 A4 幅面（210mm×297mm）大小 600dpi 的扫描仪，其一列 CCD 的单元数量应该是 600×210/25.4=4960，其中 25.4 是 1in 换算成 1mm 的单位换算值。在一些扫描仪性能指标上，往往标注的光学分辨率是 300×600dpi、600×1200dpi 等字样，其中前面的值表示的是 CCD 解析度，后面的值表示扫描仪感光元件移动的步进电动机，利用前进速度所产生的分辨率，也就是扫描过程中两条水平线之间的距离。

在一些扫描仪上标注有最大分辨率为 19200dpi 字样，这是一种插值分辨率的表示方式。它是通过数学算法在光学分辨率基础上进行补充所得到的一个值，其原理是在原有图像的每两点中间以渐层的方式插入所需要的点，以达到超过光学分辨率的图像。虽然以插值补点的方式可以提高图像的分辨率，但是却会造成图像模糊。

（2）色彩位数。色彩位数是影响扫描仪表现的一个重要因素，它是指彩色扫描仪所能识别的最大色彩数目。一般来说，扫描仪的色彩位数有 24 位、30 位、36 位、42 位和 48 位等几种。色彩位数越高，其扫描出来的图像颜色表现力越丰富、逼真，图像还原能力就越好。

（3）灰度值。灰度值是指进行灰度扫描时，对图像由纯黑到纯白整个色彩区域进行划分的级数。级数越多，表示扫描仪图像的亮度范围越大，灰度之间平滑过渡能力越强，层次更加丰富。灰度值一般为 8 位、10 位和 12 位。

（4）扫描速度。扫描速度是用来反映扫描仪的工作效率，影响扫描速度的主要因素是步进电动机的速度、接口类型和扫描所设定的分辨率等。为了节省扫描时间，通常在正式扫描之前，先进行预扫描，此时的分辨率较低，所以速度比较快，A4 幅面大约只需要 6～12s。在确定扫描区域，设定分辨率和彩色数目后，进行正式扫描，一张 A4 幅面、300dpi 的图像大约需要扫描 30～60s。

（5）扫描幅面。扫描幅面是用来描述扫描仪可以扫描图片的最大尺寸。常用的平板式扫描仪扫描幅面有 A4、A4 加长、A3 等，滚筒式扫描仪通过旋转滚筒的进纸方式来工作，幅面可以很大，适用于工程图纸输入。

（6）光学器件。目前主流的扫描仪采用 CCD 器件，分辨率可达到 200～3000dpi。它使用冷阴极管，光谱范围大，色彩密度高，可扫描立体实物，缺点是体积较大。最近市场上出现了一些超薄型的扫描仪，它们小巧玲珑，适合在家庭或办公室使用。这些扫描仪采用 CIS 器件，其分辨率只有 200～600dpi。由于它采用 LED 阵列光源，光谱范围窄，色彩密度低，但它的价格比采用 CCD 器件的扫描仪要低。

5. OCR 文字识别

大批量的文字印刷稿件通过扫描仪扫描后，利用 OCR（Optical Character Recognition，光学字符识别）软件可将原本为图像格式的文字，识别并转换为可供编辑的文本格式的文字。由于 OCR 的文字识别速度快，因此可以大大地减少由键盘输入文字的操作时间，提高文字录入正确率和效率。

利用扫描仪进行 OCR 文字识别的一般过程是：将纸张等出版物通过扫描仪输入到计算

机中，然后通过 OCR 软件对扫描图像中的文字进行识别和校对，最后将所形成的文本文件输入到 Word 等文字处理软件中进行版面编排等处理。

一般的 OCR 软件都能识别宋体、仿宋体、黑体、楷体和幼圆等 5 种印刷字体的国标第一级汉字以及部分二级汉字。在正常的情况下，OCR 软件的单字识别率可以达到 90%，在理想的情况下，单字识别率高达 98%。目前，国内的 OCR 制造商所开发出来的软件大多数都能识别英文、简体和繁体汉字等。如清华紫光 OCR 是国内相当有名的 OCR 软件，配合清华紫光扫描仪，就能用于印刷文字的自动录入。

3.4 图像处理软件

图像处理软件有很多成熟的实用产品，例如 Photoshop、PhotoImpact 和 Fireworks 等都是比较流行的图像处理软件，如果用户熟悉图像文件的格式也可以使用高级语言来编制图像处理程序。本节以 Photoshop CS3 为例，介绍该软件的基本操作和使用技能。

3.4.1　Photoshop 概述

1. Photoshop 的发展简史

Adobe 公司的 Photoshop 是目前世界上公认的最流行的图像处理软件，它提供了强大的图像编辑和绘画功能，已被广泛用于平面设计、网页制作、三维动画、多媒体开发、数字摄影处理、彩色印刷等许多领域。

Adobe Photoshop 诞生于 1990 年，最初由 Michigan 大学的 Thomas Knoll 创建，随后在 Thomas Knoll 和 Adobe 公司的共同努力下先后开发了一系列基于 Windows 和 Macintosh 平台的图像处理软件。表 3-6 描述了 Photoshop 主要版本的发布时间以及新增功能。

表 3-6　Photoshop 的发展简史

版本号	发布时间	新 增 功 能
Photoshop 1.0	1990 年 2 月	支持彩色显示、能读取多格式文件、色彩调整、滤镜、剪切工具、文字编辑、直线工具等
Photoshop 2.0	1991 年 2 月	路径功能、栅格化 AI 文件功能、支持 CMYK 模式、双色调模式、钢笔工具等
Photoshop 3.0	1994 年 4 月	图层、蒙版、通道、移动工具等功能
Photoshop 4.0	1996 年 11 月	全新的操作界面、自由变换命令、批处理命令
Photoshop 5.0	1998 年 5 月	图层样式、历史记录、色彩管理、文本图层
Photoshop 6.0	2000 年 9 月	更强的 Web 功能、矢量绘图、打印预览与输出、文字和声音的注释功能等
Photoshop 7.0	2002 年 3 月	画笔引擎、文件浏览器、增强的 Web 输出、工具预设、PDF 文件密码保护等
Photoshop CS	2003 年 9 月	颜色匹配命令、柱状图调色板、路径文本、数字照相机原始文件的支持、全面的 16 位支持、图层组合及 Flash 文件导出等
Photoshop CS2	2005 年 5 月	多图层操作、智能对象、数字照相机 RAW 格式多图像处理、图像扭曲、高级降噪、32 位高动态区域支持、红眼修正等
Photoshop CS3	2007 年 3 月	全新的操作界面，更强大的图像处理工具箱

随着版本的不断升级，Photoshop 的功能不断增强和完善。因此，它得到了越来越多的艺术家、设计师和图像处理爱好者的瞩目。

2. Photoshop 的基本功能

利用 Photoshop 可以进行各种平面图像处理，绘制简单的几何图形以及进行格式和色彩模式的转换等多种操作，可以创作出任何能构想出的作品。对于图像设计者而言，可以将照片经过扫描输入到计算机中，利用 Photoshop 进行分层绘图和编辑，并加入多种特殊效果，创作出令人满意的作品。

具体来说，Photoshop 有以下一些功能。

（1）支持大量图像文件格式。支持多达 30 多种图像文件格式，包括 PSD、BMP、GIF、EPS、FLM、JPG、PDF、PCX、PCD、PNG、RAW、SCT、TGA 和 TIF 等，并可以将某种格式的图像文件转换为其他格式的文件。

（2）选择和绘图功能。Photoshop 提供了强大的对图像进行处理的工具，包括选择工具、绘图工具和辅助工具等。选择工具可以选取一个或多个不同尺寸、不同形状的选择范围。利用绘图工具可以绘制各种图形，还可以通过不同的笔刷形状和大小来创建不同的效果。

（3）色调和色彩功能。Photoshop 可以对图像的色调和色彩进行调整，使图像的色相、饱和度、亮度、对比度的调整简单快捷。另外，Photoshop 还可以对图像的某一部分进行色彩调整。

（4）图像编辑和变换。Photoshop 使用智能滤镜和智能对象（可以缩放、旋转和变形栅格化图形和矢量图形）以非破损方式编辑，所有这一切都不会更改原始像素数据。还可以使用动画调板从一系列图像中创建一个动画，并将它导出为多种格式。

（5）图层功能。Photoshop 具有多图层工作方式，可以进行图层的复制、移动、删除、翻转、合并和合成等操作。呈现丰富的 3D 内容并将其合并到 2D 复合图像中，甚至在 Photoshop CS3 Extended 内直接编辑 3D 模型上的现有纹理并立即呈现结果。

（6）滤镜功能。Photoshop 提供了近 100 种滤镜，每种滤镜各有千秋，用户可以利用这些滤镜实现各种特殊效果。另外，还可以使用其他很多与之配套的外挂滤镜。

（7）开放式结构。支持 TWAIN32 界面，可以接受广泛的图像输入输出设备，如扫描仪、数字相机和打印机等设备。

综上所述，Photoshop 是一个功能强大的图像处理软件，它将展现给用户无限的想象空间和艺术享受。

3. Photoshop 的启动和退出

开机进入 Windows XP 后，首先单击任务栏上的"开始"按钮，在弹出的开始菜单中选择"所有程序"|Adobe Photoshop CS3 菜单项来启动 Photoshop。如果用户熟悉 Windows XP 操作系统，还有更多的启动 Photoshop 的方法，甚至可以自己设置快捷的启动方式。

如果要退出 Photoshop，可以选择"文件"|"退出"菜单项，或按 Ctrl+Q 键，或单击 Photoshop 应用程序窗口右上角的"关闭"按钮即可。

4. Photoshop 的窗口组成

Photoshop 应用程序窗口是由标题栏、菜单栏、工具选项栏、工具箱、图像编辑窗口、面板和状态栏等组成，如图 3-17 所示。

标题栏 菜单栏 工具选项栏

工具箱　　状态栏　图像编辑窗口　　　　　　　控制面板

图 3-17　Photoshop 应用程序窗口

（1）标题栏。标题栏位于 Photoshop 应用程序窗口的顶端，它的作用是用来显示该应用程序名称（Adobe Photoshop CS3）以及当前图像编辑窗口的图像文件名。若用户创建新的图像文件，Photoshop 便会给它们命名为"未标题-1"、"未标题-2"等。标题栏最左端是 Adobe Photoshop CS3 的图标，单击该图标可以打开窗口的控制菜单，它包括还原、移动、大小、最大化、最小化和关闭等。右边 3 个按钮分别是"最小化"按钮、"最大化/还原"按钮和"关闭"按钮。

（2）菜单栏。菜单栏位于标题栏的下方，它包括"文件"、"编辑"、"图像"、"图层"、"选择"、"滤镜"、"视图"、"窗口"和"帮助"9 个菜单。单击某个菜单名称即可打开该菜单，每个菜单里都包含数量不等的子菜单，选择它们即可执行相应的操作，而选择菜单外的任何地方或者按 Esc 键将关闭当前打开的菜单。另外，按住 Alt 键的同时，再按菜单选项名称后带下划线的英文字母，也可以打开相应的菜单选项。

（3）工具选项栏。工具选项栏位于菜单栏的下方，它的作用是对选择的工具进行各种属性设置。如选择画笔工具，则工具选项栏会出现画笔类型、绘画模式、不透明度和水彩效果等选项。工具选项栏可以拖曳到屏幕的任何位置，用户可以选择"窗口"|Options 菜单项来显示和隐藏工具选项栏。工具选项栏的右边还有两个选项，即文件浏览器和画笔样式。

（4）工具箱。在默认情况下，工具箱位于窗口的左侧。Photoshop 中的工具箱，可以通过单击工具箱面板上方的双三角形按钮改变外形，有长单条和短长条两种效果。工具箱中包括了 20 多种工具，用户可以利用这些工具进行绘图或编辑图像，如图 3-18 所示。

工具箱具有简洁、紧凑的特点，它将一些功能基本相同的工具归为一组，凡是工具图标右下角有小三角符号的工具都是复合工具，表示在工具的下面还有同类型的其他工具存在，用户可以通过下列两种方法选择这些隐藏的工具。

方法 1，移动鼠标到复合工具图标上，按住鼠标左键稍等片刻，系统将自动弹出隐藏工具，拖曳鼠标至要选择的工具处，释放鼠标即可选择该工具。

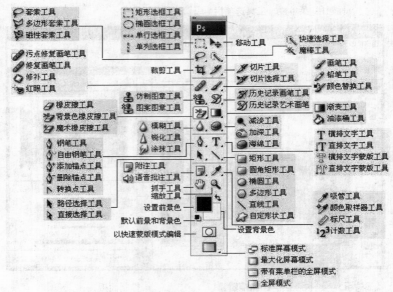

图 3-18　工具箱

方法 2，按住 Alt 键，单击复合工具图标，每单击一次，即可切换一个工具，当需要选择的工具出现时，释放 Alt 键即可选中。

（5）图像编辑窗口。在 Photoshop 中，每一幅打开的图像文件都有自己的图像编辑窗口，所有图像的编辑操作都要在图像编辑窗口中完成。当在窗口中打开多个文件时，图像标题栏显示蓝色的图像为当前文件，所有操作只对当前文件有效。用光标在图像文件中的任意部位单击即可将此文件切换为当前文件。

通过图像编辑窗口中的标题栏，可以了解到图像的名称、存储路径、显示大小、存储格式以及色彩模式等信息。如果此文件有多个图层，在标题栏中还会显示出此文件的当前层名称。通常标题栏显示图像部分信息，详细信息则要将光标移到标题栏处稍停片刻才会出现。

（6）面板。面板是 Photoshop 中一项很有特色的功能，用户可利用面板设置工具参数、选择颜色、编辑图像和显示信息等。每个面板在功能上都是独立的，用户可以根据需要随时使用。当启动 Photoshop 后，各种面板位于窗口的右边，用户可以随时打开、关闭、移动或组合它们。

Photoshop 为用户提供了十多个面板，它们被组合放置在一起，如"导航器"、"信息"在一起，"颜色"、"色板"和"样式"在一起，"历史记录"、"动作"和"工具预设"在一起，"图层"、"通道"和"路径"在一起，"字符"、"段落"在一起，等等。所有面板都可以缩为精美的图标，节省工作空间，如图 3-19 所示。另外，除了显示在面板中的设置项目外，单击面板右上角的小三角形按钮还会弹出一个菜单，它可让用户对图像作进一步的设置和处理。

图 3-19　面板中的菜单

（7）状态栏。状态栏位于 Potoshop 窗口的最底部，主要用来显示图像的各种信息。状态栏由 3 部分组成，左侧区域用于控制图像编辑窗口的显示比例，用户也可以在此文本框中输入数值后按 Enter 键来改变显示比例；中间区域用于显示图像文件的信息；单击右侧区域上的小三角形按钮，打开一个菜单，从中可以选择图像文件的不同信息，包括文档大小、文档配置文件、文档尺寸、暂存盘大小、效率、计时、当前工具等。

3.4.2 图像的基本操作

1. 图像文件的管理

利用 Photoshop 进行图像处理的过程大致分为 3 步，首先需要创建新的图像文件或打开一个已有的图像文件，然后进行图像处理，最后保存图像文件并退出。

（1）新建图像文件。虽然 Photoshop 主要是用来处理图像的，但是用户也可以根据需要随时创建新的图像，并通过绘图、复制、粘贴等操作来添加图像内容。

要新建图像文件，可以选择"文件"|"新建"菜单项，或者直接按 Ctrl+N 键，都将打开"新建"对话框，如图 3-20 所示。

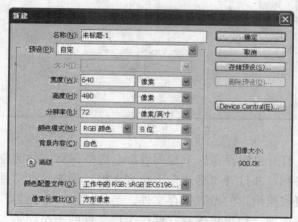

图 3-20 "新建"对话框

在该对话框中，用户需要确定新建文件的名称、图像大小、分辨率、色彩模式、背景内容等信息。

（2）打开图像文件。想要查看或编辑图像，必须首先打开图像文件。在打开图像文件时，用户可以选择本地硬盘、光盘或软盘中的文件，也可以直接通过网络打开其他计算机中的文件。由于 Photoshop 支持 30 多种类型的图像文件，所以用户不但可以以原有的格式打开图像文件，还可以依据不同的需要选择其他格式打开图像文件。

要打开图像文件，可以选择"文件"|"打开"菜单项，这时系统将弹出"打开"对话框。在该对话框的"查找范围"下拉列表框中，选择图像文件的保存位置，并通过文件列表框打开图像文件的上一级文件夹。在默认情况下，文件列表框中显示所有格式的文件。如果所选的文件夹中的文件比较多，不利于用户查找所需图像文件，可打开"文件类型"下拉列表框，选择要打开图像文件的类型，使文件列表框中只显示出所选格式的图像文件。在文件列表框内选择图像文件后，单击"打开"按钮即可打开所选的图像文件。

（3）保存图像文件。图像创建或者处理完后，还要保存图像文件。对于不同的图像，

用户可以采用不同的保存方式。如果用户要保存的是一个已有的图像文件，而且不需要修改图像文件的格式、文件名或路径，可选择"文件"|"存储"菜单项，这时系统就会直接保存最近的修改内容。

如果文件已经保存过，需要修改图像文件的格式、文件名或路径等，可选择"文件"|"存储为"菜单项，这时屏幕出现的"存储为"对话框，如图 3-21 所示。

图 3-21 "存储为"对话框

在该对话框中，打开"保存在"下拉列表框，选择保存文件的位置。在"文件名"文本框中确定文件的名称，并打开"格式"下拉列表框，确定另存文件的格式类型，然后单击"保存"按钮即可按照用户的设置保存文件。另外，在"存储为"对话框中，用户还可以根据需要设置保存选项。如果将保存文件作为原文件的一个副本，可选择"作为副本"复选框。

（4）注释工具与语音注释工具。Photoshop 为了避免用户在每次编辑图像时忘记了上次的工作进度，而设置了文字注释工具与语音注释工具，让用户可以在文件中留下注释或说明，方便日后工作。

① 注释工具。用户在处理图像过程中，可以在图像画布区域内添加文本注释信息。

添加文本注释的操作步骤如下。在工具箱中选择注释工具，并在图像要添加注释内容的位置上单击，这时将弹出一个文本输入框，可输入注释内容。在注释工具选项栏中可以输入当前图像的作者名，并设置添加注释文本的字体、文字大小。在文本输入框右上角单击"关闭"按钮，即可完成文本输入并关闭输入框。

② 语音注释工具。在图像中用户不但可以添加文本注释，还可以添加语音注释。添加语音注释的方法与添加文本注释非常相似，但要求用户的计算机已经安装好声卡并正确设置音频。

添加语音注释的操作步骤如下。在工具箱中选择语音注释工具，并在图像上需要添加语音注释的位置单击，这时将弹出"语音注释"对话框。在该对话框中单击"开始"按钮，通过音频设备输入声音内容，录制完后单击"停止"按钮。在语音注释工具选项栏中可以设置作者名和注释颜色等信息。用户如果要播放语音注释，单击图像编辑窗口中的"语音注释"图标即可开始播放，再次单击则停止播放。

2. 视图控制

用户在绘制或编辑图像时，不可避免地要对图像的整体或局部进行编辑、查看。Photoshop 提供了多种视图控制工具，可以方便用户对图像进行缩放、移动图像等操作，还可以层叠排列多个图像窗口、自定义工作区界面，以及设置不同的屏幕显示模式。

（1）缩放工具。在工具箱中选择缩放工具后，工具选项栏如图 3-22 所示。此时，在目标图像中沿对角线方向选取一个矩形区域，即可放大显示该区域图像，放大比例将随单击的次数而递增。按住 Alt 键，放大工具将切换到缩小工具，单击即可缩小图像。

图 3-22　缩放工具选项栏

以下为缩放工具选项栏各项功能的简要说明。

① 调整窗口大小以满屏显示：选中此项，在缩放图像时，图像的窗口也将随着图像的缩放而自动缩放。

② 缩放所有窗口：选中此项，在缩放某一图像的同时，其他窗口中的图像也会跟着自动缩放。

③ 实际像素：可以让图像以实际像素大小显示。

④ 适合屏幕：可以依据工作窗口的大小自动选择适合的缩放比例显示图像。

⑤ 打印尺寸：可以让图像以实际的打印尺寸显示。

使用快捷键对图像进行缩放时，Ctrl ＋＋ 快捷键对应着放大图像，Ctrl ＋－ 快捷键对应着缩小图像。使用 3D 鼠标的用户，只要按住 Alt 键，再前后滚动鼠标小滚轮即可对图像进行缩放。

（2）抓手工具。当图像窗口不能显示全图像时，利用抓手工具可以改变图像在窗口中的显示区域，以针对需要修改的局部进行编辑。选择抓手工具后，工具选项栏如图 3-23 所示，在图像窗口中单击并拖曳，就可以改变图像在窗口中的显示区域。

图 3-23　抓手工具选项栏

抓手工具仅是改变了图像在窗口中的显示区域，并没有移动图像。当图像满画布显示时，抓手工具无效。按空格键可以快速切换到抓手工具。

利用"导航器"面板也可以实现对图像的缩放和平移操作，如图 3-24 所示。用户可以直接在"导航器"面板左下角的文字框中输入显示比例来缩放视图，也可以拖曳"导航器"面板右下角的滑块缩放视图。按住鼠标左键拖曳"导航器"面板预览框中的矩形方框，可以改变图像在窗口中的显示区域。

（3）排列多个图像窗口。当在 Photoshop 工作界面中打开了多个图像窗口时，为了使所有的图像窗口都可以显示出来，便于在多个窗口中查看或编辑图像，可以选择"窗口"|"排列"|"层叠"菜单项，或选择"窗口"|"排列"|"水平平铺"菜单项，也可以选择"窗

图 3-24　利用"导航器"面板缩放平移图像

口"|"排列"|"垂直平铺"菜单项来排列多个图像窗口，图 3-25 为水平平铺多个图像窗口的图示。

图 3-25　水平平铺多个图像窗口

（4）屏幕显示模式。打开图像文件时，Photoshop 提供了 4 种不同的屏幕显示模式：标准屏幕模式、最大化屏幕模式、带有菜单栏的全屏模式和全屏模式。单击工具箱中的"屏幕显示"复选按钮，即可在 4 种屏幕显示模式下切换。

① 标准屏幕模式：该模式下，窗口内能显示 Photoshop 应用程序的所有项目，包括标题栏、菜单栏、工具选项栏、工具箱、图像编辑窗口、面板、状态栏和滚动条等。

② 最大化屏幕模式：该模式与标准屏幕模式的不同点在于，目标图像窗口最大化，不显示目标图像的标题栏。

③ 带有菜单栏的全屏模式：该模式与最大化屏幕模式的不同点在于，不显示滚动条、目标图像的状态栏和 Photoshop 应用程序的标题栏。

④ 全屏模式：该模式与带有菜单栏的全屏模式的不同点在于，不显示 Photoshop 应用程序的菜单栏。在该屏幕显示模式下，最能令用户全面查看图像的制作效果，如图 3-26 所示。

图 3-26　全屏模式

3. 图像选区工具

当用户要给图像施加某种特效时，通常是先确定特效的操作范围或选区，然后再执行特效命令，从而使其产生变化，因此选区的创建成为 Photoshop 中相当重要的环节。

Photoshop 提供了 9 种创建图像选区的工具：矩形选框工具、椭圆选框工具、单行选框工具、单列选框工具、套索工具、多边形套索工具、磁性套索工具、魔棒工具和快速选框工具。

（1）矩形选框工具。矩形选框工具是 Photoshop 最基本的创建选区工具，用于在图像中定义矩形或正方形的选区范围。在工具箱中选择矩形选框工具，在目标图像中单击确定选区起点，沿对角线方向拖曳鼠标即可创建矩形选区范围。若同时按住 Shift 键，则可定义一个正方形选区；若同时按住 Alt 键，则可定义一个以起点为中心的矩形选区；若同时按住 Shift+Alt 键，则可定义一个以起点为中心的正方形选区。

矩形选框工具选项栏如图 3-27 所示。

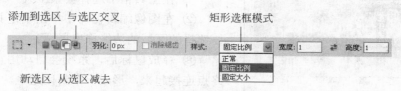

图 3-27　矩形选框工具选项栏

① 新选区：选框工具的默认状态，单击该按钮，可以创建新选区。如果已经存在选区，则新建的选区会替换原有选区。

② 添加到选区：可以将新创建的选区添加到原有选区的选取范围内。

③ 从选区减去：新创建的选区与原有选区的重叠选区部分会消失。

④ 与选区交叉：新创建的选区与原有选区的重叠选区部分会产生一个新的选取范围。

以上 4 种选区方式可以实现选区的增减运算，图 3-28 为综合使用 4 种选区方式的效果。

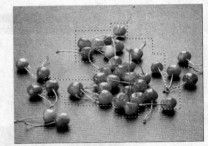

⑤ 羽化：在文本框中输入数值即可设置选取范围的羽化功能。设置了羽化功能后，在选取范围的边缘部分会产生渐变柔和的朦胧效果以及软化硬边缘效果，其取值范围是 0～255 像素。

⑥ 消除锯齿：选取椭圆选框工具或套索组工具或魔棒工具即可激活该项。选取该项，在进行填充或删除选区内图像时，图像的边缘就较为平滑而不会出现锯齿状。

图 3-28　矩形选框工具的增减运算

⑦ 正常：Photoshop 的默认方式，可以直接在图像上拖曳确定任意矩形选区。

⑧ 固定比例：在其右侧宽度和高度文本框中输入长宽值，即为新创建矩形选区的严格长宽值的比例。

⑨ 固定大小：在其右侧宽度和高度文本框中输入长宽值，即可得到固定大小的矩形选区。

（2）椭圆选框工具。椭圆选框工具用于在图像中定义椭圆或正圆形的选区，同样具有与矩形选框工具相同的 4 种选区方式，其具体设置与矩形选框工具相同。若同时按住 Shift 键，则可定义一个圆形选区；若同时按住 Alt 键，则可定义一个以起点为中心的椭圆选区；若同时按住 Shift+Alt 键，则可定义一个以起点为中心的圆形选区。

（3）单行（列）选框工具。选择"单行（列）选框工具"后，通过在图像上单击，可以在图像中选择一个像素宽的横（竖）线。单行（列）选框工具的选项栏与矩形选框工具的选项栏相同，只是样式不可用，且羽化像素只能为 0。在选项栏中单击"添加到选区"按钮，并在图像中多次单击，或者按住 Shift 键在图像中单击，即可得到多条选区。按住 Alt 键在某条选择线上单击，可以删除该选择线。

图 3-29　利用套索工具定义选区

（4）套索工具。套索工具用于在图像中定义任意形状的选区，如图 3-29 所示。

套索工具的使用方法如下。

① 在工具箱中选择套索工具。

② 在图像编辑窗口中单击确定其起点，沿着要选择的区域的边缘拖曳鼠标。

③ 释放鼠标后，系统会自动用直线将起点和终点连接起来，形成一个封闭选区。

（5）多边形套索工具。多边形套索工具用于在图像中定义一些像三角形、多边形以及五角星等形状的选区，也常用于选择一些复杂的、棱角分明的图像选区。

多边形套索工具的使用方法如下。

① 在工具箱中选择多边形套索工具。

② 在图像编辑窗口中单击定义起点，马上释放鼠标并移动鼠标指针，在需要拐弯处再次单击，此时第一条边线即被定义。

③ 释放鼠标后继续移动鼠标指针，在需要拐弯处再次单击，此时第二条边线即被定义，以此类推。

④ 双击鼠标可将起点与终点自动连接，从而形成封闭的选区。

（6）磁性套索工具。磁性套索工具是一种可以选择任意不规则形状的套索工具，它集成了套索工具的方便性和钢笔工具的精确性，而且还可以根据图像的不同设置多种选择方式。

磁性套索工具的使用方法如下。

① 在工具箱中选择磁性套索工具，在如图 3-30 所示工具选项栏中适当设置参数。

图 3-30　磁性套索工具选项栏

宽度：在文本框中输入 1～50 的像素数值，用来确定选取时探查的距离，数值越大探查范围就越大。

对比度：在文本框中输入 1%～100%的数值，用来设置套索的敏感度。较大数值用来探查高对比度边缘，较小数值用来探查低对比度的边缘。Photoshop 应用程序会自动插入与目标图像最接近的对比度数值。

频率：在文本框中输入 1～100 的数值，用来设置系统自定义边缘结点的频率快慢。数值越大选取边界结点的速度越快，Photoshop 应用程序会自动插入与目标图像最接近的频率数值。

② 在图像编辑窗口中单击确定选区起点，然后释放鼠标，并沿着要定义的边界移动鼠标指针，这时系统会自动在设定的像素宽度内分析图像，从而精确定义区域边界。

③ 要结束区域定义，可双击鼠标连接起点和终点。

当所选区域的边界不太明显时，使用磁性套索工具可能无法精确分辨选区边界。为此，可首先按Delete键删除系统自动定义的结点，然后在选区边界位置单击，手工定义结点，从而精确定义选区，如图 3-31 所示。

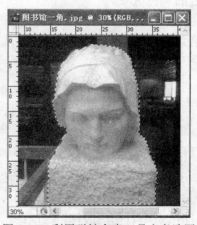

图 3-31　利用磁性套索工具定义选区

（7）魔棒工具。魔棒工具是根据一定的颜色范围来创建选区的。单击图像某点时，附近的与它颜色相同或相近的点，都自动溶入到选区中。魔棒工具的工具选项栏如图 3-32 所示。

在该工具选项栏中，可以对如下功能进行设置。

图 3-32　魔棒工具选项栏

① 容差：用来设置颜色范围的误差值，取值范围为 0～255，默认值为 32。通常容差值越大，选择的范围就越大。当容差为 0 时，只选择图像中的单个像素及该像素周围与它的颜色值完全相等的若干像素；当容差的值为 255 时，将选取整个图像。图 3-33 即为同一幅图像设置了不同容差值的选区效果示例。

图 3-33　容差值分别为 50 和 100 的选区效果

② 消除锯齿：选中该选项表示选取的选区具有消除锯齿功能。

③ 连续：该选项在默认情况下处于选中状态，此时如果使用魔棒工具，在图像符合设置的颜色范围中，只有与单击区域相连的颜色范围才会被选中。如果不选中此复选框，使用魔棒工具时，整个图像中所有符合设置的颜色范围都会被选中。

④ 对所有图层取样：该选项可以用于具有多个图层的图像。未选中此复选框时，魔棒工具只对当前选中的层起作用；若选中此复选框则对所有层起作用，即可以选取所有层中相近的颜色区域。

（8）快速选择工具。快速选择工具可以像使用毛笔工具绘图一样创建选区，所创建的选区为圆形选区。图 3-34 为快速选择工具选项栏。

添加到选区

新选区　从选区减去

图 3-34　快速选择工具选项栏

① 选区的增减运算：新选区、添加到选区和从选区减去。

② 画笔：单击右侧的下三角按钮可以调出画笔参数对话框，可以对涂抹时的画笔属性进行设置，如图 3-35 所示。

③ 对所有图层取样：该选项用于具有多个图层的图像。未选中此项时，快速选择工具只对当前选中的层起作用；选中此项则对所有层起作用。

④ 自动增强：选中此项，可以在绘制选区的过程中自动增加选区的边缘。

⑤ 调整边缘：Photoshop 提供的 9 种创建选区工具都具有"调整边缘"的功能项。创建选区之后，"调整边缘"按钮将被激活。单击此按钮，可以弹出"调整边缘"对话框，如图 3-36 所示。设置相关参数，可以对选区进行一定的边缘美化处理。

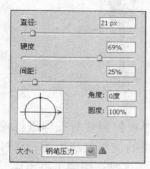

图 3-35 画笔参数对话框

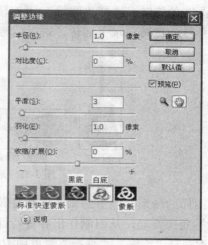

图 3-36 "调整边缘"对话框

调整边缘的"属性"面板下方有 5 种可以选择的图像预览模式：标准、快速蒙版、黑底、白底和蒙版。按 F 键可以循环预览以上 5 种模式，按 X 键可以临时查看图像。图 3-37 列出了以上 5 种图像预览模式的效果图。

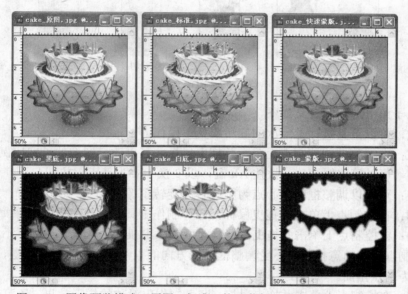

图 3-37 图像预览模式（原图、标准、快速蒙版、黑底、白底、蒙版）

4. 图像的编辑

学会了对图像创建选区，就能对图像选区进行编辑和处理，如移动、旋转、变换、改变图像和画布大小等操作。

（1）图像的移动。在 Photoshop 中，用户可以使用移动工具将图像拖曳到其他的图像编辑窗口中，形成新的图像。具体方法如下。先定义一个选区，然后使用移动工具，将选区图像拖曳到待编辑的图像窗口或应用软件中，即可形成新的图像。

在使用移动工具移动选区中的图像时按住 Alt 键，可以复制选区中的图像。

（2）画布的旋转。选择"图像"|"旋转画布"菜单项中的子菜单各选项，可以对画布进行任意角度的旋转、水平翻转、垂直翻转等，如图 3-38 所示。

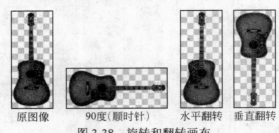

原图像　　　　90度（顺时针）　　　水平翻转　　垂直翻转

图 3-38　旋转和翻转画布

（3）图像的变形。除了对画布进行旋转外，用户还可以根据需要对图像进行缩放、旋转和透视等变换处理，从而制作出各种特殊效果。图像变换的使用方法如下。先打开目标图像，然后选择"编辑"|"变换"菜单项中的子菜单各选项，这时在图像上将出现一个调整框。可以借助调整框周围的 8 个控制点来对图像选区进行缩放与变形操作，如图 3-39 所示。

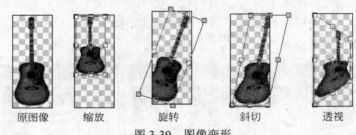

原图像　　　缩放　　　　旋转　　　　斜切　　　　透视

图 3-39　图像变形

"变换"子菜单选项的含义如下。

① 再次：可以重复执行上一次的旋转或变形操作。

② 缩放：在调整框的控制点上单击并拖曳鼠标，可以改变图像的长宽比例。拖曳时，按住 Shift 键，可以等比例缩放；按住 Alt 键，以变换中心为基点缩放。

③ 旋转：可以以调整框的中心点为圆心自由旋转图像。

④ 斜切：在控制点上单击并拖曳鼠标，即可制作出具有倾斜效果的图像。

⑤ 扭曲：在控制点上单击并拖曳鼠标，即可制作出扭曲的效果。与倾斜不同的是，使用扭曲时控制点可以随意拖曳，不受调整框边框方向的限制。按住 Ctrl+Alt 键，拖曳鼠标，以变换中心为基点扭曲。

⑥ 透视：在控制点上单击并拖曳鼠标，即可制作出对称的梯形效果，还可以制作出对称式的变形效果。

（4）改变图像大小。图像的大小是由图像中包含的像素数目决定的。改变图像的大小时，图像中的像素数目也会随之变动。像素的大小取决于图像的物理尺寸和分辨率，因此，改变图像的物理尺寸和分辨率都会影响图像的大小。

改变图像大小的使用方法如下。首先打开一幅图像，然后选择"图像"|"图像大小"菜单项，此时打开"图像大小"对话框，如图 3-40 所示。

用户可以在"像素大小"框中直接改变图像的大小。若要维持原图像的长宽比，应选中"约束比例"复选框。由于图像的大小改变了，图像像素总数必将随之改变（重新取样），因此用户可以选中"重定图像像素"复选框，并在其下拉列表框中选择重新取样的方法，各选项含义如下。

① 邻近（保留硬边缘）：Photoshop 会直接以舍弃或者复制邻近像素的方式来重新取样，这是最快速的取样方法，但精确度低，且保留图像的硬边缘。对于包含未消除锯齿边缘的图像，选用此项可以保留硬边缘，并产生较小的文件。应用此项对图像进行扭曲或缩放时，容易导致锯齿边缘。

② 两次线性：可以产生较为平滑的效果，它是介于"邻近"和"两次立方"之间的一种取样方法。

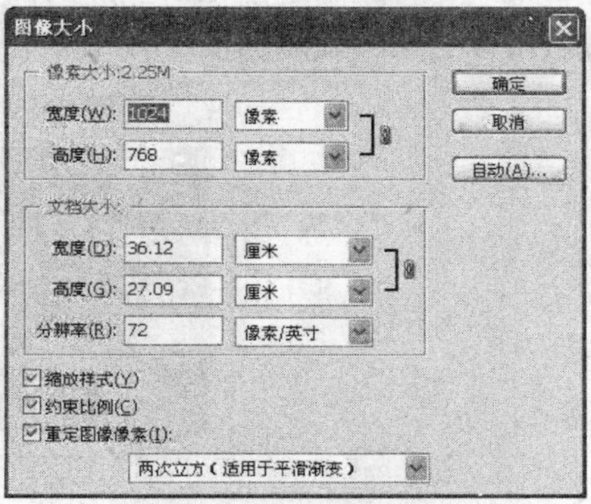

③ 两次立方（适用于平滑渐变）：可以产生最平滑的效果。该方法取样效果最好，但处理速度也最慢。

图 3-40 "图像大小"对话框

④ 两次立方较平滑（适用于扩大）：适用于图像扩大时，产生最平滑的效果。

⑤ 两次立方较锐利（适用于缩小）：适用于图像缩小时，产生最锐利的效果。

在设置对话框时，上方会显示相关的图像信息，重新取样时可以看到图像的文件大小发生变化了。未选中"重定图像像素"复选框时，图像的像素数被锁定，图像的大小不能改变。增大图像的分辨率将导致图像的物理尺寸缩小；减小图像的分辨率将增大图像的物理尺寸。同理，更改图像的物理尺寸，图像的分辨率也会随之改变。选中"重定图像像素"复选框，图像的物理尺寸和图像的分辨率不会相互影响，发生改变的是图像的像素总量。

（5）改变画布大小。选择"图像"|"画布大小"菜单项，这时可打开"画布大小"对话框，如图 3-41 所示。

在该对话框中输入新的尺寸可以裁剪图像。但是要注意的是，如果输入的尺寸大于原图像，原图像周围的空白区域将由背景色填充；只有输入的尺寸小于原图像时，才会产生裁剪效果。另外，利用"定位"可以设置图像裁剪或延伸的方向。默认情况下，图像裁剪或扩展是以图像中心为中心的。若单击上边中间的小方格，则裁剪或扩展将以图像上边为中心，如图 3-42 所示。

图 3-41 "画布大小"对话框

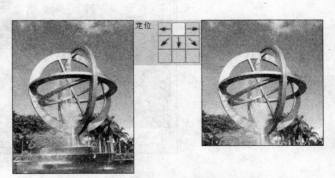

图 3-42 使用"定位"功能项改变画布大小

在目标图像中创建一个选区，选择"图像"|"裁剪"菜单项，或者在工具箱中选择裁剪工具，即可删除选区范围以外的图像像素。这两种方法也可以改变画布的大小。图 3-43 为使用裁剪工具前后的图像效果。

图 3-43　使用裁剪工具改变画布大小

5. 色彩的使用

（1）前景色与背景色。在工具箱中，可以看到有两个重叠在一起的色块，上面的是前景色，下面的是背景色。Photoshop 默认的前景色为黑色，背景色为白色，如图 3-44 所示。

图 3-44　前景色与背景色

① 设置前景色：使用绘图工具（如画笔、铅笔、油漆桶等工具）以及文字工具时所呈现的颜色。

② 设置背景色：使用橡皮擦工具或删除选区时，背景色就会成为填充的颜色。

③ 默认前景和背景色：单击"默认前景和背景色"图标即可恢复到系统默认的前景色和背景色，即前景色为 100%黑色，背景色为 100%白色。

④ 切换前景和背景色：单击"切换前景和背景色"图标就可以使前景色和背景色互换。

（2）"拾色器"对话框。若要改变前景色或背景色，只要单击前景色或背景色色块，就可以打开"拾色器"对话框，从中选择所需要的颜色，如图 3-45 所示。

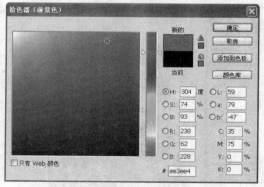

图 3-45　"拾色器"对话框

如果要选择特殊颜色，可以在该对话框中的 HSB、RGB、CMYK 和 Lab 编辑框中输入相应的数值。这 4 种颜色模式是等价的，改变一组颜色的数值，另外 3 种模式的颜色值也会随之改变。

Lab 模式是由国际照明委员会（CIE）于 1976 年公布的一套标准。它由 3 个通道组成，一个通道是照度（Luminance），另外两个是颜色通道，用 a 和 b 来表示。a 通道包括的颜色从深绿（低亮度值）到灰（中亮度值），再到亮粉红色（高亮度值）；b 通道则是从亮蓝色（低亮度值）到灰（中亮度值），再到焦黄色（高亮度值）。因此，这种色彩混合后将产生明亮的颜色。

如果希望将图像用作 Web 图像，则所选颜色最好全部位于 Web 调色板中。为此可在"拾色器"对话框中选择"只有 Web 颜色"复选框，此时光谱及选色区将只显示 Web 颜色。

（3）"颜色"面板。设置前景色和背景色，也可以使用"颜色"面板。单击该面板右上角的小三角形按钮，从弹出的菜单中可以选择不同的色彩模式，然后再从"颜色"面板中选出所需要的颜色，如图 3-46 所示。

单击"颜色"面板中的"前景色"或"背景色"按钮，然后拖曳颜色滑块，或者直接在滑块右侧的数值框中输入数值，调整后的颜色即为要选取的"前景色"或"背景色"。

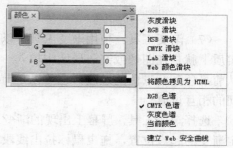

图 3-46 "颜色"面板

（4）"色板"面板。为了便于用户快速地选择颜色，系统还提供了"色板"面板。该面板中的颜色都是预先设置好的，用户可以直接从中选取而不用自己配制。"色板"面板中的各种颜色以矩形颜色块排列，将光标在某颜色块上停留数秒，即可显示该颜色块的名称。单击该面板右上角的三角形按钮，可以弹出一个菜单，使用它可以检查和管理"色板"面板。

（5）吸管工具。利用工具箱中的吸管工具可以将图像中某种颜色指定为前景色或背景色，这样就很方便地从图像中选取需要的颜色。使用吸管工具时，直接单击图像某点即可更改前景色。若要更改背景色，按住 Alt 键的同时单击图像某点。此外，也可以用吸管工具直接在"颜色"或"色板"面板中选取颜色。

为了便于用户了解某点的颜色数值以方便颜色设置，系统还提供了一个颜色取样器工具，用户可利用该工具查看图像中若干关键点的颜色数值，以便在调整颜色时参考。

当用户在使用其他绘图工具时，按住 Alt 键即可临时切换到吸管工具来吸取前景色。

（6）油漆桶工具。油漆桶工具用于为鼠标单击处或选区中颜色相近的区域进行前景色或图案的填充，其中颜色的相近程度由工具选项栏中的"容差"值来决定，如图 3-47 所示。

图 3-47 油漆桶工具选项栏

油漆桶工具选项栏中的部分选项的简要介绍如下。

① 填充：选择以前景色或指定的图案来填充。

② 模式：填充时可在下拉列表框中选择混合模式。

③ 不透明度：设置填充时的不透明度。

④ 容差：在选定的像素上填充时，邻近且色彩差异在容差范围内的像素将被填充。容差值较小，表示颜色较为相近的像素会被填充；容差值较大，则表示填充时颜色差异的容

许范围将会加大。

⑤ 连续的：该功能可限制填充范围。选中该复选框时，表示只填充与单击位置连续的像素；反之，在容差范围设置内的不连续像素均可被填充。

图 3-48 显示了分别使用油漆桶工具用图案填充时，设置不同的容差值的效果。

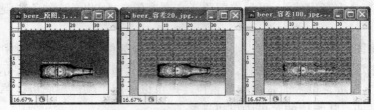

图 3-48　油漆桶工具填充效果

（7）渐变工具。使用渐变工具可以创建多种颜色之间的逐渐混合，产生渐变效果。它实质上就是在图像或某一选区中填入一种具有多种颜色过渡的混合色，这个混合色可以是从前景色到背景色的过渡，也可以是前景色与透明背景之间的相互过渡或者是其他颜色之间的相互过渡。

选择渐变工具，屏幕上出现的渐变工具选项栏，如图 3-49 所示。在绘图区中单击以确定渐变的起点位置，拖曳鼠标拉出线段的长度和方向，即可产生渐变效果。

图 3-49　渐变工具选项栏

在该工具选项栏中，可以对以下选项进行设置。

① 渐变编辑器：如果用户要自定义渐变图案，可以先选取一种较接近要求的渐变图案，然后在工具选项栏中单击渐变图案，即可打开"渐变编辑器"对话框。利用它用户可以随时修改、新建或删除渐变图案。

② 渐变样式：它提供了 5 种渐变样式，分别是线性渐变、径向渐变、角度渐变、对称渐变和菱形渐变。这 5 种渐变样式在操作上基本一样，只是得出的结果各不相同。

③ 反向：选中该复选框可以反转渐变填色的顺序。

④ 仿色：选中该复选框可以使用递色法来增加中间色调，从而使渐变颜色更平滑。

下面通过一个制作彩虹字实例来说明渐变工具的使用方法。先建立一个新的图像文件，然后选择水平文字蒙版工具，输入文字"彩色"。再选择渐变工具，在渐变工具选项栏中打开"渐变"拾色器，选择透明彩虹渐变色彩后，使用渐变工具由上到下拖曳进行渐变，如图 3-50 所示。

图 3-50　渐变效果

6. 绘图工具

熟悉和使用绘图工具，不仅可以绘制各类图形，还能学会基本效果的应用。

（1）画笔工具。画笔工具是 Photoshop 中最基本的绘图工具，它可以绘制出比较柔和的线条，其效果如同用毛笔画出的线条。

要使用画笔工具绘制图形，首先在工具箱上选择画笔工具，并指定一种前景色，然后在画笔工具选项栏中设置如下选项，如图3-51所示。最后移动鼠标在图像编辑窗口中单击或拖曳即可。

图3-51　画笔工具选项栏

在该工具选项栏中，可以对以下选项进行设置。

① 画笔：其功能就是为用户提供各种样式的笔刷，并可以设置画笔直径的大小。

② 模式：指绘画时的颜色与当前图像编辑窗口中颜色的混合模式，其下拉列表框中的选项决定在填充时前景色或图案以什么方式叠加在已有的颜色上。

③ 不透明度：指在使用画笔绘图时所绘颜色的不透明度。该值越小，所绘出的颜色越浅，反之就越深。

④ 流量：确定画笔绘画时的"流量"，数值越大画笔颜色越深。

⑤ "喷枪"按钮：可以模拟出传统的喷枪手法，将颜色呈雾状地喷射到图像上，适用于绘制物体的阴影、颜色过渡区等边界线较模糊的区域。

例如，使用不同的画笔样式即可完成一幅草丛图画，如图3-52所示。

（2）铅笔工具。铅笔工具与画笔工具一样都可以在图像上绘出当前前景色，但是画笔工具绘出的线条边线比较柔和，而铅笔工具很像实际生活中用的铅笔，画出来的线条较硬，并且棱角分明。铅笔工具的使用方法与画笔相同。铅笔工具选项栏如图3-53所示。

图3-52　草丛

图3-53　铅笔工具选项栏

在铅笔工具选项栏中，除"自动抹掉"选项外，其他选项与画笔工具相同。

"自动抹除"选项用于设置当使用铅笔工具进行绘图时，如果落笔处不是前景色，铅笔工具将使用前景色绘图。如果落笔处是前景色，铅笔工具将使用背景色绘图。

（3）颜色替换工具。颜色替换工具主要用于更改图像目标区域的颜色，其工具选项栏如图3-54所示。

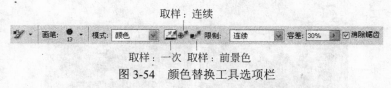

图3-54　颜色替换工具选项栏

使用颜色替换工具，可以轻易地将一幅黑白图像转变成彩色图像，且不会损伤图像的任何纹理以及明暗色调。颜色替换工具选项栏的选项说明如下。

① 画笔：其功能就是为用户提供各种样式的笔刷，并可以设置画笔直径的大小。

② 模式：包含 4 种模式，分别为色相、饱和度、颜色和亮度。

③ 取样：Photoshop 应用程序提供了 3 种取样模式，分别为"取样：一次"，"取样：连续"和"取样：前景色"。

④ 限制：对颜色替换区域有 3 种限制方式，分别为不连续、连续和查找边缘。

⑤ 容差：在选定的图像区域中替换颜色时，邻近且色彩差异在容差范围内的像素将被替换。容差值较小，表示颜色较为相近的像素会被替换；容差值较大，则表示替换时颜色差异的容许范围将会加大。

（4）橡皮擦工具。橡皮擦工具主要用于擦除图像中的颜色，并在擦除的位置上填充背景颜色或设置为透明区。在不同图层使用橡皮擦工具会有不同的效果，当在背景图层使用时，图像会被背景色所取代；当在其他的图层使用时，则擦除的范围会变成透明的效果。

在工具箱中选择橡皮擦工具，出现的橡皮擦工具选项栏如图 3-55 所示。

图 3-55　橡皮擦工具选项栏

在橡皮擦工具选项栏中，可以对以下选项进行设置。

① 画笔：用来设置橡皮擦的大小。

② 模式：在该下拉列表框中，可以选择画笔、铅笔、块选项作为橡皮擦擦除时的效果，如图 3-56 所示。

③ 不透明度：用来设置橡皮擦颜色的深浅。单击其右端的三角符合，可以看到"不透明度"滑块，滑动滑块可以改变取值。不透明度取值越大，橡皮擦的颜色越深。

图 3-56　选择不同模式选项的擦除效果

④ 流量：确定橡皮擦涂抹时的"流量"。单击其右端的三角符合，可以看到"流量"滑块，滑动滑块可以改变取值。数值越大涂抹颜色越深。

⑤ 抹到历史记录：选中该复选框后，即可在"历史记录"面板中指定需要恢复的步骤，则擦除的效果就会恢复到所指定步骤的画面。

Photoshop 还提供了背景色橡皮擦工具和魔术橡皮擦工具，使用它们擦除图像的效果如图 3-57 所示。

背景色橡皮擦工具　　　　　　魔术橡皮擦工具

图 3-57　图像擦除效果

7. 图像编辑工具

图像编辑工具包括图章工具组、修复画笔工具组、模糊工具组和减淡工具组。图章工具组包括仿制图章工具和图案图章工具。修复画笔工具组包括修复画笔工具、污点修复画笔工具、修补工具和红眼工具。模糊工具组包括模糊工具、锐化工具和涂抹工具。减淡工具组包括减淡工具、加深工具和海绵工具。下面分别对这些工具进行简要的介绍。

（1）仿制图章工具。仿制图章工具可以从图像中取样，然后将取样应用到其他图像或同一图像的不同部分上，达到复制图像的效果。具体操作方法是，首先将图像区域中的某一点定义为取样点，然后将设置好的笔刷样式像盖图章一样将取样点区域的图像像素复制到其他区域，十字线标记指示的为原始取样点。此工具多用于修复、掩盖图像中呈点状分布的瑕疵区域。

仿制图章工具选项栏如图 3-58 所示，用户除了可以设置画笔、模式、不透明度和流量外，还有以下两个复选框。

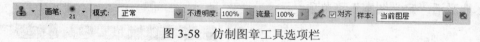

图 3-58　仿制图章工具选项栏

① 对齐：选中该复选框表示复制时由取样点处开始复制图像。在图像复制过程中，无论中间执行了何种操作，重新选择仿制图章工具后，用户均可随时继续复制，而且复制的图像仍是前面所复制的同一幅图像。若未选中该复选框，则在选定仿制图章工具后，每次单击都会回到原取样点处重新复制，并不会接着原来的图像继续复制。

② 样本：包含 3 种取样模式，分别为"当前图层"、"当前和下方图层"，和"所有图层"。

仿制图章工具的使用方法如下。先选择仿制图章工具，鼠标指针移到图像编辑窗口中变成图章的形状，然后按住 Alt 键在图像中单击取样点，取样复制后的内容会被储存到Photoshop 剪贴板中。接着进行粘贴操作，将鼠标移到当前图像或另一图像中，单击并来回拖曳鼠标即可完成，如图 3-59 所示，将原本一只猫的图片变成了两只猫，并且每只猫有 3只眼睛。

(a) 使用前　　　　　　　　　　　(b) 使用后

图 3-59　使用仿制图章工具前后

（2）图案图章工具。图案图章工具可以将用户定义的图案复制到同一幅图像或其他图像中。在工具箱上选择图案图章工具，则出现图案图章工具选项栏。它比仿制图章工具选项栏多出两个选项："图案"下拉列表框和"印象派效果"复选框，选中"印象派效果"复选框可以产生印象派的艺术效果。

该工具的功能和使用方法类似于仿制图章工具，用户可以直接从图案库中选择图案进行绘画，或者将选区内的图像定义为一个图案，然后将这个选择区域作为图案进行绘画。具体做法如下。

① 打开目标图像，用矩形选框工具创建一个矩形选区。如图 3-60 所示，为图像中的自由女神像创建了矩形选区。

② 选择"编辑"|"定义图案"菜单项，在弹出的"图案名称"对话框中输入图像名称（如"自由女神"），单击"确定"按钮，即可将矩形选区内的图像添加到图案列表中。

③ 创建一个新的文件，选择图案图章工具，在其工具选项栏上设置好画笔、模式、不透明度、流量等功能项。在"图案"下拉列表中选取刚才已经定义的图案，即"自由女神"。

④ 在图像上任意位置涂抹鼠标，选取的图案即被复制到当前文件中。

最终效果如图 3-61 所示。此处要注意的是，选区的形状一定要是矩形，因为只有矩形选区才能激活"定义图案"菜单项。

图 3-60　创建矩形选区

图 3-61　利用图案图章工具绘制自由女神组

（3）修复画笔工具。修复画笔工具是通过匹配样本图像和原图像的形状、光照、纹理，使样本像素和周围像素相融合，从而达到无缝和自然的修复效果。在工具箱上选择修复画笔工具，则出现的修复画笔工具选项栏如图 3-62 所示。

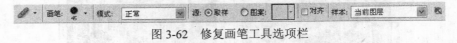

图 3-62　修复画笔工具选项栏

其中"源"复选框有两种模式，即取样和图案，用来表明修复图像时获取源的两种途径。修复画笔工具的使用方法如下。打开 Photoshop 应用程序中的范例"旧画像"图片，选择修复画笔工具，在其工具选项栏中设置画笔的相关参数，根据修复部位的不同，设置不同的画笔直径。选择"正常"模式和"取样"源。按住 Alt 键在图片无损处单击定义一个源，然后在待修复处涂抹，修复完成后的图像效果如图 3-63 所示。

（4）污点修复画笔工具。污点修复画笔工具可以迅速修复目标图像中存在的瑕疵或污点。其工作原理与修复画笔类似，即从图像或图案中提取样本像素用来涂抹待修复区域，从而使待修改区域与样本像素在纹理、亮度和透明度上保持一致，达到用样本像素遮盖待

图 3-63　修复前后的图像效果

修复区域的目的。与修复画笔工具不同的是，污点修复画笔工具不需要指定样本区，而是能够自动从待修复区域的四周提取样本。污点修复画笔工具选项栏如图 3-64 所示。

图 3-64　污点修复画笔工具选项栏

其中，修复类型有两种模式：近似匹配和创建纹理。近似匹配是以选区边缘的像素为参考寻找一个图像区域，并将这个图像区域作为被选区域的补丁。创建纹理是用选区的所有像素创造一种纹理，并用这种纹理修复有污点的地方。

（5）修补工具。修补工具是通过将选区图像或样本图像复制到原图像来修复图像。与修复画笔工具一样，修补工具也通过匹配样本图像和原图像的形状、光照、纹理等修复图像。

修补工具的使用方法是，打开一幅要修复的图像。在工具箱上选择修补工具，并在其工具选项栏中选中"源"单选框。在图像中选择要修复的区域，拖曳此区域到另一相近的区域，释放鼠标，原区域图像就会被新区域图像覆盖。

（6）红眼工具。红眼工具主要是为解决数字相片中因闪光灯闪烁造成的图像中人的眼睛变红的现象。选取红眼工具，在如图 3-65 所示工具选项
栏中设置好功能项，单击图像中的红眼区域，即可消除红
眼现象。

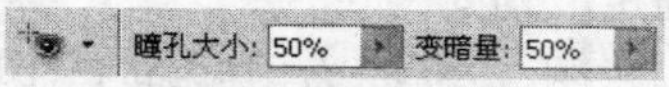

瞳孔大小：50%　变暗量：50%

图 3-65　红眼工具选项栏

（7）模糊工具组。模糊工具组包括模糊工具、锐化工具和涂抹工具。

模糊工具和锐化工具主要是对图像进行调焦处理。模糊工具原理是降低图像相邻像素之间的反差，使图像的边界或区域变得柔和，产生一种模糊的效果。锐化工具正好与模糊工具相反，它是通过增大图像相邻像素之间的反差，从而使图像的边界或区域变得清晰、明了。

模糊工具组的工具设置选项大致相同，模糊工具选项栏如图 3-66 所示。

图 3-66　模糊工具选项栏

其中，"强度"功能项主要是设置模糊、锐化、涂抹工具使用的描边强度。涂抹工具选项栏中多了"手指绘画"复选项。选中该项，可以用前景色涂抹图像；反之，用光标移动

处的图像颜色进行涂抹。

模糊工具的使用方法很简单，其操作步骤如下。

① 打开一幅含有花朵的图像。

② 选择模糊工具，并在模糊工具选项栏中选择稍大一些的画笔，为了使模糊效果更明显，可以将强度值设置较大。

③ 在图 3-67 所示的图像右侧拖曳鼠标，即可得到模糊效果。鼠标在图像上停留的时间越长，模糊效果越明显。

（8）减淡工具组。减淡工具组包括减淡工具、加深工具和海绵工具，主要用于对图像局部的色彩修饰。其中，减淡工具和加深工具用来加亮或变暗选区图像，海绵工具则用来调整图像的色彩饱和度。减淡工具和加深工具的工具选项栏具有相同的功能项，减淡工具选项栏如图 3-68 所示。

图 3-67　模糊前后的效果

图 3-68　减淡工具选项栏

其中，"范围"功能项包括阴影、中间调和高光。

① 阴影：作用于图像暗部区域像素。

② 中间调：作用于图像中灰色地带的中间范围。

③ 高光：作用于图像亮部区域像素。

曝光度指减淡或加深工具使用的画笔在涂抹过程中的颜色深浅度，可以直接在文本框中输入 1%～100%的整数值，或单击右端的三角符号调出曝光度滑块面板，通过滑动滑块确定取值。

图 3-69 即为用减淡工具和加深工具涂抹的图像效果。

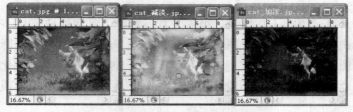

图 3-69　减淡工具和加深工具效果图

利用海绵工具可以很细致地改变图像某一区域的色彩饱和度，海绵工具选项栏如图 3-70 所示。

图 3-70　海绵工具选项栏

　多媒体技术及应用（第 2 版）

其中，"模式"功能项包括去色和加色。"去色"功能项可以降低图像颜色的饱和度，使图像中的灰度色调增加。对"对度"图像处理时，选取此项，可以增加灰度色调颜色。"加色"功能项与"去色"功能项的用法相反。

3.4.3　图层的应用

图层是 Photoshop 的重要组成部分，它具有很强的功能。制作一幅好的图像，通常需要依靠图层的支持，Photoshop 的很多优秀作品都是由多个图层合并而成的。

1. 图层简介

（1）图层。图层是 Photoshop 图像处理软件中的专业术语。简单地说，图层是一种没有厚度、透明的电子画布。它对用户处理图像以及图像设计提供了很多方便，图层可以将图像中的各个部分独立出来，然后对某一部分单独进行处理，而不会影响到其他部分。同时还可以将各个图层通过不同的模式混合到一起，使图像产生千变万化的效果。

（2）"图层"面板。默认情况下，"图层"面板与"通道"面板、"路径"面板一起成组出现。如果"图层"面板没有显示，可选择"窗口"｜"图层"菜单项调出"图层"面板，如图 3-71 所示。

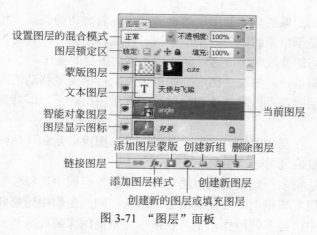

图 3-71　"图层"面板

在"图层"面板中，各图层是按从上到下的顺序依次排列的，即位于面板最上方的图层在图像编辑窗口中也处于最上方，调整"图层"面板中的位置就可以调整图像编辑窗口中图层的叠放顺序。图层锁定区提供了 4 种锁定方式：锁定透明像素（禁止在透明区绘画）、锁定图像像素（禁止编辑该图层）、锁定位置（禁止移动该图层）和锁定全部（禁止对该图层的一切操作）。

（3）显示图层。一幅图像可能有两层、三层甚至于几十层的图层，那么这些图层是怎样显示呢？答案就在"图层"面板中的图层显示图标（又称眼睛图标）上，如图 3-72 所示。

如果要将显示的图层隐藏起来，只要在"图层"面板中单击图层显示图标，即去除眼睛图标，就可以隐藏图层；反之，只要再次单击该图标，就可以显示图层。直接用鼠标在"图层"面板的显示图标上拖曳，可以同时显示或隐藏多个图层。

2. 图层的使用

（1）创建图层。当对图像进行处理时，为了不使当前操作影响到原有的图像，可以新建图层。将要单独处理的内容放在不同的图层中，这样在新的图层上可以随便编辑和修改都不会影响到其他图层。

创建新的图层有很多方法，比如在"图层"面板中直接单击"创建新图层"按钮，即可创建一个新的图层，Photoshop 会自动将它命名为"图层 1"。创建的新图层总是位于当前图层之上，并自动成为当前图层。

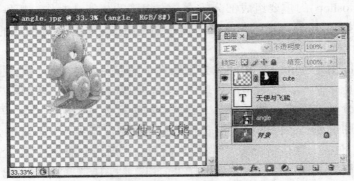

图 3-72　显示图层

（2）移动图层。图像的显示和图层的叠放顺序有着密切的关系。相同的图层，由于图层叠放顺序不同，显示出来的图像效果也不同。在编辑图像时，有时为了达到某种效果，需要调整各图层之间的叠放顺序，这时就要用到移动图层的操作。

移动图层比较简单，只要在"图层"面板中用鼠标拖曳要移动的图层到合适的位置即可。但是在移动图层时，不能将其他图层移动到背景图层之下。即背景图层总是位于"图层"面板的最底层。

（3）复制图层。在复制图层时，用户可以在单一图像内复制任何图层，也可以将一个图像内的任何图层复制到另一个图像中。

复制图层的方法很多，最快捷的方法是在"图层"面板中选择要复制的图层，并将它拖曳到"创建新图层"按钮上即可复制图层，这是在同一图像中图层的复制。对于复制图层到其他图像文件中，可以使用移动工具直接拖曳整幅图像或选区到另一个图像中，系统会把这个复制的图像放置在一个新的图层上。

（4）删除图层。在图像处理中，对于一些不再需要的图层，虽然可以通过隐藏图层来消除它们对图像外观的影响，但是它们的存在使图像文件占用更多的磁盘空间。为了精简图像文件，必须及时删除所有不再需要的图层。

删除图层的方法如下。

① 直接把要删除的图层拖曳到"图层"面板的"删除图层"按钮上。

② 在图层控制菜单中选择"删除图层"菜单项，在弹出的确认对话框中单击"是"按钮即可删除当前图层。

③ 单击"图层"面板中"删除图层"按钮即可删除当前图层。

（5）合并图层。图层最大的好处是让用户能独立地对部分图像进行编辑，但是在一个图像中建立的图层越多，文件所占用的磁盘空间也就越大。因此，可以将它们合并以减少文件所占用的磁盘空间，同时也可以提高处理速度。

要合并图层，可以打开图层控制菜单，其中有以下 3 条合并图层的命令。

① 向下合并：执行此命令，可以将当前图层与其下一图层合并，其他图层保持不变。使用此命令合并图层时，需要将当前图层的下一图层设为显示状态。

② 合并可见图层：执行此命令，可以将图像中所有显示的图层合并，而隐藏的图层保持不变。若当前图层是一个隐藏图层，则不能使用此命令。

③ 拼合图层：执行此命令，可以将图像中所有图层合并，并将结果存储在背景图层中。在合并过程中若有隐藏图层，系统会显示警告信息，询问是否要丢弃隐藏图层。

3. 图层的设置

每个图层都拥有自己的选项设置，如图层名称、混合模式等。当用户创建了新的图层后，除了对图层进行编辑外，还可以根据需要对图层本身的选项进行设置。

选择"图层"|"图层样式"|"混合选项"菜单项，或者在"图层"面板中双击图层缩览图，此时屏幕上出现"图层样式"对话框，如图 3-73 所示。

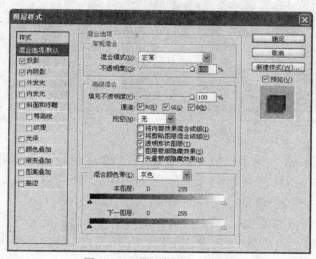

图 3-73 "图层样式"对话框

在该对话框中，用户可以为选择的图层设置不同的图层样式。如果要为一个图层设置多个样式，可以使用该对话框一次完成。在"图层样式"对话框中的左侧有一个"样式"列表框，它不仅可以自定义混合选项，而且还可以选中多个样式应用于图层，如投影、外发光、光泽、颜色叠加以及描边等等。

4. 智能对象图层

Photoshop 不能直接处理矢量文件，所有置入到 Photoshop 中的矢量文件都会被位图化。解决这个问题的方法就是以智能对象的形式置入矢量文件。

在 Photoshop 中，智能对象表现为一个图层，类似于文字图层、调整图层或填充图层，在图层的缩览图右下方有明显的标志。

可以用下面的 3 种方法创建智能对象。

（1）选择"文件"|"打开为智能对象"菜单项将文件直接打开为智能对象。

（2）选择一个或多个普通图层后右击，从弹出的快捷菜单中选择"转换为智能对象"菜单项，即可将当前选择的图层转换为智能对象。

（3）直接将 PDF 文件或 Adobe Illustrator 软件中的图层拖入到 Photoshop 应用程序文件中。

以智能对象形式嵌入到 Photoshop 文件中的位图或矢量文件与当前编辑状态的 Photoshop 文件能够保持相对的独立性，当修改当前编辑状态的智能对象执行缩放、旋转、变形等操作时，不会影响到嵌入的位图或矢量文件的源文件。如图 3-74 分别为原始图像、非智能对象图层的缩放效果图、智能对象图层的同比例缩放效果图，最右侧为此图像的"图层"面板。

图 3-74　智能对象示例图

可见，在 Photoshop 中对非智能对象图像进行频繁的缩放会引起图像信息的缺失，最终导致图像变得模糊，对一个智能对象进行频繁的缩放，不会使图像变得模糊，因为对智能对象的缩放操作并不改变外部子文件的图像信息。

编辑智能对象时有一些限制。例如，可以对其进行缩放、旋转、变形，但不能做透视或扭曲等操作；不可以直接对智能对象使用除"阴影/高光"外的其他颜色调整命令，但可以通过为其添加一个专用的调整图层的方法来解决此问题。

5. 图层蒙版

在 Photoshop 中可以为一个图层或选区创建图层蒙版。图层蒙版是一种特殊的蒙版，图层蒙版附加在目标图层上，用于控制图层中部分区域的显示或隐藏。图层蒙版中的黑色部分为透明区域，可以显示该图层下方的图层；白色部分为不透明区域，将遮挡下方的图层；灰色部分为半透明区域，可以显示下方区域的部分像素。使用蒙版的好处在于，它可以在不损坏图像的基础上，将目标图层与其他图层很自然地融合在一起，创建出逼真的艺术作品。

在"图层"面板中选择要添加蒙版的图层为当前操作图层，然后单击"图层"面板下方的"添加图层蒙版"按钮，即可添加图层蒙版，此时，在图层缩览图的右边添加了一个空白的图层蒙版缩览图。

下面通过一个具体的实例，展示如何为一个图层添加图层蒙版，并通过编辑图层蒙版混合两个图层。

【例 3-1】　通过创建图层蒙版，将两幅图像（cute.jpg 和 angle.jpg）逼真地融合成一幅图像。

具体操作步骤如下。

（1）在 Photoshop 应用程序中打开两幅希望拼合在一起的图像（cute.jpg 和 angle.jpg），如图 3-75 所示。

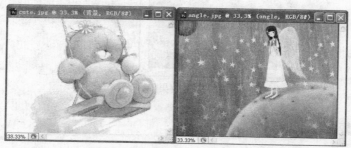

图 3-75　要拼合的两幅图像

（2）使用移动工具将 cute.jpg 内的图像移动到 angle.jpg 内。这时，"图层"面板会出现一个新的图层，右击该图层，从弹出的快捷菜单中选择"图层属性"菜单项，在弹出的"图层属性"对话框的"名称"文本框中输入 cute，即将此图层命名为 cute。

（3）选择 cute 图层，按 Ctrl+T 键调出自由变换控制框，按住 Shift 键拖曳自由变换控制句柄以缩小图像，按 Enter 键确认变换操作，并使用移动工具调整好位置，如图 3-76 所示。

（4）单击"图层"面板下方的"添加图层蒙版"按钮，为 cute 图层添加图层蒙版。

（5）设置前景色为黑色，选择画笔工具，并在画笔工具选项栏中设置好适当的画笔大小，在图像上飞熊的周围涂抹，可以将飞熊周围的白色背景隐藏，使飞熊置身于 angle 图层的背景图像中，得到如图 3-77 的拼合效果。

图 3-76　调整后的效果

图 3-77　拼合效果

（6）在工具箱中选择横排文字工具，在当前图像中单击即可添加文字图层，输入"天使与飞熊"文本，设置好文字的颜色、大小和样式，按 Enter 键确认文本输入，并用移动工具将其移动到适当的位置。图 3-78 为添加了文本的两幅图像的最终效果图。

（7）在图层控制菜单中选择"合并可见图层"命令，将它们合并为一个图层，以减少当前图像所占用的存储空间。然后选择"文件"|"存储为"菜单项，保存图像文件并命名为 cute_angle.jpg，这样就将两个不同的图像结合起来了。

图 3-78　最终拼合效果及"图层"面板

3.4.4　通道与蒙版

通道和蒙版是 Photoshop 中生成众多特殊效果的基础，也是一种高级的选区技巧。

1. 通道简介

（1）通道的概念。通道的概念比较复杂，实际上通道可以理解为图像中各种单色分量的分布状态。也就是说，通道好像从彩色图像中抽取的单色图像，如果抽取的是图像的红色成分，就称为图像的"红色通道"；如果抽取的是图像的绿色成分，就称为图像的"绿色通道"等。

通道主要有两个作用：一是存储彩色信息，二是保存选择区域。用于保存彩色信息的通道称为彩色信息通道，用于保存选择区域的通道称为 Alpha 通道。

（2）通道的种类。

① 默认通道。在 Photoshop 中，不论是新建文件还是打开文件，都会随着不同的色彩模式而建立不同的通道。这些通道都是用来存储图像色彩资料的地方，它们是默认通道。例如，打开一幅 RGB 模式的图像，会自动在"通道"面板中建立 4 个通道，其中包括了 RGB、红、绿和蓝 4 个通道，每个通道都记录了不同的色彩资料，而 RGB 通道则代表其他 3 个通道重叠在一起的总和，如图 3-79 所示。

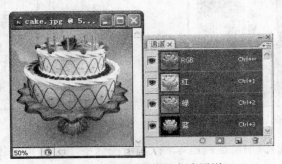

图 3-79　RGB 图像及色彩通道

每个单色通道中都只存储单色的灰度资料，将这些通道套上所属颜色再重叠起来，即是 RGB 通道，也就是在图像窗口中看到的原图。如果要把通道以原本的颜色显示，选择"编辑"|"首选项"|"界面"菜单项，在打开的"界面"对话框中选中"用彩色显示通道"复选框即可。以彩色显示的通道视觉效果好，但会占用过多的内存，减缓程序的运行速度。

② Alpha 通道。在进行图像处理时，所有单独创建的通道都称为 Alpha 通道。与色彩通道不同的是，Alpha 通道不是用来保存颜色，而是用来保存选区的。Alpha 通道实际上是一幅 256 色灰度图像，其中黑色部分为透明区，白色部分为不透明区，而灰色部分为半透明区。因此，利用 Alpha 通道可制作一些特殊效果。

③ 专色通道。专色通道主要用于辅助印刷，它可以使用一种特殊的混合油墨替代或附加到图像颜色油墨中。印刷彩色图像时，图像中的各种颜色都是通过混合 CMYK 4 色油墨获得的。但是基于色域的原因，某些特殊颜色可能无法通过混合 CMYK 4 色油墨得到，此时可借助于专色通道为图像增加一些特殊混合油墨来辅助印刷。在印刷时，每个专色通道都有一个属于自己的印板。

（3）"通道"面板。不论是默认通道、Alpha 通道还是专色通道，所有的信息都会显示在"通道"面板中。选择"窗口"|"通道"菜单项可以调出"通道"面板，如图 3-80 所示。

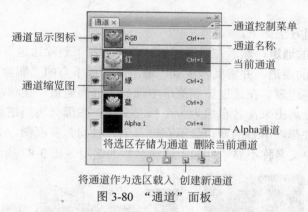

图 3-80 "通道"面板

使用"通道"面板可以用来创建和管理通道，并监视编辑效果。在"通道"面板中列出了所有通道，首先是复合通道（诸如 RGB、CMYK 或 Lab），然后是单个色彩通道、专色通道，最后是 Alpha 通道。当有多个 Alpha 通道时，用鼠标上下拖曳 Alpha 通道可以改变通道的叠放顺序。但不管 Alpha 通道的顺序如何，默认通道总是显示在上面。

2. 通道的使用

（1）切换通道。打开一幅图像后，在"通道"面板中会根据不同的色彩模式建立不同的通道。如果要对通道进行编辑或将选区载入到通道时，必须先注意当前编辑的对象位于哪个通道上。切换通道的方法很简单，只需在该通道上单击，就可以切换到所需通道上。若要选择多个通道，按住 Shift 键，可以用鼠标指针选取多个通道。

（2）新建通道。在默认情况下，用户创建的新通道都是 Alpha 通道。在通道控制菜单中选择"新建通道"命令，这时将出现"新建通道"对话框，如图 3-81 所示。

在该对话框中，可以对以下选项进行设置。

① 名称：在该文本框中输入新建 Alpha 通道的名称。

② 色彩指示：可以在"被蒙版区域"和"所选区域"中选择一种作为颜色覆盖的区域。当选中"被蒙版区域"单选框时，用白色着色意味着从蒙版中减去区域，用黑

图 3-81 "新建通道"对话框

色着色意味着增加蒙版区域，用灰色着色意味着加入部分蒙版。当选中"所选区域"单选框时，在通道中用黑色着色时会增加区域，用白色着色时会减少区域。

③ 颜色：用户可以在该框中更改通道的颜色和不透明度。

（3）复制通道。在进行图像处理时，有时要对某一色彩通道进行多种处理，以获得不同的效果。或者把一个图像的通道应用到另一个图像中去，此时就要对通道进行复制。

复制通道的使用方法如下：先选择要复制的通道，然后在通道控制菜单中选择"复制通道"菜单项，此时打开"复制通道"对话框，从中可以设置通道名称、指定将通道复制到的文件以及是否将通道内容反向等。对于在不同图像间复制通道，也可以直接将要复制的通道拖曳到目标图像中。

（4）删除通道。对于在处理过程中已经不需要的通道可以将其删除。在存储图像前删除不需要的 Alpha 通道，不仅可以减小存储图像所需要的磁盘空间，而且还可以提高处理速度。

删除通道的使用方法如下。

① 选择要删除的通道，然后在通道控制菜单中选择"删除通道"命令即可。

② 选择要删除的通道，并将其拖曳到"通道"面板下方的"删除当前通道"按钮上。

（5）分离和合并通道。在通道控制菜单中选择"分离通道"菜单项，可以将一个图像文件中的各个通道分离出来，各自成为一个独立文件。图像分离通道后，原来的图像将关闭，分离后的各文件都以单独的窗口显示在屏幕上，且均为灰度图，其文件名为原文件所在的文件夹名称（中文名称不显示）加上通道名称的缩写，图 3-82 所示。

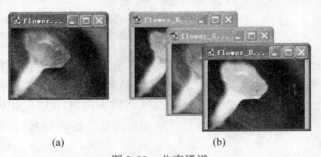

(a)   (b)

图 3-82　分离通道

分离的通道在处理完后，可以合并通道。在通道控制菜单中选择"合并通道"菜单项，此时将打开"合并通道"对话框，如图 3-83（a）所示。在该对话框中选择合并后图像的色彩模式，并可在"通道"文本框中输入合并通道的数目。单击"确定"按钮，系统将弹出如图 3-83（b）所示的对话框，用户可在该对话框中分别为三原色选定各自的原文件。

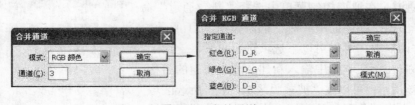

图 3-83　合并通道

3. Alpha 通道

利用 Alpha 通道，用户可以将建立的选区存储起来以备下次使用。此外，还可以根据需要随时载入、复制和删除 Alpha 通道。

（1）将选区存储为 Alpha 通道。将选区存储为 Alpha 通道的使用方法如下：首先在图像中建立一个选区，然后单击"通道"面板中"将选区存储为通道"按钮，此时就可以在"通道"面板中看到 Alpha 1 通道，如图 3-84 所示。在 Alpha 1 通道中，白色部分是选区。

图 3-84　将选区存储为通道

（2）载入 Alpha 通道。直接将 Alpha 通道载入图像中，就可以轻松获得以前所存储的选区。载入 Alpha 通道的使用方法如下。在"通道"面板中选择要载入的 Alpha 通道，单击"将通道作为选区载入"按钮即可载入 Alpha 通道；也可以按住 Ctrl 键单击通道的缩览图载入通道中存储的选区。

① 按住 Ctrl+Shift 键单击通道的缩览图，将载入通道所保存的选区与已有选区相加后的新选区。

② 按住 Ctrl+Alt 键单击通道的缩览图，将载入从已有选区中减去通道所保存的选区后生成的新选区。

③ 按住 Ctrl+Alt+Shift 键单击通道的缩览图，将得到已有选区与通道所保存的选区相交产生的新选区。

4. 蒙版简介

（1）蒙版的概念。蒙版是蒙在图像上用来保护图像的一层"版"。当用户选取了一个图像范围后，未被选取的图像范围就被保护而不能被编辑，不能被编辑的区域就可以称为蒙版。当要给图像的某些区域应用颜色变化、滤镜或其他效果时，蒙版可以隔离和保护图像的其余区域。当选择了图像的一部分时，没有被选择的区域被蒙版或被保护而不能编辑。用户也可以将蒙版用于复杂图像编辑，比如将颜色或滤镜效果逐渐运用到图像上。

蒙版还有一个作用就是可以将制作的复杂选区存储为 Alpha 通道，当需要时可以将其转换为选区载入即可使用。蒙版是作为 8 位灰度通道存放的，用户可以方便地使用绘画和编辑工具对它进行调整或编辑。

在 Photoshop 中，有 5 种方式创建蒙版。

① 在图像中绘制一个选区，单击"选择"|"存储选区"菜单项，弹出"存储选区"对话框，单击"确定"按钮即可在"通道"面板中创建蒙版。

② 使用 Alpha 通道存储和载入选区用作蒙版；

③ 在"图层"面板中单击"添加图层蒙版"按钮，可在此图层后生成图层蒙版，同时在"通道"面板中产生新添加的通道蒙版。

④ 在"通道"面板中新建 Alpha 通道并将其选中，使用绘图工具或其他工具在图像中编辑，可以产生一个自定义的蒙版。

⑤ 使用工具箱中的以快速蒙版模式编辑创建快速蒙版。

（2）选区蒙版。下面用一个实例来说明选区蒙版的创建及使用方法。打开目标图像，准备对其背景部分进行调整，而主题花朵部分保持颜色不变，这时就可以把花朵区域作为蒙版来处理。

选择磁性套索工具在图像中选取花朵区域，如图 3-85 左侧图所示，然后在"通道"面板中单击"将选区存储为通道"按钮，将该选区存储为 Alpha 通道，也就是蒙版。单击 Alpha 1 通道，这时在图像中可以看到黑白分明的遮罩区域，如图 3-85 所示的右侧图像。

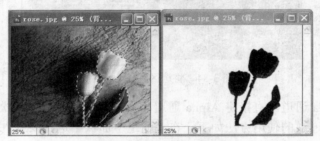

图 3-85　将选区存储为蒙版

查看 Alpha 1 通道后，再切换到 RGB 通道。单击"将通道作为选区载入"按钮，可以将 Alpha 1 通道载入图像中。对于选区图像，按 Alt+Delete 键填充前景色，按 Crtl+Delete 键填充背景色，按 Crtl+D 键取消选择，按 Delete 键可以删除选区图像。

（3）快速蒙版。快速蒙版模式可以让用户创建和查看图像的临时蒙版。编辑好蒙版区域后，返回到以标准模式编辑状态下，未上色的区域会直接变成选区。

快速蒙版的使用方法如下。打开一幅图像，先选择一个区域，也就是在图像上需要修改的部分。然后单击工具箱中"以快速蒙版模式编辑"按钮，进入以快速蒙版模式编辑状态，这时可以使用工具箱中的铅笔工具、橡皮擦工具、模糊工具等，对蒙版区域进行编辑。编辑好后，单击工具箱中的"以标准模式编辑"按钮，就可以看见上色的部分变成了选区，如图 3-86 所示。

图 3-86　快速蒙版编辑模式

用户在快速蒙版编辑模式下创建的快速蒙版是一个临时蒙版，当再次单击"以标准模式编辑"按钮切换到标准模式后，快速蒙版就会消失。复制快速蒙版，或将通道面板中的"快速蒙版"拖曳到"创建新通道"按钮上，可以使快速蒙版永久地保留在通道面板中成为普通的蒙版。

用户可以将快速蒙版想象为更具弹性的选取区域的工具。此外，还可以将快速蒙版模式下所完成的选区存储成 Alpha 通道，再做其他应用。

3.4.5　路径与矢量图

Photoshop 是标准的一款以处理位图为主的图像软件，但仍然具有较强的矢量线条绘制功能，即路径与形状。Photoshop 的路径绘制和编辑功能与以矢量编辑著称的 CorelDRAW、Illustrator 等图形软件相比毫不逊色。

1. 路径简介

（1）路径。路径在屏幕上表现为一些不可打印、不活动的矢量形状，是由若干锚点、线段（直线段或曲线段）构成的矢量线条。通过钢笔工具和自由钢笔工具，可以创建具有各种方向和弧度的路径。路径工具能够创建复杂的图形，尤其是具有各种方向和弧度的曲线。通过与选区的相互转换，路径可以用来编辑选区的轮廓线。

Photoshop 引入路径的作用如下。

① 更方便地绘制复杂的图形，如卡通人物、小动物等。

② 更精确地选择图像。如果图像本身的颜色与背景色很接近时，或者图像边缘的形状是流线形时，那么利用路径来选择图像便是最佳的方法。

③ 利用"填充路径"、"描边路径"命令，可以创作出特殊的效果。

④ 路径可以单独作为矢量图输出到其他的矢量图软件中。

（2）贝塞尔曲线。路径是矢量图，也可以称为贝塞尔曲线。贝塞尔曲线是由 3 点组合定义成的，其中的一个点在曲线上，另外两个点在控制手柄上，拖曳这 3 个点可以改变曲线的曲度和方向。控制手柄上的两个点称为锚点，两个锚点之间的曲线是由贝塞尔曲线的控制点位置和调整杆的长度决定的，每个控制点和相应锚点之间的连线就是曲线的外切线，如图 3-87 所示。移动控制锚点，贝塞尔曲线的形状将发生变化。当控制锚点与当前选中锚点重合时，将形成一条直线。

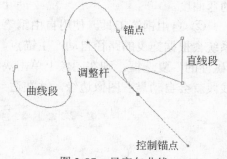

图 3-87　贝塞尔曲线

① 锚点：当用户使用路径工具绘制路径时，会在图像上制作出路径的锚点。锚点本身具有属性，即直线和曲线。当用户绘制完成路径后，可以使用路径工具中的转换点工具来修改它的属性。当锚点显示为白色空心时，表示该锚点未被选中；当锚点为黑色实心时，表示该锚点为当前选取的点。

② 调整杆和控制点：选择带曲线属性的锚点时，锚点左右两侧会出现调整杆。拖曳调整杆两侧的控制点时，调整杆会随之变动，代表曲线弯曲的程度。

③ 起点和终点：第一个绘制的锚点为起点，最后一个绘制的锚点为终点。如果起点和终点为同一个锚点，则表示路径是一个封闭区域，连接时可以看到钢笔工具右下端会出现一个小圆圈。

（3）路径工具。路径工具不仅可以绘制路径，也可以绘制矢量图。

① 钢笔工具。钢笔工具是绘制路径的基本工具，使用该工具可以绘制直线路径和曲线

路径。在工具箱中选择钢笔工具，此时出现钢笔工具选项栏，如图 3-88 所示。

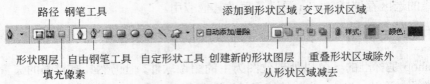

图 3-88 钢笔工具选项栏

以下对钢笔工具选项栏中的部分功能项作简要说明。

形状图层：选取该按钮后，即可用钢笔或形状等路径工具在图像中添加一个新的形状图层。创建的形状会自动以前景色填充，用户也可以很方便地改用其他颜色、渐变或图案来填充。形状的轮廓以矢量蒙版的形式存储在"路径"面板和"图层"面板中。

路径：路径是出现在"路径"面板中的临时路径，用于定义形状的轮廓。选取该按钮后，即可用钢笔或形状工具绘制出工作路径，不会形成形状图层。

填充像素：选取该按钮，会在图层中绘制出由前景色填充的像素区域。创建填充区域与创建选区并用前景色填充选区的过程完全相同，创建的填充区域无法作为矢量对象编辑。

自动添加/删除：选中此复选框后，钢笔工具具有智能增加和删除锚点的功能。当鼠标指针移到线段上时会自动转换为添加锚点工具，鼠标指针移到锚点上时会自动转换为删除锚点工具，这样就可以方便地绘制与编辑路径。

使用钢笔工具时，直接在图像上单击，即可建立新的锚点来连接线段形成路径。若按住鼠标左键拖曳，则能建立带有曲线性质的锚点，而根据拖曳的程度与角度可以决定曲线的弯曲度。

② 自由钢笔工具。使用自由钢笔工具绘制路径或矢量图时，只需按住鼠标左键拖曳，系统会根据拖曳的路径自动产生锚点。若在自由钢笔工具选项栏（如图 3-89 所示）中选择"磁性的"复选框，则在图像上单击决定路径的起点后，直接沿着图像边缘移动鼠标指针，线段就会自动靠着图像边缘，并在适当的位置自动产生锚点，结束时双击鼠标即可。

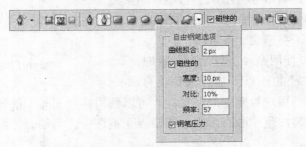

图 3-89 自由钢笔工具选项栏

以下为"自由钢笔选项"的功能项的简要说明。

曲线拟合：控制拖曳鼠标产生路径的灵敏度，取值范围是 0.5～10，取值越大，形成的路径越简单，路径上的锚点越少；反之，取值越小，形成路径上的锚点越多，路径就越黏合物体的边缘。

宽度：用于定义磁性钢笔工具检索的距离范围，取值范围是 1～256 像素。比如，输入10 像素，则磁性钢笔工具只寻找 10 个像素距离之内的物体边缘。

对比：用于定义磁性钢笔工具对边缘的敏感程度，取值范围是 1%～100%。较大的数值，只能检索到与背景对比度较大的物体边缘；较小的数值，则可以检索到低对比度的边缘。

频率：用来控制磁性钢笔工具生成控制点的多少，取值范围是 0～100。频率越高，越能更快地固定路径边缘。

在使用磁性自由钢笔工具绘制路径时，按 Delete 键可以删除锚点或路径线段；按 Enter 键可以结束路径；双击鼠标，绘制的路径将会以磁性线段闭合，而按住 Alt 键双击鼠标，将以直线段闭合。

③ 添加锚点工具。在当前路径上增加锚点，可对该锚点所在线段进行曲线调整。

④ 删除锚点工具。在当前路径上删除锚点，可将该锚点两侧的线段拉直。

⑤ 转换点工具。可将曲线锚点转换为直线锚点，或者将直线锚点转换为曲线锚点。

⑥ 路径选择工具。使用路径选择工具可以将路径全部选取（所有锚点和线段被选取），以方便整体移动、删除、旋转以及变形处理。

⑦ 直接选择工具。使用直接选择工具可以选择路径上的某个或几个锚点进行修改。选中锚点后拖曳可以改变路径的形状，如果拖曳控制点，则可以控制曲线的弯曲度。

使用路径选择工具或直接选择工具选取路径后，可以利用键盘上的方向键←、→、↑、↓实现等距离的平移路径。选取目标锚点后，也可以用此方法移动锚点。

2. 路径的使用

通常使用路径时，首先用钢笔工具创建路径，然后再利用"路径"面板来操作路径。

（1）"路径"面板。利用"路径"面板可以对建立好的路径进行编辑与管理。选择"窗口"｜"路径"菜单项，可以调出"路径"面板。在该面板中，若未创建路径，则没有任何路径内容。当建立了路径后就会在"路径"面板中显示出来，如图 3-90 所示。

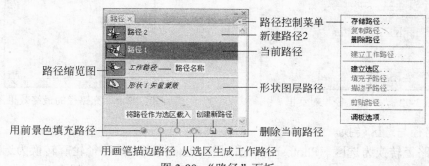

图 3-90 "路径"面板

创建路径后，可以通过路径控制菜单对路径进行存储、删除、填充、描边、复制与剪贴、建立选区等操作。

（2）创建路径。在工具箱中选择钢笔工具，绘制一个路径，则在"路径"面板中自动产生一个临时的工作路径。若单击"路径"面板中的"创建新路径"按钮，可以创建一个默认的新路径。双击"路径名称"即可出现一个文本框，用于输入新的路径名称。

（3）删除路径。在"路径"面板中，用鼠标按住要删除的路径并拖曳到"删除当前路径"按钮上，即可删除该路径。

（4）复制路径。在"路径"面板中，用鼠标按住要复制的路径并拖曳到"创建新路径"按钮上，就可以复制一个路径。

（5）填充路径。在"路径"面板中单击"用前景色填充路径"按钮，就可以用前景色简单地填充路径。如果在填充路径时，需要进行一些选项设置，则在路径控制菜单中选择"填充路径"命令，此时弹出"填充路径"对话框，从中可以设置模式、不透明度和羽化半径等选项。

【例3-2】 对目标图像中的白色餐盘进行路径填充，增添葡萄图案。

具体操作步骤如下。

① 打开目标图像（杯盘.jpg），如图3-91所示。

② 在工具箱中选取快速选择工具，选择餐盘选区，在"路径"面板中单击"从选区生成工作路径"按钮，此时在"路径"面板中会生成餐盘工作路径。

③ 右击"路径"面板中的餐盘工作路径，选择"填充路径"菜单项，在弹出的"填充路径"对话框中按图3-92所示进行设置。

④ 在"填充路径"对话框中设置好选项后，单击"确定"按钮，即可得到填充路径的最终效果，如图3-93所示。

图3-91　杯盘原图

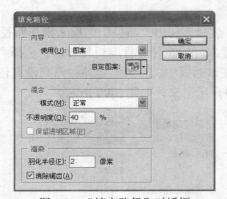

图3-92　"填充路径"对话框

图3-93　填充路径的最终效果图

（6）路径与选区转换。

① 将路径转换为选区。Photoshop允许用户把任何闭合的路径轮廓转换为选区。把闭合路径转换为选区后，闭合路径所覆盖的图像区域能够添加到当前选区。

将当前路径转换为选区的方法如下。先打开"路径"面板，将要转换的路径设为当前工作路径，然后单击"将路径作为选区载入"按钮，系统将使用默认设置将路径转换为选区。如果要精确地设置各种转换选项，可在路径控制菜单中选择"建立选区"命令，在打开的"建立选区"对话框中设置羽化半径、消除锯齿等选项，单击"确定"按钮即可转换为选区。

② 将选区转换为路径。有时从选区转换为路径可能要比直接使用钢笔工具创建路径方便。例如，创建选区的椭圆选框工具可以创建各种宽度与高度比的椭圆形选区，在一些复杂图像中魔棒工具常常能发挥意想不到的效果。因此，在日常工作中用户常常需要先创建

选区，然后再把选区转换成路径。

将创建好的选区转换为路径的方法如下：在路径控制菜单中选择"建立工作路径"菜单项，这时将打开"建立工作路径"对话框。该对话框中只有一个"容差"选项，用来设置转换后路径上包括的锚点数，其默认值为 2 个像素，输入数值范围为 0.5～10 像素。容差值越高，则锚点越少，产生的路径就越不平滑；容差值越低，则锚点越多，产生的路径就越平滑。在设置适当的容差值后，单击"确定"按钮即可把选区转换为路径。

3. 矢量图绘制工具

（1）矩形工具。使用矩形工具可以很方便地绘制出矩形或正方形的路径或形状。在工具箱中单击矩形工具，出现的矩形工具选项栏与图 3-88 基本类似。

矩形工具的使用方法如下：先新建一个文件，然后在工具箱中选择矩形工具，在画布上按住鼠标主键并拖曳即可绘制矩形，在拖曳时按住 Shift 键可绘制正方形。单击"形状图层"按钮，在所绘制的矩形中会自动填充前景色，并在"路径"面板中自动建立一个形状矢量蒙版，而在"图层"面板中会自动建立一个形状图层。

在选择形状图层后，单击矩形工具选项栏中的图层"样式拾色器"按钮，在弹出的样式"拾色器"面板中选择一种样式，则形状图层将应用该
样式。图 3-94 所示为使用矩形工具绘制的矩形、正方形，以及形状图层的两种图像应用样式示例。

（2）圆角矩形工具。使用圆角矩形工具可以绘制具有平滑边缘的矩形。在工具箱中选择圆角矩形工具绘制圆角矩形时，可以在其工具选项栏中设置圆角的半径。

（3）椭圆工具。使用椭圆工具可以绘制椭圆或圆形的路径或形状。在工具箱中选择椭圆工具，在画布上拖曳即可绘制椭圆；若按住 Shift 键再拖曳鼠标，即可绘制正圆。

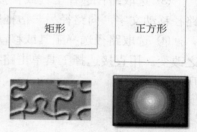

拼图样式　　　彩色目标样式

图 3-94　形状图层应用样式

（4）多边形工具。使用多边形工具可以绘制出用户所需的正多边形。在工具箱中选择多边形工具，并在其工具选项栏中设置所绘制的多边形边数，然后在画布上拖曳鼠标指针即可绘制确定边数的正多边形。

（5）直线工具。使用直线工具可以绘制直线或箭头的路径或形状。在工具箱中选择直线工具，并在其工具选项栏中设置所要绘制线段的粗细，然后在画布上拖曳鼠标指针即可绘制直线。按住 Shift 键可以使直线的方向控制在 0°、45°、90°等特殊角度。

（6）自定形状工具。使用自定形状工具可以绘制一些不规则的形状或自己定义的形状，它们可以用作矢量图、路径或填充区域。要使用 Photoshop 默认的自定形状，首先在工具箱中选取自定形状工具，然后单击其工具选项栏中形状右边的按钮，打开"形状"面板，从中选择所需要的形状并将其绘制出来，如图 3-95 所示。

图 3-95　形状面板及绘制矢量图

4. 路径文字

使用 Photoshop 可以创建和编辑路径文字，轻松实现路径绕排文字的功能。

下面以具体实例简述创建路径文字的操作步骤。

【**例 3-3**】 创建路径文字，并对路径文字的方向和位置进行调整。

① 选取路径工具或矢量图绘制工具绘制一条闭合或开发的路径。如图 3-96 所示，选取自定形状路径，绘制了一个心形路径。

② 选取文字工具，将光标放置在路径上，单击即可在路径上输入文字，如图 3-97 所示，在心型路径上输入了文字"多媒体技术及应用之 Photoshop 篇"和"深圳大学信息工程学院"。

图 3-96　绘制心形路径

图 3-97　输入路径文字

③ 选取路径选择工具或直接选择工具，将光标放置在路径文字上方，拖曳鼠标即可沿路径移动文字，向路径另一边拖曳鼠标，还可以将文字翻转到另一侧，如图 3-98 所示。

④ 选取路径选择工具或移动工具，将光标放置路径文字上，移动路径文字，路径会随之改变。用直接选择工具单击路径中的锚点，拖曳调整杆也可以改变路径形状，如图 3-99 所示。

图 3-98　移动路径文字

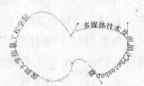

图 3-99　改变路径形状

3.4.6　典型滤镜效果

滤镜功能是 Photoshop 中最奇妙的部分，恰当地使用滤镜能够使图像产生意想不到的效果，许多看到的令人称奇的图像创意或特殊效果，在创作中都使用了大量滤镜。

1. 滤镜简介

（1）滤镜的概念。滤镜最早应用在摄影领域，它是一种安装在摄影机上的特殊镜头，主要用来调节聚焦效果和光照效果。根据在摄影领域的应用经验，将滤镜这种技术引入到 Photoshop 中，用它对图像进行各种处理并获得特殊的图像效果。

滤镜是经过分析图像中各个像素的值，根据滤镜中各种不同功能的要求，调用不同的运算模块处理图像，以达到特殊的图像效果。在 Photoshop 中，每一个滤镜都会产生一个独特的效果，使图像更加美观或具有创意。从表面上看，用户只要简单地操作即可将滤镜应用到图像中去，实际上滤镜的工作过程远不止用户看见的那样简单，几乎所有的滤镜在数学算法方面都是比较复杂的。

滤镜功能非常强大，使用起来也有许多技巧。要想真正运用好滤镜，还需要一定的美术功底和丰富的想象力，当然最重要的还是熟悉滤镜的功能及奇特的制作效果。只有将这几方面结合起来，才能充分发挥滤镜的功能以及展现用户的艺术才能。

（2）滤镜的种类。通常滤镜可以分为内置滤镜和外挂滤镜两种。所谓的内置滤镜是指 Photoshop 自带的滤镜，除了抽出、液化和图案生成 3 个扩展滤镜外，共有 100 多个滤镜分成 14 组放在"滤镜"菜单中供选用。Photoshop 还允许安装第三方厂商提供的滤镜，这些滤镜称为外挂滤镜，例如 KPT effects、Eye Candy 4000 或 KnockOut 2.0 等。安装外挂滤镜后，其滤镜就会出现在 Photoshop 的"滤镜"菜单中，然后就可以像内置滤镜一样使用它们。

（3）滤镜使用规范。所有滤镜的使用都有以下几个相同的特点，用户必须遵守这些操作要领才能准确有效地使用滤镜功能。

① 应用滤镜通常只针对选区，如果选择某图层或通道，则仅对图像的该图层或通道。

② 滤镜效果是以像素为处理对象，因此滤镜的处理效果与图像的分辨率有直接关系。使用相同的参数处理不同分辨率的图像，其效果是不同的。

③ 对图像的局部应用滤镜时，可对选区设定羽化值，使图像处理后的效果自然，减少突兀感。

④ 当执行完某滤镜命令后，在"滤镜"菜单第一行会出现该滤镜，单击它可快速地重复执行相同的滤镜命令。若使用键盘，则可按住 Ctrl+F 键。

⑤ 在任意滤镜对话框中按住 Alt 键，对话框中的"取消"按钮会变成"复位"按钮，单击它可以将滤镜设置恢复到打开对话框时的初始状态。

⑥ 在位图、索引颜色和 16 位的色彩模式下不能使用滤镜。另外，不同的色彩模式其使用范围也不尽相同，比如在 CMYK 和 Lab 模式下，部分滤镜（艺术效果、素描、纹理等）不能使用。

⑦ 选择"编辑"|"还原"和"向前"菜单项，可以对比执行滤镜前后的效果。

2. 内置滤镜

（1）"抽出"滤镜。"抽出"滤镜可以精确地将前景对象从背景中抽取出来。也就是说，如果前景对象的边缘非常细小、复杂或模糊，使用该滤镜可以准确快捷地将前景对象从背景中提取出来。

下面通过具体实例说明抽出滤镜的操作方法。

【例 3-4】 将素材图像中的人物通过"滤镜"|"抽出"菜单项提取出来，并将抽出的人物拼合到其他背景中。

① 打开目标素材图像，选择"滤镜"|"抽出"菜单项，此时打开"抽出"对话框如图 3-100 所示。

② 在"抽出"对话框中单击左侧工具箱中的边缘高光器工具，并在右侧"工具选项"框中设置"画笔大小"数值为 35，沿着人物边界涂抹，如图 3-101 所示。默认的高光颜色为绿色。

在用画笔沿人物边界涂抹时，绿色的颜料应同时覆盖边界内和边界外的像素点。覆盖边界的半径不要求非常精确，系统会自动对该区域进行分析，从中找出边界。如果物体的轮廓分明，则可以设置较小的画笔尺寸；如果物体有毛发一类的东西，则可以使用较大的

图 3-100　"抽出"对话框

图 3-101　沿人物边界进行涂抹

画笔尺寸，此处头发边界选取的画笔大小数值为 45。

③ 在工具箱中单击填充工具，在涂抹边界内部单击，绘制填充区域。再次单击预览按钮，结果如图 3-102 所示。

整体上人物的抽出效果还好，但边缘有很多细节还存在问题，如头发和手臂边缘还存在部分模糊。因此，需要进一步调整。

④ 为了便于对局部区域的精细操作，可以使用缩放工具和抓手工具并移动图像。单击边缘修饰工具，在图像边缘进行涂抹，可以增强边界的清晰度。单击清除工具，涂抹不需要的像素点，将它们变成透明，按住 Alt 键并进行涂抹，又可以将已经透明的像素点复原。

图 3-102　抽出预览效果

单击"确定"按钮，得到最后的抽出效果。

⑤ 使用移动工具，将抽出的人物移动到新的背景中，调整人物的大小，如图 3-103 所示，人物和背景能够很好地拼合在一起。

（2）"液化"滤镜。"液化"滤镜可以逼真地模拟液体流动的效果，用户可以非常方便地利用它制作扭曲、膨胀和旋涡等效果，创作出别具风格的图像效果。"液化"滤镜只适用于 RGB 颜色模式、CMYK 颜色模式、Lab 颜色模式和灰度图像模式的 8 位图像。

"液化"滤镜的使用方法如下。首先打开一幅素材图像，然后选择"滤镜"｜"液化"菜单项，将打开"液化"对话框，如图 3-104 所示。

图 3-103　拼合图像后的效果

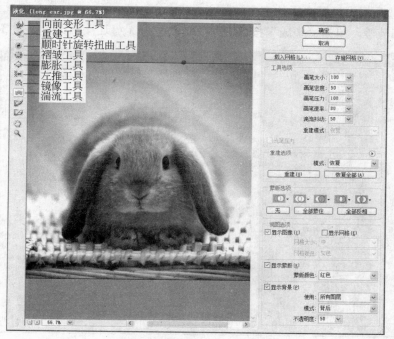

图 3-104　"液化"对话框

"液化"对话框的中间是对图像进行液化操作后的预览效果，右侧是工具选项区域，用于设置液化工具的各种参数；左侧是液化工具，部分液化工具的简要说明如下。

① 向前变形工具：在拖曳时向前推像素。

② 顺时针旋转扭曲工具：按住鼠标拖曳时可以顺时针旋转像素。按住 Alt 键拖曳鼠标左键可以逆时针旋转像素。

③ 褶皱工具：使像素朝着画笔区域的中心移动。

④ 膨胀工具：使像素朝着离开画笔区域中心的方向移动。

⑤ 左推工具：垂直向上拖曳该工具，像素向左移动。如果向下拖曳，像素向右移动。

⑥ 镜像工具：将像素复制到画笔区域。拖曳复制到反射与描边方向垂直的区域，使用重叠描边可以创建类似水中倒影的效果。

⑦ 湍流工具：平滑地混杂像素。可用于创建火焰、云彩、波浪及类似的效果。

选中"湍流工具"后，在图编辑像窗口中的适当位置拖曳鼠标，即可弯曲图像，如图 3-105 所示。

（3）图案生成滤镜。图案生成滤镜可以制作无缝平铺图案，该滤镜在制作网页背景时非常有用。

图案生成滤镜的使用方法如下。先打开一幅素材图像，然后选择"滤镜"｜"图案生成器"菜单项，此时会打开"图案生成器"对话框。在该对话框中的图像上选择一个矩形区域，然后在"拼贴生成"选项框中设置合适的宽度、高度、平

图 3-105 "湍流工具"效果图

滑度和样例细节等，单击"生成"按钮，系统自动生成无缝连接图案，如图 3-106 所示。

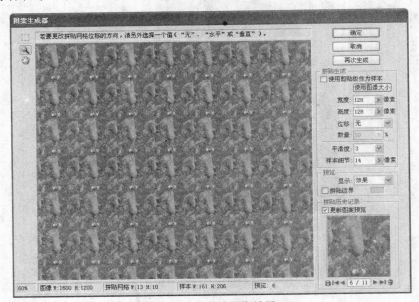

图 3-106 平铺图像效果

如果对所产生的图案效果不满意，可以反复单击"再次生成"按钮，直到满意为止。最后单击"确定"按钮，关闭"图案生成器"对话框。

（4）"马赛克"滤镜。"马赛克"滤镜是把具有相似色彩的像素合成更大的方块，并按原图规则排列，模拟出马赛克效果。

"马赛克"滤镜的使用方法如下。打开一幅素材图像，选择"滤镜"｜"像素化"｜"马赛克"菜单项，此时打开"马赛克"对话框。在该对话框中只有一个"单元格大小"选项，用于确定产生马赛克的方块大小。

（5）"挤压"滤镜。"挤压"滤镜是将一个图像或选区产生内外挤压效果。

"挤压"滤镜的使用方法如下。打开一幅素材图像，选择"滤镜"｜"扭曲"｜"挤压"菜单项，此时打开"挤压"对话框。在该对话框中只有一个"数量"选项，变化范围为-100～100，

负值表示往外凸出，正值表示向内凹进。

（6）"高斯模糊"滤镜。"高斯模糊"滤镜是利用高斯曲线的分布模式，选择性地对图像增加模糊效果。

"高斯模糊"滤镜的使用方法如下。打开一幅图像，选择"滤镜"|"模糊"|"高斯模糊"菜单项，此时打开"高斯模糊"对话框，如图 3-107 所示。

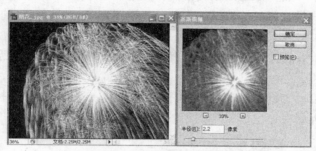

图 3-107　"高斯模糊"对话框

在该对话框中只有一个"半径"选项，用于设置高斯模糊的半径。通过拖曳滑块或调整数值来控制模糊程度。

（7）"风"滤镜。"风"滤镜可以为图像增加风的效果。

"风"滤镜的使用方法如下。打开一幅素材图像，选择"滤镜"|"风格化"|"风"菜单项，此时打开的"风"对话框，如图 3-108 所示。

在该对话框中，可以对以下选项进行设置。

① 方法：用于设置风的类型，包括风、大风、飓风。

② 方向：确定风吹的方向，包括从左向右吹、从右向左吹两种方式。

图 3-108　"风"对话框

3. 外挂滤镜

外挂滤镜是 Photoshop 的一个插件，它可以帮助 Photoshop 实现更多的特技效果。灵活地使用外挂滤镜，可以创建出各种各样的仅靠内置滤镜难以实现的效果。

（1）插件的结构。插件的结构可分成两部分，即插件模块（Plug-in Modules）和插件宿主（Plug-in Hosts）。例如，KPT effects 滤镜组可以理解为插件模块，而 Photoshop 可称为插件宿主。插件是第三方厂商开发的用以扩展标准 Photoshop 功能的软件模块，用户可以不改动宿主的代码，而通过在系统中增加或升级插件以满足自己的需要。宿主负责把插件载入内存并通过一定接口进行调用或协作，当插件功能完毕后，将插件从内存中卸载。

（2）插件的安装。以 KPT effects 滤镜组为例，介绍在 Photoshop 中安装外挂滤镜的方法。

① 从网上下载外挂滤镜 kpt7.rar 压缩文件，用 WinRAR 进行解压缩并得到一个安装目录 KPT7。

② 在安装目录中双击 Setup.exe，接下来单击 Next 或 Yes 按钮。当安装界面进入到设定安装路径时，用户最好将外挂滤镜的安装路径设置到 Photoshop 中的"增效工具"|"滤镜"文件夹内。

③ 单击 OK 或 Next 按钮继续安装，直到出现 Setup Complete 对话框，单击 Finish 按钮完成整个安装过程。

这样，当再次启动 Photoshop 应用程序后，即可在"滤镜"菜单中找到所安装的外挂滤镜，如图 3-109 所示。

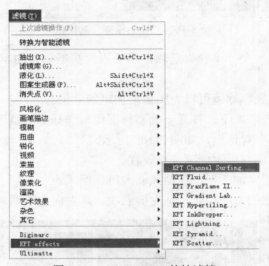

图 3-109　KPT effects 外挂滤镜

（3）KPT effects 滤镜组。KPT effects 滤镜组全称为 Procreate presents KPT effects，即 KPT 7.0，其制作小组是 Corel 公司下的 Procreate。作为外挂滤镜中最出色的 KPT 系列的最新版本，KPT effects 滤镜组包括了 9 种全新滤镜，并继续沿用 KPT 6.0 滤镜组的应用界面。下面以 KPT Lighting 滤镜为例，介绍其具体功能以及详细设置。

KPT Lighting 滤镜是用来生成各种闪电效果，甚至可以生成流星、树枝等外形相似的图像。KPT Lighting 滤镜的界面如图 3-110 所示。

图 3-110　KPT Lighting 滤镜界面

在该滤镜界面中，可以对以下面板及其选项进行设置。

① Bolt 面板。Bolt 面板用来设置闪电形成的基本形状、颜色以及混合模式等，闪电结构是由主干、分叉点和分支构成。

Bolit Color：控制闪电的颜色。实际上，闪电中央总是白色的，这里改变的是闪电周围光晕的颜色，即使改变图层混合模式，也是作为白色来和原图像混合。

Blend Mode：闪电与原图层的混合模式。

Age：闪电长度。

Bolt Size：闪电宽度。

Child Intensity：闪电分支强度。

Child Subtract：闪电分支衰减度，此值越高分支将会越快消失。

Forkiness：闪电分叉点数量。

Glow Radius：闪电光晕半径。

② Path 面板。Path 面板用来调整已经生成的闪电结构关系。

Attractiveness：决定闪电分支的末端向外伸张或向内收敛的程度，即闪电束之间的集中程度。

Spread：闪电分支与闪电主干之间的角度。

Wanderness：闪电束的迂回程度，此值越小闪电走向将趋于直线，否则会更加弯曲。

Zagginess：闪电束的随机锯齿扭曲程度。

③ Preview 面板。在 Preview 面板中单击即可定义闪电的起始点，按住 Shift 键即可定义闪电的结束点，这样即可定义闪电的发生方向。

使用 KPT Lighting 滤镜生成天空流星的方法如下。首先将 Bolt 面板中的 Forkiness 值以及 Path 面板中的 Attractiveness、Wanderness 和 Zagginess 值都设置为 0%，闪电就变成了直线。然后适当调节 Age 值（流星的长度）、Bolt Size（彗头大小）和 Glow Radius（流星光晕大小）即可得到理想的流星。最后在 Preview 窗口中定义流星生成的方向，如图 3-111 所示。

图 3-111　天空流星效果

本 章 小 结

图形图像作为一种视觉媒体，已经成为人类信息传输、思想表达的重要方式之一。本章从光和颜色的基础知识着手，理解图形与图像的异同以及图像数字化，图像信息数据量很大，因此需要压缩。图像压缩标准有 JPEG 和 JPEG 2000，并会使用图像压缩和优化软件工具。

显示设备是计算机系统实现人机交互的实时监视的外部设备，它包括显示卡和显示器。扫描仪是一种光、机、电集成的数字输入设备，它可以将图像和文稿等转换成计算机能够识别和处理的数字图像。

Photoshop 是数字图像处理领域的专业级应用软件，被广泛应用于平面广告设计、照片处理、彩色印刷和排版等诸多领域。本章还系统地介绍了 Photoshop 工作界面、选区的创建和编辑、颜色的定义和填充、图像的编制和修饰、图层、通道与蒙版以及路径和滤镜等各方面的知识。特别是使用滤镜可以做出很多特殊效果，大多数滤镜命令使用起来都非常简单，但是要将多个滤镜结合起来应用，需要时间和经验的积累。

习 题 3

一、单选题

1. 当蓝色加进白光时，饱和度_____。
   A. 不会变化　　　　　　　　　　　　　B. 增强
   C. 降低　　　　　　　　　　　　　　　D. 有时增强有时降低

2. 在 RGB 色彩模式中，R=B=G=0 的颜色是_____。
   A. 白色　　　　　B. 黑色　　　　　C. 红色　　　　　D. 蓝色

3. _____色彩模式适用于彩色打印机和彩色印刷这类吸光物体。
   A. CMYK　　　　　B. HSB　　　　　C. RGB　　　　　D. YUV

4. 灰度模式是采用_____位表示一个像素。
   A. 1　　　　　B. 8　　　　　C. 16　　　　　D. 24

5. 矢量图与位图相比，不正确的结论是_____。
   A. 在缩放时矢量图不会失真，而位图会失真
   B. 矢量图占用存储空间较大，而位图则较小
   C. 矢量图适应表现变化曲线，而位图适应表现自然景物
   D. 矢量图侧重于绘制和艺术性，而位图侧重于获取和技巧性

6. 一幅 320×240 的真彩色图像，未压缩的图像数据量是_____。
   A. 225KB　　　　　B. 230.4KB　　　　　C. 900KB　　　　　D. 921.6KB

7. 没有被压缩的图像文件格式是_____。
   A. bmp　　　　　B. gif　　　　　C. jpg　　　　　D. png

8. 采用小波变换对图像数据进行压缩，其压缩比为_____。
   A. 2∶1～4∶1　　　　B. 40∶1　　　　C. 10∶1～100∶1　　　D. 10000∶1

9. 在数据压缩方法中，有损压缩具有_____特点。
   A. 压缩比小，可逆　　　　　　　　　　B. 压缩比大，可逆
   C. 压缩比小，不可逆　　　　　　　　　D. 压缩比大，不可逆

10. JPEG 2000 与 JPEG 相比，优势在于它采用了_____。
    A. 离散余弦变换　　　　　　　　　　B. 离散小波变换
    C. 算术编码　　　　　　　　　　　　D. 霍夫曼编码

11. 图像压缩和优化工具软件是_____。
    A. 图画　　　　　　　　　　　　　　B. ACDSee
    C. JPEG　　　　　　　　　　　　　　D. JPEG Optimizer

12. 在同样大小的显示器屏幕上，显示分辨率越大，则屏幕显示的文字_____。
    A. 越小　　　　　B. 越大　　　　　C. 大小不变　　　　　D. 字体增大

13. 液晶显示器的水平可视角度大于_____。

    A. 100°   B. 120°   C. 140°   D. 160°

14. _____是由步进电动机带动扫描头对图片进行自动扫描。

    A. 手持式扫描仪   B. 平板式扫描仪

    C. 滚筒式扫描仪   D. 大幅面扫描仪

15. _____是通过数学算法在两个像素之间嵌入所要的新像素。

    A. 光学分辨率   B. 显示分辨率

    C. 扫描分辨率   D. 插值分辨率

16. 大量文字印刷稿件扫描成图像格式的文字后，借助于_____软件可识别并转换为文本格式的文字。

    A. CCD   B. JPEG Imager   C. OCR   D. Paint

17. _____是 Photoshop 图像最基本的组成单元。

    A. 像素   B. 通道   C. 路径   D. 色彩空间

18. 在 Photoshop 的画笔样式中，可以设置画笔的_____。

    A. 不透明度、画笔颜色、主直径等效果

    B. 笔尖形状、主直径、杂色和湿边等效果

    C. 不透明度、画笔颜色、杂色和湿边等效果

    D. 笔尖形状、画笔颜色、杂色和湿边等效果

19. 某一图像的宽度和高度都是 20in，其分辨率为 72dpi，则该图像的显示尺寸为_____像素。

    A. 800×600   B. 1024×768   C. 1260×1260   D. 1440×1440

20. 在 Photoshop 中，魔棒工具_____。

    A. 能产生神奇的图像效果   B. 是一种滤镜

    C. 能进行图像之间区域的复制   D. 可按照颜色选取图像的某个区域

二、多选题

1. PNG 文件格式的特点是_____。

    A. 流式读写性能   B. 改进的 LZW 压缩算法

    C. 对灰度图像表现最佳   D. 基于 LZ77 的无损压缩算法

    E. 独立于计算机软硬件环境   F. 采用 RLE 压缩方式得到 16 色图像

    G. 加快图像显示的逐次逼近方式   H. 采用 RLE8 压缩方式得到 256 色图像

2. 图像无失真编码方法有_____。

    A. 算术编码   B. 变换编码

    C. 行程编码   D. 预测编码

    E. 霍夫曼编码   F. 矢量量化编码

    G. 小波变换编码   H. 分形图像编码

3. JPEG 2000 的目标是建立一个能够适用于不同类型、不同性质以及不同成像模型的统一图像编码系统。这里的不同类型是指_____。

    A. 自然图像   B. 二值图像

    C. 灰度图像   D. 计算机图像

E. 实时传送　　　　　　　　　F. 图像图书馆检索

G. 彩色图像　　　　　　　　　H. 多分量图像

4. 显示卡的显示标准是_____。

A. CGA　　　　B. CPU　　　　　C. EGA　　　　D. ISA

E. MDA　　　　F. RAM　　　　　G. VGA　　　　H. 图形加速卡

5. 选择"编辑"|"变换"的子菜单项，可以直接_____对象。

A. 缩放　　　　B. 旋转　　　　　C. 旋转画布　　D. 扭曲

E. 裁切　　　　F. 斜切　　　　　G. 透视　　　　H. 水平翻转

三、问答题

1. 阐述矢量图形与位图图像的区别。

2. 获取图像的主要途径是什么？

3. 数据压缩技术有哪几个重要指标？

4. 如何将路径转换为选区？

5. 如何将一幅图像制作出风驰电掣的效果？需要用到什么滤镜？

第4章 计算机动画技术

电影动画很早就有，如《孙悟空大闹天宫》、《米老鼠和唐老鸭》等都是人们喜闻乐见的动画片。但是这种传统动画是人工绘制的，其制作效率低，成本也高。计算机动画则是在传统动画的基础上加入计算机图形技术而迅速发展起来的一门高新技术，它不仅缩短了动画制作的周期，而且还产生了原有动画制作所不能比拟的具有震撼力的视觉效果。

本章首先介绍计算机动画的基本概念以及动画创意设计，然后着重介绍网页动画制作软件 Flash。

4.1 计算机动画概述

4.1.1 什么是计算机动画

世界著名动画艺术家 John Halas 曾指出："运动是动画的本质。"动画是一种源于生活而又以抽象于生活的形象来表达运动的艺术形式。由于计算机及其相关理论和技术的飞速发展，为动画制作提供了强大的数字施展空间。

那么，什么是动画呢？所谓动画是一种通过连续画面来显示运动和变化的技术，通过一定速度播放画面以达到连续的动态效果。也可以说，动画是一系列物体组成的图像帧的动态变化过程，其中每帧图像只是前一帧图像上略加变化。这里所说的动画不仅仅限于表现运动过程，还可以表现非运动过程。例如柔性体的变形、色彩和光强的变化等。

动画在实际的播放过程中有几种不同的方式：在电影中以 24 帧/秒的速度播放，在电视中，PAL 制式以 25 帧/秒的速度播放，NSTC 制式以 30 帧/秒的速度播放。当人们在电影院里看电影或在家中看电视时，画面中人物的动作是连续和流畅的。但是仔细看一段电影胶片时，会发现画面并不是连续的，如图 4-1 所示。只有以一定的速度播放才有运动的视觉效果，这种现象可以用视觉滞留原理来解释。即人的眼睛所看到的影像会在视网膜上滞留 0.1s，这是电影发明的重要理论基础。

图 4-1　胶片的不连续画面

所谓计算机动画是指借助于计算机生成一系列连续图像画面并可动态实时播放这些画面的计算机技术。计算机动画是利用动画的基本原理，结合科学和艺术，突破静态和平面图像的限制，创造出栩栩如生的动画作品。计算机动画所生成的是一个虚拟世界，画面中的物体并不需真正去建造，物体和虚拟摄像机的运动也不会受到什么限制，动画制作者几乎可以随心所欲地编织虚幻世界。

4.1.2 计算机动画的分类

近年来，涌现出各种各样的计算机动画系统，它们的目的、特点、方式各不相同。下面对这些计算机动画系统进行分类整理。

1. 按动画的系统功能分类

根据计算机动画的功能强弱，可将计算机动画系统分成 5 个等级。

第 1 级，计算机动画系统只用于交互式产生、着色、存储、检索和修改图像，由于不考虑时间因素，因此它的作用相当于一个图像编辑器。

第 2 级，计算机动画系统可以实现中间帧的计算，并能使物体沿着某条轨迹运动。该系统考虑了时间因素，使图像变化运动，可用来代替人工制作中间帧。

第 3 级，计算机动画系统可以给动画制作者提供一些形体的操作，如平移、旋转等。同时也包括虚拟摄像机的操作，如镜头的推移、平转、倾斜变化等。

第 4 级，计算机动画系统提供了定义角色的方法，这些角色具有自己的运动特色，它们的运动可能会受到约束，如行为约束、对象之间的约束等。

第 5 级，计算机动画系统是一种具有智能的动画系统，它有自学习能力。随着计算机动画系统的反复工作，其系统功能和性能会变得越来越完善。

前 4 级水平的计算机动画系统，目前已有许多成功的商品化产品问世。而对第 5 级水平的计算机动画系统的研究则被认为是该领域极富有挑战性的研究课题。近年来，一些新兴研究方向对上述分类作了进一步扩充，如人工生命、虚拟生物等。

2. 按动画的制作原理分类

根据动画的制作原理可以将计算机动画分成两类：计算机辅助动画和计算机生成动画。计算机辅助动画属于二维动画，计算机生成动画属于三维动画。

（1）二维动画。二维动画一般是指计算机辅助动画，又称关键帧动画。其主要作用是用来辅助动画制作者完成动画的制作，该类动画系统属于第二级。

早期的二维动画主要用来实现中间帧画面的生成，即根据两个关键帧画面来生成所需的中间帧画面。由于一系列画面的变化是很微小的，需要生成的中间帧画面数量很多，所以插补技术便是生成中间帧画面的重要技术。随着计算机技术的发展，二维动画的功能也在不断提高，尽管目前的二维动画系统还只是辅助动画的制作手段，但其功能已渗透到动画制作的许多方面，包括画面生成、中间帧画面生成、着色、预演和后期制作等。

（2）三维动画。三维动画是指计算机生成动画。由于造型处理比较复杂，因此实现它们离开了计算机将会变得非常困难，该类动画系统从功能上讲属于第 3 级或第 4 级。

三维动画是采用计算机技术模拟真实的三维空间。首先在计算机中构造三维的几何造型，然后设计三维形体的运动或变形，设计灯光的强度、位置及移动，并赋予三维形体表面颜色和纹理，最后生成一系列可供动态实时播放的连续图像画面。由于三维动画是通过计算机可以产生一系列特殊效果的画面，因此三维动画可以生成一些现实世界中根本不存在的东西，这也是计算机动画的一大特色。

计算机动画真正具有生命力是由于三维动画的出现。三维动画与二维动画相比，有一定的真实性，同时与真实物体相比又具有虚拟的，这两者构成了三维动画所特有的性质，即虚拟真实性。

3. 按运动的控制方法分类

根据运动的控制方法不同可将计算机动画分成关键帧动画和算法动画。

（1）关键帧动画。关键帧动画是通过一组关键帧或关键参数值而得到中间的动画帧序列。即可以是插值关键帧本身而获得中间动画帧，或者是插值物体模型的关键参数值来获得中间动画帧，分别称它们为形状插值和关键参数插值。

二维形状插值是用来制作动画的早期关键帧方法。两幅形状变化很大的二维关键帧不宜采用关键参数插值法。二维形状插值解决这个问题的办法是对两幅拓扑结构相差很大的图形进行预处理，将它们变换为相同拓扑结构再进行插值。对于线图形即是变换成相同数目的段，每段具有相同的变换点，再对这些点进行线性插值或移动点控制插值。

关键参数插值常采用样条曲线进行拟和，分别实现运动位置和运动速率的样条控制。对运动位置的控制常采用三次样条计算，用累积弦长作为逼近控制点参数，并再采样求得中间帧位置，也可以采用其他 B 样条或 Bézier 样条方法。对运动速度控制常采用速率-时间曲线函数，也可采用曲率-时间函数方法。曲率与速率成反比，两条控制曲线的有机结合用来控制物体的动画运动。

（2）算法动画。算法动画又称模型动画或过程动画。算法动画是采用算法实现对物体的运动控制或模拟摄像机的运动控制，一般适用于三维动画。根据不同算法可分为以下几种。

① 运动学算法：由运动学方程确定物体的运动轨迹和速度。

② 动力学算法：从运动的动因出发，由力学方程确定物体的运动形式。

③ 逆运动学算法：已知链接物末端的位置和状态，反求运动方程以确定运动形式。

④ 逆动力学算法：已知链接物末端的位置和状态，反求动力学方程以确定运动形式。

⑤ 随机运动算法：在某些场合下加进运动控制的随机因素。

算法动画是指按照物理或化学等自然规律对运动进行控制的方法。针对不同类型物体的运动方式，从简单的质点运动到复杂的涡流，有机分子碰撞等。一般按物体运动的复杂程度分为：质点、刚体、可变软组织、链接物、变化物等类型，也可按解析式定义物体。

用算法控制运动的过程包括：给定环境描述，环境中的物体造型，运动规律，计算机通过算法生成动画帧。目前针对刚体和链接物已开发了不少较成熟的算法，对软组织和群体运动控制方面也做了不少工作。

对计算机动画的运动控制方法已经作了较深入的研究，技术也日渐成熟，然而使运动控制自动化的探索仍在继续。对复杂物体设计三维运动需要确定的状态信息量太多，加上考虑环境变化，物体间的相互作用等因素，就会使得确定状态信息变得十分困难。因此探求一种简便的运动控制途径，力图使用户界面友好，提高系统的层次就显得十分迫切。

4.1.3 计算机动画的应用

随着计算机动画技术的迅速发展，其应用领域日益扩大，已经进入了众多行业，所带来的经济效益和社会效益也在不断增长。由于计算机动画的应用领域比较广泛，这里将选择一些典型的应用领域进行介绍。

1. 影视广告

电影是计算机动画应用最早、发展最快的领域之一。目前计算机动画在影视方面主要用于制作广告（特别是电视广告）、卡通片、电影和电视片头、电影特技等。

在电影电视领域中，可以用计算机动画系统来制作一些特技效果，例如角色从悬崖或摩天大厦跳下、汽车猛烈相撞场面，等等。这些镜头即使通过特技演员拍摄也相当危险，而使用计算机动画来实现最安全、最省力，同时可以免去大量模型、布景和道具的制作。利用计算机动画系统还可以提高动画制作的质量和效率，降低成本。计算机生成动画特别适用于科幻片的制作，例如美国惊险科幻影片《侏罗纪公园》可以说是计算机动画在影视制作中的得意之作，该片曾荣获奥斯卡最佳视觉效果奖。影片中的史前动物恐龙的镜头是用计算机动画制作的，它使 1.37 亿年以前的恐龙复活，并同现代人的情景组合在一起，构成了活生生童话般的画面，如图4-2所示。

图4-2 《侏罗纪公园》镜头之一

1996 年，美国迪斯尼公司和好莱坞合作推出了一部全部镜头都是由计算机制作的"没有真人演员表演"的故事片《玩具总动员》。这部长达 77min 的影片全部由计算机动画和计算机合成的图像组成，从线条、颜色、人物形象到片中的各个笑料，没有一个是真实的。影片以其特有的魅力取得了巨大的成功，从此开创了电影制作技术的新篇章。

在电视广告片中，计算机动画可以制作出精美神奇的视觉效果，使电视广告增添了一种奇妙的、超越时空的夸张和浪漫的色彩，以取得特殊的宣传效果和艺术感染力，让人自然地接受商品的推销意图。计算机动画一方面为广告制作提供了技术上的支持，另一方面电视广告的特殊需求也促进了计算机动画的发展，需求和发展被有机地结合起来。

2. 工程设计

计算机辅助设计始终被认为是计算机图形学的一个主要应用领域。利用计算机动画技术，设计者能够使虚拟模型运动起来，由此来检查只有制造过程结束后才能验证的一些模型特征，如运动机构的协调性、稳定性及干涉检查等，以使设计者及早发现设计上的缺陷。

目前，国内外的 CAD 辅助制图正在发展利用三维动画的后期预览，即在图纸设计完毕后，指定立体模型材质，制作三维动画。这样可以研究机械运动的效果、楼房建筑的透视和整体视觉效果。计算机动画技术在建筑业中的更深层应用是利用合成技术来实现环境评估，建筑师可以利用它来评价建筑物对周围环境的整体影响。这对城市建设、环境保护以及避免造成灾难性的后果具有非常重要的意义。

3. 飞行模拟

计算机动画技术第一个用于模拟的产品是飞行模拟器。这种飞行模拟器在室内就能训练飞行员模拟起飞和着陆，飞行员在模拟器中操纵各种手柄，观察各种仪器，通过模拟的飞机舷窗就能看到机场跑道以及其他真正飞行时才能看到的山、水、云雾等自然景象。

飞行模拟器的核心是其中的实时图形生成器。为了逼真模拟各种气候条件，该图形生成器必须利用真实感图形和动画技术实时生成云彩、烟雾、雨雪、各种灯光效果及其运动。由于这些光照效果的计算非常耗时，而机场模型又往往非常复杂，因而问题的关键是如何实时生成画面。随着图形软硬件技术的发展，这一问题已逐渐得到解决。

4. 教育与娱乐

在教育方面，教学效果除了与教师的素质和水平、学生的情况等因素有关外，还与教具和实验手段有直接关系。在实际的教学过程中，有许多教学内容无法给学生一个很好的感性认识，这样反过来又增加了学生理解问题的难度。例如化学反应过程中分子结构的变化、机器结构的模型拆装等大量的教学内容都难以给学生直观的感性认识。而利用计算机动画技术则可以将各种现象或模型在计算机上形象生动地表现出来，如在计算机中构造一个电动机三维模型，可以根据需要取出其中的有关零部件，观察各种不同的断面以及它的安装过程和工作流程，这些对教学显然是有帮助的。因此，计算机动画在教育方面有着广阔的应用前景。

在娱乐方面，利用计算机动画技术产生模拟环境，使人有身临其境的感受。目前开发的大量游戏软件，都建立各种动态的娱乐环境。

5. 科学计算可视化

科学计算可视化旨在以直观的方式表示科学计算的结果，从而使研究人员能够充分发挥人类的视觉识别能力，为分析解决问题和产生科学发现提供线索。

一般来说，除了一些标量数据场（如空间位置、温度等）外，许多数据场还包括速度、方向等矢量信息，因而科学计算可视化技术的基本问题是如何用计算机图形技术来显示和解释多维数据集。尽管可将数据集的维数适当降低以便将它转化为视觉模型，并采用不同的色彩、位置、透明度和模糊效果来表达、解释数据集，但这些传统技术无法解释时间依赖的数据集。计算机动画技术有效地解决这一问题，使研究人员能够形象地理解许多物理现象的真实动态变化，从而揭示出这些数据中蕴涵的科学规律。这一技术对空气动力学特征分析、流体动力学分析等方面的研究具有重大的现实意义。

6. 虚拟现实技术

虚拟现实是利用计算机动画技术模拟产生的一个三维空间的虚拟环境系统。人们凭借系统提供的视觉、听觉甚至嗅觉和触觉等多种设备，身临其境地沉浸在这个虚拟环境中，就像在真实世界一样。随着技术的进步和产品价格的下降，虚拟现实的应用突破了传统的军事和空间开发等领域，开始在科学计算可视化、建筑设计漫游、产品设计以及教育培训和娱乐等方面获得富有成效的应用。

4.1.4　计算机动画的制作环境

计算机动画系统是一种用于动画制作的由计算机硬件、软件组成的系统。它是在交互式计算机图形系统上配置相应的动画设备和动画软件形成的。

1. 硬件配置

计算机动画系统需要一台具有足够大的内存、高速 CPU、大容量硬盘空间和各种输入输出接口的高性能计算机。通常计算机动画系统首选高档图形工作站，如 SGI、IBM、SUN 和 HP 工作站。目前，基于 Pentium 系列 CPU 的高档微型计算机以其较高的性能价格比向高档图形工作站发起了强劲的挑战，使得许多计算机动画制作软件纷纷向这一平台移植。这些动画制作软件的界面友好、操作简便以及价格合理，受到广大动画制作者的欢迎。因此，也全面推动了计算机动画制作的普及。

在计算机动画制作过程中涉及多种输入输出设备。一方面，为制作一些特技效果，需要将实拍得到的素材转变成数字图像输入到计算机中，如图形输入板、扫描仪、视频采集卡等；另一方面，需要将制作好的动画序列输出到电影胶片或录像带上。

2. 软件环境

计算机动画系统使用的软件可分为系统软件和动画软件两大类。系统软件是随主机一起配置的，一般包括操作系统、诊断程序、开发环境和工具以及网络通信软件等，而动画软件主要包括二维动画软件和三维动画软件等。

（1）二维动画软件。二维动画软件除了具有一般的绘画功能外，还具有输入关键帧、生成中间画、动画系列生成、编辑和记录等功能。这些动画软件一般都允许用户从头至尾在屏幕上制作全流程的二维动画片。允许从扫描仪或照相机输入已手工制作的原动画，然后在屏幕上进行描线上色。这类动画软件有：Quick CEL、AXA 2D、Animator Studio、Flash MX 等。

（2）三维动画软件。三维动画软件一般包括实物造型、运动控制、材料编辑、画面着色和系列生成等部分。同拍摄电影需要物色演员、制作道具、选择外景类似，动画软件必须具有在计算机内部给这些演员或角色、模型、周围环境进行造型的功能。通过动画软件中提供的运动控制功能，可以对控制对象（如角色、相机、灯光等）的动作在三维空间内进行有效的控制。利用材料编辑功能，可以对人物、实物、景物的表面性质及光学特性进行定义，从而在着色过程中产生逼真的视觉效果。这类动画软件有：3d studio max、Softimage 3D、Maya、Houdini、POSER 等。

动画软件是由计算机动画专业人员开发的制作动画的工具软件。使用这些工具不需要编程，通过相对简单的交互式操作就能实现计算机动画功能。因此，只要有一定的计算机操作技能，再加上具备一些动画或美术知识，就可以根据已创作的动画脚本制作出计算机动画。

4.2　计算机动画的设计方法

计算机动画是高科技与艺术创作的结合，它需要科学的设计和艺术构思，这些在动手制作之前的方案性思考，一般称之为创意。

4.2.1　计算机动画创意

1. 动画创意的概念

创意属于技术美学范畴，它是计算机动画的灵魂，决定着动画作品含金量的大小。创意有宏观和微观两个层面，宏观称为战略创意，它是指整个宣传行动的统筹策划；微观称为战术创意，它是指具体动画作品的意境构思及手法选择。

传统设计观念习惯于从战术角度理解创意，因而常常把创意看成某件具体动画作品的小设计或小点子，如果没有全局观念就很难创作出好的动画作品。所以，处于被动地位的小设计成功率往往比较低，其影响也比较小，很难形成系列持久而深刻的视觉冲击力。当代设计观念把创意提升到整个设计行动的战略策划高度，把具体的计算机动画设计当做整个战略策划系统中的一个子系统。这样，每一个具体设计就有了明确的参照系和向心力，从而由孤立分散的被动状态转化为有机鲜活的主动状态。因此，小设计就成了大机体不可缺少的组成部分，设计的成功就有了保证。

2. 创意的方法和技巧

任何艺术的创作都离不开思维的想象，创意比想象更进—步，创意是人们在创作过程中迸发的灵感和优秀的意念，它强调的是有目的的创造力和想象力。计算机动画以其超强的描绘和渲染能力为创作人员提供了充分发挥想象力和创造力的广阔空间。但是创意难觅，创作人员往往为之绞尽脑汁。那么，创意有无捷径呢？一般认为创意没有捷径可走，然而却有一定的规律可循。

一个优秀的计算机动画创作人员，不仅要有计算机、美术、音乐等修养，而且还应广泛涉猎自然、历史、地理等知识，自然界和人类社会庞大的信息库才是创意的源泉。有人可能要提出疑问，每天都看报纸、书刊、电视，为什么就缺少灵感呢？其实在一个"看"字上大有文章，有意识地看还是无意识地看，两者是有区别的。有意识地收集素材就是依靠敏锐的艺术嗅觉从浩瀚的知识海洋中捕捉有用的信息。比如打开电视看广告，不论是 Intel 的芯片，还是苹果的 iPad，都在激发大家的创意灵感，都是创意的不竭源泉。

创意思考是插上想象翅膀的开放式思考，要充分运用纵向思维和横向思维的方式，让思绪纵横驰骋。通过素材的裂解以及相互间的碰撞和融合，从而迸发出创意的火花。创意思考的技巧很多。

① 拟人：把事物人格化，使之具有人的灵性和感情，从而使作品内容具体形象、生动活泼。

② 反成：人们对某种事物的认识往往形成思维定势，按常规去表现该事物，难免落入俗套。如果一反常规，改变事物的形态，反而给人耳目一新、出其不意的感觉。

③ 夸张：对事物固有的形态、特点作出出人意料的发挥，往往能强烈的表达作品主题思想。

在实际的创作过程中，各种创意技巧常常可以相互调配或综合运用。有时可能会灵机一动，得到创意的凤毛麟角，虽然不成熟，但想到的一定要记录，然后就试着去运作，做出动画后再分析，分析后再加上思维的深度和广度，挖掘出新的观念。

创意往往出现在很偶然的时刻，一旦有了创意，如何判别其优劣呢？通常有 3 个原则：

① 创意独持，立意新颖。

② 主题突出，构思完整。

③ 情节合理，定位准确。优秀的创意像一颗晶莹璀璨的钻石，折射出创作人员智慧和灵感的光芒。

一个创意平平的动画作品不会引起人们的兴趣，而一个创意很好但制作很糟的动画作品也不会受到关注。为了使创意强烈地"凸显"出来，创作人员必须将创意反复研究，同时进行创意设计时要对画面的连接、色彩的构成、质感的塑造、动作的表现等方面进行妥善的处理，使各视觉元素在交融碰撞中得到升华，形成完美的流畅的视觉效果。总之，计算机动画创作人员熟练掌握创意的方法、技巧和原则后，才能提高工作效率，创作的路子也得到拓宽。

4.2.2 动画动作的设计

提高动画设计能力不仅需要一定的绘画能力，而且还要熟悉各种物体的动作规律及把握由动画帧数控制的时间。

1. 动画时间分配的技巧

动画的时间，意味着一个动作需要用多少帧来完成。对动画时间的基本考虑是由于固定的放映速度，电影放映的速度是每秒 24 帧，而电视的放映速度是每秒 25 帧或 30 帧。无论是激烈的快速动作或缓慢的悠闲动作，都是在固定的 24 帧/秒、25 帧/秒或 30 帧/秒来实现的。例如在动画电影中只画 12 张画面，然后每张画面重复一次，就变成 24 帧/秒。

在动画中经常需要表现循环动作，例如一幅快速飘扬的旗帜需要 6 帧基本画面的循环。火焰的循环时间根据火焰大小有所不同，大火的动作循环从底部烧到顶部可能需要几秒，而小火的一个循环只要几帧就够了。表现下雪动画，为了丰富画面效果至少有 3 种大小不同的雪花，循环的时间约为 2s。

一个急速跑步动作可用 4 帧画面表现，快跑动作可用 8 帧画面表现，慢跑动作可用 12 帧画面表现，如果超过 16 帧画面就失去冲刺感觉。一头大象需要 1～1.5s 才能完成一个完整的步子，小动物如猫的一个整步只需 0.5s 或更少。老鹰翅膀的一个循环需要 9 帧画面，一个小麻雀的翅膀循环动作有 2 帧画面即可。

2. 物体运动规律及设计方法

自然物体都有自己的重量、结构和一定程度的柔韧性，因此当一个力量施加于物体时，它以自己特有的方式表现出行为。这种行为是位置和时间的结合，它是动画的基础。在动画制作过程中，要考虑牛顿定律以使物体的行为符合自然界的物体行为。

（1）旋转物体。当一个物体抛向空中或降落地面时，它的重心沿一抛物线运动，这时可以按照抛物线进行时间分配，即到顶点时速度减慢，下降时速度加快。不规则的物体在运动过程中通常趋于旋转，这样就要以重心沿抛物线上一些连续位置为基准把物体画出来。例如一个锤子，其重量集中在锤头上，因此重心也接近锤头一端。锤子的形状、速度以及具体旋转方向可视具体情况有所不同，但它的运动规律都保持一致。可以用一幅锤子的图标出重心位置，再在抛物线上的各时间分配点上适当旋转一个角度把锤子画出来，如图 4-3 所示。

（2）振动物体。振动分为两种：一种是快速振动，比如弹簧片的振动。这类物体振动在极端位置的运动非常的快，以至于不需要添加中间画面，只需表示弹簧片的极端位置逐渐靠近静止位置即可，如图 4-4 所示。

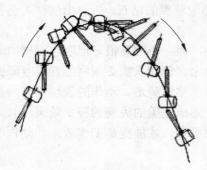

图 4-3 锤子的运动

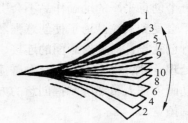

图 4-4 弹簧的振动

另一种振动是类似于旗帜飘动的柔性振动。由于风力在柔韧的旗面附近受阻而形成一个个类似漩涡的气团，随着气团漩涡的移动，旗面也形成波浪式的飘动。在设计旗帜飘动时要注意，当一个波峰通过达到旗帜一端时，通常一个波谷会出现在旗帜另一端。飘动中是没有实际上的关键帧，所有的图在序列画面中都同样重要，而且每个画面必须平滑的接向另一个。根据场景要表现的长度，最好做两个不同的周期交替使用，这样会使最终效果更加自然，如图 4-5 所示。

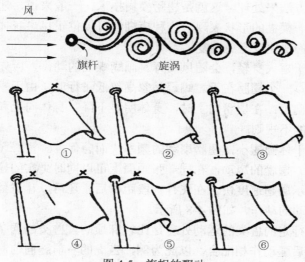

图 4-5　旗帜的飘动

（3）往复运动物体。在直接的往复运动中，如活塞运动和刚摆，可以用相同的帧但顺序相反来表现其运动过程，如图 4-6 所示。在往复运动时有一个视觉上的问题，将摆球位置由左向右定义为 1，2，3，4，5，6，7，8，9。则往复运动时各帧出现的情况为：1，2，3，4，5，6，7，8，9，8，7，6，5，4，3，2，1，2，…，这时会发现第 8 和第 2 帧的出现频率要比端点位置 1 和 9 高，在动画时会造成实际端点位置偏移的视觉效果。解决方法有两种：一是加多端点位置帧的出现频率，如改成 1，2，…，8，9，9，8，…，2，1，1，2，…；二是减少最接近端点位置的帧数，如 1，2，…，7，9，8，7…。

图 4-6　往复运动

3. 动物动作规律及设计方法

（1）飞鸟类。鸟在空中运动速度很快，它们身体呈流线型以在空中消耗最少的能量。鸟在飞翔时腿隐藏起来或向后伸，鸟飞行时的空气动力学非常复杂，一般在动画设计中不需要遵循它。鸟的身体在翅膀向下拍时稍向上倾，头稍向上抬，而在翅膀上拍时身体又下降。在正常的飞行中，鸟的翅膀不是直接上下拍的。通常上拍时方向略向后，下拍时方向略向前。因为向前的推动力实际上是由翅膀倾斜给出的。

在鸟类飞翔的动画中，时间分配对表现鸟的大小、性格和种类起着决定性作用。例如威严的鹰，如果用麻雀飞行时翅膀的速度排动其宽大的双翼，将会完全破坏鹰的威严形象。反之亦然。一般来说，鸟越大，动作越慢，鸟越小，动作越快。而且翅膀越大，鸟躯干上下运动越明显，如图 4-7 所示。

图 4-7　鹰的飞行

（2）昆虫类。多数昆虫都有翅膀，但是由于昆虫翅膀的扇动速度远远快于普通鸟类的速度，因此就需要用不同的方法来处理，这就是翅膀模糊技术。一般来说，翅膀的高速运动只能用一些模糊的线构成一模糊的形状表现，这种模糊线可以位于昆虫身体重心水平线上端或下端，但要考虑略微的变化以避免重复。

蝴蝶飞行时，由于翅大身轻，会随风飞舞。画蝴蝶飞的动作，应先设计好飞行的运动路线。一个翅膀在上，一个翅膀在下。蝴蝶是忽高忽低飞行的，由于蝴蝶身体较轻，在翅膀向下时，身体明显向上；在翅膀向上时，身体明显下降。身体向上和向下的程度可以有所不同，但是要尽可能不规则。

蜜蜂飞行时，由于体圆翅小，翅膀扇动的频率快而急促。画蜜蜂飞的动作时，同样应先设计好飞行的路线。翅膀的扇动，在同一张画面上可以同时画实的翅膀和虚的翅膀，中间再画几条流线，表示扇翅速度快。在飞行一段距离后，还可以让身体停在空中，只要画出翅膀不停地上下扇动的动作，如图4-8所示。

（3）兽类。四肢行走的兽类的运动处理是比较麻烦的。兽类的四条腿在运动时，必须注意前腿动作如何与后腿动作相配合。以虎为例，当虎的右前腿向前时，右后腿向后。在右前腿向后时，右后腿向前，如图4-9所示。

图4-8　蝴蝶和蜜蜂动作　　　　　　　　　　　　　图4-9　虎的行走

奔跑中的兽类与行走时又有所不同。在奔跑过程中，兽类有一段时间是四蹄腾空的，而且跨步的完成速度通常要加快一倍左右，如图4-10所示。

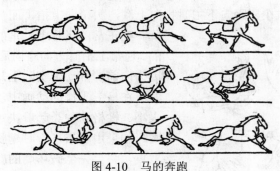

图4-10　马的奔跑

4. 人物动作规律及设计方法

（1）人的走路动作。人走路动作的基本规律是，左右两脚交替向前，带动人的躯干朝前运动。为了保持身体的平衡，配合双脚的屈伸、跨步，上肢的双臂就需要前后摆动。它的运动规律是：出右脚甩动左臂（朝前），右臂同时朝后摆。上肢和下肢的运动方向正好相反。另外，人在走路动作过程中，头的高低也成波浪形运动。当迈出步子时，头顶就略低，当一脚着地，另一只脚提起朝前弯曲时，头顶就略高。还有人在走路时，踏步的那只脚，从离地到朝前伸展落地，运动过程中的膝关节必然成弯曲状，脚踝与地面成弧形运动线。这条弧形运动线的高低幅度，与走路者的神态、姿势和情绪有很大的关系，如图 4-11 所示。

（2）人的跑步动作。人跑步动作的基本规律是：身体重心前倾，两手自然握拳，手臂略提起成弯曲状。跑步时两臂配合双脚的跨步前后摆动。双脚跨步动作的幅度较大，膝关节弯曲的角度大于走路动作，脚抬得较高，跨步时头高低的波形运动线相应地也比走路动作明显。在奔跑时，双脚几乎没有同时着地的过程，而是依靠单脚支撑躯干的重量，如图 4-12 所示。

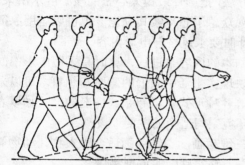

图 4-11　人的走路动作

图 4-12　人的跑步动作

（3）人的面部表情。在动画片中要塑造一个成功的角色，除了形体动作设计生动外，面部表情的刻画和讲话时的神态、嘴巴的口形变化，都是不可忽略的重要任务。

动画片中的人物造型，一般是比较夸张、概括以及性格化了的形象。动画创作人员在刻画人物面部表情时，必须从人物性格出发，抓住特定情境下的典型表情。这就需要创作人员在日常生活中去注意观察各种人，研究他们在不同情绪下的面部表情，积累较多的素材。工作时自己也可以对着镜子仔细揣摩，勾画各种表情的草图，然后加以概括或夸张，如图 4-13 所示。

图 4-13　各种面部表情夸张图例
①镇静　②微笑　③喜笑　④大笑　⑤惊异　⑥惊骇　⑦失望　⑧激动　⑨激怒　⑩阴险

4.2.3　影视片头的设计

1. 片头设计的长度

利用计算机动画制作片头，首先考虑是用于电影还是电视，其次考虑剧本的类型，设计片头的长度。用计算机动画制作的各种片头应用广泛，有电视栏目片头、电视台台标、电视节目片头以及电影片头，等等。

电视栏目片头的时间长度一般在 20s 左右，而电视台台标的长度一般在 30s 以上。电视节目片头的秒数主要依据节目长度而定，按照国际上公认的让观众看明白的片头其长度通常为 12s。片头的长度还与人的视觉特性有关。据分析，人在 0.4s 内就有印象感觉，0.7s 内有形象感觉，在 1s 内就能看清楚所有微小动作。对于一幅静止的画面在 3～5s 内就产生要看其他画面的要求，5s 以上仍看原来静止画面就会产生厌恶感，因此在片头中静止画面一般不要超过 1s。

2. 电影片头的设计

电影片头可以通过把剧情提炼成一个侧面的方法，把影片最扣人心弦的核心展示出来。可以只提问题不解决问题，以造成一定的悬念使观众急于想探索其究竟。也可以运用象征手法造成既含蓄又耐人寻味的效果。电影片头设计时要求风格与电影内容一致。

利用计算机设计电影片头，首先要结合电影剧本的内容来进行，这时宜采用电影中的实拍镜头进行制作；其次可在制作过程中加入反映现实生活中人们的意愿和想象。可以采用神话、童话、民间故事、科学幻想、幽默小品等各种形式，以夸张或怪诞的形式加以表现，以绘画或其他造型艺术形式作为主体造型和环境空间造型的主要手段。

电影片头设计时可以选择使用二维动画或者三维动画，二维动画适合于人物、动物等柔软复杂的实体，而三维动画更适合于夸张、变形、真实感强的造型物体。

3. 电视片头的设计

电视片头一般分为电视节目片头和电视栏目片头两类。

电视节目片头的设计有多种创作方法：利用节目的精彩画面进行编辑并加上特技字幕，借助道具或布景组织片头而仅在字幕上下工夫，使用传统的二维动画进行设计，完全依靠计算机进行三维动画设计等。电视节目片头最长的可达 1min，短的有 20s 或 12s，最短的甚至只有 5s。

电视节目的片头要短小精悍，在很短的时间内让观众明白将要播出的节目内容。在这里没有解说词，只有镜头画面的不同组接，音乐音响的配合，从而构成样式各异的电视片头。采用的手法可以从写实性到超现实主义，在风格上或显露、或含蓄，针对不同内容可以多种多样。有的严肃庄重，如新闻、评论一类；有的轻松活泼，如少儿节目、文艺节目类。

与电视节目片头相比，电视栏目片头应用得更广泛、更频繁，其设计难度也更大，通常电视栏目片头的长度一般在 12～20s。字幕是电视栏目片头设计中一个主要的艺术设计形象，这是以线为主的点、线、面组合的表现艺术。现在计算机汉字库中有许多字体，提取也很方便。

利用计算机动画制作电视片头，需要像拍美术片一样，以文学剧本为蓝本进行艺术构思，编写分镜头剧本，依此确定主体形象和背景风格。文学剧本和分镜头剧本也是计算机动画制作人员实际操作和进行再创作的依据。

4.3 矢量动画制作软件

Flash 是 Macromedia 公司推出的矢量动画制作软件，它采用了网络流媒体技术，突破了网络带宽的限制，能够在网络上快速地播放计算机动画，并能够实现交互式动画。因此，

Flash 不仅能为网络设计各种动态标志、广告条和全屏动画，而且还可以制作出动感十足的 MTV 音乐动画以及动画短剧，等等。

4.3.1 Flash 概述

1. Flash 的发展简史

Flash 是由美国 Macromedia 公司开发出品的用于矢量图编辑和动画制作的专业软件。它的前身是一家小公司开发 Director 的网络发布插件 Future Splash，由于 Future Splash 取得了意想不到的效果，成为早期网上流行的矢量动画插件。

1998 年 Macromedia 公司收购了该公司，并继续发展了 Future Splash，很快就推出了 Flash 2.0，此时 Flash 动画开始被商业界接受。从 Flash 3.0 开始，Macromedia 加大了对它的宣传，Flash 3.0 与几乎同时推出的 Dreamweaver 2.0 和 Fireworks 2.0 一起被 Macromedia 公司命名为 Dream Team，我国用户将它们称为"网页制作三剑客"，一时间它们在 Web 界的好评如潮，并荣获 PC Magazine 年度大奖等，由此获得专业市场青睐。

1999 年 6 月，Macromedia 又推出了 Flash 4.0，它能生成多媒体界面，而文件的体积却很小，效果也非常好，从而逐渐成为交互式矢量动画的标准。另一方面，经过众多 Flash 爱好者及各方人士的不断努力，这一优秀软件逐渐被广大用户所认识和接受。

2000 年 9 月，Macromedia 公司发布了 Flash 5.0，当时引起了市场的强烈反响，基本上有 90%以上的计算机用户都可以观看这种新兴的网络流媒体。接着，越来越多的 Flash 爱好者都加入到 Flash 技术的学习阵营中，并在全世界掀起了一股"闪"的旋风。

2002 年 3 月，Macromedia 公司推出了最新版本 Flash MX，它不仅增加了很多脚本功能，更增强了动画编辑功能，同时软件界面的改动也很大。Flash MX 还引入了 Component（组件）的概念，使得 Flash MX 中的程序设计更加趋向于面向对象的设计方法。但是，Flash MX 也不是十全十美，比如它不能直接支持 3D 效果。

2003 年 8 月 Macromedia 推出了 Flash MX 2004，其增加了许多新的功能，同时开始了对 Flash 本身制作软件的控制和插件开放 JSFL（Macromedia Flash javascript API），Macromedia 无疑在调动 Internet 上 Flasher 们的巨大力量和集体智慧。

2005 年 10 月，Macromedia 推出了 Flash 8.0，增强了对视频支持。可以打包成 Flash 视频，改进了动作脚本面板。

2005 年 Adobe 耗资 34 亿美元并购 Macromedia。从此 Flash 便冠上了 Adobe 的名头，不久推出了以 Adobe 的名义推出 Flash 产品，名为 Adobe Flash CS3，同时也发布了多款捆绑套装。

2008 年 9 月，Adobe 公司又推出了 Adobe Creative Suite 4 Master Collection 套装（简称 Adobe CS4）中，含有最新版的 Flash CS4，它以其全新、方便的操作界面，提供丰富的功能模块，主要新增功能包括基于对象的动画，3D 转换，元数据支持，反向运动与骨骼工具和动画编辑器等等。

2. Flash 的基本功能

在 Flash 尚未诞生之前，互联网上的动画大多是 GIF 动画或 Java 动画。前者文件尺寸很大，后者要求制作者有较高的编程能力。而 Macromedia 公司推出的 Flash 提供了创作网络动画的一条新途径。

Flash 的功能特点如下。

（1）具有较强的矢量绘图和动画制作功能，且图像质量高，制作的动画和网页数据量小。

（2）导入和发布功能强。可以导入位图、QuickTime 格式的电影文件和 MP3 音乐文件等，可发布包括 MP3 音乐格式在内的各种音视频文件。

（3）插件的工作方式。只要安装了具有 Shockware Flash 插件的浏览器，即可观看 Flash 动画。采用流媒体技术，即使动画文件没有全部下载完也可以观看已下载的动画内容。

（4）可以充分调用 Flash 文件内部库中的组件，重复利用资源。

（5）具有功能强大的 ActionScript 函数、属性和对象，兼容并支持以前版本的 Flash。所有脚本程序均可从外部脚本文件调入，外部的脚本文件可以是任何 ASCII 码的文本文件。

（6）采用与 JavaScript 类似的语法结构，以及方便的文本编辑区和调试区，可进一步提高程序的开发能力，开发更多的可扩展工具以及 Web 应用程序。

（7）支持 XML 技术标准。

3. Flash 的启动和退出

开机进入 Windows XP 后，首先单击任务栏上的"开始"按钮，在弹出的开始菜单中选择"所有程序"|Adobe|Adobe Flash CS4 菜单项即可启动 Flash 应用程序。如果用户熟悉 Windows XP 操作系统，还有更多的启动 Flash 的方法，甚至可以自己设置快捷的启动方式。

如果要退出 Flash，可以选择"文件"|"退出"菜单项，也可以按 Ctrl+Q 键或单击 Flash 应用程序窗口右上角的"关闭"按钮即可。

4. Flash 的窗口组成

Flash 应用程序窗口是由菜单栏、工具箱、场景和工作区、"时间轴"面板和"属性"面板等组成，其应用程序窗口如图 4-14 所示。

图 4-14　Flash 应用程序窗口

（1）菜单栏。菜单栏位于 Flash 应用程序窗口的顶端，它包括"文件"、"编辑"、"视图"、"插入"、"修改"、"文本"、"命令"、"控制"、"调试"、"窗口"和"帮助"这 11 个菜单。单击某个菜单选项名称即可打开该菜单，每个菜单中都包含数量不等的命令，单击命令即可执行相应的操作，而单击菜单外的任何地方或者按 Esc 键将关闭当前打开的菜单。另外，按住 Alt 键的同时，再按菜单选项名称后带下划线的英文字母，也可以打开相应的菜单选项。

（2）工具箱。工具箱为用户提供了各种常用的工具，利用这些工具可以绘制、选取、修改图形，给图形填充颜色，或者改变场景的显示等。工具栏一共包括绘图工具、视图调整工具、填充工具盒选项设置工具 4 个部分，使用这些工具可以进行对象选取、修改、文字编辑及选填颜色等，如图 4-15 所示。

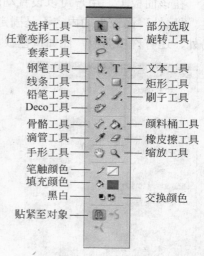

图 4-15　工具箱

（3）场景和工作区。场景是用户在创作时观看自己作品的场所，也是用户对动画中的对象进行编辑和修改的场所。对于没有特殊效果的动画，在场景上也可以直接播放，而且最后生成的 SWF 动画文件中播放的内容也只限于在场景上出现的对象，其他区域的对象不会在播放时出现。

工作区是场景周围的所有灰色区域，通常用作动画的开始和结束点的设置，即动画过程中对象进入场景和退出场景时的位置设置。工作区中的对象除非在某时刻进入场景，否则不会在动画的播放中看到。场景和工作区的分布如图 4-16 所示。

场景是 Flash 中最主要的可编辑区域，在场景中可以直接绘图，或者导入外部图形文件进行编辑，再把各个独立的帧合成在一起，以生成最终的动画作品。在工作区的右上方有三个选项，它们分别可以选择场景、编辑元件和视图比例，尤其是选择视图比例的下拉列表，在实际制作中经常会用到。

（4）"时间轴"面板。"时间轴"面板默认情况下位于编辑区的下方，当然用户可以使用鼠标拖动它，改变其在窗口中的位置。"时间轴"面板是用来进行动画创作和编辑的主要面板，如图 4-17 所示。

图 4-16　场景和工作区

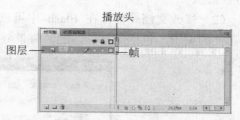

图 4-17　"时间轴"面板

"时间轴"面板通常分为两部分，即图层控制区和时间控制区。

① 图层控制区。"时间轴"面板的左边是图层控制区，它是用来进行与图层有关的操作。它按顺序显示了当前正在编辑的文件所有图层的名称、类型和状态等。

② 时间控制区。"时间轴"面板的右边是时间控制区，它是用来控制当前帧、动画播放速度和时间等。

（5）"属性"面板。"属性"面板位于 Flash 应用程序窗口的右方，如图 4-18 所示。

在该面板上，用户可以设置动画的尺寸大小、发布版本、背景颜色和帧速率等各种属性。"属性"面板中的内容不是固定的，它会随着选择对象的不同而显示不同的设置选项。另外，还有许多面板，比如调色板、颜色样本、组件、场景、库和问题解答等。

图 4-18 "属性"面板

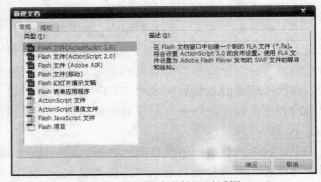

图 4-19 "新建文档"对话框

4.3.2 Flash 的基本操作

1. 文档的基本操作

（1）新建文档。作为制作 Flash 动画的第一步，用户可以通过简单的操作来创建一个 Flash 文件。比如，选择"文件"|"新建"菜单项，或在工具栏上单击"新建"按钮，就可以创建一个 Flash 文件。选择"文件"|"新建"菜单项，打开"新建文档"对话框，如图 4-19 所示。选择"Flash 文件（ActionScript 3.0）"，即可新建一个文档，其右边是文档的相应描述。

（2）修改文档属性。在 Flash 中可以通过活动窗口右边的"文档属性"面板来进行文档属性的编辑，包括尺寸、匹配、背景颜色、帧频、标尺单位等，如图 4-20 所示。

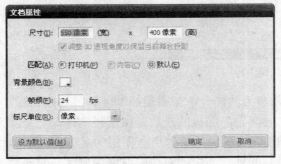

图 4-20 "文档属性"对话框

（3）保存 Flash 文档。当完成了 Flash 文档的编辑后，需要对其进行保存。选择"文件"|"保存"菜单项，若是第一次保存该文档，则打开"另存为"对话框，输入相应的文件名和保存类型。若非第一次保存该文档，选择"文件"|"保存"菜单项，则直接覆盖当前文档，若要保存到不同的位置，课选择"文件"|"另存为"菜单项，且输入文件名和位置，单击"保存"按钮即可。

2. 图形绘制

虽然 Flash 可以导入许多图形和图像，但并不是所有的图形和图像都能找到。因此，利用绘图工具绘制图形是 Flash 动画基础。当然，Flash 不是一个专业的绘图软件，如果有特殊效果的要求，还需要使用其他专门的绘图软件进行处理。

（1）线条工具。线条工具可以用来绘制任意的矢量线段，它的使用方法如下。

① 在绘图工具箱中选择线条工具。

② 将鼠标移动到场景中要绘制直线的位置，此时鼠标变为"+"形状。

③ 按住鼠标主键进行拖动，将出现的线段拖至适当的长度及位置后，释放鼠标主键即可绘制出一条直线。

在绘制直线的同时按住 Shift 键，可以绘制出特殊角度的线段。利用线条工具绘制出的直线是系统的默认设置，若要对直线的描绘颜色、粗细和风格等进行修改，可以通过"属性"面板进行设置。

（2）钢笔工具。钢笔工具可以用来绘制任意形状的图形，也可以作为选取工具使用。它的使用方法如下。

① 在绘图工具箱中选择钢笔工具。

② 在要绘制图形的位置上单击，确定需绘制图形的初始点位置。若此时拖动鼠标则会出现调节杆，调节杆是用于调整图形的弧度。

③ 在第 1 点确定后，即可开始确定第 2 点并用相同的方法拖动出调节杆，依次确定图形的其他各点。

④ 在确定所有点后，可对图形进行封闭。即将钢笔工具重新移到起始点，此时钢笔工具旁边将出现一个小圆圈，单击起始点即可封闭图形。

利用钢笔工具绘制的图形，可以通过"属性"面板对图形的颜色、粗细、风格和填充颜色等进行修改。

（3）矩形工具组。矩形工具组包括 5 个工具：矩形工具、椭圆工具、基本矩形工具、基本椭圆工具和多角星形工具，它们主要用来绘制矩形、正方形、椭圆、圆形和多角星形。它们的使用方法如下。

① 在矩形工具组中选择"矩形工具"时绘制的即为矩形，而在绘制过程中按住 Shift键，则可以绘制出正方形。

② 在矩形工具组中选择"椭圆工具"时绘制的即为椭圆，而在绘制过程中按住 Shift键，则可以绘制出圆形。

③ 在矩形工具组中选择"基本矩形工具"时，可以在"属性"面板中进行更改，将其变形为多种形状的圆角矩形。

④ 在矩形工具组中选择"基本椭圆工具"时，可以在如图 4-21 所示的"属性"面板中进行更改，绘制出可以变化的扇形对象或是圆环对象。

⑤ 在矩形工具组中选择"多角星形工具"时,单击如图 4-22 所示的"属性"面板中的"选项"按钮后,在"工具设置"面板中对其样式,边数,星形顶点大小进行设置,以绘制出多种形状的多角图形。

图 4-21　基本椭圆工具

图 4-22　多角星形工具

(4) 铅笔工具。铅笔工具主要用来绘制矢量线和任意形状的图形,它的使用方法如下。

① 在绘图工具箱中选择铅笔工具。

② 将鼠标移到场景中,按住鼠标主键进行拖动即可绘制出相应的图形。

选择铅笔工具后,工具选项区将出现 3 个铅笔模式按钮。它们表示当前铅笔工具的绘图状态,即伸直、平滑和墨水瓶。

伸直:使绘制的矢量图尽量直线化,自动生成与其最接近的规则图形,如矩形、正方形和椭圆等。

平滑:使绘制的图形或线条变得平滑。

墨水瓶:使绘制出的图形与绘制时的笔迹更接近。

利用铅笔工具绘制的图形,可以通过"属性"面板对其描绘颜色、粗细和风格等进行修改。

3. 色彩编辑

Flash 提供多种方法来进行对象色彩的编辑,可以使用墨水瓶工具、盒颜料桶工具、滴管工具等对线条和区域进行色彩编辑。

(1) 颜料桶工具。颜料桶工具用来对封闭区域进行色彩编辑,既可以填充一个空白的区域,也可以将一个已经着色的区域改变成另一种颜色,对于一个不是完全封闭的区域,仍可以填充,但接口不能过大,否则需要手工来封闭接口。可以通过颜色设置面板来改变着色的颜色、亮度、透明度以及颜色类型等,如图 4-23 所示。

(2) 墨水瓶工具。与颜料桶工具相对应,墨水瓶工具主要用来为图形添加边框的颜色、边框线条的样式以及线条宽度等,但只能应用纯色,如图 4-24 所示。

(3) 滴管工具。滴管工具不仅可以复制填充区域的颜色也可以复制边框的颜色,只需将滴管工具靠近边框或是图形内部区域即可复制其颜色,不同在于吸取边框颜色时滴管工具光标右下角显示的是铅笔形状，而吸取图形内部区域颜色时则显示的是笔刷形状。滴管工具在色彩编辑时可以方便用户快捷的复制所需的颜色，而无须重新打开"颜色"面板。

图 4-23　颜料桶工具

图 4-24　墨水瓶工具

4. 图形对象

在 Flash 中，创建好各种图形对象后，就可以进行图形对象的编辑操作，包括图形对象的对齐、对象的合并、组合与分离以及对象的排列等。

（1）对齐对象。在制作较为复杂的图形动画时，有时会有很多的图形对象，简单的手工移动的方式会很烦琐而且不易于操作。在 Flash 的对齐面板中提供了自动对齐图形对象的功能，如图 4-25 所示。它包括了对齐方式、分布方式、匹配大小以及间隔等几个功能属性。

（2）合并对象。在 Flash 中的合并对象命令可以用来合并或改变现有对象，从而创建新的形状，合并对象包括联合、交集、打孔以及裁切 4 种合并方式，它们的具体功能如下。

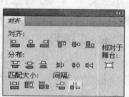

图 4-25　对齐对象

① 联合：可以将两个或多个形状合并成单个形状，合并后的形状是由联合前形状上的所有可见部分组成，并且删除了形状上不可见的重叠部分。

② 交集：可以创建两个或多个对象的交集的图像对象。执行交集命令后，生成一个由合并的形状重叠部分组成的图像，且不重叠的部分将被删除。

③ 打孔：可以删除所选对象的某些部分，这些部分由所选对象与排在所选对象前面的另一个所选对象的重叠部分来定义。

④ 裁切：可以使用某一对象的形状来裁切另一对象，前面或最上面的对象定义裁切区域的形状。

（3）组合与分离对象。在 Flash 中可以将图形对象组合成一个整体，也可以将组合的图形分离为单独的可编辑的元素。

① 组合：将不同的对象组合成一个可以整体移动和选择的对象，选择"修改"|"组合"菜单项即可将多个单独的对象组合成一个整体对象来进行操作；若要取消组合，只需选择"修改"|"取消组合"菜单项，即可将一个整体对象重新拆分为单独的对象。

② 分离：将组合分离为单独的可编辑的元素，选择"修改"|"分离"菜单项即可将对象分离为单独的可编辑元素，它与"取消组合"菜单项并不相同，它仅是将组合的对象分开，并将组合的元素返回到组合之前的状态，但并不会分离图像对象。

（4）排列对象。在 Flash 中，绘制后的图形对象组合为元件时，可将其作为一个独立

的整体进行排列操作，可以选择"修改"|"排列"菜单项对多个组合图形对象进行操作来调整其在舞台中的前后层次关系，包括移至顶层、上移一层、下移一层和移至底层 4 种排列方式，其功能如下。

① 移至顶层：将选中的对象移动到最顶层的位置。

② 上移一层：将选中的对象上移一层。

③ 下移一层：将选中的对象下移一层。

④ 移至底层：将选中的对象移动到最底层的位置。

5. 文本特效

在 Flash 中，文本工具不单单只是文字的输入，还具有多种功能，可以制作各种动态效果，可以通过其"属性"面板对文本进行编辑。Flash 中的文本包括静态文本、动态文本、输入文本 3 种类型。静态文本在动画播放时，仅显示文字内容，并没有其他特效功能；动态文本则可动态显示文本内容；而输入文本则是交互的时候使用，输入文本不同于动态文本在于它并不是让制作者来输入，而是让观看者来输入。

文本特效包括多种，如制作滚动文本、制作立体效果文字、变形文字等。选择制作滚动文字特效为例，首先新建一个文档，选择文本工具在"属性"面板中将文本类型设置为"动态文本"，然后选择"文本"|"可滚动"菜单项，最后执行预览动画效果即可，在动画中滚动鼠标，即可预览到滚动文字的效果。

6. 滤镜特效

在 Flash 中，可以利用滤镜特效来丰富动画效果，使得动画影片的画面更加的丰富多彩，滤镜特效可以使用在文本、影片剪辑实例和按钮实例上。使用添加滤镜菜单项可以为对象应用各种滤镜，滤镜共包括投影、模糊、发光、斜角、渐变发光、渐变斜角和调整颜色等 7 种命令。

（1）投影。模拟光线照在物体上产生阴影的效果。选中文字或影片剪辑，然后选择"添加滤镜"|"投影"菜单项，可以通过改变模糊、强度、品质、角度、距离、挖空等参数来调节投影的效果。

（2）模糊。使对象的轮廓柔化，变得模糊。可以通过模糊和品质参数的设置来调节模糊的效果。

（3）发光。模拟物体发光时产生的照射效果，使得图形的画面效果更加真实，可以通过模糊、强度、品质、颜色、挖空和内发光等参数的设置来调节发光的效果。

（4）斜角。可以使对象的迎光面出现高光效果，而背光面出现投影效果，从而使人的视觉产生一个虚拟的三维效果。可以通过模糊、强度、品质、阴影和加亮显示等参数的设置来调节斜角的效果。

（5）渐变发光。在"发光"滤镜的基础上增加了渐变的效果，可以通过"渐变发光"、"属性"面板中的色彩条对渐变色进行调节。可以通过模糊、强度、距离、类型和渐变等参数的设置来调节渐变发光的效果。

（6）渐变斜角。在"斜角"滤镜的基础上添加了渐变功能，使得变化的效果更加丰富多样。同样可以通过模糊、强度、距离、类型和渐变等参数的设置来调节渐变斜角的效果。

（7）调整颜色。通过对文字或影片剪辑对象的亮度、对比度、饱和度和色相等参数的设置来调节动画对象的效果。

4.3.3　基本动画制作

1. 动画原理及分类

所谓动画就是将一些静止的图片以一定的速度进行播放，若将每一幅静止的图片称为一帧，根据人的视觉特性在一秒内最多能识别 24 帧不同的图片，利用人的"视觉暂留"特性，当连续以每秒播放 24 张静止的图片时就得到了流畅的运动画面。

根据动画的制作原理一般将动画分成两大类：计算机辅助动画和计算机生成动画。计算机辅助动画属于二维动画，计算机生成动画属于三维动画。

（1）二维动画。二维动画一般是指计算机辅助动画，又称关键帧动画。其主要作用是用来辅助动画制作者完成动画的制作，该类动画系统属于第二级。

早期的二维动画主要用来实现中间帧画面的生成，即根据两个关键帧画面来生成所需的中间帧画面。由于一系列画面的变化是很微小的，需要生成的中间帧画面数量很多，所以插补技术便是生成中间帧画面的重要技术。随着计算机技术的发展，二维动画的功能也在不断提高，尽管目前的二维动画系统还只是辅助动画的制作手段，但其功能已渗透到动画制作的许多方面，包括画面生成、中间帧画面生成、着色、预演和后期制作等。

（2）三维动画。三维动画是指计算机生成动画。由于造型处理比较复杂，因此实现它们离开了计算机将会变得非常困难，该类动画系统从功能上讲属于第三级或第四级。

三维动画是采用计算机技术模拟真实的三维空间。首先在计算机中构造三维的几何造型，然后设计三维形体的运动或变形，设计灯光的强度、位置及移动，并赋予三维形体表面颜色和纹理，最后生成一系列可供动态实时播放的连续图像画面。由于三维动画是通过计算机可以产生一系列特殊效果的画面，因此三维动画可以生成一些现实世界中根本不存在的东西，这也是计算机动画的一大特色。

计算机动画真正具有生命力是由于三维动画的出现。三维动画与二维动画相比，有一定的真实性，同时与真实物体相比又具有虚拟的，这两者构成了三维动画所特有的性质，即虚拟真实性。

2. 逐帧动画

逐帧动画是最基本的一种动画制作方法。逐帧动画往往需要准备很多关键帧，在制作时需要对动画每一帧进行绘制。利用这种方法制作动画，工作量一般较大，但是这种方法制作出来的动画效果却非常好，由于是对每一帧都进行绘制，所以动画变化的过程非常准确和真实。

下面"骏马奔驰"为例来说明逐帧动画的制作过程。

（1）打开事先准备好的背景图和"马 1-8"等图片，如图 4-26 所示。

（2）新建图层，命名为背景层，将背景图拖入舞台中，用对齐面板调整背景图大小与舞台大小一致。

（3）再新建一图层，命名为骏马层，分别新建 8 个空白关键帧，将"马 1-8"分别放入每个关键帧中，并且放入相同位置。然后在背景层的第 8 帧处插入帧，如图 4-27 所示。

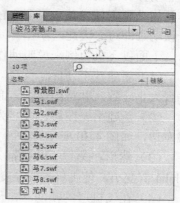

图 4-26　图库

图 4-27 "时间轴"面板

（4）最后，逐帧动画制作完成，按下 Ctrl+Enter 键测试影片，就可以看到奔驰的骏马，下图分别是第 1 帧、第 4 帧、第 6 帧、第 8 帧的骏马奔驰图，如图 4-28 所示。

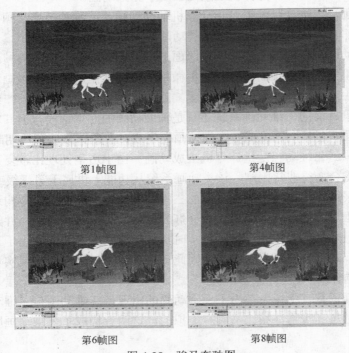

第1帧图　　　　　　　　　　　　　第4帧图

第6帧图　　　　　　　　　　　　　第8帧图

图 4-28　骏马奔驰图

3. 动作补间动画

动作补间动画可以改变对象的位置、大小、形状等效果，但不同于逐帧动画的在于动作补间动画无须像其一样要一帧一帧的去设计，只要设计好动作补间动画的第一帧和最后一帧动画即可。因此，动作补间动画在制作动画的同时也提高了制作者制作动画的效率。

下面以飞机为例来说明动作补间动画的制作过程。

（1）新建一个 Flash 文件。导入背景图到舞台中，用"对齐"面板调整背景图大小与舞台大小一致，并将图层 1 重命名为背景层，并在第 30 帧处插入帧，如图 4-29 所示。

（2）新建另一图层，命名为飞机，先在第 1 帧处放置飞机元件，并将飞机置于背景的最左边，如图 4-30 所示。

（3）然后在第 30 帧处插入关键帧，改变飞机的大小和 Alpha 值，将飞机缩小并将 Alpha 值变小，使飞机透明度变低，并将飞机拖动到背景之外，如图 4-31 所示。

（4）在飞机层的帧间右击创建传统补间即可，动作补间动画制作完成，按 Ctrl+Enter 键测试影片，效果如图 4-32 所示。

图 4-29　背景层图

图 4-30　第 1 帧图

图 4-31　第 30 帧图

图 4-32　最终效果图

4. 遮罩动画

遮罩动画可以通过遮罩层创建。遮罩层也是一种特殊的图层，使用遮罩层后，遮罩层下面图层的内容就像透过一个窗口显示出来，这个窗口的形状就是遮罩层内容的形状。遮罩层与被遮罩层间的关系是用遮罩层当中图形的形状来显示被遮罩层当中的图像，当将一普通图层转换成遮罩层的同时，在该图层的下面一个图层也会自动变成被遮罩层。利用遮罩层的这一特性，可以制作出一些特殊效果，例如探照灯效果、图像的动态切换等。

下面以探照灯效果为例来说明遮罩动画的制作过程。

（1）新建一个 Flash 文件。导入背景图到舞台中，用"对齐"面板调整背景图大小与舞台大小一致，并将图层 1 重命名为背景层，如图 4-33 所示。

（2）新建另一图层，命名为遮罩层，利用椭圆工具按住 Shift 键画出一个圆，按 F8 键将其转换为图形，在遮罩层的第 15 帧处插入关键帧，并将圆移动位置，继续在遮罩层的第 30 帧处插入关键帧并移动位置，最后在第 45 帧处插入关键帧，并将圆移动到初始位置。

（3）在背景层的第 45 帧处插入帧，并将遮罩层的帧间创建传统补间。右击遮罩层将其转化为遮罩状态，如图 4-34 所示。

图 4-33　背景层图

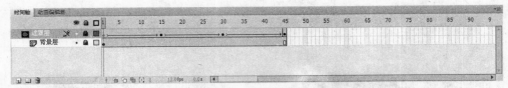

图 4-34 "时间轴"面板

（4）遮罩动画制作完成，按 Ctrl+Enter 键测试影片，效果如图 4-35 所示。

第1帧图   第15帧图

第30帧图   第45帧图

图 4-35　遮罩动画效果图

5. 引导动画

利用引导动画可以使对象按照事先绘制好的路径运动的动画形式。其中引导层是用来存放路径的，而被引导层是用来存放对象的，这个对象可以是静态的图形也可以是动态的影片剪辑。引导层中的对象仅仅起引导的作用，一般都是不显示的。获得引导层一般有两种方法，一种是直接新建引导层，另一种是将普通图层转换成引导层。

下面以小球沿曲线路径运动为例来说明引导动画的制作过程。

（1）新建两个图层，将上一图层命名为"引导层"，下一图层命名为"被引导"，并将"引导层"这一普通图层右击转换为引导层，并将"被引导"层拖至被引导层所引导。

（2）在"引导层"中用钢笔画一曲线路径，在"被引导"层中画一圆，并将圆转换为图形元件。

（3）在"被引导"层的第 1 帧处将小圆置于曲线的初始端，在第 20 帧处插入关键帧并将小圆移动到曲线的末端，并在帧间右击创建传统补间，最后将"引导层"的第 20 帧处插入帧即可，如图 4-36 所示。

（4）引导动画制作完成，按下 Ctrl+Enter 键测试影片，就可以看到小球沿曲线运动的动画，如图 4-37 所示。

图 4-36 时间轴图

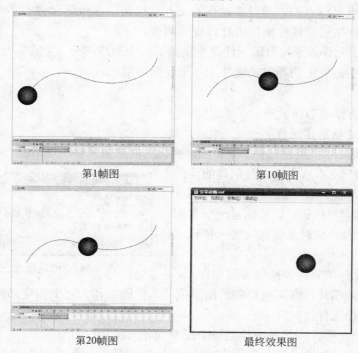

第1帧图   第10帧图

第20帧图   最终效果图

图 4-37　引导动画示例图

6. 3D 动画

在 Flash 中可以通过在舞台的 3D 空间中移动和旋转影片剪辑来创建 3D 效果，在 3D 术语中，习惯称在 3D 空间中移动一个对象称为平移，旋转一个对象称为变形。Flash 通过在每个影片剪辑实例的属性中包括 Z 轴来表示 3D 空间，通过使用 3D 平移和 3D 旋转工具沿着影片剪辑实例的 Z 轴移动和旋转影片剪辑实例，可以向影片剪辑实例中添加 3D 透视效果。一般将 3D 空间中的平移和变形这两种效果中的任意一种应用在影片剪辑中后，Flash 会将其视为一个 3D 影片剪辑，每当选择该影片剪辑时就会显示一个重叠在其上面的彩轴指示符。

3D 平移工具盒 3D 旋转工具，允许用户在全局 3D 空间或局部 3D 空间中操作对象。全局 3D 空间即为舞台空间，全局变形和平移与舞台相关；局部 3D 空间即为影片剪辑空间，局部变形和平移与影片剪辑空间相关。

4.3.4　元件与库资源

1. 元件概述

元件是指在 Flash 创作环境中创建过一次的图形、按钮或影片剪辑，元件一旦被创建，就会被自动添加到当前文件的库中，然后可以在当前影片或其他影片中重复使用。

（1）图形元件。图形元件用于创建可反复使用的图形，它可以是静止图片，也可以是由多个帧组成的动画。图形元件是制作动画的基本元素之一，但它不能添加交互行为和声音控制。

（2）按钮元件。按钮元件用于创建动画的交互控制按钮，以响应鼠标事件。使用按钮元件可以创建响应鼠标点击、滑过或动作的交互式按钮，在按钮元件的不同状态上创建不同的内容，可以使按钮对鼠标操作进行相应的响应。

（3）影片剪辑元件。影片剪辑元件是主动画的一个组成部分，但它本身也是一段动画，且可独立播放。当播放主动画时，影片元件也在循环播放。

2. 创建元件

创建元件的方法有以下几种。

（1）利用菜单项新建元件

① 选择"插入"|"新建元件"菜单项，弹出"创建新元件"对话框，如图4-38所示。

② 在"名称"文本框中输入要创建的元件名，在"类型"下拉列表中选择"按钮"项。

③ 单击"确定"按钮，即可创建一个名称为 Start 的按钮元件，同时系统自动进入按钮元件的编辑状态。

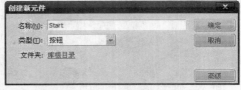

图4-38 "创建新元件"对话框

④ 在按钮元件编辑区中绘制需要的图形，或从其他位置导入图片，即可将绘制的图形或导入的图片作为一个按钮元件。

（2）创建图形元件。

① 新建一个文件，在场景中绘制一个图形或导入图片。

② 选中对象，选择"插入"|"转换成元件"菜单项，此时打开"转换为元件"对话框。

③ 在"名称"文本框中输入要创建的元件名，在"类型"下拉列表中选择要设置成的元件类型，单击"确定"按钮。

（3）将动画转换为元件。如果已经在场景中创建了一个动画，并且以后可能还要用到它。则可以先选取该动画，然后将它转换成一个影片剪辑元件。其操作步骤如下。

① 在时间轴上从左上到右下拖曳鼠标，选取要转换动画的所有层上的所有帧。

② 右击选中的所有帧，并选择复制帧，然后再选择"插入"|"新建元件"菜单项，在打开的"创建新元件"对话框中输入元件的名称，并选中"影片剪辑"。

③ 单击"确定"按钮，进入影片剪辑元件编辑窗口。

④ 在第1帧处右击并从弹出的快捷菜单中选择"粘贴"菜单项，将复制的帧粘贴到时间轴上。

3. 编辑元件

对于创建好的元件可以将其置于场景中，然后再进行编辑。将新元件置于场景中的操作步骤如下。

① 在元件编辑窗口中单击"场景1"，切换至"场景1"窗口。

② 选择"窗口"|"库"菜单项，打开"库"面板。

③ 选择要拖动场景中的元件，按下鼠标主键不放拖动其到场景 1 中即可。

在场景中编辑元件有以下两种方法。

① 双击元件进入对应的元件窗口中进行编辑。

② 在元件的"属性"面板中设置元件的颜色和效果。

4. 使用图库

图库用于存放和组织可重复使用的元件，当需要元件时，可直接从图库中调用。将元件从图库中拖放到场景中，就生成了该元件的一个实例。实例是元件的一个复制品，将元件拖放到场景后，元件本身仍位于图库中。改变场景中实例的属性，并不改变图库中元件的属性；但改变元件的属性，该元件的所有实例的属性都将随之变化。

（1）打开"库"面板。每个 Flash 文件都有一个图库，用于存放和组织元件、位图、声音和视频文件。选择"窗口"|"库"菜单项即可打开"库"面板。

（2）调用图库元件。

① 调用本动画的图库元件。要将已创建的存放在图库的元件调用到场景中，只需选中元件后，按下鼠标主键将其拖动到场景中即可。

② 调用其他动画的图库元件。用户可以通过图库将其他动画的元件应用到当前动画中。其使用方法是，首先选择"文件"|"导入/导入到库"菜单项，在打开的对话框中选择一个动画文件，即可打开该文件的图库，而不打开该文件。选中要调入的元件，按下鼠标主键将其从图库列表拖到当前场景中。系统在场景中自动创建该元件的实例，同时将该元件复制并存入当前动画的图库中。

4.3.5　声音与视频

Flash 提供多种使用声音的方式，可以使声音独立于时间轴连续播放，或将动画与音轨同步播放，对按钮添加声音可以使按钮更具有交互性。在 Flash 中，还可以导入视频素材，提供 Flash 动画无法制作的视频播放效果，以增加表现内容和动画的丰富程度。

Flash 支持主流的声音文件格式，如 WAV、MP3、AIFF 或 AIF、QuickTime 等格式，其中 AIFF 或 AIF 格式是苹果机使用的麦金塔系统上常用的用于声音输入的数字音频格式，如果安装了 QuickTime 4 或更新版本，QuickTime 声音文件（.qta 或.mov 文件）就可以被导入到 Flash CS4 中。

Flash 声音的导入是通过对外部文件导入到库中而实现的。具体的方法如下。

① 选择"文件"|"导入/导入到舞台"菜单项，打开"导入"对话框，选择需要导入的声音文件，单击"打开"按钮即可将声音文件导入到元件库中，如图 4-39 所示。

② 在 Flash CS4 中，可以将声音添加到影片的时间轴上。从"时间轴"面板中选中要插入声音的帧。

③ 把库中的声音文件拖曳到图层所对应的舞台中。这时在图层的时间轴上将出现声音的波形，若只有一帧，会只显示一条直线。在图层内需要的位置（如第 2000 帧）插入帧，可以将声音的波形明显的显示出来。

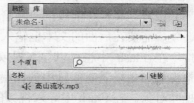

图 4-39　把声音文件导入到库中

在文档中添加声音后，还可以对声音的效果、音量的大小、播放次数、同步等参数进行编辑，以达到动画制作所需要的效果。

在添加了声音到时间轴后，选中有声音的帧，在"属性"面板上可以查看到加入声音的属性。如图 4-40 所示。

在"效果"下拉菜单中可以把声音设置为"无"、"左声道"、"右声道"、"从左到右淡出"、"从右到左淡出"、"淡出"、"淡入"和"自定义"8 种效果。其中"自定义"效果可以使用"编辑封套"创建自定义的声音淡入淡出效果。选择该项后，会自动打开"编辑封套"对话框，或者单击"属性"面板的"编辑声音封套"按钮也可以打开"编辑封套"对话框。拖动幅度包络线，可以改变音频上不同点的高度，从而改变声音播放的音量大小，实现淡入淡出效果，如图 4-41 所示。为了更精确地编辑和控制音频，可以使用右下角的"放大"和"缩小"按钮。声音编辑完毕，可以单击左下角的"播放声音"按钮测试效果。

图 4-40　声音的"属性"面板

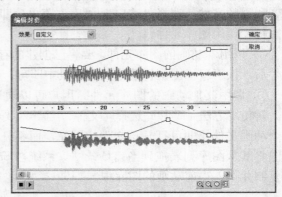

图 4-41　"编辑封套"对话框

声音"属性"面板的"同步"下拉菜单可以选择声音与动画的配合的方式，分别包括"事件"、"开始"、"停止"和"数据流"4 个选项。这 4 个选项的含义如下。

事件：默认选项，将声音与一个事件的发生过程同步起来。事件声音与发生事件和关键帧同时开始，并独立于时间轴完整播放，即使动画播放完了，声音还会继续播放。事件声音适合于背景音乐和其他不需要同步的音乐。

开始：与"事件"选项相近，但是如果声音已经在播放，则新声音实例就不会播放。

停止：使指定的声音停止播放。

数据流：该选项同步声音，以便在网络上同步播放，即一边下载一边播放。Flash 强制动画与音频流同步，如果 Flash 不能足够快地绘制动画，就跳过帧。与事件声音不同，音频流会随着动画的停止而停止，且音频流的播放时间不会比帧的播放时间长。

声音"属性"面板的"声音循环"下拉列表可以控制声音的重复次数。选择"重复"选项，需要在后面的文本框输入重复的次数，选择"循环"选项，声音将循环播放。

在 Flash 中也可以导入视频。用户可以将导入后的视频与主场景中的帧频同步，或调整视频与主场景时间轴中的比率。通过在"库"面板中拖曳一个视频剪辑到舞台创建一个视频对象。在 Flash 中导入视频的具体方法是如下。

① 选择"文件"|"导入/导入视频"菜单项，打开"导入视频"对话框。

② 单击对话框上的"浏览"按钮，在弹出的"打开"对话框中选择一个视频文件，若出现"所选文件似乎不受 Adobe Flash Player 支持"的提示，可以单击"确定"按钮返回"选

择视频"对话框。

③ 单击"启动 Adobe Media Encoder"按钮，弹出"另存为"对话框，在"另存为"对话框中单击"取消"按钮，在出现的提示框内单击"确定"按钮，启动 Adobe Media Encoder，将导入的视频文件添加到编码列表中。

④ 单击"开始队列"按钮，开始对视频文件进行编码。完成编码后，关闭 Adobe Media Encoder，返回"打开"对话框，选择编码完成后的视频文件，如.flv 文件。

⑤ 单击"打开"按钮再次返回如图 4-所示的"选择视频"对话框，保持默认设置，单击"下一步"按钮，进入导入视频的"外观"对话框，在"外观"下拉列表中，选择视频的外观样式。

⑥ 单击"下一步"按钮，进入导入视频的"完成视频导入"对话框，单击"完成"按钮，在进度条结束后，视频对象将添加到舞台中。可以使用"控制/测试影片"菜单项，播放导入的视频。

4.3.6　ActionScript 应用

1. ActionScript 概述

ActionScript 语言是 Flash 提供的一种动作脚本语言，所谓动作脚本语言指的就是一条命令语句或一段代码，当某事件发生或某条件成立时，就会发出命令来执行设置的语句和代码，从而可以制作交互性动画。

在 Flash 中并不是任何对象都可以添加动作脚本的，只有以下 3 类对象可以添加：关键帧（也包括空白关键帧），按钮，影片剪辑。

在 Flash 中，要对这类对象进行动作脚本设置，首先选择"窗口"|"动作"菜单项，打开"动作"面板，然后选中关键帧（或按钮或影片剪辑），右击后进行动作脚本设置，该"动作"面板主要有动作工具箱、脚本语言编辑区域、工具栏和对象窗口组成，如图 4-42 所示。

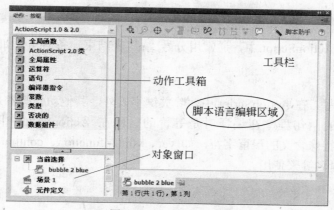

图 4-42　"动作"面板

① 动作工具箱：包含了 Flash 提供的所有 ActionScript 动作命令和相关语法的分类列表，在列表中选择所需要添加的动作命令或语法，双击即可添加到脚本语言编辑区域中。

② 对象窗口：显示了包含动作脚本的当前 Flash 元素（帧、按钮和影片剪辑）的分层

列表，单击对象窗口中的某一项目时，即在脚本语言编辑区域中显示并可进行编辑。

③ 工具栏的脚本助手：提示输入脚本的元素，使用户更加简便地向应用程序中添加简单的交互功能等。

④ 脚本语言编辑区域：显示当前对象上所调用或进行编辑的 ActionScript 语言，并可在其上直接进行编辑。

2. ActionScript 的基本语法

ActionScript 同其他一些专业程序语言一样，有其常规的一些基本语法，ActionScript 语法是 ActionScript 编程必不可少的重要环节，下面就其基本语法进行详细介绍。

① 点语法。点语法在面向对象的编程中使用较为广泛，在 ActionScript 可以通过点运算符"."来访问对象的属性和方法，"."被用于指出与一个对象相关联的特性和方法。例如，使用点语法来实现使实例 horse 移动到第 10 帧并停止，即可用一句简单的包含点语法的程序来完成。

```
horse.gotoAndStop(10);
```

在上例中，horse 就是影片剪辑名，"."的作用即为使影片剪辑执行点后面的动作。点语法的灵活使用可以提高编写程序的效率，但过多的使用会使得后期的维护变得困难。

② 大括号。在 ActionScript 中，用大括号"{}"将一个语句块或是一句表达式结合在一起，例如如下代码中，H.stop();就是一个语句块，一段独立的代码。

```
onClipEvent (frame) {
H.stop(); }
```

③ 小括号。小括号"( )"用于定义和调用函数或相关参数，在定义函数和调用函数时，原函数的参数和传递给函数的各个参数值都用小括号括起来。同时，使用小括号还可以更改表达式中的运算顺序，组合到小括号中的运算总是最先执行，如下例所示。

```
trace(1+2*3);     // 7
trace((1+2)*3);   // 9
```

④ 分号。在 ActionScript 中，通常用分号";"来结束一条语句，如下例所示。

```
stop();
```

⑤ 字母大小写。在 ActionScript 中，除关键字以外，其他动作脚本是不严格区分大小写的，例如下面的两句程序在编译时是等价的。而在 ActionScript 中的关键字是指在 ActionScript 中有特殊含义的保留字符，如 var、void、function、continue 等，不能将它们作为函数名、变量名等来使用。

```
High=1;
high=1;
```

⑥ 注释。在 ActionScript 中，使用注释语句（注释符号为"//"）向程序中添加注释信息，使用户更易于理解程序，如下例所示。

```
function Add(x1,x2) {…}   //定义 Add 函数
```

3. ActionScript 基本语句

ActionScript 语句是一种描述、规定动画中的对象如何表现、运动的命令序列，可以由单一动作组成，也可以由一系列动作语句组成，其中最常用的两类基本语句是条件判断语句和循环控制语句，使用它们可以控制动画的进行，制作出交互性动画。

（1）条件判断语句。在 Flash 中，只有当符合设置的条件时，才执行相应的条件语句，执行相应的动画操作，ActionScript 中提供了 if…else 语句、if…else…if 语句和 switch…case 语句 3 种条件语句。

① if…else 语句。if…else 条件语句用于测试一个条件，如果该条件存在，则执行一个代码块，否则执行另外一代码块。如下例所示，如果 x 大于 0，则加自加 1，否则自减 1。

```
if(x>0)
{
  x++;
}
else
{
 x--;
}
```

② if…else…if 语句。if…else…if 条件语句用来测试多个条件。如下例所示，如果 x 大于 0，则 x 是正数，如果 x 小于 0，则 x 是负数，否则 x 为 0。

```
if(x>0)
trace("x is positive");
else if(x<0)
trace("x is negative");
else
trace("x is 0");
```

③ switch 语句。如果多个执行路径依赖于同一个条件表达式，则可用 switch 语句。switch 语句不是对条件进行测试以获得布尔值，而是对表达式进行求值并使用计算结果来确定要执行的代码块。代码块以 case 语句开头，以 break 语句结尾。

如下例所示，如果 temperature 参数的计算结果为 1，则执行 case1 后面的 trace()动作；如果 temperature 参数的计算结果为 2，则执行 case2 后面的 trace()动作；如果 temperature 参数的计算结果为 3，则执行 case3 后面的 trace()动作；如果 case 表达式与 temperature 参数都不匹配，则执行 default 关键字后面的 trace()动作。

```
switch(temperature){
  case1:
    trace("晴天");
    break;
  case2:
    trace("多云");
    break;
  case3:
    trace("小雨");
    break;
```

```
default:
    trace("冰雹");
    break;
}
```

（2）循环控制语句。循环语句指的是在特定的条件成立时，使用一系列值或变量来反复执行一个特定的代码块。ActionScript 中提供了 for 语句、for…in 语句、while 语句和 do…while 语句 4 种循环控制语句。

① for 语句。for 语句用于循环访问某个变量以获得特定范围的值。在 for 语句中包括了 3 个表达式：初始化语句，循环条件，以及每次循环中都更改变量值的表达式。这 3 个表达式可以是空缺的，可以没有初始化语句，也可以没有循环条件，但空缺的语句依然需要用分号隔开。

如下例所示，计算从 1 加到 10 的总和。

```
var sum:int=0;
for(var i:int=1; i<=10; i++) {
  sum+=i;
}
trace("1+2+3+…+9+10=" +sum);
```

② for…in 语句。for…in 语句用于循环访问对象属性或数组元素。如下例所示，使用 for…in 语句循环访问数组中的元素。

```
var myArray:Array=""Mon. ","Tues. ","Wed. ","Thur. ","Fri. ","Sat. ",
"Sun. "";
for(var i: String in myArray)
{
 Trace(myArray "i");
}
//输出:
//Mon.
//Tues.
//Wed.
//Thur.
//Fri.
//Sat.
//Sun.
```

③ while 语句。while 循环语句相当于 for 循环的一般化版本，它只保留了循环条件的判断部分。如下例所示，计算从 1 加到 10 的总和，用 while 语句表示如下。

```
var sum:int=0;
while(i<=10) {
  sum+=i;
  i++;
  }
trace("1+2+3+…+9+10=" +sum);
```

④ do…while 语句。Do…while 语句本质上和 while 语句一致，区别在于 do…while 语

句是先执行代码块，再判断循环条件，它保证至少执行一次代码块，即使条件不满足时。如下例所示，计算从 1 加到 10 的总和，用 do…while 语句表示如下。

```
var sum:int=0;
  do
  {
  sum+=i;
  i++;
  }while(i<=10)
trace("1+2+3+…+9+10=" +sum);
```

4. ActionScript 应用实例——制作电子台历

ActionScript 在 Flash 制作动画中有着广泛的应用，下面通过制作电子台历来熟悉 ActionScript 的强大功能。

（1）新建一个 Flash 文档，命名为"电子台历"。选择"工具"面板中的"文本工具"按钮，在电子台历中创建 5 个动态文本并输入日期，可以是任意的日期，如图 4-43 所示。

（2）在电子台历的左上角输入静态文本"现在时刻是："，如图 4-44 所示。

图 4-43　输入日期

图 4-44　输入"现在时刻"文本

（3）选择舞台中的动态文本"2010 年"，在"属性"面板的"实例名称"文本框中输入 yeartxt。用相同的方法分别将动态文本"1 月"、"1 日"、"17:00"和"30"分别设置实例名称为 montxt、datetxt、timetxt 和 sectxt。

（4）新建图层 2，选择第 1 帧，打开窗口中的"动作"面板，选择图层 2，添加脚本内容，定义一个 Date 类的对象 nowdate，保存当前日期。然后定义 showdate 函数，用于显示当前日期，用于显示当前日期，在函数中定义变量 yyyy、mm 和 dd 分别保存当前的年份数、月份数和日期数，如图 4-45 所示。

（5）让年份数在 yeartxt 文本中显示并连接上字符"年"，根据变量 mm 是否小于 10 判断显示在 montxt 文本中的月份数是否添加 0，同理设置日期数，如图 4-46 所示。

（6）定义 showtime 函数，用于显示当前时间，在函数中定义变量 hh 和 m，再定义 nowhour 和 nowminu 变量保存当前小时数和分钟数，如图 4-47 所示。

（7）判断变量 nowhour 是否小于 10，若小于 10 则在其前添加字符 0 后保存于变量 hh 中，否则直接将其值保存于变量 hh 中，同理为 m 赋值。

（8）将变量 hh 的值连上字符"："，再接上变量 m 的值后显示到 timetxt 动态文本中。判断如果小时数和分钟数同时为 0 时，调用函数 showdate 来显示新的日期。

（9）定义函数 showsec，用于显示当前的秒数，在函数中先重新获取当前时间到 nowdate

动作 - 帧
ActionScript 3.0
脚本助手
顶级
语言元素
全局常量
全局函数
特殊类型
语句、关键字和指令
运算符
adobe.utils
air.net
fl.accessibility
fl.containers
fl.controls
fl.controls.dataGridClas...
fl.controls.listClasses
fl.controls.progressBar...
当前选择
图层 2：帧 1
场景 1
图层 2：帧 1
var nowdate:Date=new Date();
//定义日期时间对象保存当前日期
function showdate(){//定义显示日期函数
var yyyy=nowdate.getFullYear();
var mm=nowdate.getMonth()+1;
var dd=nowdate.getDate();
图层 2:1
第 6 行(共 6 行)，第 27 列

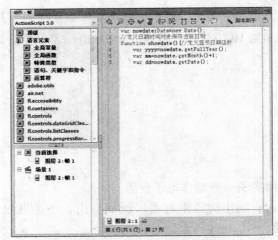

图 4-45　定义 showdate 函数

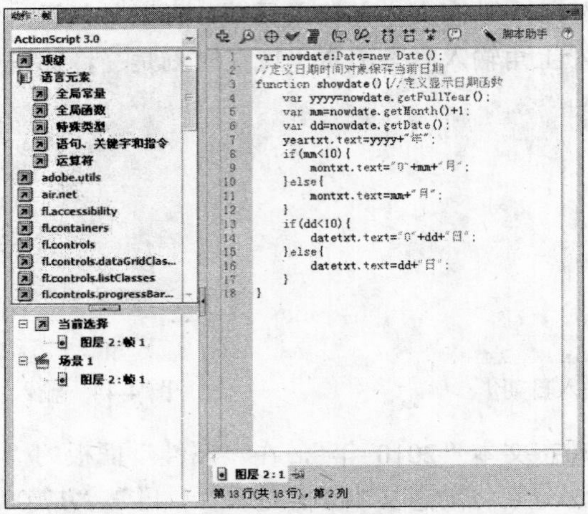
动作 - 帧
ActionScript 3.0
脚本助手
顶级
语言元素
全局常量
全局函数
特殊类型
语句、关键字和指令
运算符
adobe.utils
air.net
fl.accessibility
fl.containers
fl.controls
fl.controls.dataGridClas...
fl.controls.listClasses
fl.controls.progressBar...
当前选择
图层 2：帧 1
场景 1
图层 2：帧 1
var nowdate:Date=new Date();
//定义日期时间对象保存当前日期
function showdate(){//定义显示日期函数
var yyyy=nowdate.getFullYear();
var mm=nowdate.getMonth()+1;
var dd=nowdate.getDate();
yeartxt.text=yyyy+"年";
if(mm<10){
montxt.text="0"+mm+"月";
}else{
montxt.text=mm+"月";
}
if(dd<10){
datetxt.text="0"+dd+"日";
}else{
datetxt.text=dd+"日";
}
}
图层 2:1
第 18 行(共 18 行)，第 2 列

图 4-46　设置日期

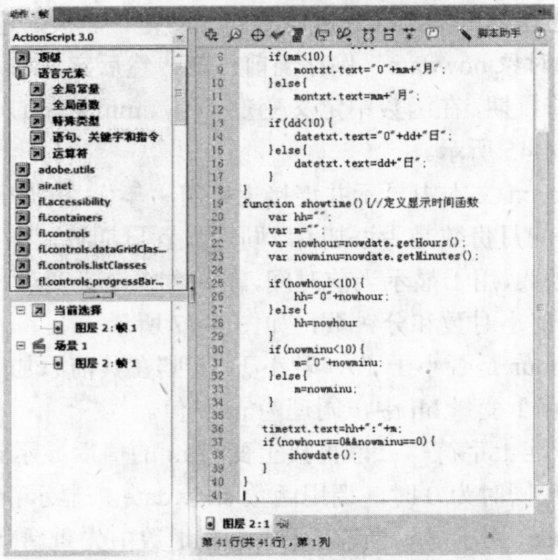
动作 - 帧
ActionScript 3.0
脚本助手
顶级
语言元素
全局常量
全局函数
特殊类型
语句、关键字和指令
运算符
adobe.utils
air.net
fl.accessibility
fl.containers
fl.controls
fl.controls.dataGridClas...
fl.controls.listClasses
fl.controls.progressBar...
当前选择
图层 2：帧 1
场景 1
图层 2：帧 1
if(mm<10){
montxt.text="0"+mm+"月";
}else{
montxt.text=mm+"月";
}
if(dd<10){
datetxt.text="0"+dd+"日";
}else{
datetxt.text=dd+"日";
}
}
function showtime(){//定义显示时间函数
var hh="";
var m="";
var nowhour=nowdate.getHours();
var nowminu=nowdate.getMinutes();
if(nowhour<10){
hh="0"+nowhour;
}else{
hh=nowhour
}
if(nowminu<10){
m="0"+nowminu;
}else{
m=nowminu;
}
timetxt.text=hh+":"+m;
if(nowhour==0&&nowminu==0){
showdate();
}
}
图层 2:1
第 41 行(共 41 行)，第 1 列

图 4-47　定义 showtime 函数

对象中，并将其秒数显示到 sectxt 动态文本中，当秒数为 0 时更新小时数和分钟数的显示。然后调用函数 showdate 和 showtime，显示日期和时间，利用定时函数 setInterval 设置每秒执行一次 showsec 函数，显示新秒数，如图 4-48 所示。

（10）完成 ActionScript 语句后保存文件，按 Ctrl+Enter 键测试影片，效果如图 4-49 所示。

图 4-48　定义 showsec 函数

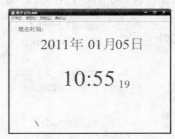

图 4-49　测试图

4.3.7　综合应用实例

一般来说，针对一个具体的动画应用实例，首先要了解其内容要求，然后设计其制作步骤，最后进行测试。下面用两个综合应用实例来详细介绍如何利用 Flash 制作动画。

1. 乌龟赛跑

乌龟赛跑首先设置出四条赛道，每条赛道上一只乌龟，乌龟爬行速度不一样，用随机数设置乌龟的爬行速度，游戏开始时要先猜哪只乌龟先跑到终点，之后四只乌龟在赛道上开始爬行。如果猜对了，系统会显示"恭喜，您猜对了！"；如果猜错了，则显示"抱歉，您猜错了！"。

制作步骤如下。

（1）新建"赛场"图层，绘制如图 4-50 所示的赛场，在终点处放置四面旗帜。

（2）添加 tort 图层，分别将 4 只乌龟放置在赛场的起跑线的左侧，如图 4-51 所示。

图 4-50　赛场图

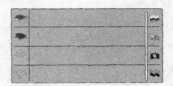

图 4-51　乌龟初试位置图

（3）添加"按钮"图层，新建4个"这只会赢"的 btn_thiswin 按钮，并分别放置在起跑线的右侧，这些按钮让游戏者去猜哪只乌龟会赢。

（4）添加 action 图层，图层第1帧的动作脚本用来对游戏初始化，它对应着游戏开始时乌龟静止的画面，第1帧添的代码如下：

```
this.stop();                                    // 等待输入
_root.truewinner = 0;                           // 胜利的乌龟
_root.guesswinner = 0;                          // 玩家猜的乌龟
```

继续在第2帧中添加代码利用随机数来设置乌龟的爬行速度，代码如下：

```
_root.mob1._x = _root.mob1._x + (random(10) / 10 + random(1));
_root.mob2._x = _root.mob2._x + (random(10) / 10 + random(1));
_root.mob3._x = _root.mob3._x + (random(10) / 10 + random(1));
_root.mob4._x = _root.mob4._x + (random(10) / 10 + random(1));
```

继续在第3帧中添加代码判断哪只乌龟先到达终点，即为胜出，代码如下：

```
if (_root.mob1._x>488) {                         // 如果乌龟1突破488位置
    _root.truewinner = 1;                        // 胜利者为乌龟1
}
if (_root.mob2._x>488) {                         // 如果乌龟2突破488位置
    _root.truewinner = 2;                        // 胜利者为乌龟2
}
if (_root.mob3._x>488) {                         // 如果乌龟3突破488位置
    _root.truewinner = 3;                        // 胜利者为乌龟3
}
if (_root.mob4._x>488) {                         // 如果乌龟4突破488位置
    _root.truewinner = 4;                        // 胜利者为乌龟4
}
if (_root.truewinner != 0) {                     // 如果决出胜负
    if (_root.guesswinner == _root.truewinner) { // 猜中
        _root.gotoAndStop(4);                    // 显示胜利画面
    } else {                                     // 未猜中
        _root.gotoAndStop(5);                    // 显示失败画面
    }
} else {
    _root.gotoAndPlay(2);                        // 如果未决出胜负
}
```

（5）添加"结果"图层，在第4帧处添加空白关键帧，添加静态文本"恭喜，您猜对了!"，在右下方新建"再玩一次"的 btn_playagain 按钮元件，添加代码如下：

```
on (release) {
    _root.gotoAndPlay(1);
    _root.mob1._x = 25;
    _root.mob2._x = 25;
    _root.mob3._x = 25;
    _root.mob4._x = 25;
}
```

在第5帧处插入关键帧，将静态文本改为"抱歉，您猜错了！"。

（6）制作完成后，按 Ctrl+Enter 键测试游戏，如图 4-52 所示。

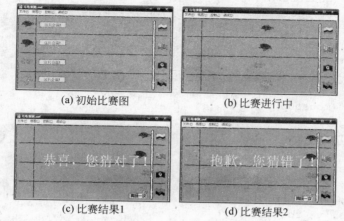

图 4-52　乌龟赛跑游戏

2. 拼图游戏

拼图游戏的设计规则是将一副完整的图片打散成若干个小图片，然后整合成原始的完整图片即为成功。用 Flash 制作成的拼图游戏界面的左上部分的原图的缩小版本，左下部分是 16 个相同的空白方块，右部分是打散原图的 16 张小图片，每次将小图片正确拼对到左部分空白方块中时，计数加 1，当计数为 16 时，即拼图成功，显示"拼图成功"字样。

（1）新建"背景"图层，分别划分为两个区域，颜色分别设置成绿色和黄色。

（2）添加"标题"图层，新建静态文本"拼图游戏"，并设置为红色，如图 4-53 所示。

（3）添加"文本框"图层，用来计数拼图正确的次数和输出"拼图成功"，设置为动态文本。

（4）添加"缩略图"图层，放置缩小版本的原图。

（5）添加"拼图阴影"图层和"拼图色块"图层，拼图阴影设置成灰色，拼图色块设置成白色。

（6）添加"拼图图像"图层，放置打散的 16 张小图片，如图 4-54 所示。

图 4-53　拼图游戏背景图

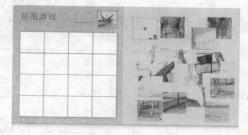

图 4-54　拼图游戏打散小图片

（7）添加"拼图方框线"图层，设置为红色。

（8）添加 action 图层，为每张小图片添加 actionscript 语言，如果鼠标指针的位置与当前剪辑实例重叠，则拼图正确次数加 1，以此类推，直到次数为 16 时，输出"拼图成功"

字样。其中以小图片 1 为例代码如下:

```
onClipEvent (mouseDown){
    if(hitTest(_root._xmouse,_root._ymouse,false)){
        startDrag("",true);
        x=this._x;
        y=this._y;
    }
}
onClipEvent (mouseUp){
    stopDrag();
    if(!hitTest(_root.di1)){
        this._x=x;
        this._y=y;
    }else{
        this._x=_root.di1._x;
        this._y=_root.di1._y;
        if(hitTest(_root._xmouse,_root._ymouse,false)){
        //如果鼠标指针的坐标位置与当前的影片剪辑实例重叠
            _root.k=_root.k+1;
            //用变量"k"统计正确拖动图像块的次数
        }
    }
    if(_root.k==16){
        _root.txt1="拼图成功!";
        //给输出文本框变量赋值
    }
}
```

（9）制作完成后，按 Ctrl+Enter 键测试游戏，如图 4-55 所示。

(a) 拼图初始图

(b) 拼图成功图

图 4-55 拼图游戏

本 章 小 结

　　计算机动画是技术与艺术相结合的产物，是在传统动画的基础上借助于计算机技术实现的动画。本章首先介绍计算机动画的基本概念和制作环境，然后论述了计算机动画各种设计方法，最后着重介绍矢量动画制作软件 Flash。通过 ActionScript 对动画进行控制，使

Flash 动画的表现形式更加强大，使用户可以投入到富有创造性的工作中去。

习 题 4

一、单选题

1. 动画是一种通过连续画面来显示运动和变化的过程，其含义不包括_____。

    A. 播放速度   B. 运动过程   C. 变化过程   D. 生成中间帧

2. 动画不仅可以表现为运动过程，还可以表现为_____。

    A. 物体摆动   B. 相对运动   C. 非运动过程   D. 柔性体变形

3. 能够定义角色功能的计算机动画系统属于_____。

    A. 第一等级   B. 第二等级   C. 第三等级   D. 第四等级

4. 关键帧动画可以通过_____而得到中间的动画帧序列。

    A. 二维动画和三维动画   B. 形状插值和关键参数插值

    C. 形状插值和算法动画   D. 运动学算法和关键参数插值

5. 国际公认的让观众看明白的电视节目片头长度应为_____秒。

    A. 5   B. 12   C. 20   D. 60

6. 下面关于 Flash 的正确说法是_____。

    A. Flash 动画由简洁的矢量图组成

    B. Flash 动画是通过矢量图的变化和运动产生的

    C. Flash 动画需要将全部内容下载后才能播放

    D. Flash 动画不能实现多媒体的交互

7. 使用墨水瓶工具，可以_____。

    A. 为位图填充颜色   B. 为向量图填充颜色

    C. 为线条填充颜色   D. 为按钮填充颜色

8. 在时间控制区中，各种帧会呈现不同的图案，如□□□□□表示_____。

    A. 空关键帧   B. 实关键帧

    C. 中间帧动画   D. 无动画关键帧

9. 投影滤镜是模拟光线照在物体上产生_____。

    A. 发光效果   B. 变色效果   C. 三维效果   D. 阴影效果

10. Flash 有两种动画，即逐帧动画和补间动画，而补间动画又分为_____。

    A. 运动动画、引导动画   B. 运动动画、形状动画

    C. 遮罩动画、引导动画   D. 遮罩动画、形状动画

二、多选题

1. 按照物理或化学等自然规律对物体运动进行控制的方法是指_____。

    A. 二维动画   B. 智能动画

    C. 过程动画   D. 关键帧动画

    E. 算法动画   F. 角色动画

    G. 模型动画   H. 计算机辅助动画

2. 在 Flash 中，单击绘图工具箱中橡皮工具后，其工具选项区会出现_____。

    A. 橡皮模式   B. 标准擦除

    C. 擦除填色   D. 擦除线段

    E. 橡皮形状   F. 内部擦除

    G. 水龙头   H. 擦除所填色

3. 元件是动画中可以反复使用的小部件，包括_____。

    A. 图形   B. 图像   C. 动画   D. 影片剪辑

    E. 文本   F. 声音   G. 按钮   H. 图层

4. 逐帧动画就是在时间轴中逐个建立具有不同内容属性的关键帧，在这些关键帧中的图形将保持_____的连续变化。

    A. 形状   B. 补间   C. 位置   D. 色彩

    E. 视图   F. 大小   G. 播放   H. 流畅

5. 在 ActionScript 中，函数包括_____类型。

    A. 打印函数   B. 数字函数   C. 转换函数   D. 浏览器/网络

    E. 时间轴控制   F. 运动函数   G. 影片剪辑   H. 其他函数

三、问答题

1. 动画的定义是什么？计算机动画的原理是什么？

2. 根据计算机动画的功能强弱，可将计算机动画系统分成几个等级？

3. 什么是二维动画？什么是三维动画？它们之间有哪些本质上的联系和区别？

4. 如何在 Flash 中控制声音的音量？

5. 如何控制动作补间动画在不同阶段的动画速度？

第 5 章　数字视频技术

数字视频是一种能够同时表达和处理音频、图像（静止和活动图像）、数据及文字等信息的媒体技术。由于数字视频将多种信息技术融为一体，成为当前各种媒体中携带信息最丰富、表现力最强的媒体技术，在生活中的应用越来越广。随着数字视频制作技术的发展，计算机在数字视频处理过程中扮演的角色越来越多。多媒体计算机除了可以播放各种视频媒体以外，也通过一些特定的软件精确地编辑和处理视频，为数字视频创作提供了较大的空间。

本章首先介绍模拟视频及其数字化的基本概念和常见的运动图像压缩标准，然后简述摄像头与数字摄像机的使用方式和视频采集技术；最后向读者介绍视频编辑软件 Adobe Premiere，以及 VCD、DVD 视频光盘的制作过程。

5.1　数字视频基础

5.1.1　视频的基本概念

1. 什么是视频

人的眼睛有一种"视觉暂留"的生物现象，即人们观察的物体消失后，物体映像在眼睛的视网膜上会保留一个非常短暂的时间（大约 0.1s）。利用这一现象，将一系列画面中物体移动或形状改变很小的图像，以足够快的速度连续播放，人眼就会感觉画面变成了连续活动的场景。

视频（Video）在拉丁语言里为"I see"，是一种捕获、记录、处理、传输和重建移动图像的技术。在生活中了解的视频主要是指连续地随时间变化的一组图像，因此视频也称为活动图像或运动图像。在视频中，一幅幅单独的图像称为帧（frame），而每秒连续播放的帧数称为帧率，单位是帧/秒（fps）。如果帧率较低，将使播放的视频具有较强的跳动感。典型的帧率是 24fps、25fps 和 30fps，这样的视频图像看起来才能达到流畅和连续的效果。

除了向用户显示运动的图像外，数字视频通常还伴随着一个或多个音频轨，配合当前播放的内容，增强用户对当前表达内容的体验。

2. 电视的制式

目前，大部分电视节目采用模拟方式来传输视频信号。视频信号由视频模拟数据和视频同步数据构成，接收端可以解析视频信号并正确地显示图像。所谓电视制式，实际上是一种电视显示的标准，它包括对视频信号的解码方式、色彩处理方式以及屏幕扫描频率的要求。如果计算机处理的视频信号与连接视频设备的制式不同，在图像播放时的效果就会明显下降，有的甚至根本没有图像。

常见的彩色电视制式有以下几种。

（1）NTSC 制式。NTSC（National Television Systems Committee，国家电视制式委员会）

制式是 1952 年美国国家电视标准委员会定义的彩色电视广播标准。美国、加拿大等大部分西半球国家，以及日本、韩国、菲律宾等国和中国的台湾地区采用这种制式。

NTSC 制式规定：30fps，每帧 525 行，宽高比是 4∶3，隔行扫描，场扫描频率是 60Hz，颜色模型为 YIQ。

（2）PAL 制式。PAL（Phase-Alternative Line，逐行相位交换）制式是 1962 年前联邦德国制定的一种彩色电视广播标准。目前德国、英国等一些西欧国家，以及中国、朝鲜等国家采用这种制式。

PAL 制式规定：25fps，每帧 625 行，宽高比是 4∶3，隔行扫描，场扫描频率是 50Hz，颜色模型为 YUV。

（3）SECAM 制式。SECAM（Sequential Couleur Avec Memoire，顺序传送彩色与存储）制式是 1965 年法国提出的一种彩色电视广播标准，这种制式与 PAL 制类似，其差别是 SECAM 中的色度信号是频率调制（FM）。法国、前苏联以及东欧国家采用这种制式。

SECAM 制式规定：每秒 25 帧，每帧 625 行，宽高比是 4∶3，隔行扫描，场扫描频率 50Hz。

（4）HDTV。HDTV（High Definition Television，高清晰度电视）从电视节目的采集、制作到电视节目的传输，以及用户终端的接收全部实现数字化，分辨率最高可达 1920×1080，帧率高达 60fps；在声音系统上，HDTV 支持杜比 5.1 声道传送，带给人 Hi-Fi 级别的听觉享受。除此之外，HDTV 的屏幕宽高比也由原先的 4∶3 变成了 16∶9，若使用大屏幕显示则有亲临影院的感觉。

目前的 HDTV 有 3 种显示分辨率格式，分别是 720P（1280×720，逐行）、1080i（1920×1080，隔行）和 1080P（1920×1080，逐行）。

3. 视频的特点

视频与文字、图像、声音、动画等其他媒体相比具有较强的优越性，主要体现如下。

（1）视频与文字相比具有具象性，它能使理论变得形象，抽象变得具体。

（2）视频具有表现性强的特性，能够渲染气氛、调动情绪，表现事物细节的能力强。

（3）视频与图形图像相比具有时空变换的运动性，能够体现图像内容之间的变化关系。

（4）视频除了能够表示声音的信息以外，还能通过具体的影像增加人们对描述事物的感性认识。

（5）视频的一个重要特性就是纪实性，它能够真实、全面地记录现实世界的相关信息。它不像动画那样有时具有一定的虚拟性和假定性。

5.1.2 视频的数字化

目前，大部分电视机所采用的制式都是模拟的，如 NTSC、PAL 或 SECAM 制式，而计算机只能处理和显示数字信号。因此在计算机播放和处理模拟电视信号之前，必须通过特定的方式将这些模拟信号进行数字化处理，这涉及对视频信号的扫描、采样、量化和编码，如图 5-1 所示。

模拟视频信号 → 扫描 → 采样 → 量化 → 编码 → 数字视频信号

图 5-1   视频数字化过程

数字化过程是指在以光栅扫描形式的模拟视频数据流进入计算机之前，对每帧画面上的每一个像素点进行采样，并按颜色或灰度进行量化，将每帧画面形成一幅数字图像。

对视频按时间逐帧进行数字化得到的图像序列即为数字视频，其原理如图 5-2 所示。沿 x 轴的扫描行上分布有像素点，沿 y 轴表示垂直方向的行数，t 轴表示时间坐标。可以看到在特定的时刻 t，所有 x，y 平面上的像素点构成了当前时刻的图像帧，而每一像素点的颜色或亮度 E 可表示为函数 $E(x, y, t)$。如果时间轴上表示的所有图像帧之间的时间间隔 Δt 低于人们视觉暂留所感知的时间长度，当这些图像连续播放时，就可以在人眼中形成连续运动图像的感觉。从这个角度上而言，可以认为图像是离散的视频，而视频是连续的图像。

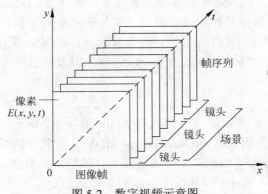

图 5-2   数字视频示意图

因此认为，对模拟视频信号进行采样的过程，也就是获取视频播放期间每一个时刻 t 所对应图像帧的所有像素点的颜色或亮度的过程；量化过程是指对每个像素点的颜色或亮度进行评估的过程。量化精度越高，图像再现越接近原始图像；而编码过程决定于采用怎样的格式来存储在采样和量化过程中所获得的信息。

在此基础上，可以计算出固定时间长度、图像尺寸和颜色值的视频所需占用的空间。

视频占用空间＝（图像的像素总量×颜色深度/8）×帧率×时间

例如 1 分钟分辨率为 1024×768 的视频，颜色为 32 位色，帧率为 24fps 的视频所占用的空间＝（1024×768×32/8）×24×60B＝4529848320B＝4320MB。

模拟视频被数字化后，就能做到许多模拟视频无法实现的功能。相对于模拟视频而言，数字视频的主要优点如下。

（1）便于处理。模拟视频只能简单地调整亮度、对比度和颜色等，限制了对模拟视频进行处理的手段，同时也限制了模拟视频的应用范围。由于数字视频是存储在计算机中的一系列数值，因此可以较容易地对数字视频进行创造性的编辑与合成，并可进行动态交互。

（2）视频再现性好。模拟信号是连续变化的，通常采用电磁方式进行存储。在复制和传输模拟信号时，存储和传输介质总会对模拟信号的造成一定的影响，导致模拟信号的失真。传输距离越远、复制次数越多，原始信号的损坏和失真越多。而数字视频的复制和传输主要是数值信息的再次重写和记录，不会因复制、传输和存储而改变数值的大小，从而不会导致图像质量的退化，能够准确地再现视频图像。

（3）便于网络共享。通过网络，数字视频可以很方便地进行长距离传输，以实现视频资源共享。而模拟视频在传输过程中容易产生信号的损耗与失真。

5.1.3 视频文件格式

随着数字视频技术的发展，各个公司或组织，以及部分视频播放和处理软件都提出或使用特定的数字视频存储格式来保存量化以后的视频媒体信息。当然，播放不同类型的视频文件时，就需要使用特定的解码方式对文件存储的信息进行解码，还原图像帧。常见的视频文件格式如下：

1. AVI 文件

AVI（Audio Video Interleave）文件格式于 1992 年被 Microsoft 公司推出，是一种音视频交叉记录的文件格式，它将语音和影像同步地组合在一起。该格式的优点是图像质量好，可以跨多个平台使用；缺点是体积过于庞大，文件的大小等于数据率乘以视频播放的时间长度。另外，目前 AVI 视频文件的压缩标准没有统一，经常出现由于视频编码问题而不能播放或者即使能够播放视频，却不能调节播放进度，以及播放时只有声音而没有图像等一些莫名其妙的问题。

2. MOV 文件

MOV（Movie Digital Video）文件格式是 Apple 公司在 Macintosh 平台中推出的视频文件格式，其相应的视频应用软件为 QuickTime。MOV 文件具有跨平台、存储空间小等技术特点，大部分的摄像机、数字照相机采用该格式来存储拍摄的数字视频。到目前为止，MOV 文件格式共有 4 个版本，其中以 4.0 版本的压缩率最高，支持 16 位图像颜色深度的帧内压缩和帧间压缩，帧率达到 10 帧/秒以上。

3. ASF 文件

ASF（Advanced Streaming Format，高级串流格式）是一个开放标准，是 Microsoft 为 Windows 98 所开发的串流多媒体文件格式，能依靠多种协议在多种网络环境下支持数据的传送。ASF 支持任意的压缩/解压缩编码方式，可以使用任何一种底层网络传输协议，具有很大的灵活性。

音频、视频、图像以及控制命令脚本等多媒体信息可以通过 ASF 格式生成连续的数据流，用于排列、组织、同步多媒体数据，以便于通过网络传输，实现流式多媒体内容发布。

4. MPG 文件

MPG，又称 MPEG（Moving Pictures Experts Group，动态图像专家组），是由国际标准化组织 ISO（International Standards Organization）与 IEC（International Electronic Committee）于 1988 年联合提出的对运动图像（MPEG 视频）及其伴音编码（MPEG 音频）进行存储的文件标准。

目前，MPEG 已经成为运动图像压缩算法的国际标准，包括 MPEG-1，MPEG-2 和 MPEG-4。MPEG-1 被广泛地应用在 VCD 的制作；MPEG-2 被应用在 DVD、HDTV（高清晰电视广播）和一些高要求的视频编辑、处理方面；MPEG-4 是一种新的压缩算法，具有较高的压缩比，普遍用于网络视频流和移动设备的视频播放。

5. DAT 文件

DAT（Digital Audio Tape）技术又可以称为数字音频磁带技术，也叫 4mm 磁带机技术，最初是由惠普公司（HP）与索尼公司（SONY）共同开发出来的。该技术以螺旋扫描记录（Helical Scan Recording）为基础，将数据转化为数字信号后再存储下来。早期的 DAT 技术主要应用于声音的记录，后来随着技术的不断完善，又被应用在数据存储领域里。

采用 DAT 文件格式进行存储的视频也是基于 MPEG 压缩算法的一种文件格式。一般 Video CD 和卡拉 OK 数据文件都采用 DAT 格式进行存储。

6. WMV 文件

WMV（Windows Media Video）文件格式是由微软公司在 ASF 视频格式的基础上升级延伸而成的一种数字视频压缩格式。该视频文件一般同时包含视频和音频内容，视频部分使用 Windows Media Video 进行编码，而音频部分的编码方式为 Windows Media Audio。在同等的视频图像质量下，WMV 格式的视频文件体积较小，适合在网上播放和传输。

7. RM 与 RMVB 文件

RM（Real Media）格式是由 Real Networks 公司所制定的音频视频压缩规范，能够根据不同的网络传输速率制定出不同的压缩比率，从而实现在低速率的网络上进行影像数据实时传送和播放。用户可以使用 RealPlayer 或 RealOne Player 对符合 RealMedia 技术规范的网络音频/视频资源进行实况转播。播放器可以在不完全下载音频/视频内容的条件下实现在线播放，也就是说可以边下载边播放。

RMVB 是一种由 RM 视频格式升级延伸出的新视频格式，VB 即 VBR（Variable Bit Rate，可改变之比特率）的英文缩写。RMVB 视频格式打破了原先 RM 格式平均压缩采样的方式，在静止和动作场面少的画面场景采用较低的编码速率，在保证平均压缩比的基础上能够更加合理地利用比特率资源。通过使用较低的编码速率来预留更多的带宽空间，而这些带宽会在出现快速运动的画面场景时被利用。

8. MP4 文件

MP4，又称 MPEG-4，是 MPEG 压缩标准中的一种压缩算法，是为了播放高质量流媒体视频而设计的视频文件格式，文件扩展名包括.asf、.mov 和 DivXAVI 等。MPEG4 标准的第 1 版于 1998 年 11 月公布，1999 年 12 月公布了第 2 版。MPEG-4 是针对低速率（小于等于 64kbps）的视频进行压缩编码，同时还注重基于视频和音频对象的交互性。该标准利用较窄的带度，通过帧重建技术，压缩和传输数据，以求使用最少的数据获得最佳的图像质量。

MPEG-4 压缩标准最有吸引力的地方在于它能够保存接近于 DVD 画质的小体积视频文件。除此以外，MP4 视频格式还包含了以前 MPEG 压缩标准所不具备的比特率的可伸缩性、动画精灵、交互性和版权保护等特殊功能。

9. 3GPP 文件

3GPP 文件格式是"第三代合作伙伴项目"（3GPP）制定的一种多媒体标准，使用户能在手机中享受高质量的视频、音频等多媒体内容。该文件的核心由包括高级音频编码（AAC）、自适应多速率（AMR）、MPEG-4 和 H.263 视频编码解码器等组成。目前，大部分支持视频拍摄的手机都支持 3GPP 格式的视频内容存储和播放。

5.1.4 视频的采集与处理

视频的采集过程是指通过使用特定的视频捕获和记录设备，或者特定的系统软件将现实生活中的场景，以及其他视频节目的内容记录成特定文件的过程。

目前采集视频数据主要有以下几种方式。

（1）从模拟设备中采集视频数据。从模拟视频设备（如录像机、电视机等）中采集视频数据，需要安装和使用视频压缩卡来完成从模拟信号向数字信号的转换。把模拟视频设备的视频输出和声音输出分别连接到视频压缩卡的视频输入和声音输入接口，通过启动相应的视频采集和编辑软件进行捕捉和采集，边采集边实时压缩。

（2）从数字设备中采集视频数据。从数字视频设备（如数字摄像机、摄像头等）中采集视频数据，可以通过硬件的数字接口将数字视频设备与计算机直接连接，启动相应的软件采集并压缩。由于视频数据量比较大，数字摄像机和计算机视像交换可以使用 IEEE 1394 接口，也可以使用 USB 影像流动技术。

（3）从影视光盘中截取视频数据。从 VCD 或者 DVD 光盘中采集视频数据，可以利用视频编辑工具软件来截取相应的片段作为视频素材，例如 Adobe Premiere 等。

（4）从网络中获取相应的视频文件。从网络下载并且存储视频文件，并采用视频编辑工具进行剪辑，获取满足需要的视频片段。

视频数据处理是指根据特定的要求和目的，对采集到的视频素材进行再次加工处理的过程。主要包括以下几种。

（1）压缩视频文件存储空间。在保证一定图像质量的前提下，利用各种视频压缩软件尽可能地减少视频文件的数据量。由于视频的数据量非常大，通过图像视频压缩算法来降低视频信息存储文件所占用的磁盘空间非常重要。

（2）消除视频数据干扰信息。消除视频信号在产生、获取和传输过程中引入的失真和干扰，使视频信号尽可能逼真地重现原始景物。

（3）处理视频数据内容。根据某些要求和原则，尽可能除去视频图像中的无用信息而突出其主要信息。或者对视频中的部分数据进行屏蔽等。

（4）视频数据描述和搜索。从视频图像中提取某些特征，以便对其进行描述、分类和识别。如人脸识别等。

5.2　运动图像压缩技术

模拟视频数字化后，存入计算机的数字视频信息若不进行压缩将占用大量的存储空间。例如对于一段时间长度为半分钟，图像尺寸为 640×480 像素，每秒播放 30 帧的非压缩彩色视频的数据量为 30×640×480×24×30/8B＝829440000B≈791MB（未含音频信息）。由此可见，在视频信息处理及应用过程中压缩和解压缩技术是十分重要的。

5.2.1 视频压缩的基本原理

找出运动图像的相邻帧之间存在的冗余，并以帧速率进行预测压缩，这种方法称为动作补偿。当视频图像内没有任何运动物体时，只需传送这个景物的第一帧图像。如果天空中有一架飞行的客机，在若干帧内背景变化极其缓慢，而客机飞行较快，这时只要传送客机的图像以及客机在静止背景上的坐标位置。由于客机要比整个画面小得多，因此系统无需很多数据就可以实现运动图像的传输。

运动图像压缩存在两个基本问题：怎样区分图像是运动的还是静止的？如果是运动图像，又如何提取图像中的运动部分？可以采用某种方式比较视频图像中相邻的两帧，得到上述两个问题的答案。假设在进行运动图像压缩时，点对点的比较当前帧和前一帧，那么没有改变的点比较后其值为 0，而发生变化的点比较后其值不为 0，这样只需选择那些经比较后不为 0 的点传送到压缩系统，同时传送信息告诉它这些点位于何处。当然，也可以把一幅图像分成许多块，检测每一块中是否存在着运动。若发现某块无运动，则告诉编码器维持前一帧模样；若某一块存在着运动，则对该块实行变换，并向编码器传送适当的信息，再通过反变换重新生成该块图像。

随着大规模集成电路的迅速发展，已经有可能将几幅图像储存起来作实时处理，利用帧间的时间相关性进一步消除视频图像的冗余，提高压缩比。帧间编码的技术基础是预测技术，基于预测技术的帧间编码方法有两种：条件像素补充方法和运动补偿技术。

（1）条件像素补充法。若帧间各对应像素的亮度差超过阈值，则把这些像素存放在缓冲存储器中，并以恒定的速率进行传输。阈值以下的像素则不传送，在接收端用上一帧相应像素值来替代。这样一幅视频图像可能只传送其中较少部分的像素，且传送的只是帧间的差值，可以得到较好的压缩比。在可视电话中，采用条件像素补充法后，需要传送的像素只占全部像素的 6%左右。

（2）运动补偿技术。在 MPEG 编码方案中，运动补偿技术是其主要技术之一。采用运动补偿技术对提高视频压缩比很有好处，尤其在运动部分只占整个画面较小部分的视频会议和可视电话中，视频压缩比可以提高很多。运动补偿技术是跟踪画面的运动情况对其进行帧间预测，其关键是运动矢量的计算。

5.2.2 MPEG 视频压缩标准

MPEG（Moving Picture Experts Group，运动图像专家组）是国际标准化组织（ISO）和国际电工委员会（IEC）建立的联合技术委员会 1（JTC1）的第 29 分委员会（SC29）第 11 工作组（WG11），其全称是 WG11 of SC29 of ISO/IEC JTC1。MPEG 专家组从 1988 年开始，每年约召开 4 次国际会议，主要内容是制定、修订和发展 MPEG 系列多媒体标准。已经和正在制定的标准包括视音频编码标准 MPEG-1 和 MPEG-2、基于视听对象的多媒体编码标准 MPEG-4、多媒体内容描述标准 MPEG-7、多媒体框架标准 MPEG-21。目前，MPEG 系列国际标准已经成为影响最大的多媒体技术标准，对数字电视、视听消费电子产品、多媒体通信等信息产业中重要产品将产生深远的影响。

1. MPEG-1 标准

随着数字视音频技术的广泛应用，MPEG 工作组在 1991 年 11 月提出了 ISO/IEC 11172 标准的建议草案，通称 MPEG-1 标准。该标准于 1992 年 11 月获得通过，1993 年 8 月公布。MPEG-1 标准是适用于数据传输率为 1.5Mbps 左右的应用环境，也就是为 CD-ROM、光盘的数字视频存储和播放而制定的。

MPEG-1 的主要内容包括：系统、视频和音频等。其中，系统负责一个视频流与一个或多个音频流的多路复用和同步技术，它的作用是将压缩编码后的图像和伴音数据复合成数据传输率在 1.5Mbps 以下的单一数据比特流。视频的目标是将分辨率为 352×288×25（PAL）或 352×240×30（NTSC）的视频图像压缩成数据传输率为 1.2Mbps 的编码图像，解压后图像质量优于 VHS 家用盒式录像带。在保障一定视频图像质量的前提下，为了获得更高的压缩比，MPEG 采用了失真算法，并使帧内编码和帧间编码相互结合，具体算法有 DCT、DPCM、自适应量化、运动估测和运动补偿等。音频的目标是将取样频率为 48kHz/44.1kHz/32kHz 的量化等级为 16 位的音频压缩到数据传输率在 0.192Mbps 以下，其解压后的音质与 CD 接近。为满足不同需要对复杂度和压缩比的要求，音频算法分为 3 层：MUSICAM 简化算法、MUSICAM 算法、MUSICAM 加上 ASPEC 算法。

MPEG-1 的应用领域包括光盘、数字音频磁带（DAT）、磁带设备、温彻斯特硬盘以及通讯网络（如 ISDN 和局域网等），其典型的应用是 VCD。为了支持多种应用，可由用户来规定多种输入参数，包括灵活的图像尺寸和帧频。MPEG-1 标准提供了一些录像机的功能，包括正放、图像冻结、快进、快倒和慢放。此外，还提供了随机存取的功能。

2. MPEG-2 标准

MPEG-2 是运动图像及有关声音信息的通用编码标准，它是 MPEG 工作组开发的第二个标准。MPEG-2 从 1991 年 5 月征集有关图像编码算法的文件开始，经常与有关国际组织，如 ISO、IEC、ITU-T、ITU-R 等开会协调，并注意到与 MPEG-1 兼容一致。1993 年 11 月产生了 MPEG-2 的委员会草案 ISO/IEC 13818，1994 年 11 月被批准为国际标准，此后又对 MPEG-2 进行了扩展。

MPEG-2 的主要内容包括系统、视频和音频等，还附加一个性能测试部分。其中，系统模块定义了进行系统编码的语句和语法，以实现将一个或多个视频和音频或其他数据流合成适合于不同类型环境下传输和存储的单一或多个数据位流。视频模块引入了档次与等级的视频体系结构，它规定了 5 种档次，即 Simple、Main、SNR Scalable、Spatial Scalable 和 High，每个档次又分 4 个等级，即 Low（小于等于 352×288×30）、Main（小于等于 720×576×30）、High-1440（小于等于 1440×1152×60）、High（小于等于 1920×1152×60），因此，MPEG-2 具有较强的分级编码能力。其压缩比可变且最高可达 200∶1，解压后的图像质量为广播级。音频提供了多语言声道，最大时可达 8 个，包括 5 个全带宽声道、2 个环绕声道、1 个改善低频段声道。

MPEG-2 的应用领域很广，它不仅支持面向存储媒介的应用，而且还支持各种通信环境下数字视频信号的编码和传输。如数字电视、TV 机顶盒和 DVD（数字视频光盘），此外还可以应用于信息存储、Internet、卫星通信、视频会议和多媒体邮件等，其典型的应用是 DVD 和 HDTV（高清晰度电视）。为了适应不同的应用环境，MPEG-2 中有很多可以选择的参数和选项，改变这些参数和选项可以得到不同的图像质量，满足不同的需求。

3. MPEG-4 标准

MPEG-4 标准第 1 版于 1998 年 11 月公布，1999 年 12 月公布了第 2 版。它是针对低速率（小于等于 64kbps）的视频压缩编码标准，同时还注重基于视频和音频对象的交互性。

MPEG-4 的主要内容包括系统、视频、音频、一致性测试、软件仿真和多媒体综合框架等。系统模块的一般框架是：对自然或合成的视频和音频对象进行场景描述，对视频和音频数据流进行管理，如复用、同步、缓冲区管理等，对灵活性的支持以及对系统不同部分的配置。视频模块提供了对多种视频格式和码流的支持，即支持从 8×8 到 2048×2048 的空间分辨率，支持从 5kbps 到 4Mbps 的码率（在移动和 PSTN 应用中的视频码率为 5～64kbps，在影视应用中的视频码率最高可达 4Mbps）。除支持 MPEG-1 和 MPEG-2 提供的视频功能外，还支持基于内容的视频功能，即能够按视频内容分别编解码和重建。如一个场景由几个视频对象组成，用户可以对不同视频对象分别进行解码和重建。音频模块不仅支持自然的声音，而且支持基于描述语言的合成声音。同时还支持音频的对象特征，即一个场景中，有人声和背景音乐，它们可以是独立编码的音频对象。多媒体综合框架（DMIF）主要解决交互网络、广播环境以及磁盘中多媒体应用的操作问题，通过传输多路合成比特信息，建立客户端和服务器端的握手和传输。

MPEG-4 采用现代图像编码方法，利用人眼的视觉特性，从轮廓—纹理的思路出发，支持基于视觉内容的交互功能。而实现基于内容交互功能的关键在于基于视频对象的编码，为此引入了视频对象平面 VOP（Video Object Plane）概念，即输入视频序列的每一帧被分割成许多任意形状的图像区域（视频对象平面），每个区域可能包括一个感兴趣的具体图像或视频内容。在一个场景中属于同一物理对象的 VOP 序列被称为一个视频对象 VO（Video Object）。属于同一 VO 的 VOP 形状、运动和纹理信息，均在一个分开的视频对象层 VOL（Video Object Layer）内编码和传输。另外，标志每一个 VOL 的相关信息以及在接收端各个 VOL 的任意组合和重构完整的原始图像等信息均被包括在码流之中，因此可以实现对每个 VOP 单独进行解码，并对视频序列进行灵活的操作。

MPEG-4 的应用前景是非常广阔的，它的出现将对以下各方面产生较大的推动作用。如数字广播电视、实时多媒体监控、低比特率下的移动多媒体通信、基于内容的信息存储和检索、Internet/Intranet 上的视频流与可视游戏、基于面部表情模拟的虚拟会议、DVD 上的交互多媒体应用、演播室和电视的节目制作等。目前各研究机构和大公司正在积极研发 MPEG-4 的软硬件产品，如意大利 CSELT 实验室的 MPEG-4 Player，挪威 Telenar 研发中心的 IM-3D-Player 等。

4. 多媒体内容描述接口 MPEG-7

随着人们对多媒体信息需求的日益增长，基于内容的多媒体搜索引擎将会逐步取代现有的基于文本的搜索引擎。MPEG 工作组注意到这方面的需求和应用潜力，于 1998 年 10 月发出 MPEG-7 的征集建议通知，并正式命名为 Multimedia Content Description Interface（多媒体内容描述接口）。MPEG-7 标准将规定一套用于描述各种多媒体信息的描述符，这些描述符和多媒体信息一起，将支持用户对其感兴趣的多媒体信息进行快速有效的检索。因此可以说，MPEG-1/2/4 主要论述的是多媒体信息的编码表示，而 MPEG-7 则把重点放在用于描述多媒体信息的通用接口的标准化上。

MPEG-7 的主要内容包括描述符（D）、描述方案（DS）和描述定义语言（DDL）。描述符是低级特征的一种表示，包括信号幅度的统计模型、信号的基本频率和显式的音响效果等。它定义了特征表示的句法和语义。描述方案是描述符的结构化组合，它规定了描述符与描述符、描述符与描述方案、描述方案与描述方案之间相互关系的结构和语义。描述定义语言是一种机制，它允许 MPEG-7 有更大的灵活性。也就是说，DDL 是一种能生成新的描述方案或生成新描述符的语言，它也能对已有的描述方案进行扩充和修改。这些描述符与多媒体对象的内容紧密联系，将支持用户对感兴趣的素材进行快速有效的检索。这些素材包括：静止图像、图形、3D 模型、音频、视频以及以上各种素材组合在一起的合成多媒体信息，此外人的面部表情、性格特征也是 MPEG-7 的数据类型。

由于 MPEG-7 描述的多媒体对象范围极其广泛，其核心部分（DDL 语言）将充分吸收现有的各种媒体描述语言的特点，以达到对多媒体信息的普遍适用性。主要采纳的语言有SGML、XML、HyTime 等。此外，MPEG-7 涉及许多交叉学科和前沿技术，诸如人工智能、机器视觉、模式识别和信息论等。尽管其中有些关键技术已取得一定进展，但离实际应用还有相当差距，因此相关技术的发展以及如何有效的综合利用这些技术就是 MPEG-7 的一大技术难点。

MPEG-7 的应用范围很广泛，既可应用于存储（在线或离线），也可用于流式应用（如广播、将模型加入 Internet 等）。MPEG-7 的典型应用场合有数字图书馆（如图像目录、音乐辞典等）、多媒体索引服务（如网页）、广播节目选择（如电台和电视台频道）、多媒体编辑（如电子新闻出版）等。另外，MPEG-7 在多媒体教育、地理信息系统、旅游信息、环境监控、建筑和室内设计、娱乐购物以及电影电视节目档案等方面都有潜在的应用价值。MPEG-7 的广阔应用前景正激励着不少组织和机构对此作深入研究，并取得了一些实质性进展。目前具有代表性的成果主要有 IBM 公司的 Query by Image Content 系统可实现图像检索和视觉检索，Columbia 公司的 Content Based Visual Query Projects 系统实现了 Internet上基于内容的视频检索。

5.2.3　视频转换压缩工具

由于原始视频文件的信息量比较大，为视频信息的存储、转发、传播带来了较大的难度。通过视频图像压缩算法和压缩工具，可以减少连续视频帧之间的信息冗余，降低视频图像占用的存储空间。

目前，已经有很多的视频转换工具能够实现不同格式视频文件之间的转换。例如将 AVI文件转换成 MPEG 文件，将 MPEG 或 DAT 文件压缩转换成 AVI（MPEG-4）文件格式，以及将这些视频文件转换为 RM 和 RMVB 格式等。

WinAVI Video Converter 是一个专业的视频编、解码软件，能够方便地读取多种视频文件格式，并将其转换成特定的视频文件。WinAVI Video Converter 几乎涵盖了当前已有的所有视频文件格式，包括 AVI、MPEG1/2/4、VCD/SVCD/DVD、DivX、XVid、ASF、WMV、RM、RMVB 等，能够实现 AVI→DVD、AVI→VCD、AVI→MPEG、AVI→MPG、AVI→WMV、AVI→MOV、AVI→ASF、DVD→AVI，以及各种视频文件到 SWF、RM 和 RMVB格式的互相转换。该软件支持 VCD/SVCD/DVD 烧录，软件操作界面非常漂亮，简单易用。

WinAVI Video Converter 的操作界面上分别提供了任何文件转换为 WMV、AVI、DVD、RM 格式的 4个按钮。当鼠标移动到按钮上时，操作界面的左下角将会显示该按钮能够实现的视频转换功能，如图 5-3所示。

现在以将其他视频文件格式转换为 MPEG 格式为例来介绍 WinAVI 视频转换工具的使用方法。

图 5-3　转换为 DVD、VCD 和
　　　　MPEG 格式界面

在 WinAVI Video Converter 中，将视频转换为 MPEG 格式的操作步骤如下。

（1）文件操作。单击"转换为 DVD 格式"按钮，打开"文件选择对话框"，选择需要转换的视频文件。

（2）视频转换设置。选择需要转换的视频文件后，系统将显示转换设置对话框，如图 5-4 所示。转换设置对话框默认的输出文件格式为 DVD，即 MPEG。通过"输出格式"下拉框可以选择目标输出文件的压缩格式。

图 5-4　转换设置对话框

在转换设置对话框中可以设置"转换的源文件"和"目标文件夹"。通过转换源文件框右上角的"➕ ➖"按钮增加/减少需要转换的文件。当需要转换的文件多于一个时，转换设置对话框将出现"输出模式"选项下拉列表，如图 5-5 所示。

"输出模式"中的"合并为一个文件"选项将多个视频文件的转换结果合并成为一个文件；"创建单独的文件"选项将分别为转换文件建立独立的视频输出文件。

用户也可以通过 ⬆ ⬇ 按钮调整多个视频文件在转换过程中的次序。

图 5-5　带输出模式的转换设置对话框

（3）视频转换。单击"确定"按钮，WinAVI Video Converter 将启动视频转换过程。在转换过程中，可以查看视频转换内容，如图 5-6 所示。

（4）高级属性设置。在单击"确定"按钮之前，单击"高级"按钮将打开"高级选项"对话框，对目标转换格式进行详细设置，如图 5-7 所示。

"高级选项"对话框允许设置输出视频文件的视频质量、视频转换条件、声音输出波特率、声音转换采样频率、视频转换尺寸等信息。

图 5-6　视频转换预览对话框

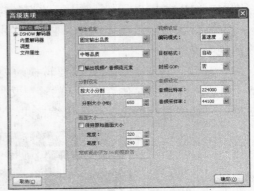

图 5-7　视频转换高级选项设置对话框

5.3　摄像头与数字摄像机

5.3.1　数字摄像头

　　随着宽带网络和即时通信技术的迅速普及，数字摄像头，又称为网络摄像机（WebCam）由于价格低廉、使用简单、功能强大、体型小巧，一度成为计算机领域的热点产品。数字摄像头在网络视频应用方面能够发挥数字照相机和数字摄像机的部分双重作用，成为多媒体计算机必备的外围设备之一。

1. 数字摄像头的功能

　　数字摄像头作为一种新型的数字视频输入设备，利用光电技术采集影像，并通过内部电路将这些代表像素的"点电流"转换成为能够被计算机处理的数字信号。数字摄像头不像原有的模拟摄像头采集视频影像，然后再通过专用的模数转换组件完成影像的输入，数字摄像头直接将采集的视频影像存储在计算机上。

　　目前市场上已经有很多种类和品牌的数字摄像头，如罗技、微软、多彩、天敏和台电等。按照外观可以将数字摄像头分为悬挂式、摆放式和夹放式 3 种，如图 5-8 所示。

悬挂式　　　　　　　摆放式　　　　　　　夹放式

图 5-8　数字摄像头

　　数字摄像头可以捕获静止图像和运动图像，并将捕获的视频和图像存储到计算机，或者通过网络传送出去，使网络沟通更加快捷和直观。目前，部分数字摄像头在传统数字摄像头的基础上增加了夜视功能，能让数字摄像头在光线较暗的场景中也能够获取图像和影像。

2. 数字摄像头的性能指标

　　（1）摄像传感器件。摄像传感器是数字摄像头的重要组成部分。根据摄像传感器所使用的感光元件不同，可以将数字摄像头分为 CCD 和 CMOS 两大类。CCD（Charge Coupled Device，电荷耦合元件）是应用在摄影摄像方面的高端技术元件，CMOS（Complementary Metal-Oxide Semiconductor，金属氧化物半导体元件）则应用于较低影像品质的产品中。CMOS 的优点是制造成本低，功耗低，且成像速度快。尽管 CCD 和 CMOS 在技术上有较大的不同，但两者性能差距不是很大，只是 CMOS 摄像头对光源的要求要高一些，还无法达到 CCD 那样高的分辨率。

目前，CCD 元件的尺寸多为 1/3in 或者 1/4in。在相同的分辨率下，宜选择元件尺寸较大的为好。

（2）像素分辨率。像素分辨率是影响数字摄像头成像质量的重要因素，其数值高低直接关系着捕获图像和视频的质量。一般来说，像素越高的产品其捕获图像的品质越好。目前市场上主流的数字摄像头产品几乎全是 30 万～130 万像素，最高能够捕获 400 万像素的静态图片，或者捕获高达 960×720 像素、帧速率高达 30fps 的高清晰动态视频。

最高分辨率是指数字摄像头拍摄静态图像或采集动态图像所能达到的最大分辨率。一般情况下，以最高分辨率获取的图像或视频占用的数据量最大。

（3）颜色深度。颜色深度又称色彩位数，反映了数字摄像头能正确记录的色调有多少。颜色深度值越高，表示该摄像头越能更真实地还原景象的亮部及暗部细节。色彩位数以二进制的位为单位，用位的多少表示色彩数的多少。目前几乎所有数字摄像头的色彩位数都达到了 24 位（能够表达 2^{24} 种颜色），极少数达到 30 位，能够生成真彩色图像。颜色深度越高，可以得到的色彩动态范围越广，对颜色的区分也更加细腻。

由于数字摄像头拍摄出来的景物分辨率不高，产生的图像还需要进行处理。若采用较高的颜色深度，就能在图像中包含更多的信息来进行插值计算，得到色彩更鲜艳、细节更分明的输出图像。除此以外，高颜色深度还有利于消除失真，对光源进行补偿。

（4）捕获速度。捕获速度又称帧速，表示数字摄像头在一定时间内能够捕获的图像帧数量。数字摄像头的捕获速度一般以帧每秒（fps）为单位，数值越高代表该摄像头捕获到的视频在回放时效果越流畅。一般而言，捕获速度是指数字摄像头在采用自身最大分辨率时所能获得的最大数据帧数量。普通级别摄像头的帧速大约在 20fps 左右，高档摄像头的帧速在 30fps 左右。在拍摄过程中一般选用 25fps，帧速太低会出现延迟或跳帧现象。

目前数字摄像头必须通过特定的软件来实现图像和视频捕获，需要计算机来处理捕获的视频和图像信息，对计算机的性能要求非常高；当使用不同的分辨率来捕获图像时，摄像头所体现的捕获能力也不尽相同。因此用户应根据自己的切实需要，选择合适的产品和捕获方式以达到预期的效果。

（5）接口方式。数字摄像头与计算机的连接方式可以分为接口卡、并口和 USB 口 3 种。接口卡式摄像头一般通过专用扩展卡来实现视频采集。厂商多会针对接口卡进行优化或添加视频捕获功能，对图像画质和视频流的捕获功能进行增强。然而，由于各厂商的接口卡设计各不相同，产品之间无法通用，加上价钱比较昂贵，一般用于追求高画质的应用场景。并口式数字摄像头的优点在于适应性较强（每台计算机都有并口）。然而，由于并口的数据传输率较低，实用性不高。随着计算机技术的发展，USB 接口逐渐成为计算机连接外部设备的主要方式。以 USB 接口连接的摄像头具有速度快、即插即用、连接简单等优点，USB 接口方式的摄像头成为目前摄像头连接计算机的主流方式。同时，数字摄像头的功耗较低，依靠 USB 接口提供的电源就可以工作，省去数字摄像头的外接电源。

数字摄像头除了上述性能指标以外，还包括镜头焦距（一般在 4～5cm 到无穷远）、视角范围（大多数为 40°～50°，少数能达到 60°）、照明要求和捆绑软件等，用户在选择数字摄像头的时候，可以根据自身的需要进行选择。

3. 数字摄像头的使用

数字摄像头作为一种计算机辅助配件，需要通过专用的控制程序来实现相关功能。目前，在市场上购买数字摄像头时，厂家都会配备数字摄像头的控制程序安装光盘。通过专用控制程序可以利用摄像头实现拍照、摄像、管理影像文件等基本功能。

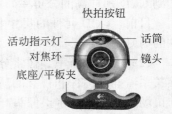

现以 Logitech（罗技）摄像头为例，介绍数字摄像头的使用。数字摄像头的功能组件如图 5-9 所示。

按住快拍按钮或者双击桌面上的 QuickCam 快捷方式，系统将启动数字摄像头控制软件，如图 5-10 所示。

图 5-9　数字摄像头功能组件

主控界面图　　　　　　　　视频捕获窗口

图 5-10　罗技摄像头控制软件

当数字摄像头处于工作状态时，数字摄像头的"活动指示灯"开启。如果数字摄像头采集的图像相对模糊，可以旋转"对焦环"来调整图像的清晰度，直到捕获图像的质量满足要求为止。单击 QuickCapture 按钮将打开"视频捕获窗口"。通过"拍摄照片"或者"记录视频"即可实现静止图像和运动图像的捕获。单击"照片拍摄设置"和"视频记录设置"功能按钮 ▶，可以对拍摄图像和视频的质量进行设置。

"视频特效"功能将为当前捕获的图像或者视频增加滤镜效果。"保密罩"功能允许将指定图片设置为数字摄像头的捕获内容，隐藏实际的捕获内容。通过"系统设置"功能可以调整数字摄像头的工作参数，如白平衡、曝光等，确保捕获图片或视频的质量。

同时，Logitech 数字摄像头的配套软件能够将捕获的图像或者视频通过电子邮件、Internet 有效地进行共享，也可以将捕获的视频上传至 YouTube。通过"选择应用程序"功能，Logitech 数字摄像头软件可以将摄像头与其他软件进行绑定，例如与常用的即时通信软件，如腾讯 QQ、MSN、Skype、Google Talk 等进行连接，在控制软件中直接启用目标软件。

在数字摄像头控制软件中提供了真正的 CCD VGA 640×480 高质量视频和照片，可以方便地建立数字监视系统，并制作有趣的动画电影。与此同时，数字摄像头也能和常见的数字视频编辑制作软件进行集成,提供实时视频采集功能,例如在 Adobe Premiere、Windows Movie Maker 和绘声绘影中启动数字摄像头采集动态视频。

5.3.2 数字摄像机

从第一台数字摄像机诞生至今,数字摄像机已经发生了巨大变化。存储介质从 DV 磁带到 DVD 光盘刻录,再到内置硬盘存储;像素分辨率从 80 万到 400 万;影像质量从标清 DV(720×576)到高清 HDV(1920×1080)。每一次数字摄像机的升级换代都为人们提供了更高的性能、更方便的存储方式和更好的影像录制质量。随着数字摄像机元器件的升级、性能的提高,数字摄像机的价格也随之降低。数字摄像机作为方便、高效的场景视频录制设备逐渐走进了人们的生活。

1. 数字摄像机的功能与分类

数字摄像机(Digital Video,DV),翻译成中文就是"数字视频"的意思。DV 是由索尼(SONY)、松下(PANASONIC)、胜利(JVC)、夏普(SHARP)、东芝(TOSHIBA)和佳能(CANON)等多家著名家电巨擘联合制定的一种数字视频格式。但在目前在绝大多数场合,DV 成为数字摄像机的代名词。

相对于数字摄像头而言,数字摄像机是一种专门获取和保存数字影像,并且按照指定的视频存储格式进行存储的视频采集设备。目前市场上已经有很多种类和品牌的数字摄像机,如佳能、索尼、三星、松下、JVC、夏普和菲星数码(Phisung)等。

根据数字摄像机的用途,可以将数字摄像机分为广播级、专业级和消费级 3 种。专业数字摄像机主要应用于广播电视领域,捕获的图像清晰度高,性能全面,但价格较高,体积也比较大;专业级数字摄像机一般应用在广播电视以外的专业电视领域,如电化教育等。该类数字摄像机捕获的图像质量低于广播用摄像机,性能全面,价格一般在数万至十几万元之间;消费级数字摄像机主要应用于图像质量要求不高的非业务场合,比如家庭娱乐等。消费级数字摄像机体积小、重量轻、便于携带,操作简单,价格便宜。

根据数字摄像机的存储介质不同,数字摄像机可以分为磁带式、光盘式、硬盘式和存储卡式 4 种。磁带式数字摄像机主要采用 Mini DV 磁带作为捕获视频的存储介质。视频捕获完成后,需要通过专用的软件和连接线将视频文件导入计算机;光盘式数字摄像机采用 DVD-R,DVR+R,或是 DVD-RW,DVD+RW 光盘作为存储介质。拍摄完成后,可以直接通过光驱读取捕获的视频内容;硬盘式数字摄像机采用硬盘作为存储介质,能够实现长时间的视频内容存储。用户仅需要使用 USB 连接线将数字摄像机与计算机连接就可以完成捕获视频的导出;存储卡式数字摄像机将捕获的视频内容直接存储至存储卡中,视频的存储容量容易受到存储卡空间大小的限制。

根据数字摄像机所使用感光器类型不同,可以将数字摄像机分为 CMOS 与 CCD 两种。在相同的像素分辨率情况下,采用 CMOS 感光器的数字摄像机价格比采用 CCD 感光器的数字摄像机价格低。然而,由于使用 CCD 感光器的数字摄像机的视频捕获质量比 CMOS 感光器数字摄像机好,因此市场上高端数字摄像机都采用 CCD 作为感光器。

数字摄像机的图像感光器数量即数字摄像机感光器件数量也对视频捕获质量起决定性影响。根据感光器的数量可以进一步将数字摄像机分为单感光器和多感光器两种。单感光器数字摄像机(单 CCD)使用 1 个感光器来实现亮度信号和彩色信号的光电转换。由于单

CCD 需要同时进行亮度和彩色信号的光电采集，捕获的图像在色彩还原上性能不高；多传感器数字摄像机（3CCD）中使用 3 个感光器来捕获光线中的红、绿、蓝 3 种颜色信号。通过捕获的三基色视频信号合成最终的捕获视频，可以较好地还原原有影像，避免出现色彩误差。

根据数字摄像机的外型不同，数字摄像机可以分为立式和卧式两种，如图 5-11 所示。

目前，市场上已经出现了以蓝光为存储介质的数字摄像机。由于蓝光存储具有较大的存储容量，数字摄像机的性能得到了较大的提高。

立式　　　　　　　卧式

图 5-11　数字摄像机

2. 数字摄像机的性能指标

（1）清晰度。清晰度是衡量数字摄像机性能优劣的一个重要参数，它是指摄像机在拍摄等间隔排列的黑白相间条纹时，在监视器上能够捕获的最多线数。当摄像机拍摄的线数超过其最多线数时，监视器的屏幕上就只能看到灰蒙蒙的一片，而不能再辨别出黑白相间的线条。

数字摄像机的清晰度是由摄像器件的像素数量决定的，像素越多，捕获的图像越清晰。清晰度越高，数字摄像机档次越高。一般情况下，工业监视用摄像机的分辨率在 380～460 线之间，广播级摄像机的分辨率则可达到 700 线左右。

（2）最低照度。最低照度是指摄影机能够在多黑的条件下捕获可用影像。即将摄像机的增益开关和光圈设置为最大值时，在 3200K 色温标准的白光照射下，满屏拍摄一幅反射率为 89.9% 的白纸或灰度阶梯测试卡，摄像机捕获的图像信号达到标准输出幅度 0.7V 时，摄像机所需要的灯光照度。最低照度越小，摄像机档次越高。

相对于彩色摄像机而言，黑白摄像机由于没有色度处理而只对光线的强弱（亮度）信号敏感，黑白摄像机的照度比彩色摄像机照度要低。一般情况下，数字摄像机的最低照度可做到 0.1LUX（镜头 F1.4），至于微光摄像机则更低。

（3）自动增益控制。为了提高摄像机在微光下的灵敏性，摄像机将对来自 CCD 的信号进行放大，即对捕获的信号进行放大，使得捕获的信号能够使用水准的视频放大器。然而，在光亮的环境中，摄像机的放大器将过载，使捕获的视频信号畸变。

自动增益控制（Automatic Gain Control，AGC）电路能够检测当前获取的视频信号电压，适时地开关 AGC，增大数字摄像机工作的光照范围。即在低照度时自动增加摄像机的灵敏度，通过提高对图像信号的放大强度来获得清晰的图像；在较高照度情况下，则自动关闭增益功能。具有 AGC 功能的摄像机，尽管在低照度情况下的灵敏度会有所提高，但由于信号和噪声被同时放大的缘故，噪点也会比较明显。

（4）信噪比。信噪比是指信号电压对于噪声电压的比值，通常用符号 S/N 表示。一般摄像机给出的信噪比值均是在 AGC 关闭时的值。当 AGC 接通时，会对小信号进行提升，使得噪声电平也相应提高。由于摄像机的信号电压远高于噪声电压，在计算信噪比时，都对均方信号电压与均方噪声电压的比值取以 10 为底的对数再乘以系数 20，单位用 dB 表示。信噪比越高，摄像机在同等情况下获得的有效视频信号与噪声信号的比值越高，性能越强。

CCD 摄像机信噪比的典型值一般为 45～55dB。测量信噪比参数时，应使用视频杂波测量仪直接连接于摄像机的视频输出端子上进行测试。

（5）背景光补偿。通常情况下，摄像机的 AGC 工作点是通过对整个视场的内容作平均来确定的。如果视场中包含了一个很亮的背景区域和一个很暗的前景目标，摄像机所确定的 AGC 工作点有可能对于前景目标不一定合适。

背景光补偿（BackLight Compesation，BLC），也称作逆光补偿或逆光补正，能够有效地补偿摄像机在逆光环境下拍摄画面主体黑暗的缺陷。引入背光补偿功能后，摄像机仅对整个视场的某个子区域进行检测，并根据此区域的平均信号电平来确定 AGC 电路的工作点。但是，由于子区域的平均电平都很低，AGC 放大器将会产生较高的增益，使输出视频信号的幅值提高，监视器上的主体画面明朗。在背光补偿情况下，背景画面会更加明亮，但其与主体画面的主观亮度差会大大降低，令整个视场的可视性得到改善。

（6）电子快门。电子快门（Electronic Shutter，ES）是对比照相机的机械快门功能所提出的术语，它相当于控制 CCD 图像传感器的感光时间。由于 CCD 感光的实质是信号电荷的积累，感光时间越长，信号电荷的积累时间就越长，输出信号电流的幅值也就越大。通过调整信号电荷的积累时间（即调整时钟脉冲的宽度），即可实现控制 CCD 感光时间的功能。

当电子快门关闭时，对于 NTSC 摄像机，其 CCD 累积时间为 1/60s；对于 PAL 摄像机，则为 1/50s。当摄像机的电子快门打开时，NTSC 摄像机的电子快门以 261 步覆盖 1/60～1/10000s 的范围；PAL 摄像机的电子快门则以 311 步覆盖 1/50～1/10000s 的范围。

电子快门速度增加时，在每个视频场所允许的时间内，聚焦在 CCD 上的光减少，导致摄像机的灵敏度降低。然而，较高的快门速度对于观察运动图像会产生一个"停顿动作"效应，这将极大地增加摄像机的动态分辨率。

3. 数字摄像机的使用

数字摄像机与数字摄像头不同，不需要与计算机一起配合使用。数字摄像机能够将拍摄后的影像存储在摄像机内部的存储介质中，如 DV 带、DVD 光盘、内置硬盘等，然后将视频通过数字摄像机的随机软件或者其他专用软件导入或者转换到计算机中。

现以 Sony HDR-SR7E 数字摄像机为例介绍数字摄像机的使用方式，其功能组件如图 5-12 所示。

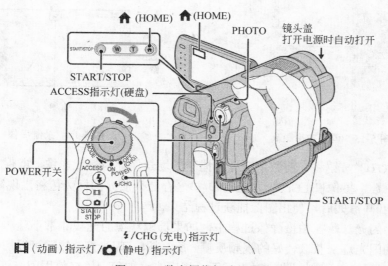

图 5-12　数字摄像机功能组件

（1）启动数字摄像机。如果 POWER（开关）旋钮设定在 OFF（CHG）状态，按住旋钮上方的绿色按钮，将旋钮按箭头方向旋转至 ON 状态，直到▯▯（动画）指示灯亮起。此时数字摄像机进入摄像工作状态。启动数字摄像机以后，数字摄像机的液晶屏幕将会显示当前的工作状态信息，如工作模式、录制时间、拍摄质量、电池信息等。

（2）调整拍摄焦距。当摄像机处于工作状态时，通过电动变焦杆或 LCD 液晶屏下方的变焦按钮可以改变摄像机的焦距，对捕获的目标图像进行放大或者缩小。轻移动电动变焦杆进行慢速变焦，较大幅度移动则让数字摄像机进行快速变焦。W 方向为缩小，即宽视角；T 为放大，即近视图，如图 5-13 所示。

（3）拍摄影像。当数字摄像机处于摄像工作状态时，▯▯（动画）指示灯亮起，数字摄像机的液晶屏将会显示摄像机捕获的视频内容。按住拇指侧或者液晶屏下方的 START/STOP 按钮可以让数字摄像机进入视频录制状态，如图 5-14 所示。再次按住 START/STOP 按钮则停止录像过程。在拍摄过程中，当 LCD 液晶屏上显示的图像效果不佳时，可以使用取景器来观看录制图像。

（4）拍摄静像。按住 POWER（开关）旋钮上的绿色按钮，按图 5-12 所示的箭头方向旋转至 MODE 来切换当前摄像机的工作模式。▢（静像）指示灯亮起表示当前数字摄像机已经进入静像拍摄状态。在静像拍摄模式中，摄像机的液晶屏幕将显示当前捕获的图像内容，以及静止图像的拍摄像素，数字摄像机存储容量信息等，如图 5-15 所示。

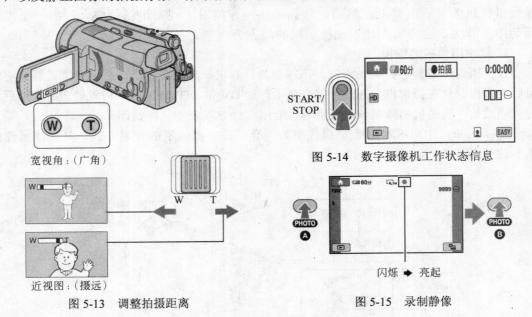

宽视角：（广角）

图 5-14　数字摄像机工作状态信息

近视图：（摄远）

图 5-13　调整拍摄距离

闪烁 ➡ 亮起

图 5-15　录制静像

轻按 PHOTO 按钮将当前数字摄像机捕获的场景保存为静止影像，即保存为图片。在保存过程中，数字摄像机 LCD 屏幕上的▱/▭（存储介质）图标旁边将出现▥▥▥▥（存储中）图标闪动。当▥▥▥▥消失后，静止图像捕获过程结束。

（5）使用闪光灯。在拍摄静像过程中，如果周围环境的光线非常不理想，可以使用数字摄像机上的闪光灯来获取较好的视频质量。反复按⚡（闪光灯）按钮可以切换闪光灯的设置。当液晶上显示⚡（强制闪光）时表示无论周围光线如何，始终使用闪光灯；显示⚡（无闪光）时，在整个拍摄过程中都不使用闪光灯；当切换至无指示状态时，表示在光线不足时将自动闪光。

（6）夜景拍摄模式。一般数字摄像机都能够在无光线或者光线较差的情况下继续拍摄。数字摄像机的这种功能被称做"夜景拍摄模式"。将数字摄像机的 NIGHTSHOT 开关设定至 ON 时，LCD 液晶屏上将出现◉图标，此时摄像机进入液晶拍摄模式，如图 5-16 所示。

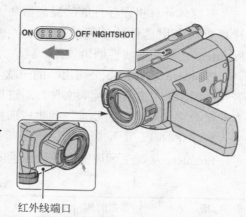

在夜景模式中，数字摄像机将通过红外成像模式进行拍摄，因此在拍摄过程中切勿让手指或其他物体遮住数字摄像机的红外线端口。必须注意的是，切勿在明亮的地方使用夜景拍摄功能，否则可能导致数字摄像机出现故障。

（7）背光模式。背光模式可以增加背光对象的曝光度，用于在海滩、背对阳光等场景中拍摄图像。在拍摄过程中，按住 BACK LIGHT 按钮

红外线端口

图 5-16　夜景模式的使用

将启动背光模式，液晶屏上显示▣（背光）图标。再次按住 BACK LIGHT 按钮，等到液晶屏上的▣图标消失时，退出背光拍摄模式。

除了掌握数字摄像机的使用方式外，要拍摄好的影像作品还必须掌握数字摄像、摄影的第一要素"保持画面的稳定"。在拍摄过程中，无论是推、拉、摇、移、俯、仰、变焦等操作，总是要围绕着怎样维持画面的稳定展开。因此，只有掌握了正确的持机方法，才能在拍摄时保证数字摄像机不会抖动，从而获得高水平的数字影像。

5.4　视频编辑软件

人们经常能够在电影和电视中看到很多壮观的视频场景，如星球爆炸、激光穿透等。在惊叹电影制作人高超的设计技术和拍摄手法之余，人们也经常会想了解如此绚丽的场景是如何制作出来的。随着多媒体计算机的发展，数字视频编辑技术在视频素材的后期处理和编辑上扮演着越来越关键的角色。数字视频编辑技术不仅让人们体验到前所未有的视觉冲击效果，也为人们的日常生活带来了无穷的乐趣。

目前，比较著名的视频编辑软件有微软公司的 Windows Movie Maker、Adobe 公司的 Premiere、友立公司的会声会影、品尼高公司的 Pinnacle Studio 和 Pinnacle Edition 等。本节将以 Adobe 公司推出的 Adobe Premiere Pro CS3 为例，介绍视频编辑软件的基本操作和使用技巧。

5.4.1　Premiere 概述

1. Premiere 的发展简史

随着电影电视行业的快速发展，非线性编辑系统在视频制作过程中扮演的角色越来越多。从硬件上看，非线性编辑系统由计算机、视频卡、1394 卡、声卡、高速 AV 硬盘、专用板卡（如特技加卡）以及外围设备构成。从软件上看，非线性编辑系统主要由非线性编

辑软件以及二维动画软件、三维动画软件、图像处理软件和音频处理软件等外围软件构成。正是如此，非线性编辑系统的价格非常昂贵，一般只在专业的视频制作公司或电视台才能见到。

多媒体计算机硬件性能的提高增强了计算机处理视频信息的能力。在视频处理过程中，计算机对专用器件的依赖越来越小，而软件的作用则更加突出。因此，掌握像 Adobe Premiere 之类的非线性编辑软件，就成为编辑和创建多媒体视频的关键。

Premiere 是 Adobe 公司出品的一款专业视频编辑软件，它能够让用户使用多轨视频和音频来编辑和处理多种视频文件，通过使用 Premiere 中提供的视频处理和控制功能，完成专业级数字视频剪辑的要求，并生成广播级质量的视频文件。Premiere 的推行使影视制作步入数字化时代。

Premiere 从诞生到现在已经经历了多个版本，其主要改进如表 5-1 所示。

表 5-1　Premiere 发行版本及特点

版　本	发布时间	功　能　改　进
Macintosh 版	早期版本	
Premiere 4.0	1995 年	提供 Windows 3.1 平台版本
Premiere 4.2	1995 年	提供 Windows 95 版本，能够在 PC 上进行专业级的视频编辑和制作效果
Premiere 5.0	1998 年	兼容 Windows NT 平台
Premiere 6.0	2001 年	改进素材编辑和视频滤镜等方面，增加部分"工具"面板
Premiere 6.5	2002 年	增加了字幕设计器、MPEG 编码器，并支持影片实时预览等
Premiere Pro	2003 年	Premiere 的升级版本
Premiere Pro 1.5	2004 年	增加对高清晰视频内容进行处理的功能，加入了视频项目管理工具和更多新的滤镜
Premiere Pro 2.0	2006 年	优化对 HDV 的编辑功能，可以在没有转换或质量损失的原始格式中捕获、编辑视频内容
Premiere Pro CS3	2007 年	提供更强大的视频编辑功能，增加了对 MPEG-4/H.264、Web 网站输出、手机输出，以及蓝光 DVD 输出的支持

2. Premiere 的基本功能

作为一款专业非线性视频编辑软件，Premiere 能够为高质量视频的编辑和制作提供完整的解决方案，在业内受到了广大视频编辑专业人员和视频爱好者的好评。在 Premiere 中提供了专业的视频编辑和制作工作环境，能够实现尖端的色彩修正、强大的音频控制和多个嵌套的时间轴等。Premiere 专门针对多处理器和超线程进行了优化，在视频制作过程的每一方面都获得了实质性的发展，允许专业人员用更少的渲染作更多的编辑。同时，Premiere 把广泛的硬件支持和独立性结合在一起，能够支持高清晰度和标准清晰度的电影胶片，用户能够输入和输出各种视频和音频模式，用于配合其他专业产品的工作。

作为 Adobe 公司屡获殊荣的数字产品线，Premiere 能够与 Adobe Video Collection 中的 Adobe Audition、Adobe Encore DVD、Adobe Photoshop、After Effects 等软件无缝集成，有助于创建一个灵活的工作流，节省视频制作时间，提高效率。

一般而言，Premiere 进行视频编辑的处理流程可以分为以下 5 个步骤。

（1）素材采集与导入。Premiere 可以通过各种途径获取外部素材文件。其中，素材采集是指 Premiere 将数字摄像机、数字摄像头、DVD 设备、音频播放器等设备中存储的内容转换为可以利用的素材过程；素材导入是指将计算机中的视频文件、音频文件、图片文件等多媒体素材导入到 Premiere 的工作环境中。

（2）素材编辑。所有采集或者导入 Premiere 的素材可以进行再编辑和处理。通过截取、编辑、处理获取素材中有用的部分，并按照剧本要求将不同的素材进行组合连接。

（3）效果处理与编辑。Premiere 中附带了大量视频处理特技和音频处理特效，能够为指定的视频或者视频素材增加绚丽的特技效果。

（4）字幕制作。字幕作为视频中比较重要的一个部分，包括文字和图像两个方面。Premiere 中集成了字幕生成器，能够为视频增加丰富的字幕效果。同时，字幕生成器中集成了丰富的字幕模板，能够实现多种文字和图像显示效果。

（5）视频生成与输出。当视频的编辑和处理过程完成以后，Premiere 能够将时间线上的视频处理结果输出到目标设备或终端上，也可以按照要求将结果存储到计算机上。

在数字视频编辑过程中，经常会遇到以下一些术语或常识。

（1）Frame（帧）。帧是数字视频中的基本信息单元，表示一张静止的图像。

（2）Clip（剪辑）。剪辑是电影的原始素材，它可以是一段电影、一幅静止图像或者一个声音文件。在 Premiere 中，剪辑就是指向硬盘文件的指针。

（3）Capture（获取）。对模拟视频或声音进行数字化处理，通过素材采集或导入命令将活动影像或声音存入计算机的过程。

3. Premiere 的启动和退出

开机进入 Windows 后，选择"开始"|"所有程序"|Adobe Premiere Pro CS3 菜单项启动 Premiere。如果用户熟悉 Windows 操作系统，还可以设置其他启动 Premiere 的方法。

如果要退出 Premiere，可以选择"文件"|"退出"菜单项，或按 Ctrl+Q 键，或直接单击 Premiere 应用程序窗口右上角的"关闭"按钮即可。

4. Premiere 向导

启动 Premiere 后，首先将进入"向导"界面。单击"新建项目"图标创建一个新的 Premiere 项目；单击"打开项目"则打开原来已经产生并且保存的视频编辑项目；"帮助"按钮将会启动 Premiere 的帮助信息。

同时，在"向导"界面中也会列出用户"最近使用项目"。单击特定的项目名称时，Premiere 将快速打开此项目的工作空间。单击"退出"按钮退出 Premiere。

单击"新建项目"图标以后，系统将打开"新建项目"向导，如图 5-17 所示。

"新建项目"向导由"加载预置"与"自定义设置"两个面板组成。

"加载预置"面板提供了常规的视频设置。在左边的"有效预置模式"中选择了特定的视频设置时，面板右侧的"描述"和"常规"信息将会显示该设置的详细内容。而"自定义设置"面板允许用户对产生的视频属性进行设置。

选择视频设置以后，通过"位置"栏处的"浏览"按钮设置当前视频工作空间的存放位置；并在"名称"栏为当前项目命名；单击"确定"按钮，进入 Premiere 的工作空间。

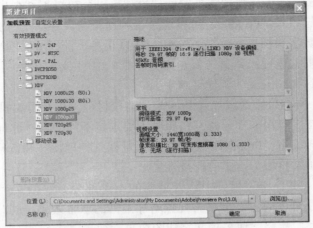

图 5-17 "新建项目"向导

5. Premiere 的窗口组成

Premiere 的应用程序窗口由标题栏、菜单栏、"工程"窗口、"监视器"窗口、"时间线"窗口和"工具"窗口等几部分组成,如图 5-18 所示。

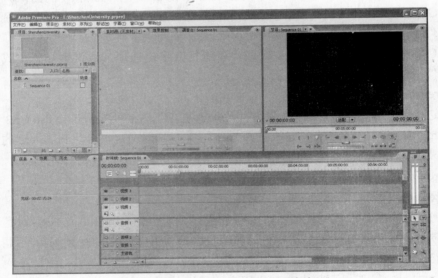

图 5-18 Premiere Pro CS3 应用程序窗口

(1)标题栏。标题栏位于 Premiere 应用程序窗口的顶端,显示应用程序名称(**Adobe Premiere Pro**)。单击图标 打开窗口控制菜单,包括"还原"、"移动"、"大小"、"最小化"、"最大化"和"关闭"等命令。标题栏右边的 3 个按钮分别是"最小化"按钮、"最大化/还原"按钮和"关闭"按钮。

(2)菜单栏。菜单栏位于标题栏的下方,包括"文件"、"编辑"、"项目"、"素材"、"序列"、"标记"、"字幕"、"窗口"和"帮助"9 个菜单。单击菜单选项即可打开相应菜单,并使用该菜单栏中的命令;单击这些命令即可执行相应的操作;单击菜单外的任何地方或者按 Esc 键将关闭当前打开的菜单。另外,按住 Alt 键的同时,再按菜单选项名称后带下划线的英文字母，也可以通过快捷键打开相应的菜单选项。

（3）"项目"窗口。"项目"窗口主要用于组织和管理当前项目内的可用素材。在"项目"窗口中会默认显示素材的名称、缩略图、素材类型、帧速率、媒体的开始时间、媒体结束时间、媒体持续时间、创建日期、视频信息、音频信息和描述信息等参数信息，如图 5-19 所示。

图 5-19 "项目"窗口

"项目"窗口分为两部分，上部为预演和属性显示区域，下部是情节和素材列表区域。

情节和素材列表中将会列出本项目中的所有素材，并对不同类型的素材以不同的图标进行标识。视频素材的缩略图为；音频素材的缩略图为 ；静止图像的缩略图为 ；序列素材的缩略图为 ；带声音的素材的缩略图为 ；单击"标签"标题栏可以对各种资源进行分类。

当选择了素材时，预演和属性显示区域将对素材内容进行预览，如图 5-20 所示。

标志帧按钮

停止/播放按钮

视频预览信息　　　　　　　音频预览信息　　　　　　图像预览信息

图 5-20 预演窗口

在"项目"窗口中，素材的开始时间和结束时间，以及媒体持续时间的表示方式是由运动图片和电视工程协会（SMPTE）提供的标准来制定的，其格式为"小时：分钟：秒：帧"。视频素材除了时间长度信息以外，在"视频信息"内还将以像素为单位提供视频的分辨率；音频素材信息则在"音频信息"内体现采样频率、采样点数和声道数；图片素材将显示当前图像的分辨率。

在 Premiere 项目窗口的左下方提供了部分素材管理功能，如图 5-21 所示。

（4）"监视器"窗口。Premiere 的"监视器"窗口主要用来预览和编辑素材。"监视器"窗口由预览部分和编辑控制工具栏组成，如图 5-22 所示。

图标模式　查找　新建项目

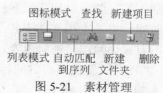

列表模式　自动匹配　新建　　删除
　　　　　　　　到序列　文件夹

图 5-21 素材管理

在"项目"窗口中选择素材后，"监视器"窗口将显示当前素材的相关内容。通过编辑工具栏中的视频编辑工具对选中的素材进行剪辑，并将剪辑结果插入到时间线上。"监视器"窗口提供的素材编辑功能如图 5-23 所示。

图 5-22 "监视器"窗口

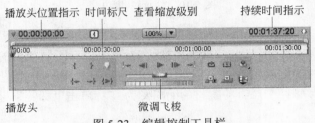

图 5-23 编辑控制工具栏

除了上述常用工具以外，编辑工具栏还提供了一些其他的视频素材编辑功能。 ▶ 用于预览播放当前素材； ◀ 和 ▶ 按钮用于设置素材的入点和出点，即选择指定的素材范围； ◀ 和 ▶ 按钮允许在入点和出点位置之间快速跳转； ▼ 按钮在时间线上设定无编号标记； ◀ 和 ▶ 将快速转到前一个或者后一个标记；单击 ▶ 播放出点和入点之间的素材内容；单击 ◀ 和 ▶ 按钮将当前的播放头向后或向前移动一帧；单击 ◎ 按钮，让素材在播放时间内循环播放；单击 ▣ 按钮将显示和隐藏素材的安全边线；选择 ▣ 按钮将分离视频中的音频和视频，只获取视频素材或音频素材。

当完成视频素材的编辑后，单击 ▣ 按钮将当前编辑结果插入到时间线中（在时间线上的指定位置插入新的视频剪辑）；或者单击 ▣ 按钮将当前编辑结果覆盖插入时间线中（覆盖时间线上的后续视频）。用户也可以将当前素材通过 ▼ 按钮输出为其他格式。

（5）"时间线"窗口。"时间线"窗口是 Premiere 的主要窗口之一，主要用来组织和编辑插入的视频素材和音频素材。"时间线"窗口按时间顺序图形化显示每个剪辑的位置、持续时间，以及工程文件中各个剪辑之间的关系。用户可以在"时间线"窗口中以交互式编辑的方式逐帧编辑视频内容，并且调整视频与音频的同步方式。

"时间线"窗口由时间标尺、轨道区域、音频主控电平表和"工具"窗口等组成，如图 5-24 所示。

① 时间标尺：时间标尺上的大刻度代表了开始时间和当前时间；小刻度表示帧或秒。在窗口中移动光标时，时间标尺上一条细线也会随着移动，以指示当前光标的位置。通过"时间线"窗口可以查看每一个素材剪辑的切入点、切出点和整个节目的持续时间。

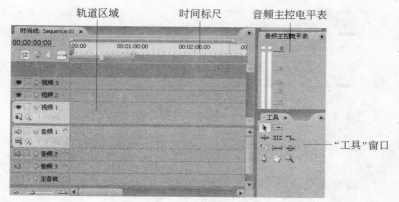

图 5-24 "时间线"窗口

时间标尺左边提供了"时间线"窗口控制工具,如图 5-25 所示。

吸附工具激活时,素材在时间线上移动时具有自动吸附到边缘的功能;章节信息设置功能将为章节内容添加备注信息,单击"章节信息设置"按钮后将出现章节标记对话框;"无编号标记设置"按钮将在当前播放头位置设置无编号标记;"预览开关"激活时,播放窗口可以预览当前时间线上的内容。同时,时间线上已经渲染的视频将以绿色横条进行标识,未渲染的视频将以红色横条进行标识。

② 轨道区域:轨道区域用于组织和编排各种素材剪辑。视频素材放在视频轨道中,如视频 1 和视频 2 轨道;音频素材放在音频轨道中,如音频 1、音频 2 和音频 3。主音轨控制整个时间线上的音频,也可以放置背景音乐等信息。

视频轨道和音频轨道的左侧由"轨道输出"、"轨道锁定"、"信息折叠"、"显示风格设置"、"关键帧显示切换"和"关键帧控制"等按钮组成,如图 5-26 所示。

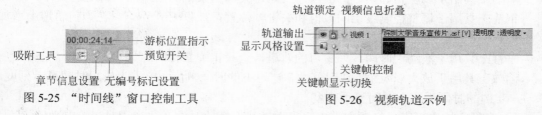

图 5-25 "时间线"窗口控制工具　　　　图 5-26 视频轨道示例

视频信息折叠按钮设置当前视频轨道信息的显示方式(显示缩略信息或详细信息);轨道输出决定是否将该轨道的内容输出到最终视频上;当"轨道锁定开关"启用时,轨道上的内容将不允许编辑;关键帧控制按钮中,单击 按钮将当前播放位置设定为关键帧。 和 按钮在上一个关键帧和下一个关键帧之间快速切换。

单击"显示风格设置"按钮,选择时间线上的素材察看方式。音频轨道具有"显示波形"和"仅显示名称"两种显示方式;视频轨道则有"显示开头帧"、"显示开头和结尾帧"、"显示每帧",以及"仅显示名称"等 4 种显示方式,如图 5-27 所示。

在 Premiere 中,视频轨道和音频轨道分别有 99 条,其中每一条轨道都可以单独进行处理。

(a) 仅显示开头　　　　　　　　　　　　　(b) 显示头和尾

(c) 显示每帧　　　　　　　　　　　　　　(d) 仅显示名称

图 5-27　视频素材显示方式

③ "工具"窗口："工具"窗口提供了大量对时间线上的素材进行选择和编辑的工具，如图 5-28 所示。

选择工具用于选择并移动轨道上的素材。当选择工具移动到素材边缘时，可以通过拖曳边缘的方式裁剪素材；"轨道选择工具"用于选择当前轨道上光标右侧所包括的所有素材，按住 Shift 键则选择当前光标右端所有轨道上的素材。

当光标移动到两个素材的交接处时，可以选择涟漪编辑工具来调整选定素材的时间长度。在调整素材长度的同时，相邻素材跟随移动，整个节目的长度跟随变化。

滚动涟漪工具允许用户在不改变整个节目的时间长度基础上调整相邻素材的长度。

速率扩展工具用于改变当前素材的播放时间长度，获取快慢动作效果。

剃刀工具能够对时间线上的素材进行切割，将素材在当前位置分为两份。

剃刀工具在按住 Shift 键时则变为多重剃刀工具，将同一位置不同轨道上的多个素材分为两份。

错落工具用于改变选定素材的出入点变化，其周围素材的出入点不受影响。

滑动工具用于调整相邻素材的出入点变化，其周围素材的出入点也将随之变化。

钢笔工具用于调整控制线上的数值和关键帧位置，按住 Ctrl 键可以在当前轨道上增加关键帧。

平移工具用于滚动"时间线"窗口的轨道，查看相关素材内容。

缩放工具用于放大以及缩小"时间线"窗口中的时间刻度。单击为放大时间显示刻度，按住 Alt 键的时候为缩小时间显示刻度。

④ 音频主控电平表：音频主控电平表面板显示播放时的音轨音量对应的电平值。

⑤ 时间帧刻度调整钮：在"时间线"窗口中时间单位的选择比较重要，单击该窗口左下角的时间帧刻度调整钮，选择合适的时间单位。滑标越靠右，刻度越小，精度越大。

⑥ "调音台"窗口："调音台"窗口中的音频 1、音频 2、音频 3 和主音轨分别对应"时间线"窗口中的音频 1、音频 2、音频 3 和主音轨。"调音台"窗口可以混合时间线中的不同音轨，并实时调整各个音轨的音量渐变和声道之间的位移，如图 5-29 所示。

其中，"左右声道平衡旋钮"用于调整声道的左右平衡效果；"静音轨道"按钮对制定的声道实施静音；单击"独奏轨道"按钮时，Premiere 将静音其他轨道，只播放当前轨道；"激活录音轨道"功能使用录音来替换该轨道的内容；"音频淡化控制器"用于增加或者淡化当前音轨的效果；"播放控制器"可以控制当前素材的播放方式；"主音轨音量调节"按钮对当前素材的整体音量进行调整。

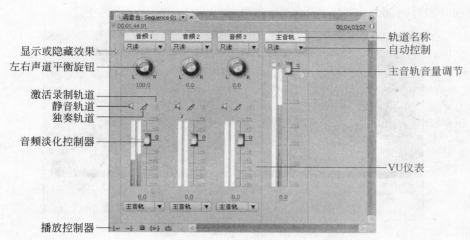

图 5-29　调音台窗口

轨道名称
自动控制
主音轨音量调节

显示或隐藏效果
左右声道平衡旋钮

激活录制轨道
静音轨道
独奏轨道

音频淡化控制器

VU仪表

播放控制器

单击"显示或隐藏效果"按钮以后，调音台将显示各个声道的独立编辑界面。

调音台的声道独立编辑界面允许对各个音轨添加效果，也能调整各个音轨的声道信息。

⑦ "信息"窗口：当选定时间线上的素材时，"信息"窗口将显示该素材的相关信息，如图 5-30 所示。

⑧ "节目"窗口："节目"窗口与"监视器"窗口功能相似，能够预览时间线上的输出内容，如图 5-31 所示。

图 5-30　"信息"窗口

图 5-31　"节目"窗口

"节目"窗口主要对时间线上的内容进行编辑，提供了与"监视器"窗口不同的素材插入和编辑功能。提升按钮 将"节目"窗口中标注的素材从"时间线"窗口中清除，其他素材位置不变；提取按钮 将"节目"窗口中标注的素材从"时间线"窗口中清除，其后的素材依次前移。

单击修正"监视器"按钮 将打开"修整"窗口，对位于同一视频轨道上相邻的不同视频素材的出入点进行调整，如图 5-32 所示。"修整"窗口左边是素材 1 的出点窗口，右边是素材 2 的入点窗口，通过设置两个素材的出点和入点，或者使用飞梭来修正视频片段的结束部分和开始部分。

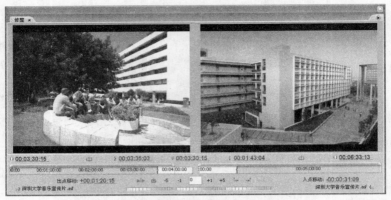

图 5-32 "修整"窗口

⑨"效果"窗口："效果"窗口集成了 Premiere 中所有对视频素材和音频素材进行处理的效果，如预置效果、音频效果、音频切换效果、视频效果和视频切换效果。

⑩"历史"窗口："历史"窗口记录当前视频项目的操作步骤。撤销历史操作，可以返回到以前的任何一步操作。"历史"窗口由上到下记录操作顺序，最多可以记录 99 次历史操作，如图 5-33 所示。

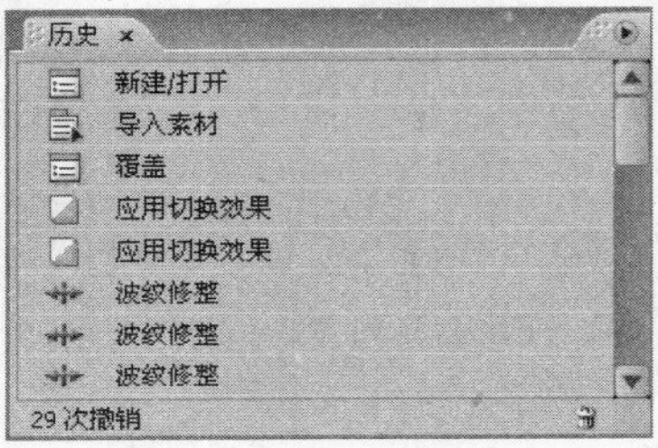

图 5-33 "历史"窗口

5.4.2 视频转场效果

1. 视频转场效果

所谓视频转场效果就是指一段视频剪辑结束后，另一段视频剪辑开始时的电影镜头转换过程。当一段视频剪辑结束时立即过渡到另一段视频剪辑，叫做无效果切换。当一段视频剪辑结束后以某种效果逐渐地过渡到另一段视频剪辑，增加视频表达感染力，称为效果切换。

虽然每个效果切换都是唯一的，但是控制效果切换的方式却有很多。两段视频剪辑之间最常用的切换方式就是硬切，即无效果切换，它只需要在"时间线"窗口的同一条视频轨道上将两段视频剪辑首尾相连即可。如果要在两段视频剪辑的切换过程中添加一些效果，就可以选择效果切换方式，制作出一些赏心悦目的视觉效果，以增强影视作品的艺术感染力。

2. "效果"窗口

目前，Adobe Premiere 中提供了 11 大类多达几十种视频转场效果，为视频制作提供了充足的表现手段。视频转场效果存放于"效果"窗口中，如图 5-34 所示。双击分类文件夹即可逐个浏览各种切换效果。

3. 视频切换效果的使用与设置

Premiere 允许在素材的开头和结束位置增加转场效果，为时间线上的相邻素材增加切换效果。增加转场效果的方法是将相应的转场效果拖曳到"时间线"窗口中素材的开头或结束部分。

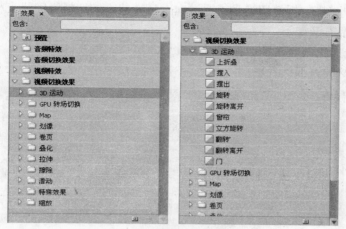

图 5-34　视频转场效果

除了为视频增加切换效果以外，Premiere 还允许对视频切换效果进行设置。选择时间线上的效果，通过"效果控制"窗口设置视频切换效果的相关参数，如图 5-35 所示。

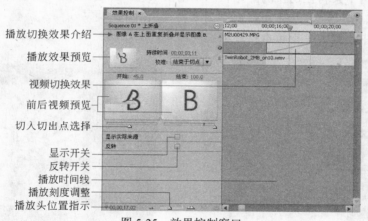

图 5-35　效果控制窗口

在"效果控制"窗口中显示了视频切换效果的效果预览，以及当前视频切换的持续时间、校准方式、切入点设置和切出点设置等信息，允许用户对视频切换效果进行定义。
校准方式决定了视频切换效果的放置位置，如图 5-36 所示。

图 5-36　视频切换效果校准方式

选中"显示实际来源"选项时，"前后视频预览"将显示当前切换的视频内容。选中"反转"选项，视频切换效果的效果将变为由后一视频切换到前一视频。拖曳前、后视频下面的三角形调整视频前后两个素材在切换的开始状态和结束状态的画面效果。

4. 视频切换效果实例

现以视频切换效果中的第一类"3D 运动"，介绍视频切换效果的使用方式。

（1）上折叠切换。上折叠切换是指通过向上翻转的方式切换时间线上相邻的视频素材。上折叠效果的使用方法如下。

① 在时间线上找到需要增加视频切换效果的相邻视频素材。将"上折叠"视频切换效果拖曳到指定素材的首部或者尾部，如图5-37所示。

图 5-37　增加上折叠视频切换效果的时间线

② 在"效果控制"窗口中设置视频切换的校准点，并且拖曳前、后视频下面的三角形调整视频前后两个素材在切换的开始状态和结束状态的画面效果，如图5-38所示。

③ 此时在"节目"窗口中可以看到当素材结束时，画面从右向左折叠，最后向上折叠。在折叠的过程中，第二个视频素材逐渐展现出来，如图5-39所示。

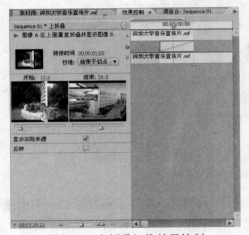

图 5-38　上折叠切换效果控制

图 5-39　上折叠效果预览

（2）摆入切换。摆入切换效果通过摆动的方式将前一个视频素材摆出当前窗口，并让后一个视频素材逐渐滑入。

摆入效果的使用方法如下。

① 在"效果"窗口中找到"摆入"效果，并将该效果拖曳到指定素材的首部或者尾部。

② 在"效果控制"窗口中设置视频切换的校准点，并且拖曳前、后视频下面的三角形调整视频前后两个素材在切换的开始状态和结束状态的画面效果，如图5-40所示。

③ 鼠标拖曳"边宽"右侧的数字移动，或者双击边宽数值进行输入，调整摆入切换视频效果的边框厚度；单击"边色"色块改变边框颜色。

④ 选择是否使用"抗矩齿品质"选项，对切换过程中的矩齿进行优化。

⑤ 在"节目"窗口预览视频切换效果，画面从右向左折叠，最后向上折叠。在折叠的过程中，第二个视频素材逐渐展现出来，如图5-41所示。

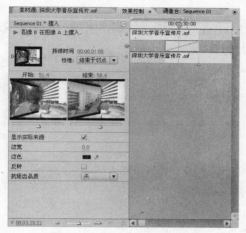

图5-40　摆入切换效果控制

图5-41　摆入效果预览

（3）旋转切换。旋转视频切换效果在切换过程中让后一个视频素材在前一个视频素材上旋转，并逐渐转入到后一个视频素材的播放内容。

旋转切换效果的使用方法如下。

① 在"效果"窗口中找到"旋转"切换效果，并将该效果拖曳到指定素材的首部或者尾部。

② 在"效果控制"窗口中设置视频切换的校准点，并且拖曳前、后视频下面的三角形调整视频前后两个素材在切换的开始状态和结束状态的画面效果，如图5-42所示。

③ 鼠标拖曳"边宽"右侧的数字移动，或者双击边宽数值进行输入，调整旋转切换视频效果的边框厚度；单击"边色"色块改变边框颜色。

④ 选择是否使用"抗矩齿品质"选项，对切换过程中的矩齿进行优化。

⑤ 在"节目"窗口预览视频切换效果，如图5-43所示。

图5-42　旋转切换效果控制

图5-43　旋转效果预览

5.4.3 音频转场效果

1. 音频转场

音频转场效果和视频转场效果功能相似，用于在不同音频素材切换时增加切换效果。当音频素材播放结束后，立即过渡到后一段音频素材，称为无效果切换；在音频过渡时，为音频切换增加某种效果，称为音频效果切换。

目前，Premiere 提供了恒定增益和恒定放大两种声音切换效果，如图 5-44 所示。

2. 音频切换效果的使用与设置

音频切换效果的使用方式与视频切换效果的使用方式相似，在相邻音频素材的开头和结束位置增加转场效果。增加音频转场效果的方法是将音频切换效果拖曳到音频轨道上的相邻音频素材的首部或者尾部，如图 5-45 所示。

图 5-44　音频切换效果窗口

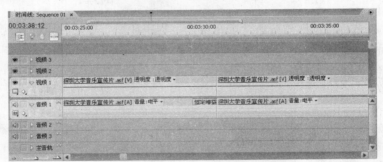

图 5-45　增加音频转场效果

同时，Premiere 也允许对增加的音频切换方式进行定义。选择时间线上的效果，通过"效果控制"窗口设置音频切换效果的相关参数，如图 5-46 所示。与视频转场效果控制相似，Premiere 提供了转场持续时间、校准等参数的设置。

图 5-46　音频转场效果设置

完成音频切换效果设置后，可以在播放窗口中播放音频切换片段，聆听音频转场效果是否满足要求。

5.4.4 视频效果

在 Premiere 工作环境中集成了多种视频效果处理方式，能够对制作中的视频素材进行渲染。视频效果可以修补视频剪辑中的缺陷，如改变视频剪辑中的色彩平衡、图像变形等，或者对指定的视频素材进行处理，产生许多意想不到的效果。

视频效果是指由 Premiere 封装的专门用于处理视频像素的程序，并且按照指定的要求实现各种效果。比如，使用视频滤镜可以对视频剪辑进行修补、变换、旋转、模糊和锐化等，也能够使视频在播放过程中翻转、风格化等。

目前，Premiere 中提供了大量的视频效果，每一种视频效果都带有可供调整的参数。通过对视频进行效果处理，能够创作出各种引人入胜的视觉效果。Premiere 中的视频效果是开放的，第三方厂商可以开发并提供视频效果插件，这种方式极大地丰富了 Premiere 的视频处理效果。用户也可以不定期地从 Adobe 公司的网站下载新的视频效果。

图 5-47 "效果"窗口

1. "效果"窗口

"效果"窗口根据各个视频效果的处理方式，将所有视频效果分为 18 大类，如图 5-47 所示。双击分类文件夹可以逐个浏览各种视频效果。通过 Premiere 提供的视频效果，可以制作出奇特、绚丽的影视节目。

2. 视频效果的使用与设置

在"效果"窗口中选择视频效果，并且在时间线轨道上的指定素材上实施，即可完成素材的渲染。将视频效果拖入到"时间线"窗口中的指定素材上即可完成视频效果的添加。

为了区别时间线上增加了视频效果之前和之后的素材，Premiere 将在增加了视频效果的素材上添加一根紫色横线，如图 5-48 所示。

(a) 添加视频效果之前的视频素材　　　　　(b) 添加视频效果之后的视频素材

图 5-48　时间线上的视频素材

与视频转场效果不同，视频素材可以按照处理需求同时应用多个视频处理效果，不同的视频效果在视频处理过程同时作用。

增加视频效果以后，Premiere 还允许对视频效果进行设置。

3. 视频效果实例

（1）垂直翻转和摄像机视图效果。垂直翻转效果将源视频进行垂直翻转，而摄像机视图效果模拟从摄像机的视角来浏览视频素材。这两种视频效果的使用方法如下。

① 在时间线上找到需要增加视频效果的视频素材，将"垂直翻转"和"摄像机视图"视频效果拖曳到该素材上。

② 在"节目"窗口中预览视频效果，如图 5-49 所示。

图 5-49　视频效果播放

③ 在时间线上选择增加了效果的素材，通过"效果控制"窗口设置视频效果的相关参数，如图5-50所示。

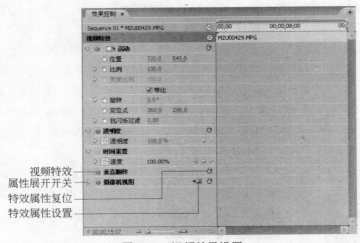

视频特效
属性展开开关
特效属性复位
特效属性设置

图 5-50　视频效果设置

在"效果控制"窗口中排列了在视频素材上应用的所有视频效果，并允许对每一个效果进行设置。如果视频效果名称左边有"属性展开"按钮，双击该三角将展开效果的参数设置面板。修改参数面板上的参数信息，即可完成视频效果的设置。单击"效果属性设置"按钮将打开"效果"窗口进行效果设置与预览。对"摄像机视图"效果的参数设置如图5-51所示。

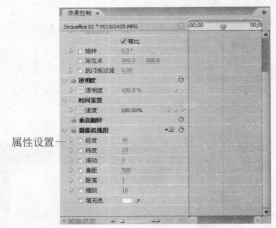

属性设置

摄像机视图参数设置

"摄像机视图"效果属性设置

图 5-51　摄像机视图效果参数设置

单击"效果属性复位"按钮，将视频效果的参数设置恢复至默认情况。

（2）蓝屏键效果。键控又称为抠像，是一种分割屏幕的效果，能够将文字、符号、复杂的图形或自然景物从视频中分割出来。蓝屏键视频效果为键控效果中的一种，能够将复杂的视频对象从蓝色背景中提取出来。

蓝屏键视频效果一般用于将两个视频轨道进行叠加时，对其中某一个视频轨道的视频内容进行抠取，其使用方法如下。

① 在时间线上找到需要增加效果的视频素材，例如图 5-52 视频轨道中的蓝色背景图片。

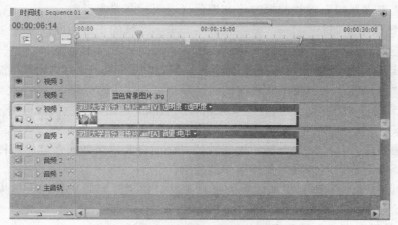

图 5-52　需要增加蓝屏键视频效果的时间线

② 将"蓝屏键"视频效果拖曳到"蓝色背景图片"素材上。

③ 在"节目"窗口中预览视频效果，如图 5-53 所示。

增加"蓝屏键"视频效果之前　　　　　　增加"蓝屏键"视频效果之后

图 5-53　蓝屏键视频效果预览

④ 选择时间线上增加了效果的素材，通过"效果控制"窗口设置视频效果的相关参数，如图 5-54 所示。

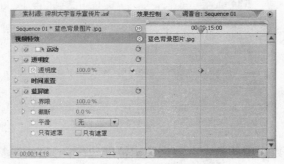

图 5-54　蓝屏键视频效果设置

其中，"界限"参数用于设置抠图过程中蓝色背景的透明区域边缘；当选中"只有遮罩"复选框时，拖曳"界限"参数游标时将在黑色（透明）背景上调整。

"截断"参数用于调整"界限"参数设置的非透明区域的不透明度；当选中"只有遮罩"复选框时，拖曳"截断"参数游标时将在白色（不透明）背景上调整。

"平滑"选项用于调整透明和不透明区域之间的锯齿现象。选择"无"将加剧边缘锐化效果；选择"低"或"高"将不同程度的对区域边缘进行平滑处理。

"只有遮罩"参数设置是否只显示视频素材的 Alpha 通道，黑色代表透明区域，白色代表不透明区域。

（3）浮雕效果。浮雕效果是指将电影片段的画面变为浮雕效果，能够将图像中的物体边缘突出，降低颜色表现效果。其使用步骤如下。

① 在时间线上找到需要增加效果的视频素材，将"浮雕效果"视频效果拖曳到该素材上。

② 在"节目"窗口中预览视频效果，如图 5-55 所示。

 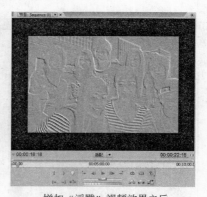

增加"浮雕"视频效果之前　　　　　　增加"浮雕"视频效果之后

图 5-55　浮雕视频效果预览

③ 选择时间线上增加了效果的素材，通过"效果控制"窗口设置视频效果的相关参数，如图 5-56 所示。

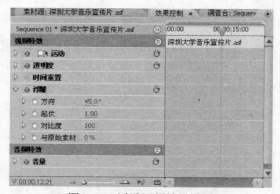

图 5-56　浮雕视频效果设置

其中，"方向"参数决定从哪个方向来突出浮雕边缘；"起伏"参数设定浮雕效果最浅处与最高处之间的像素数量；"对比度"参数决定了图像的锐化程度；"与原始素材混合"

设置浮雕视频效果的透明度。

5.4.5　音频效果

在 Premiere 中集成了多种音频效果处理方式，能够对制作中的音频素材进行渲染。通过修补音频剪辑中的缺陷，如除去音频剪辑中的杂音，音频剪辑添加配音、回音等，提高音频素材的表现能力。

目前，Premiere 主要针对单声道、立体声和 5.1 声道提供了多种音频转场效果，如图 5-57 所示。由于音频效果与视频效果的使用方法相同，此处就不再做介绍。值得注意的是，声音效果的使用与原有声音素材的声道有关系。立体声的音频效果只能用在立体声的音频素材中；5.1 声道的音频素材也只能使用 5.1 声道的音频效果。

图 5-57　"效果"窗口

5.4.6　视频制作过程

本小节通过实例来介绍 Premiere 制作影视节目的基本过程。

（1）创建工程文件。启动 Premiere，在"向导"界面选择"新建项目"。在"新建项目"对话框中选择 HDV 分类中的"HDV 1080p30"选项，如图 5-58 所示。选择项目文件的存放目录和视频工程名称，单击"确定"按钮，进入常规的 Premiere 工作界面。

图 5-58　新建项目设置向导

（2）导入素材。当项目工程建立以后，可以通过以下 3 种方式将素材导入到项目窗口中。

① 选择"文件"|"导入"菜单项，打开"导入"对话框。

② 在项目窗口中的任意空白位置"双击"，打开"导入"对话框。

③ 在项目窗口中的任意空白位置单击右键，从弹出的快捷菜单中选择"导入"菜单项，打开"导入"对话框。

选择需要导入的素材，单击"打开"按钮，此时 Premiere 将素材导入到"项目"窗口中。按住 Ctrl 键可以选择多个素材，并一次性导入。

（3）编排素材。所谓编排素材就是指将导入的素材剪辑在"时间线"窗口中按一定的顺序排列，以便进行剪接。在"工程"窗口中分别将视频素材和声音素材按照时间顺序拖曳到"时间线"窗口的视频轨道和音频轨道上，如图 5-59 所示。

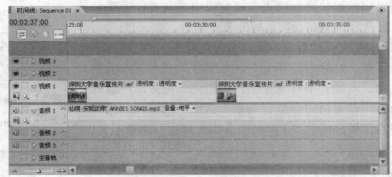

图 5-59　编排素材

（4）播放影片。导入"时间线"窗口的素材剪辑的集合，可以通过"节目"窗口进行播放或预览。在"节目"窗口中单击"播放"按钮 ▶，"节目"窗口将顺序显示素材剪辑，如图 5-60 所示。若计算机有声卡就可以听见声音或音效。播放时，在"时间线"窗口中可以看见一个指针向右移动，它指示播放的进度。

（5）添加效果。向"时间线"窗口添加完素材资源后，Premiere 将按时间顺序编排时间线上的素材。为了增强视频输出的表现效果，可以为素材增加相应的效果。

例如，为时间线上的素材增加"垂直翻转"效果，以及在视频素材开头和结尾分别增加"摆入"和"旋转离开"视频切换效果的"时间线"窗口如图 5-61 所示。

图 5-60　"节目"窗口

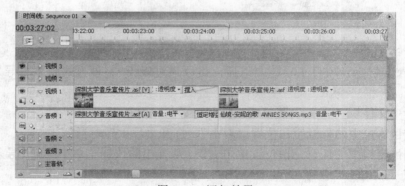

图 5-61　添加效果

双击效果将会弹出"效果控制"对话框，从中可以设置和浏览效果动作。增加完效果以后，在"节目"窗口预览当前时间线的播放效果。预览播放过程中，可以不断修改效果设置，或者更换效果，直到作品满足要求为止。

（6）输出电影。Premiere 不但能够将时间线输出为各种指定的电视制式，也能以标准的视频文件保存视频处理结果，如 AVI、MOV、WMA、Flash、MPEG2、H.264、QuickTime 等。

输出电视文件的使用方法如下。

① 选择"文件"|"导出"|"影片"菜单项，此时会弹出"导出影片"对话框，要求用户指定输出文件保存的名称和路径，单击"确定"按钮即可将当前时间线的内容导出为设定的电视视频格式。

② 选择"文件"|"导出"|Adobe Media Encoder 菜单项，将时间线的内容转换成为视频文件。此时系统将会弹出"导出设定"对话框，用于设定视频输出格式、帧率等信息。选择将间线内容导出为 MPEG2 格式，如图 5-62 所示。

图 5-62 "导出设定"对话框

单击 OK 按钮，在弹出的"保存文件"对话框中设定输出文件的名称和路径，单击"保存"按钮将时间线上的内容输出成为 MPEG2 格式。

保存过程中，系统将在"渲染进度"对话框中显示文件存储的进度，如图 5-63 所示。显示信息包括总的渲染帧数，当前渲染到的帧数，以及当前渲染的估计剩余时间。渲染完成后可以在指定位置找到时间线导出结果。

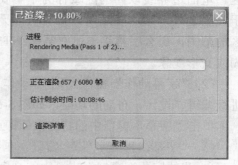

图 5-63 渲染进度对话框

5.4.7 字幕与标题

字幕是影视作品中一种重要的视觉元素。从狭义的角度来理解，字幕可以用在片头、片尾设计，以及播映过程中的人物对白内容显示。

从广义来说，字幕包括文字和图形两种类型。利用 Adobe Premiere 中的字幕设计器能够实现非常绚丽的字幕表达方式，给影视作品增色不少。

1. "字幕"窗口

在 Premiere 中选择"文件"｜"新建"｜"字幕"菜单项，此时会弹出"新建字幕"对话框。输入字幕名称以后，单击"确定"按钮，系统将打开"字幕"窗口，如图 5-64 所示。

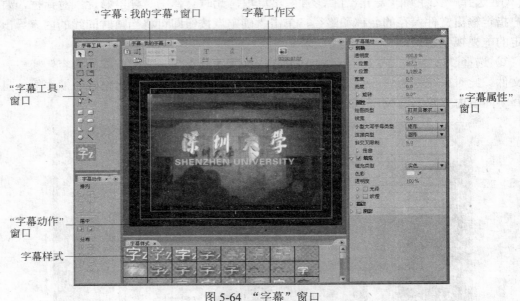

图 5-64 "字幕"窗口

同样，单击菜单栏中的"字幕"｜"新建字幕"菜单项，也可以建立字幕资源。

"字幕"窗口分为字幕工作区、"字幕工具"、"字幕动作"、"字幕属性"、"字幕：我的字幕"窗口、"字幕样式"窗口这几个部分。

（1）字幕工作区。字幕工作区是指用户在"字幕"窗口中输入文本与编辑文本的区域。默认情况下，字幕工作区内有两条明显的边界线。外面边界线以内的区域称为动作安全区，里面边界线以内的区域称为字幕安全区。当给字幕添加各种运动效果时，若字幕处于该区之外，则这些运动效果有可能无法正常演示。若标题字幕的文本超出了字幕安全区的范围，那么字幕将不能在某些 NTSC 制式显示器中正确显示，超出部分可能出现模糊或变形现象。

（2）"字幕动作"窗口。"字幕动作"窗口位于"字幕"窗口的左侧，包含大量对字幕进行编辑、设计、布局的功能，如图 5-65 所示。

单击"字幕"窗口中的特定按钮即可使用相关工具，双击功能按钮则进行多次使用。

（3）"字幕：我的字幕" 窗口。在设计字幕之前，或者输入字幕文字之后，可以通过"字幕：我的字幕"窗口对字幕中的文字样式进行设置，如图 5-66 所示。

单击"新建字幕"按钮，此时系统弹出"新建字幕"对话框，输入名称后将建立新的字幕文件。

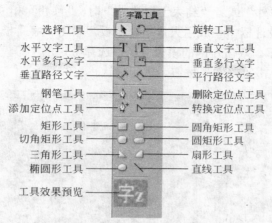

图 5-65　字幕设计工具箱

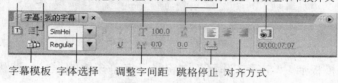

图 5-66　字体样式面板

"字体选择"、"调整字体大小"、"调整行间距"、"调整字间距"、"对齐方式"对字幕中的文字样式进行设置。单击"字幕滚动游动选项"按钮将打开"滚动/游动选项"对话框,对建立的字幕类型进行设置,如图 5-67 所示。

当字幕类型被设为"滚动"、"向左游动"或"向右游动"时,"滚动/游动选项"对话框中的"时间(帧)"面板激活,允许设置字幕的开始或结束时间帧,如图 5-68 所示。在"预卷"文本框中输入向前滚动的帧数,在"缓入"文本框中输入滚动不断迅速递增的帧数,在"缓出"文本框中输入逐渐变慢向下滚动的帧数,在"后卷"文本框中输入播放路径之后字幕滚动过屏幕的帧数。

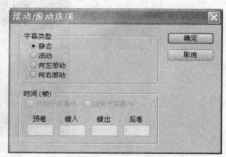

图 5-67　"滚动/游动选项"对话框

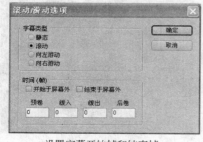

设置字幕开始帧和结束帧

设置字幕缓入和缓出帧

图 5-68　字幕滚动/游动属性设置

选择"开始于屏幕外"或者"结束于屏幕外"时，"预卷"和"后卷"选项失效。

Premiere 的字幕设计器中集成了大量字幕模板，单击"字幕模板"按钮打开"模板"对话框，如图5-69所示。双击左侧的模板分类，选择特定的字幕模板，对话框右侧将显示该字幕模板的效果。单击"确定"按钮，进行确认。

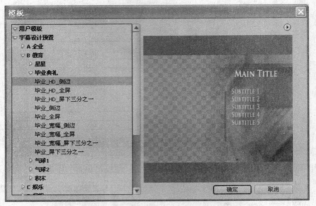

图 5-69 "模板"对话框

选择了字幕模板后，"字幕工作区"中将显示字幕模板的样式和默认内容。对默认内容进行编辑，实现特定风格的字幕文件，如图5-70所示。

图 5-70 应用字幕模板效果

"背景切换显示开关"用于切换字幕设计器的背景显示内容。当此开关激活时，字幕工作区将显示视频轨道1上的视频图像；当该开关关闭时，背景图像消失，如图5-71所示。

背景显示切换开关激活

背景显示切换开关未选中

图 5-71 背景切换显示开关

（4）"字幕动作"窗口。"字幕动作"窗口允许对字幕工作区中的多个字幕对象进行布局，实现字幕的多种对齐和排列方式，如图 5-72 所示。

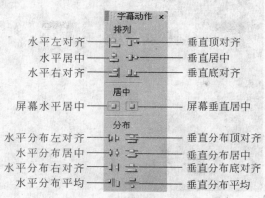

图 5-72　"字幕动作"窗口

（5）"字幕属性"窗口。"字幕属性"窗口位于"字幕"窗口的右侧，用于设置字幕对象的相关属性，如透明度、位置、旋转角度、行距、字距、填充颜色和线型等。

（6）"字幕样式"窗口。"字幕样式"窗口位于"字幕"窗口的下方，它包含了一组默认的字体模板，如图 5-73 所示。

在输入文字对象时可以选择合适的字幕样式。当改变字幕样式时，字幕工作区中选择的文字对象将应用字幕样式面板中的字幕样式。

图 5-73　"字幕样式"窗口

2. 添加字幕效果

利用字幕设计器提供的字幕模板，可以非常方便地将字幕应用到视频作品中。关闭字幕设计器后，可以在项目窗口中查看生成的字幕资源。

字幕资源和其他视频资源一样，可以与主视频进行合并。将项目窗口中的字幕文件放入"时间线"窗口中的视频 2 轨道中，如图 5-74 所示。

图 5-74　增加字幕效果的"时间线"窗口

添加字幕后，按住 Enter 键或者播放窗口中的播放键预览字幕效果，如图 5-75 所示。

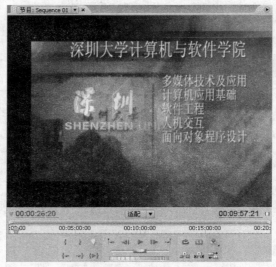

图 5-75　预览字幕效果

Premiere 提供了静止字幕、滚动字幕、向左移动字幕和向右移动字幕 4 种效果。双击项目窗口中的字幕素材，返回字幕设计器进行字幕内容和效果修改。

5.5　视频光盘制作

多媒体技术的快速发展使得制作多媒体作品逐渐得到普及。数字照片、数字摄像、数字音乐等媒体文件逐渐占据了计算机的大部分存储空间。随着激光技术和光盘存储技术的发展，使得在光盘上存储大容量文件成为可能，也为制作视频光盘创建了条件。

5.5.1　光盘制作系统

1. 视频光盘制作系统的组成框图

多媒体光盘制作系统是在多媒体计算机的基础上，增加光盘刻录机、视频效果编辑软件和光盘编辑刻录软件等多媒体软硬件组合而成的，其组成框图如图 5-76 所示。

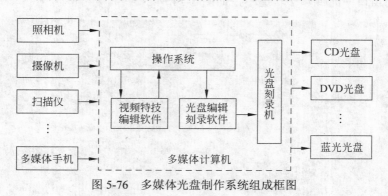

图 5-76　多媒体光盘制作系统组成框图

2. 光盘制作的基本环境

（1）硬件。数字照相机、数字摄像机、扫描仪、多媒体手机。要求具备多媒体采集、存储和导出功能。

PC：要求处理速度尽可能快，存储容量尽可能大。

光盘刻录机：用于刻录光盘，如 Philips 刻录光驱、SAMSUNG 刻录光驱等。

（2）软件。

操作系统：本书主要介绍 Windows 平台，如 Windows XP、Windows 7 等。

视频编辑软件：Adobe Premiere、Ulead MediaStudio Pro 等。

图像处理软件：Adobe Photoshop Pro CS3、Ulead PhotoImpact 和 Cool 3D 等。

光盘刻录软件：Nero 7 Essentials、VideoPack 和 WinOnCD 等。

还可以选择一些多媒体光盘播放工具，如 Intel WinDVD、PowerDVD、暴风影音等。

（3）光盘。

刻录光盘：光盘刻录机能够写入信息的光盘载体。

3. 视频光盘制作的基本流程

数字照相机、数字摄像机、DVD 播放机、多媒体手机等作为多媒体采集设备，能够将声音、场景采集并存储起来，并且通过特定接口将多媒体文件转入到计算机中。多媒体计算机作为多媒体光盘制作系统的主要设备，能够利用视频效果编辑软件来处理采集到的音频和视频文件，能够将各种媒体信息进行综合处理。同时，多媒体计算机能够利用光盘编辑刻录软件将处理以后的多媒体文件通过光盘刻录机存储到各类光盘存储载体中。

视频光盘的制作流程，如图 5-77 所示。

图 5-77　视频光盘制作流程图

（1）信号源设备：能够获取各种多媒体素材的设备。

（2）采集过程：将信号源获取的多媒体素材导入，并存储到多媒体计算机中。

（3）编辑过程：使用多媒体视频效果编辑处理软件对采集的素材进行剪辑、添加效果和字幕等操作。

（4）刻录过程：经过刻录软件将编辑后的文件刻录到光盘上。

5.5.2　VCD 与 DVD 制作软件

将前期获取和制作的多媒体作品按照光盘媒体标准保存到光盘存储介质中是多媒体光盘制作的关键环节。

尽管部分多媒体视频编辑软件已经具备了将处理结果以固定的模式存储到光盘中的功能，例如绘声绘影、Windows Movie Maker 等。然而，多媒体视频处理软件的主要作用是视频内容处理，缺乏将普通数据刻录到光盘的功能。

目前，将文件组织并刻录到光盘最常用的软件有 Nero Burning Rom、Alcohol、UltraISO 和 CloneCD 等，能够实现光盘数据刻录、光盘复制等功能。其中部分软件能够实现音轨刻录和视频光盘制作，如 Nero Burning Rom、Roxio VideoPack、WinOnCD 等。

本小节将以 Nero 9 为例，介绍 VCD、DVD 光盘的制作和刻录方法。

1. Nero 概述

Nero Burning Rom 是 Nero AG 公司推出的一款专业光盘刻录软件，能够在 Microsoft Windows 和 Linux 平台上运行。现在，Nero Burning Rom 通常作为 Nero 软件套装的一部分进行捆绑销售，能够自由地创建、翻录、复制、刻录、编辑、共享和上传各种数字文件。

Nero 自 1997 年诞生到现在已经发布了 9 个版本。2008 年 Nero AG 公司推出其最新版本 Nero 9，能够实现快速而简单的翻录、刻录、自动备份及复制功能，可以将各种文件备份到 CD、DVD 和蓝光光盘等各种盘片，并且能够容易地上传各种音乐、照片和视频到网络社区，如 My Nero、YouTub 和 MySpace 等。

同时，Nero 9 也能够实现各种音乐、照片和 DVD 影片的格式转换，观看、录制、暂停和自定义电视直播，以及播放和存储 AVCHD 和其他高清格式。Nero 9 中集成了视频编辑功能，能够制作出专业水平的 DVD 影片。

2. Nero 的启动和退出

开机进入 Windows 后，选择"开始"|"所有程序"|Nero|Nero 9|Nero StartSmart 菜单项，启动 Nero StartSmart。如果用户熟悉 Windows 操作系统，还可以设置其他启动 Nero StartSmart 的方法。

如果要退出 Nero StartSmart，可以按 Ctrl+Q 键，或直接单击 Nero StartSmart 应用程序窗口右上角的"关闭"按钮即可。

3. Nero StartSmart 窗口组成

Nero StartSmart 的应用程序窗口由标题栏、选项栏、新闻栏和工具栏等几部分组成，如图 5-78 所示。

图 5-78　Nero StartSmart 主界面

"选项栏"对 Nero 的功能进行分组显示，便于快速定位和查找相应功能。

"工具栏"中列出了 Nero 的常用功能，单击功能按钮后即可实现相关功能调用。

"开始"按钮菜单中列举了已经安装的 Nero 系列软件，单击软件名称启动相应软件。

4. Nero 视频光盘制作

使用 Nero StartSmart 的"开始"|Nero Vision 命令，或者通过 Windows 的"开始"|"所

有程序"|Nero|Nero 9|Nero Vision 菜单项进入 Nero Vision 的开始界面，如图 5-79 所示。

图 5-79　Nero Vision 开始界面

选择"制作 DVD"|"DVD 视频"菜单项，进入 Nero Vision 工作界面，如图 5-80 所示。

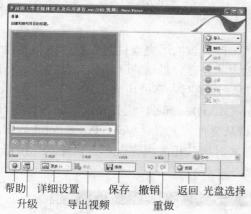

Nero Vision工作界面

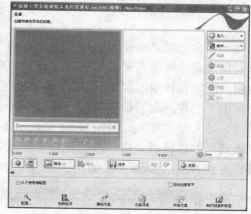

Nero Vision详细工作界面

图 5-80　Nero Vision 工作界面

单击"保存"按钮，项目将会被保存到扩展名为 .nvc （NeroVision Compilation）的管理文件中。

（1）工作环境设置。在 Nero Vision 工作界面中单击"更多"按钮，或者"降低"按钮将打开或者关闭扩展面板。

扩展面板中的"配置"选项用于设置 Nero Vision 的工作环境。

单击"视频选项"按钮将弹出"视频选项"对话框，如图 5-81 所示。

在一般选项卡中，"视频模式"设置输出视频的制式，在中国默认为 PAL 制式。"智能编码"下拉列表设定当前音频、视频的编码方式。

在"DVD-视频"选项卡中，可以对输出视频的质量和特性进行设置。"长宽比"选项设置目标视频的长宽比例；"样本格式"选项设置目标视频的扫屏方式，如逐行扫描、渐进等；"质量设置"用以选择目标视频的质量；"编码模式"设置当前视频编码的方式，如可变速率，或快速编码；"音频格式"选项用于设定目标 DVD 视频音频编码方式。

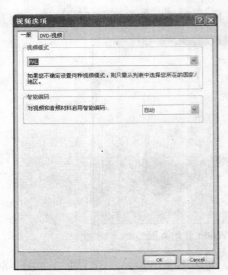
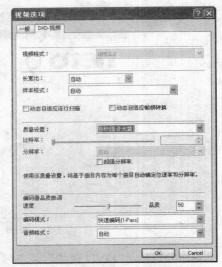

"一般"选项   "DVD视频"选项

图 5-81   "视频选项"对话框

（2）光盘管理。Nero Vision 主界面中的"擦除光盘"、"光盘信息"和"终结光盘"按钮分别用于删除可擦写光盘的内容、查看光驱内的光盘容量信息（例如光盘类型、可用存储容量、区段和轨道的数量）、以及将光盘终结，避免写入新的内容。

单击"制作封面和标签"按钮将打开 Nero CoverDesigner，进行光盘封面和标签设计。

（3）导入导出视频。目前 Nero Vision 支持从文件、光盘、Web、PowerPoint 等来源导入视频素材，也可以直接从外部视频采集设备实时捕获相关内容。单击"导入"按钮，将视频导入到 Nero Vision 中，如图 5-82 所示。

视频预览窗口 视频预览控制栏 光盘容量标尺   视频素材列表 视频素材管理功能按钮

图 5-82   导入视频素材的工作界面

利用"视频素材管理功能"中的"上移"和"下移"按钮调整导入素材的排列顺序。单击"删除"按钮将选定的视频素材从"视频素材列表"中删除。

"加入"按钮将多个视频素材合并为单个素材。

当视频素材导入到 Nero Vision 中时,"导出"按钮激活,允许将电影或视频音轨导出到文件或摄像机中,如图 5-83 所示。

图 5-83　"导出视频"对话框

"撤销"和"重做"按钮允许快速地撤销或重做上一步执行的操作。

(4)视频素材编辑。在 Nero Vision 的工作界面中,双击"视频素材列表"中的素材,可以在"视频预览窗口"中查看视频素材的内容。

"视频浏览控制栏"中集成了多种视频预览和剪辑工具,如图 5-84 所示。

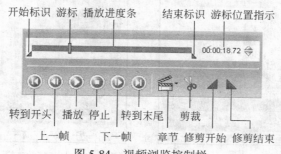

图 5-84　视频浏览控制栏

"游标"指示当前视频的播放进度;"播放"按钮和"停止"按钮用于启动和停止视频素材的播放进程;"上一帧"和"下一帧"按钮将当前的播放头向后或向前移动一帧;"转到开头"和"转到末尾"允许游标在视频素材的起点和末点位置之间快速跳转。

"修剪开始"和"修剪结束"按钮用于设置视频素材修剪的开始位置和结束位置,即选择指定的素材范围;单击"裁剪"按钮将把"开始"和"结束"标识之间的视频内容进行裁剪,并添加到视频素材列表中。

"章节"下拉选项中列出了各种常用的视频章节管理内容。选择"添加章节"将会向滑块所在位置插入章节标记；"为每个视频添加章节"在每个视频的开头插入带有标题的章节标记；"章节自动检测"将自动识别章节，为每一场景添加章节标记，如图 5-85 所示。单击"删除章节"按钮删除所选章节标记；"删除所有章节"将删除所有章节标记。

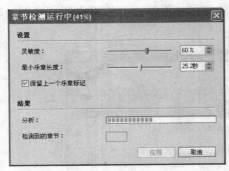 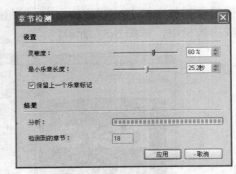

(a) 章节检测中 　　　　　　　　　(b) 章节检测完成

图 5-85　自动检测章节

"游标位置指示"显示当前播放进度，格式为"小时:分钟:秒:百分秒数"。单击"前进"△或"后退"▽按钮可跳转到特定位置。

（5）视频编辑。在 Nero Vision 的主工作界面中单击"编辑"按钮，选择"电影屏幕"或者"幻灯片"编辑方式。"电影屏幕"编辑方式能够对各种视频、图像素材进行组织，而"幻灯片"编辑方式主要用于将多张图片素材组织成视频进行播放。

① 电影屏幕。在"电影屏幕"编辑方式中，可以将导入的媒体文件编辑成电影，并为视频增加效果和切换效果。目前，Nero Vision 支持时间轴和情节提要两种视频编辑方式，如图 5-86 所示。

(a) 时间轴 　　　　　　　　　(b) 情节提要

图 5-86　视频组织及效果处理

a."预览"对话框。"预览"窗口显示当前的播放内容。"预览"控制栏提供一系列按钮控制"预览"窗口的播放进程和效果，如图 5-87 所示。

"播放"和"停止"按钮将启动和停止视频预览进程；"切换至全屏模式"按钮和"预览"按钮将在整个屏幕中预览目标视频，按 Esc 键退出全屏模式；"捕获快照"按钮和"预览"按钮创建视频节目中的显示位置的静物照片；单击"刻录音频"按钮为视频节目录制音频评论。

　　"分割视频"按钮和"预览"按钮将当前游标所处位置的视频进行分割；单击"属性"按钮将打开"属性"窗口，对所选元素的属性进行编辑。

　　"剪切场景"功能在不更改原始的视频文件的情况下，将剪切信息存储在项目中。单击该按钮后，根据需要调整开始标记和结束标记在预览区域的位置；再次单击"剪切场景"按钮，有红色阴影的区域会在剪切时从文件删除，如图 5-88 所示。

　　b. 媒体菜单列表。"电影屏幕"编辑模式的工作窗口右侧为"媒体菜单"列表，如图 5-89 所示。"媒体文件"选项卡列出了所有导入的媒体文件；视频效果在"视频效果"选项卡中列出；"文本效果"显示可用的文字显示的效果；"切换"选项卡列举所有可以使用的视频切换效果。

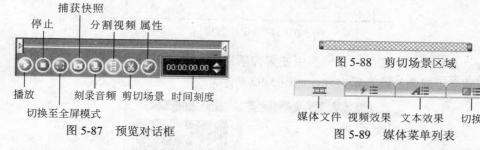

图 5-87　预览对话框

图 5-88　剪切场景区域

图 5-89　媒体菜单列表

　　同时，在"媒体区域"面板中集成了对媒体素材进行管理的功能，如图 5-90 所示。

图 5-90　"媒体区域"面板

　　单击"浏览媒体"按钮将实施"浏览"和"浏览并添加到项目"两个操作。"浏览"操作将搜索媒体文件，并将其添加到个人媒体文件中；而"浏览并添加到项目"将搜索媒体文件，并将其添加到个人媒体文件和当前电影中。

　　单击"捕获"按钮启动视频捕获过程，从外部设备获取视频素材；"TWAIN 导入"功能连接与 TWAIN 兼容的设备（如扫描仪），并且从这些设备导入媒体文件。"从 Internet 导入"按钮允许连接到 Internet，并且从 Internet 社区中导入媒体文件。

　　单击"删除"和"全部删除"按钮将指定素材或者所有视频素材从当前项目中删除。

　　同时，Nero Vision 中能够通过"检测场景"功能启动自动章节识别，在媒体区域中独立显示找到的场景，实现视频素材的单独插入。

　　"添加到项目"命令将选择的素材添加到电影。

　　c. 辅助功能。在"时间轴"或者"素材"窗口的顶部区域中提供了"选择模板" 、"广告定位" 和"音乐捕捉"按钮 。"选择模板"功能允许设计人员为当前电影选择不同主题的模板，为目标生成视频产生特定的视频效果。

　　单击"广告定位"按钮搜索捕获视频素材中的广告片段，将广告片段删除，如图 5-91 所示。

图 5-91　广告定位器窗口

单击"音乐捕捉"按钮，在电影中搜索音乐片段，将已识别的片段插入到编辑中，也可保存为独立于视频的纯音乐文件，如图 5-92 所示。

图 5-92　音乐捕捉器窗口

"时间轴"编辑方式与 Adobe Premiere CS3 时间线的使用方式相类似。"视频轨道"上按顺序排列组成目标视频的各个视频素材；"音频 1"和"音频 2"轨道放置目标视频的声音素材；与 Adobe Premiere CS3 不同的是，Nero Vision 使用专门的"效果"轨道放置各种视频效果和切换效果，以及使用"文本"轨道放置文字字幕。时间轴编辑效果如图 5-93 所示。

图 5-93　时间轴编辑效果

在"情节提要"编辑方式中，所有视频素材放置于"素材窗口"中。将素材拖曳于最后一个素材窗口中时，Nero Vision 将自动增加一个新的素材窗口，便于放置后续的视频素材。"切换效果窗格"放置各种视频切换效果。情节提要编辑效果如图 5-94 所示。

图 5-94　情节提要编辑效果

② 幻灯片。为了将大量的图片组织为视频文件，在 Nero Vision 中提供了幻灯片视频编辑方式。在该模式中，可以将图片按照顺序编排成幻灯片，并添加切换和背景音乐。

在 Nero Vision 主界面中选择"编辑"|"幻灯片"菜单项启动幻灯片编辑方式，如图 5-95 所示。

图 5-95　幻灯片编辑窗口

窗口右侧的媒体区域由显示媒体文件 和显示切换 两个选项卡组成，分别显示当前已经导入的图片素材和能够使用的切换效果。双击图片素材，在左侧的"素材预览窗口"中预览该素材的显示效果。

同时，在幻灯片编辑窗口的底部设置了内容区域面板，提供简单的图形图像编辑功能，如图 5-96 所示。

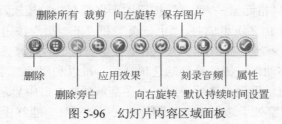

图 5-96　幻灯片内容区域面板

"删除"和"全部删除"按钮用于将选择的图片或者全部图片从幻灯片中删除;"删除旁白"按钮用于将删除已分配给单个图像的音频旁白;"裁剪"按钮用于将被选择图片裁剪为指定大小。

"应用效果"按钮用于为选择图像增加各种滤镜效果。

"向左旋转"和"向右旋转"按钮用于将选择图像逆时针或者顺时针旋转90°。

"保存图片"按钮用于将选定图片保存为特定的图片格式。

"刻录音频"按钮用于捕获可作为背景音频文件,并添加到幻灯片或作为注释添加到图片。

"默认持续时间值"按钮用于定义图片显示时间和切换周期,如图5-97所示。

在"属性"对话框中编辑选定图片的属性,如显示持续时间、页眉和页脚,以及存储的音频文件(音频评论)的播放持续时间等,如图5-98所示。

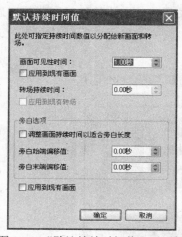

图 5-97 "默认持续时间值"对话框

图 5-98 "属性"对话框

Nero Vision 的幻灯片编辑方式与电影屏幕的情景提要编辑方式类似。在图片窗格中插入图片,在切换窗格中嵌入切换效果,即可生成目标视频文件。

(6)菜单设计。视频素材的裁剪和排序工作完成后,单击"下一个"按钮,进入 DVD 播放菜单设计界面,如图5-99所示。

在"菜单预览窗口"中将显示当前 DVD 菜单的播放效果。双击菜单界面上的文字,对菜单的内容进行编辑。

导航滚动条提供对 DVD 菜单模板进行管理的功能,如图5-100所示。

"新建"按钮用于在上次选择的 DVD 菜单模板布局中创建没有链接的空菜单;"删除"按钮用于删除模板中的风格元素;"保存"按钮用于将保存当前模板及其全部更改。

当 DVD 的显示菜单由多页组成时,"上一页"和"下一页"按钮用于在菜单的相邻页之间切换;"放大"和"缩小"按钮用于对"菜单预览窗口"的内容进行放大和缩小;当菜单处于放大状态时,"移动"按钮切换移动选项开关,可以利用手型图标移动菜单画面。

"安全线开关"按钮用于列表选项设置是否在菜单预览窗口中显示安全线。

"顺序"按钮用于调整处于选择状态的图片和文字的排序,能够让选定元素向后或向前移动一层,或者移动到最后或最前;"对齐基准线"命令将编辑区域中可移动的项相对于水平基准线和垂直基准线自动对齐。

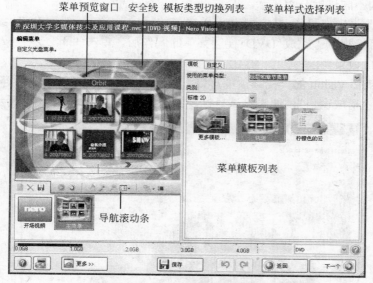

图 5-99　DVD 菜单设计界面

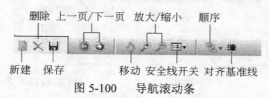

图 5-100　　导航滚动条

"菜单模板"列表中列出了 Nero Vision 自带的 DVD 视频菜单模板。双击指定模板将使用该模板来构建 DVD 菜单内容，如图 5-101 所示。值得注意的是，改变菜单模板时，原来编辑的菜单文字内容将丢失。

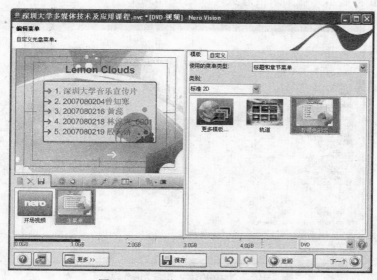

图 5-101　更换 DVD 菜单设计模板

"模板类型切换"列表列出了当前菜单模板的类型，"菜单模板"列表中的菜单模板将跟随模板类型的不同进行分类显示。

"开场视频"设定在显示 DVD 播放菜单之前的视频内容，一般由 DVD 菜单模板定制。

（7）预览目标视频。完成 DVD 视频菜单的制作后，单击"下一步"按钮，预览目标 DVD 视频的生成效果。

此时，在 Nero Vision 的"视频预览窗口"中将显示当前视频的播放内容，并且提供一个简单的 DVD "播放窗口"，便于测试目标视频的播放效果，如图 5-102 所示。

视频预览窗口　　　　　　　播放控制面板

图 5-102　播放效果预览

单击"预显示"按钮，查看目标视频的动态演示效果。

（8）光盘刻录。当目标生成视频满足设计要求后，单击"下一步"按钮进行光盘刻录。此时 Nero Vision 将显示光盘刻录信息页，如图 5-103 所示。

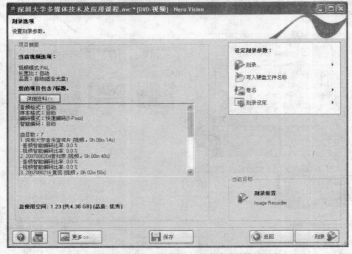

图 5-103　Nero Vision 光盘刻录信息页

在光盘刻录信息页的左侧将显示当前 DVD 视频光盘的"视频选项"信息、"项目内容"信息和当前视频内容的存储容量。

单击右侧的"刻录"菜单项，设置目标 DVD 刻录机；单击"卷名"菜单项将弹出"输入光盘名称"对话框，允许对目标光盘进行命名；"刻录设定"选项设定目标 DVD 刻录光驱的工作模式，例如刻录速度、刻录模式等。

设置目标刻录光盘的属性后，单击"刻录"按钮启动光盘输出进程。刻录完成后，Nero 将提示光盘刻录完成，并弹出光盘。

本 章 小 结

视频是一种能够同时表达和处理语音、图像（静止和活动图像）、数据及文字等信息的媒体技术，具有较大的信息量。由于视频主要是指连续地随时间变化的一组图像，因此视频也称为活动图像或运动图像。

本章在介绍了视频的基础知识后，对模拟视频的数字化过程进行了详细分析。通过介绍各种媒体文件格式，进一步引出各种多媒体视频压缩标准，并介绍了视频转换软件 WinAVI 的使用方法。

随着现代多媒体技术的发展，多媒体视频采集设备逐渐得到普及。数字摄像头、数字摄像机逐渐成为捕获多媒体视频的主要外部设备。

电影电视行业的快速发展，使得非线性编辑系统在视频制作过程中扮演的角色越来越多。Premiere 是 Adobe 公司出品的一款专业视频编辑软件，它能够让用户使用多轨视频和音频来编辑和处理多种视频文件，并生成广播级质量的视频文件。Premiere 的推行使影视制作步入数字化时代。

将前期获取和制作的多媒体作品按照光盘媒体标准保存到光盘存储介质中是多媒体光盘制作的关键环节。本章最后以 Nero 为例，介绍了 VCD、DVD 视频光碟的制作过程。

习 题 5

一、单选题

1. 人的眼睛具有视觉暂留的生物现象，使物体映像在眼睛的视网膜上停留_____。

    A. 0.001s   B. 0.01s   C. 0.1s   D. 1s

2. 高清晰度电视信号的画面宽高比是_____。

    A. 3∶4   B. 4∶3   C. 9∶16   D. 16∶9

3. 在数字视频信息获取与处理过程，下述正确的顺序是_____。

    A. A/D 变换→采样→压缩→存储→解压缩→D/A 变换

    B. 采样→A/D 变换→压缩→存储→解压缩→D/A 变换

    C. 采样→压缩→A/D 变换→存储→解压缩→D/A 变换

    D. 采样→D/A 变换→压缩→存储→解压缩→A/D 变换

4. 下列数字视频质量最好的是_____。

    A. 160×120 分辨率、24 位颜色、15fps 的帧率

B. 352×240 分辨率、30 位颜色、30fps 的帧率

C. 352×240 分辨率、30 位颜色、25fps 的帧率

D. 640×480 分辨率、16 位颜色、15fps 的帧率

5. HDTV 中应用的主要是下面的_____标准。

A. MPEG-1　　　　B MPEG-2　　　　C. MPEG-3　　　　D. MPEG-4

6. _____标准注重基于视频和音频对象的交互性。

A. MPEG-2　　　　B. MPEG-3　　　　C. MPEG-4　　　　D. MPEG-7

7. 下面关于数字视频质量、数据量、压缩比的关系的论述，_____是不正确的。

A. 数字视频质量越高数据量越大

B. 随着压缩比的增大，解压后数字视频质量开始下降

C. 压缩比越大数据量越小

D. 数据量与压缩比无关

8. 在 MPEG 中为了提高数据压缩比，采用了_____方法。

A. 运动补偿与运动估计　　　　　　　B. 减少时域冗余与空间冗余

C. 向前预测与向后预测　　　　　　　D. 帧内图像压缩与帧间图像压缩

9. 在数字摄像头中，_____像素相当于成像后 640×480 分辨率。

A. 10 万　　　　　B. 30 万　　　　　C. 80 万　　　　　D. 100 万

10. 1min 的 PAL 制式（352×288 分辨率、24 位色彩、25fps）数字视频的不压缩的数据量是_____。

A. 362.54Mb　　　B. 380.16Mb　　　C. 435.05MB　　　D. 522.07MB

11. 在 Premiere 的"时间线"窗口中，图标⊞是指_____。

A. 选择工具　　　　B. 框选工具　　　　C. 块选工具　　　D. 轨道选择工具

12. 在 Premiere 中，对效果切换效果叙述不正确的是_____。

A. 视频效果也是一个视频剪辑

B. 两个视频剪辑之间只有一种效果切换效果

C. 效果切换效果是实现视频剪辑之间转换的过渡效果

D. 效果是指两段视频剪辑重叠时，从一个剪辑平滑过渡到另一剪辑的过程

13. 在 Premiere 中，字幕文件的扩展名为_____。

A. *.doc　　　　　B. *.txt　　　　　C. *.proj　　　　　D. *.prtl

14. 属于数字化信号的电视制式是_____。

A. HDTV　　　　　B. NTSC　　　　　C. SECAM　　　　　D. PAL

15. 与 CMOS 摄像头相比，_____不属于 CCD（电荷耦合器件）摄像头的优点。

A. 成像好　　　　　B. 灵敏度高　　　　C.抗震性强　　　　D. 成本低

二、多选题

1. 常用的彩色电视制式有_____。

A. EGA　　　　　B. HDTV　　　　　C. JPEG　　　　　D. MPEG

E. NTSC　　　　　F. SECAM　　　　　G. PAL　　　　　H. VGA

2. 自从 1988 年以来，先后制定的 MPEG 系列标准有_____。

A. MPEG-1　　　　B. MPEG-2　　　　C. MPEG-3　　　　D. MPEG-4

E. MPEG-5　　　F. MPEG-6　　　G. MPEG-7　　　H. MPEG-8

3. _____属于视频文件格式。

A. AVI 文件　　　B. MIDI 文件　　　C. MOV 文件　　　D. MPEG 文件

E. JPEG 文件　　　F. DAT 文件　　　G. MP3 文件　　　H. FLV 文件

4. 模拟视频信号转化为数字视频信号需要进行的数字化处理包括_____。

A. 扫描　　　B. 采样　　　C. 量化　　　D. 滤镜

E. 编码　　　F. 特技　　　G. 压缩　　　H. 传输

5. 数字摄像头的性能指标包括_____。

A. 摄像器件　　　B. 接口方式　　　C. 颜色深度　　　D. 带宽

E. 刷新频率　　　F. 帧速　　　G. 品牌　　　H. 外观

三、简答题

1. 为什么在计算机上播放手机拍摄的视频文件不能取得较好的播放效果？
2. 简述视频数字化原理。
3. 选择数字摄像头需要考虑哪些因素？
4. 简述光盘制作系统的组成及各组件功能。
5. 选择一款熟悉的视频制作软件，简述视频制作过程。

第6章 多媒体著作工具

多媒体应用软件的设计不仅需要利用计算机技术将各种媒体信息有机地结合起来，而且需要对各种媒体素材进行精彩的创意和精心的组织，使媒体信息的展示和表达变得更加自然化和人性化。所谓多媒体著作工具是指能够集成处理和统一管理多媒体信息，使之能够根据用户的需要生成多媒体应用软件的工具软件，也有人称它是多媒体创作工具或多媒体写作工具。利用多媒体著作工具制作多媒体应用软件，简单地讲就是用多媒体著作工具设计交互性用户界面，将各种多媒体信息组合成一个连贯的节目，并在屏幕上展现节目。

本章首先介绍多媒体著作工具的基本概念，然后介绍了使用 Authorware 创作多媒体交互应用，以及使用 Dreamweaver 开发多媒体网站的方法。

6.1 多媒体著作工具概述

一般来说，多媒体著作工具能将文本、图形、图像、动画、视频和音频等多媒体素材按照一定的要求和目的集成或组织成为结构完整的多媒体应用软件。但实际上，由于应用目标和使用对象的不同，多媒体著作工具在具体功能上往往存在较大的差别。

通常，多媒体著作工具一般具备以下功能。

1. 编程环境

多媒体著作工具应提供编排各种媒体信息的环境，即能对媒体元素进行基本的信息和信息流控制操作，包括条件转移、循环、数学计算、逻辑运算、数据管理和计算机管理等。多媒体著作工具还应具有将不同媒体信息编入程序、时间顺序、空间布局、调试以及通过人机交互实现动态输入与输出等控制能力。特别是用可视化方法为用户提供编程环境，以降低对用户计算机专业知识背景的要求。

2. 超媒体链接

超媒体链接是指由一个静态对象去激活一个动作或跳转到一个相关的数据对象进行处理的能力。数据对象可以静态数据类型，如文本、图表、图标、图形或图像等；也可以是动态数据类型，如语音、音乐、动画和视频图像等。多媒体著作工具应不仅能实现超媒体链接的功能，还要能够在实现超媒体链接时提供必要的流程控制功能，如条件分支和逻辑分支、根据用户输入进行跳转、对复杂事件的顺序进行调整等。

3. 动态链接

多媒体著作工具应能将外界的应用控制程序与所创作的多媒体应用软件相连接。也就是从一个多媒体应用程序来激发另一个多媒体应用程序，并加载数据，然后返回运行的多媒体应用程序。当然最好能够实现对象链接与嵌入（OLE）或动态数据交换（DDE）。

4. 模块化和面向对象

多媒体著作工具应能让开发者编制的独立片断模块化，甚至目标化，使其能"封装"和"继承"，让用户能在需要时独立使用。通常的开发平台都提供一个面向对象的编辑界面，使用时只需根据系统设计方案就可以方便地进行制作。所有的多媒体信息均可直接定义到系统中，并根据需要设置其属性。

5. 动画处理能力

多媒体著作工具可以通过程序控制，实现显示区的位块移动和媒体元素的移动，以制作和播放简单动画。另外，多媒体著作工具还应能播放由其他动画制作软件生成动画的能力，以及通过程序控制动画中的物体的运动方向和速度，制作各种过渡效果等。

6. 媒体数据的输入

媒体数据一般由多媒体素材编辑工具完成，由于制作过程中经常要使用原有的媒体素材或加入新的媒体，因此要求多媒体著作工具软件也应具备一定的数据输入和处理能力。另外对于参与创作的各种媒体数据，可以进行即时呈现与播放，以便对媒体数据进行检查和确认。

7. 良好的界面

多媒体著作工具应具有友好的人机交互界面，为用户提供屏幕上连接、组合和调配媒体元素的能力，实现"所见即所得"的设计风格，即媒体元素的变化均在屏幕上立即呈现其效果。屏幕呈现的信息要多而不乱，能多窗口、多进程管理。应具备必要的联机检索帮助和导航功能，甚至教学软件，使用户在创作时尽可能不借助印刷文档，就可以掌握基本使用方法。此外多媒体著作工具应操作简便，易于修改，菜单与工具布局合理。

8. 良好的扩充性

多媒体技术的发展非常迅速，因此要求多媒体著作工具有较强的适应能力，尽量考虑兼顾更多的标准，具有良好的兼容性与扩充性。向用户开放系统，提供必要的扩充接口，以利于用户开发多媒体应用软件。

6.2　多媒体著作工具的类型

近年来，随着多媒体应用需求的日益增长，许多公司都对多媒体著作工具软件产品非常重视，并集中人力进行开发，从而使得多媒体著作工具日新月异。目前，大约有 50 余种多媒体著作工具，每一种多媒体著作工具都提供了不同的应用开发环境，并具有各自的功能和特点，适用于不同的应用范围。

由于划分的依据不同，多媒体著作工具存在着多种分类方法，其中比较常见的分类方法有两种：一种是根据多媒体著作工具的适用机型，将其划分为在 Macintosh 计算机上适用的软件和在 IBM PC 及其兼容机上适用的软件两类；另一种是根据多媒体著作工具的创作方法和特点的不同，将其划分为基于页或卡片、基于图标以及基于时间等 3 种多媒体著作工具。

1. 基于页或卡片的多媒体著作工具

这类多媒体著作工具能够通过页或者卡片的方式将各种多媒体素材进行连接，形成多媒体应用软件。页或卡片是管理多种媒体素材的结点，它类似于教科书中的页或数据袋内中的卡片。只是这种页面或卡片上的数据比教科书上的页或数据袋内卡片的数据多样化罢了。在页和卡片中，多媒体元素以面向对象的方式进行处理的。

在基于页或卡片的多媒体著作工具中，能够按照剧本的要求将页面或卡片连接成有序的序列，形成满足要求的多媒体应用软件。由于此类多媒体著作工具的超文本功能突出，特别适合于制作电子幻灯片和电子图书，典型产品有 PowerPoint 和 Dreamweaver 等。

2. 基于图标的多媒体著作工具

这类多媒体著作工具提供了一种组织和展示多媒体的可视化程序设计环境。通过流程线和图标来组织和管理各种媒体文件，并且构造事件、分支和处理的流程图，生成多媒体应用软件。

在基于图标的多媒体著作工具中，流程图是事件安排的次序，形象地描述了整个节目的逻辑蓝图。用户在构建多媒体应用软件时，可以根据需求加入新的内容，如文本、图形、图像、动画、视频和音频等，通过重新安排和微调图标及其属性来编辑逻辑结构。

基于图标的多媒体著作工具确保了创作过程的确定性，保证常规问题的顺利解决，限制了多媒体信息表现性的创造性发挥。典型产品有 Authorware 和 IconAuthor 等。

3. 基于时间的多媒体著作工具

这类多媒体著作工具以可视的时间轴来决定事件的顺序和对象显示上演的时段，以轨道来组织各类多媒体素材。通过在时间线上集成多个轨道或者频道，安排多种媒体素材同时呈现，形成像电影或卡通片的多媒体应用软件。

通常在制作基于时间的多媒体应用程序时，都会提供控制播放的面板，用于控制应用程序的播放过程和进度，能够在时间播放序列的任何位置进行跳转。由于此类多媒体著作工具在按时间序列控制多媒体同步上有独到之处，特别适合于制作动画，甚至是广播级的动画片。然而，由于时间线的推进方式限制了多媒体应用程序进行交互式和逻辑判断方面的处理能力，基于时间的多媒体著作工具在处理上都不如基于页或卡片的多媒体著作工具和基于图标的多媒体著作工具。典型产品有 Flash 和 Action 等。

6.3　多媒体著作工具的评价和选择

在开始创作多媒体应用软件之前，面对众多特点、功能各异的多媒体著作工具，如何评价和选择一种适合于创作同时也适合自己的多媒体著作工具这一问题将随之而来。

6.3.1　多媒体著作工具的评价

多媒体著作工具变化发展快，品种繁多。对多媒体著作工具的评价，首先可以从第 6.1 节中讨论的多媒体著作工具八大功能或特性着手进行，然后再考察其文档、易学易用性、技术支持以及性能价格比等方面进行评价。

1. 性能指标

性能指标主要是指多媒体著作工具所具备的功能或特性。对于那些能够集成多种媒体，并且能够较好地组织各种媒体格式，能够很好地与操作系统兼容的多媒体著作工具则可以评优。对于能具有将不同媒体信息编入程序、时间控制、调试、动态文件输入与输出等能力的多媒体著作工具可评高分。

2. 文档资料

对于一个优秀的计算机软件而言，除了应该具有功能正确、运行可靠的程序外，还应该具有完备、正确的文档资料。如果多媒体著作工具能够提供完整的参考手册、使用说明书、培训教材、实例及完全的功能检索文档，则可以成为一个较好的多媒体著作工具，若实现了以上文档的电子化，则该多媒体著作工具可以评优。

3. 易学易用性

易学性的评价一方面包括以上所讲的文档资料的评价，另一方面包括用户界面的友好性、工具使用的难易程度的评价。易用性的评价则是指对多媒体著作工具在节省用户操作时间以及用户使用该工具的方便程度上进行考察。

总之，易学易用的多媒体著作工具应该给高分，但要注意对工具的功能复杂性和易学易用性进行平衡，人们在学习和使用功能强大的工具时自然会比学习和使用功能较弱的工具花费较多的精力和时间，这是十分正常的，不应一概而论。

4. 技术支持

技术支持主要评价多媒体著作工具供应商的支持方针和支持服务内容。当用户在使用软件过程中，用户可以向供应商的相关技术支持部门询问和咨询技术问题，协助用户更好、更快地完成相关设计任务，解决软件在使用过程中出现的问题。总之，提供技术支持的软件产品比不提供技术支持的软件产品好；免费技术支持服务的时间期限越长，产品得到的评价越高。

5. 性能价格比

对于功能强大的多媒体著作工具而言，多媒体著作工具的价格也是衡量该产品的一个重要指标。性能价格比主要是比较各个多媒体著作工具产品的特点、性能与价格，即衡量其产品各自完成的功能与所需费用比值。

值得指出的是，以上评价标准都具有一定的主观性，因此在对具体多媒体著作工具进行评价时，需由专门的测试中心制定专门的统一的标准，并将各个评价指标很好地进行量化。通过在一定范围内进行评价统计，得出最终的评价统计结果，这样得到对各种多媒体著作工具的正确评价。

6.3.2 多媒体著作工具的选择

选择或购买一套多媒体著作工具时，不能单纯地根据上一节所讲的评价结果进行，更多地考虑的是用户的实际应用环境，除了要考虑应用范围、制作方式、所能处理的媒体数据外，主要考虑前面提到的功能要求是否具备，所提供的功能是否满足多媒体应用软件的设计要求。另外还需考虑以下几个方面的问题。

1. 独立的播放程序

使用多媒体著作工具制作的多媒体应用软件，是否可独立运行。能够独立运行的多媒体节目可大大降低运行环境的成本，以利于其得到广泛传播和使用。

2. 多媒体素材管理

多媒体应用软件除了具有描述其节目流程的控制文件外，还要使用许多来自其他多媒体素材制作工具创作的数据文件。由于素材文件所占空间较大，且存在着数据共享问题，因此，选用的多媒体著作工具如能提供对这些多媒体数据文件进行管理的功能，且能够将控制文件和数据文件分开存放，以利于节省空间，对多媒体应用软件的创作将非常有利。

3. 可扩充性

随着对多媒体应用软件的不断使用，用户可能会希望将自己现有的数据文件在已设计好的多媒体应用软件中能够进行展现，这就需要选用的多媒体著作工具能够提供外挂的数据文件动态链接库（Dynamic Link Library，DLL）等。

4. 中文平台

在多媒体应用软件的设计中，与多媒体著作工具交流信息，文字是主要的媒体。无论是在对多媒体著作工具的学习使用中，还是在多媒体应用软件的培训使用中，中文支持都具有无可比拟的重要性。因此，中文平台的支持是国内普及多媒体应用必不可少的条件。

总之，使用多媒体著作工具开发多媒体应用软件之前，要了解目标系统应具有的内容、特性和外观，以及未来用户的水平和使用目标，必须确定的就是采用什么样的开发方式和著作工具。对多媒体著作工具的选择，不光要考察其本身性能、长处和局限性，还要考察其提供的功能是否能实现目标应用软件的要求，以及是否能够使目标应用软件适应未来的运行环境的要求。

6.4 基于图标的多媒体著作工具

随着多媒体技术的快速发展和普及，多媒体应用逐渐深入到社会生活中的各行各业，各种多媒体应用软件的设计和开发工具也应运而生。Authorware 是 Macromedia 公司于 1991 年推出的一款基于图标的多媒体著作工具。由于其易学易用、简洁高效、功能强大，使得不具有编程能力的用户也能创造出一些高水平的多媒体作品，被广泛应用于多媒体教学和商业领域。

迄今为止，Macromedia 公司已经在中国推出了 7 个 Authorware 版本，它们是 2.0、3.0、3.5、4.0、5.0、6.0 和 7.0 等。本节以 Authorware 7.0 为例介绍其基本操作和部分使用技能。

6.4.1 Authorware 概述

Authorware 是一款基于图标和流程线的多媒体著作工具，采用面向对象的设计思想来组织和集成多媒体素材。它将多媒体素材的处理工作交给其他软件，自己主要承担多媒体素材的集成和组织，能够创作图、文、声、像具备的多媒体应用软件，适合于一般的多媒体开发人员选择使用。

Authorware 的主要特色如下。

（1）程序是由图标和流程线构成，表达程序结构和设计流程清楚直观。

（2）具有良好的用户界面处理能力，强大的交互功能，提供多种交互方式。

（3）对媒体数据的良好兼容，能够接受处理各种类型的文件，如声音文件有 WAV、MID、MP3 等，图像文件有 BMP、TIF、JPG 等，视频文件有 FLI、AVI、MPG 等。

（4）丰富的系统变量和系统函数，并可使用 Active X 控件。Authorware 提供了 11 类变量和 16 类系统函数，通过编制代码，可以大大增强多媒体应用程序的功能。

（5）提供了丰富的知识对象和模块。知识对象是 Authorware 的特色之一，它实质上是一些经过封装的程序片段。用户可以通过知识对象实现各种丰富的多媒体交互功能。

（6）编译输出应用广泛。调试完毕后，即可将编著的多媒体应用软件打包成为可执行文件，脱离 Authorware 在 Windows 环境中运行。

（7）除了光盘发行方式外，Authorware 还实现了多媒体作品的网络发行。用户可以通过 Internet、Intranet 和局域网等多种网络介质，观看、下载和使用多媒体应用程序。

1. Authorware 的启动和退出

开机进入 Windows XP 后，选择"开始"|"所有程序"|Macromedia|Macromedia Authorware 7.02 菜单项，启动 Authorware。如果用户熟悉 Windows XP 操作系统，还有更多地启动 Authorware 的方法。

选择"文件"|"退出"菜单项，或按 Ctrl+Q 键，或直接单击 Authorware 用程序窗口右上角的"关闭"按钮即可关闭 Authorware。

2. Authorware 的窗口组成

Authorware 应用程序窗口由标题栏、菜单栏、工具栏、"图标"工具箱、设计窗口和演示窗口等组成，如图 6-1 所示。

图 6-1　Authorware 应用程序窗口

（1）标题栏。标题栏显示应用程序名称（Authorware）及当前项目名称。如果文件还没有被保存，则项目名称后会有一个"*"号。

标题栏左边是 Authorware 应用程序图标，单击该图标可以打开窗口的控制菜单，它包括"还原"、"移动"、"大小"、"最小化"、"最大化"和"关闭"等菜单项。右边 3 个按钮分别是"最小化"按钮、"最大化/还原"按钮和"关闭"按钮。

（2）菜单栏。菜单栏位于标题栏的下方，包括"文件"、"编辑"、"查看"、"插入"、"修改"、"文本"、"调试"、"其他"、"命令"、"窗口"和"帮助"等 11 个菜单选项。单击菜单选项名称即可打开该菜单，每个菜单里都包含数量不等的命令。菜单项目与可执行操作相对应；单击菜单外的任何地方或者按 Esc 键将关闭当前打开的菜单。另外，按住 Alt 键的同时，再按菜单选项名称后带下划线的英文字母，也可以打开相应的菜单选项。

（3）工具栏。工具栏位于菜单栏的下方，提供了直接执行菜单项的功能按钮。若要执行某一命令，只需单击代表该命令的按钮。如果不了解某个工具按钮的功能，可以将鼠标指针指向该按钮，稍候片刻就会出现对该按钮功能的简单提示，如图6-2所示。

图 6-2　Authorware 的工具栏

（4）"图标"工具箱。"图标"工具箱是 Authorware 的核心部件，由14个图标、2种起止标志和图标颜色调色板组成，如图6-3所示。

（5）设计窗口。设计窗口是进行多媒体应用程序设计的主要区域，多媒体应用程序的设计和组织都是通过在设计窗口中对各类图标进行有机组合来实现的。

在设计窗口中可以看到各种图标、程序的开始点和结束点、主流线、支流线以及粘贴指针等，如图6-4所示。

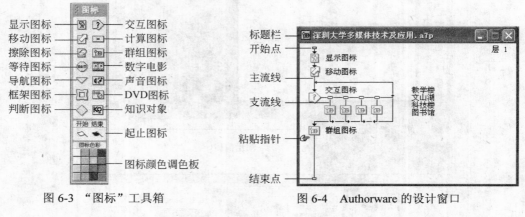

图 6-3　"图标"工具箱　　　　　图 6-4　Authorware 的设计窗口

标题栏：显示被编辑的程序文件名。

开始点：顶端的小矩形，决定程序执行的起点。

主流线：一条被两个小矩形框封闭的直线，用来放置设计图标。流程线中的箭头代表程序的运行方向。程序执行时，沿主流线依次执行各个设计图标。

支流线：其他线段。

粘贴指针：一只小手☞，指示下一步设计图标在流程线上的位置。

结束点：最下面的小矩形，程序将沿着主流线从开始点向结束点运行。

双击群组图标和框架图标可以打开一个新的流程编辑窗口，其中的流程为该图标的子流程，如图6-5所示。

（6）"属性"面板。利用"属性"面板能够方便地查看和设置对象属性。"属性"面板左边显示的是相关对象的预览，图片旁边的文字是对该对象的描述，如文件的大小、当前图标数量、变量数量，以及当前项目文件占用的空间。"属性"面板右边为选定对象

图 6-5　子流程窗口

的属性设置，如图 6-6 所示。

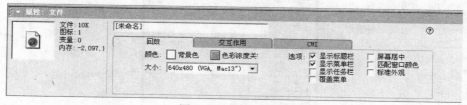

图 6-6 "属性"面板

（7）知识对象。知识对象是一些由 Authorware 提供的、能够实现某一完整功能的程序模块。每个知识对象都为用户提供一个设置向导界面，用户通过这一界面完成对知识对象的设置，从而实现特定功能。知识对象在使用前已被封装好，用户可以在完全不必了解其具体实现原理和过程的情况下进行使用。这样就使一些原本需要具有高深知识，并编写大量代码才能完成的开发目标，一般用户也能轻易实现。单击工具栏上的"知识对象"图标，或者选择"窗口"|"面板"|"函数"菜单项可以打开"知识对象"窗口，如图 6-7 所示。

（8）函数。在 Authorware 中提供了各种功能强大的系统函数，用户在编程过程中可以方便地使用各种函数来实现强大的系统功能。单击工具栏上的"函数"按钮，或者选择"窗口"|"面板"|"函数"菜单项，可打开"函数"窗口，如图 6-8 所示。

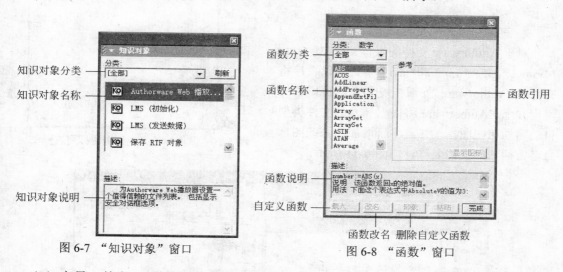

图 6-7 "知识对象"窗口　　　　　图 6-8 "函数"窗口

（9）变量。单击工具栏上的"变量"按钮，或者选择"窗口"|"面板"|"变量"菜单项可以打开 Authorware 提供的"变量"窗口，如图 6-9 所示。在"变量"窗口中可以查看当前系统提供的所有变量，以及变量的初始值、当前值、分类和说明，同时"变量"窗口也将指示变量的使用位置。

6.4.2　图标的使用

图标是 Authorware 程序设计的基本组成部分，每个图标都能独立完成一项特殊的功能。用户可以通过以下 3 种方式将图标增加到流程线中。

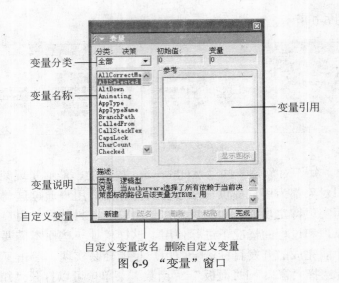

变量分类
变量名称
变量引用
变量说明
自定义变量

自定义变量改名 删除自定义变量

图 6-9 "变量"窗口

1. 拖曳"图标"工具箱上的图标到流程线上

在 Authorware 的"图标"工具箱中提供了完成多媒体应用程序基本功能的图标。当需使用特定的系统功能时，可以直接将"图标"工具箱上的图标拖曳到流程线上，如图 6-10 所示。

2. 直接拖曳外部文件到流程线上

对于 Authorware 支持的媒体文件(如*.txt、*.bmp、*.gif，*.mp3 和*.avi)等，可以直接将文件从 Authorware 外部拖曳到设计窗口中的流程线上。Authorware 将根据插入的文件类型自动增加相应图标，并且将新增加的系统图标命名为插入的文件名称，如图 6-11 所示。

图 6-10 从图标工具栏拖曳图标到流程线

图 6-11 直接拖曳外部文件到流程线

3. 通过菜单栏中的"插入"菜单项插入图标

通过 Authorware 的"插入"|"图标"菜单项也可以在设计窗口中的粘贴指针处插入图

标，如图 6-12 所示。在"插入"菜单项中除了可以插入图标工具栏上提供的所有图标外，还提供了 AcitveX 空间，Flash、GIF 和 QuickTime 等功能更加强大的控件。

增加完图标以后，可以为图标重命名，也可以选择图标通过 Delete 键将选定的图标从流程线上删除。

下面将介绍每个图标的功能及其有关的选项设置。

1. 显示图标

显示图标是 Authorware 在多媒体应用程序设计过程中使用频率最高的图标，主要用于显示特定的信息，如文本、图形和图像等。

从"图标"工具箱中拖曳显示图标到设计窗口的流程线上，即可建立一个显示图标；新增加的图标在时间线上显示为"未命名"，用户可以为相关图标重命名；为显示图标增加内容后，该图标由"灰色"转变为"黑色"，如图 6-13 所示。

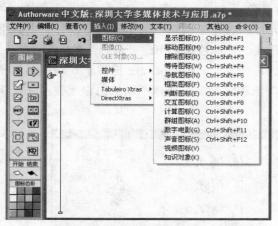

图 6-12　通过菜单栏插入图标

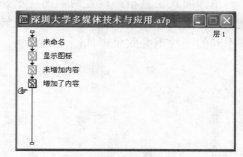

图 6-13　显示图标

双击显示图标，系统将打开显示图标演示窗口和编辑工具箱，如图 6-14 所示。

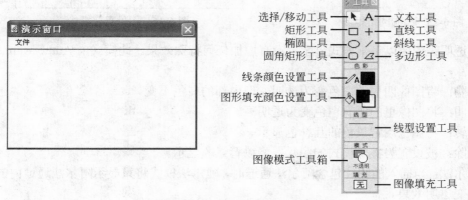

图 6-14　演示窗口与编辑工具箱

利用显示图标提供的编辑工具箱，可以直接创建文本和绘制矢量图形。但是 Authorware 提供的图形、图像编辑功能并不强大，只能创建简单的图形。各个工具的作用分别如下。

选择/移动工具：选取和移动窗口中的对象。

文本工具：在指定位置增加文本输入区，用于增加文字信息。

矩形工具：在指定位置绘制矩形，按住 Shift 键时可以绘制正方形。

椭圆工具：在指定位置绘制椭圆，按住 Shift 键时可以绘制正圆形。

直线工具：绘制垂直、水平、45° 直线。

斜线工具：绘制任意角度直线，按住 Shift 键时只能绘制垂直、水平、45° 直线。

圆角矩形工具：绘制圆角矩形。绘制完成后，可以拖曳矩形内的小方块调整矩形圆角的角度，如图 6-15 所示。

多边形工具：绘制任意形状的多边形或折线。

线条颜色设置工具：设置线条颜色，单击打开"颜色选择工具箱"。

图形填充颜色设置工具：设置图形的填充颜色，单击前后不同方块均可打开"颜色选择工具箱"，设置当前图形填充的前景色和背景色。

线型设置工具：改变选定直线的线型和形状；线型工具箱分为上下两个部分。上面用于设置线条的粗细，下面提供了不同的线条箭头。选择线型即可改变选择线条的形状。

图像模式工具箱：设置两幅图片重叠时的重叠方式。Authorware 提供了 6 种图形重叠模式，分别为不透明、遮隐、透明、反转、擦除和阿尔法。选择不同的图像重叠模式，获取不同的图片重叠效果，如图 6-16 所示。

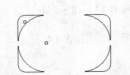

图 6-15　绘制圆角矩形　　　　　　　图 6-16　图像重叠模式

不透明：图像以正常方式显示，没有增加任何特殊效果。此模式为 Authorware 的默认模式。

遮隐：将图像四周的白色变为透明，但内部的白色不变。

透明：将图像里的所有白色变为透明。

反转：将图像用背景色的互补色显示。

擦除：被设置为擦除模式的图片，将以背景色显示。

阿尔法：当插入的图片包含阿尔法通道时，阿尔法模式将只显示阿尔法通道内的图像，实现渐变透明效果。

图像填充工具：在 Authorware 中提供了 36 种填充图案，用以设置图像的填充内容；单击打开"填充图案工具箱"，如图 6-17 所示。

Authorware 可支持多种图像格式，如 WMF、PNG、TGA、GIF、TIF、JPG、PIC、BMP、

DIB 和 RLE 等。选择"文件"|"导入"菜单项，载入各种图像素材，如图 6-18 所示。

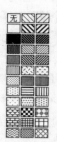

图 6-17　填充图案工具箱

图 6-18　输入文本和导入图片

2. 运动图标

运动图标可以将显示对象在给定的时间内或以指定的速度从演示窗口的一个位置移动到另一位置，建立显示物体的运动动画。运动图标所移动的对象可以是显示图标中静止的文字或图像，也可以是视频图标中动画或影片，但必须预先显示在屏幕上。因此，运动图标应置于包含了目标运动对象的显示图标下方。

运动图标的基本运动形式是基于路径的运动，即使图片、文本等移动对象按照指定的路径，以指定的速度运动，这是多媒体制作中经常要用到的一种运动方式。Authorware 的运动图标提供了 5 种运动类型，如图 6-19 所示。

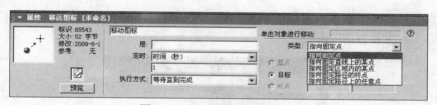

图 6-19　运动图标的运动类型

（1）指向固定点。该运动方式是 Authorware 的默认运动方式，将被移动对象从起点沿直线运动到终点。

（2）指向固定直线上的某点。将被移动对象从当前显示位置，沿直线运动到指定的一条直线上的指定位置。

（3）指向固定区域内的某点。该运动方式类似于建立了一个二维坐标系，使移动对象沿直线运动到二维区域中的某一指定点，可用于实现在棋盘上棋子移动的动画效果。

（4）指向固定路径的终点。将被移动对象沿给定的路径（不一定是直线），从起点移动到终点。

（5）指向固定路径上的任意点。将被移动对象沿给定的路径（不一定是直线），从起点移动到该路径上的某一指定点。

3. 擦除图标

在使用 Authorware 开发多媒体应用软件时，演示窗口中的显示内容并没有随着显示图标的结束自动消失。随着程序的运行，这些图文对象可能会重叠显示。由于在 Authorware

中并没有提供自动擦除显示内容的功能，开发人员必须添加擦除图标来清除不再需要的显示内容。擦除图标类似于橡皮擦，用于擦除屏幕上的显示对象。

擦除图标可以擦去当前显示的任何内容，包括文本、图形、动画和运动。擦除一个图标就相当于擦除它的所有内容。例如，如果一个显示图标中包含 3 个图形对象，使用擦除图标将同时擦除 3 个对象；如果仅要擦除这些对象中的一个时，则需将它放到一个特定的显示图标中，才能把它作为一个单独的对象给予擦除。

使用擦除图标的操作步骤如下。

（1）从"图标"工具箱中拖曳擦除图标放置到程序流程线上，该擦除图标即可实现擦除在此之前演示窗口中所有或部分内容。

（2）选择"调试"|"重新开始"菜单项运行该程序，当运行到擦除图标时，会弹出"擦除图标"对话框和演示窗口。

（3）在演示窗口中单击要擦除或保留的对象，对应的图标将会出现在下面的列表框中，如图 6-20 所示。可以选择多个要擦出或保留的对象。

图 6-20　"擦除图标"对话框

（4）单击"效果"文本框右侧的选择按钮，将打开"擦除模式"对话框，设置擦除时的过渡效果，如图 6-21 所示。

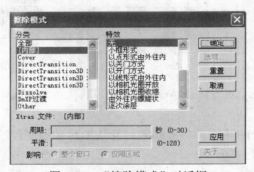

图 6-21　"擦除模式"对话框

4. 等待图标

在多媒体应用软件的设计过程中，为了使媒体的展示过程具有良好的交互性，需要程序在运行过程中有所停顿，以允许用户作出选择。与此同时，在依次显示多个显示图标时，为了能够更清楚地展示每幅画面的内容，需要每幅画面在展示时能有所停顿。等待图标能够使程序暂停执行，等待鼠标单击、按任意键、单击 Continue 按钮，或等待指定的一段时间后继续运行。

使用等待图标的操作步骤如下。

（1）从"图标"工具箱中拖曳等待图标至流程线上的适当位置。双击该图标，打开"属性"对话框，如图 6-22 所示。

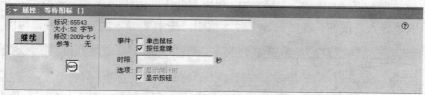

图 6-22　"等待图标"对话框

（2）设置终止等待状态的方式、等待用户反应的最长时限，以及是否显示终止等待状态的"继续"按钮等。

5. 计算图标

在流程线的任何位置可以插入计算图标，双击后可打开"计算图标"窗口，如图 6-23 所示。

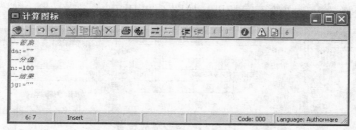

图 6-23　计算编辑窗口

在此窗口内可以输入计算表达式或注释，并且根据需要对交互过程中的复杂操作进行编程处理，利用系统函数、系统变量实现复杂的功能。Authorware 通常会在执行完一个计算图标中的所有语句后退出图标。但若使用改变程序运行方向的函数，Authorware 会立即执行它并退出计算图标。

6. 群组图标

群组图标本身并不完成任何特定的功能，它的作用是对其他图标进行管理。通过将一系列图标组织到一个简单的群组图标中，降低整个程序的复杂度，可以方便地组织程序，清晰地看到程序工作的概貌。群组图标优化了流程线的结构，使 Authorware 能方便地实现模块化的设计思想。

使用群组图标可以有两种方法。

（1）直接在流程线上放置一个群组图标，双击该图标，可打开一个与主设计窗口类似的群组图标设计窗口，窗口中也有一根流程线，可以像使用主设计窗口一样，在该流程线上加入其他的图标。

（2）如果要将流程线上连续的图标组合成一个群组图标，只要先选取它们，然后选择"修改"|"群组"菜单项即可。此时原来流程线上的多个图标将会被一个群组图标所代替。

7. 声音图标

声音是多媒体应用软件的重要组成部分之一，它可以增强程序的生动性、趣味性。在 Authorware 中，声音图标允许将各种声音文件（诸如 WAV、MP3、PCM、VOX 等）集成到多媒体应用中。

加载声音对象的方法有 3 种。

（1）将声音图标从"图标"工具箱拖曳到流程线上。双击该图标，将打开的"声音图标"对话框；单击"导入"按钮，在"向导"对话框中，选中要导入的声音文件，如图 6-24 所示。

图 6-24　"声音图标"对话框

（2）打开资源管理器，直接将要导入的声音文件拖曳到流程线上即可。

（3）选择"文件"|"导入"菜单项，将声音文件导入到时间线上。

声音文件导入后，在"声音图标"对话框中可以对声音的播放方式、播放速率等信息进行设置，实现播放过程中的不同效果，如图 6-25 所示。

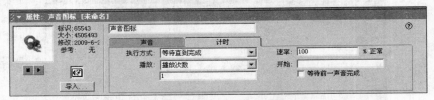

图 6-25　声音播放设置

在执行方式中分别设置了等待直到完成、同时和永久 3 种播放方式。

（1）等待直到完成。声音图标后面的图标执行必须等到当前声音图标执行完成后，也就是声音文件播放完毕以后才能够执行。

（2）同时。声音图标后面的图标将与当前声音图标同时执行，声音文件播放完成后，声音图标退出，其他图标的执行不受影响。

（3）永久。声音图标将一直循环执行，直到多媒体应用程序退出。

在"播放"下拉列表中设置了播放次数和直到为真两个选项。播放次数决定当前声音图标的执行次数；而直到为真选项允许在系统达到某一个特征值时执行声音文件，极大的增强声音图标的有用性。例如当某一个变量达到特定值时，系统将执行声音图标，播放声音图标中的音频文件。特征值条件的设置在"开始"文本框中设置。

声音的播放"速率"决定了声音的播放效果和播放速度。"等待前一声音完成"选项设置当前声音图标是否等待其他声音图标执行完成。

8. 数字电影图标

Authorware 提供的数字电影图标可以将其他程序创作的数字电影（诸如 AVI、DIR、MOV 等）集成到多媒体文件中。Authorware 加载数字电影的方法同加载声音文件的方法相同。

9. DVD 图标

DVD 图标允许播放计算机光驱中的 DVD 光盘。

10. 决策图标

在程序设计中，经常要利用分支和循环来处理和实现一些特定功能，使得多媒体应用软件能够根据按照需求执行不同的部分，或者多次重复特定的效果。在 Authorware 中提供的决策图标可以实现各种媒体对象的顺序播放（顺序结构）、按条件自动选择播放（分支结构）和反复循环播放（循环结构）等。

当 Authorware 的主流程线执行到决策图标时，它将决定多媒体应用程序执行决策图标下的哪一个分支。建立分支结构时，可以通过设置以下两个因素对分支的运行进行控制：一是分支的设置，它决定着哪一个分支该被选取运行；二是重复的设置，它决定 Authorware 重复运行分支的次数。这两个因素均在决策图标对话框中设置，在设计窗口双击决策图标，出现的"属性：决策图标"对话框，如图 6-26 所示。

图 6-26 "属性：决策图标"对话框

利用决策图标建立分支或循环结构，需要进行以下几个方面的设置。

（1）分支方式。"分支"下拉列表中的选项决定着 Authorware 程序将转向执行挂接于决策图标后的哪一个图标。Authorware 的分支方式有 4 种，决策图标在流程线上的代表符号将会根据所选择分支方式的不同而呈现不同的符号。其中：S 表示顺序分支路径；A 表示随机分支路径；U 表示在未执行过的路径中随机选择；C 表示计算分支结构。如图 6-27 所示。

顺序分支路径：依次执行挂在决策图标上的所有图标。

随机分支路径：在决策图标上的所有图标中随机选择一个执行。

未执行过的路径中随机选择：在决策图标上的所有图标中，随机选择一个未执行过的图标执行；已经执行过的图标将不再被选择。

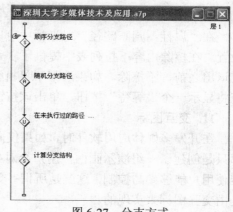

图 6-27 分支方式

计算分支结构：按照计算结果，选择决策图标上的特定图标执行。

"复位路径入口"复选框是有关随机方式的一种约定。当选中此复选框时，每次进入分支图标前都需重新初始化设置与这个分支有关的变量和随机信号源，以保证每次进入同一分支图标将产生不同的随机分支选择序列。

（2）重复方式。"重复"下拉列表项决定了 Authorware 返回此决策图标的次数。Authorware 的重复方式有 5 种：固定的循环次数、所有的路径、直到单击或按任意键、知道判断为真和不重复，如图 6-28 所示。

（3）时间限定。时限栏用于设定执行一个判断结构的时间段。当指定的时间已过，Authorware 将会中断当前的活动，退出分支，执行主流程线上的下一个图标。时间限制可

图 6-28　重复方式

以通过数值、变量或表达式来设定，单位为秒。如果选择了"显示剩余时间"复选框，屏幕上将会出现一个小闹钟，显示剩余时间。

　　将图标（可以是代表动作的显示、播放等图标，也可以是代表一组动作的群组图标）拖曳到决策图标的右下方，即可建立一个分支模块，并可为其输入标题。重复执行可设定若干个分支。双击每个分支上方的菱形标记，属性对话框将出现"判断路径"属性设置，如图 6-29 所示。

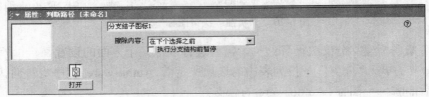

图 6-29　"属性：判断路径"对话框

　　在"属性：判断路径"对话框中可以对分支进行命名，也可以对图标的擦除方式进行设置。在擦除内容下拉列表中提供了 3 种分支演示后的自动擦除方式：在下个选择之前、在退出之前、不擦除。如果选择了"执行分支结构前暂停"复选框，在进入分支之前，系统将显示一个"等待"按钮，单击该按钮后才能退出挂接的图标。

11. 交互图标

　　在开发多媒体应用软件时，如果仅向用户提供文本、图形、动画、视频和声音的组合，那只是创建了一组演示画面，用户会对如此冗长乏味的演示失去兴趣。因此，多媒体软件应使用户能够参与控制，这就是所谓"交互"。Authorware 提供了丰富的交互功能，而这正是由交互图标来实现的。

　　交互图标结合了显示图标和判断图标的功能，在向用户显示一些内容的同时，要求用户根据特定的需要做出某种响应。当用户对显示内容作出响应或交互时，Authorware 将在挂接在交互图标下的所有图标中选择一个满足交互要求的图标执行，根据用户的响应行为控制多媒体应用程序的运行，从而达到较好的交互效果。

　　利用交互图标建立交互结构时，需要先了解以下几个方面内容。

　　（1）交互图标的建立及属性设置。用鼠标拖曳"图标"工具箱中的交互图标放置于流程线上，并为其命名。双击交互图标，进入交互图标显示内容的演示窗口。在演示窗口中编辑和设计相应的显示信息，也可以针对交互类型中的部分交互区域进行设置。演示窗口内容设计完成以后，关闭演示窗口。

　　选择交互图标，单击"修改"|"图标"|"属性"菜单项，打开"属性：交互图标"对话框，如图 6-30 所示。该对话框有 4 个选项卡，其中"显示"和"版面布局"选项卡用来

描述交互图标中的显示对象的属性，CMI 选项卡是有关知识对象的属性设置，"交互作用"选项卡用于设置交互图标显示内容的擦除方式和擦除效果，以及与退出交互图标有关的一些参数。

图 6-30　"属性：交互图标"对话框

　　（2）响应分支的建立及属性设置。把一个图标（可以是代表一个动作的显示、播放等图标，也可以是代表一组动作的群组图标）拖曳到交互图标的右下方，即可建立一个交互响应分支，并可为其输入标题。重复执行可设定若干个交互响应分支。

　　目前在 Authorware 中提供了 11 种交互类型。在第一次建立交互分支时所弹出的"交互类型"对话框中将显示各种交互方式，如图 6-31 所示。

　　按钮：按钮响应，用于响应单击按钮事件。

　　热区域：热区响应，用于响应单击或进入设定区域的事件。

　　热对象：热对象响应，用于响应单击设定物体的事件。

图 6-31　"交互类型"对话框

　　目标区：目标区响应，用于响应将设定物体拖入设定区域的事件。

　　下拉菜单：下拉式菜单响应，用于响应所选择的菜单项。

　　条件：条件响应，用于响应变量或表达式的逻辑值。

　　文本输入：文本输入响应，用于响应由键盘输入的文本。

　　按键：按键响应，用于响应所定义的按键。

　　重试限制：尝试响应，用于响应所限定的尝试次数。

　　时间限制：时间响应，用于响应所限定的限制时间。

　　事件：事件响应，用于响应 ActiveX 控件事件。

　　双击每个响应分支上方的标记，将出现交互图标的"属性：交互图标"对话框，如图 6-32 所示。

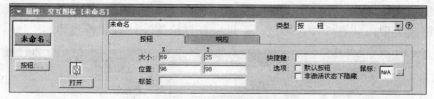

图 6-32　"属性：交互图标"对话框

　　在该对话框中，可对响应分支的响应类型、擦除方式、激活条件、分支流向等属性进行设置。需要指出的是，选择不同的交互方式，对话框中需要设置的选项有所不同。

12. 框架图标

超文本和超媒体技术的出现，使多媒体信息的组织和浏览方式发生了变化，允许从一个概念跳到相关的解释、引用等信息单元，以达到用户主动与系统交互的目的。在Authorware中也提供了组织和开发这类应用软件的技术，使用的工具就是框架图标和导航图标。

框架图标提供了快速建立分支和循环的功能，它本身由显示图标、交互图标、导航图标联合组成。框架图标内的导航图标建立了一套导航控制工具，帮助用户在纳入框架内的页面之间游历，从而为用户提供了一种简易的建立导航的方法。

当建立框架图标时，双击将出现"框架图标"对话框，如图6-33所示。

"框架图标"对话框分为入口窗格和出口窗格上下两部分，可重设整个对话窗口的尺寸，并且通过拖曳分离线调整入口窗格和出口窗格的大小。当Authorware运行到框架图标时，它将首先执行入口窗格中的所有图标，然后才进入该框架图标的第一页。当Authorware退出框架图标时，它会执行出口窗格中的所有图标。

在入口窗格中包含了默认的导航控制，允许用户在不同的图标之间切换。在设计过程中，可以根据实际需要对原有导航图标进行删除、修改或增加。如果用户没有进行设置，当选择"调试"|"重新开始"菜单项运行带有框架结构的应用程序时，系统会自动弹出一个用于导航的"翻页器"。在该翻页器上有首页、末页、前进一页、后退一页、页记录列表、查找、返回和退出框架结构8个按钮，可实现简单的导航，如图6-34所示。

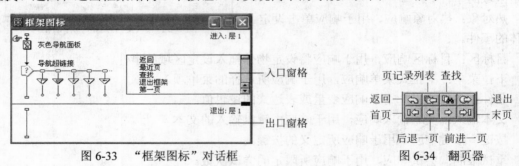

图6-33　"框架图标"对话框　　　　　　　图6-34　翻页器

13. 导航图标

导航图标的功能是改变程序的运行流程。导航图标会在起始点和目标点之间建立链到其他图标的超链接，重新改变主流程线的运行位置。

将导航图标从图标工具栏拖曳到主流程线上，双击该导航图标，打开"导航图标"对话框，如图6-35所示。"目的地"下拉列表框中列出了导航图标在起始位置和目标位置之间建立的链接类型，共有5种：最近、附近、任意位置、计算和查找等。

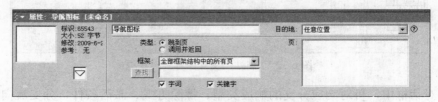

图6-35　"属性：导航图标"对话框

综上所述，在 Authorware 的 13 种图标中，显示图标、等待图标、计算图标、数字电影图标、声音图标和视频图标是可以单独使用的，而运动图标、擦除图标、导航图标、分支图标、交互图标和群组图标则必须与其他图标配合才能使用；框架图标不仅需要与其他图标配合使用，而且其本身还具有特定的结构。

6.4.3 多媒体素材管理

在进行多媒体应用软件设计时，如何有效管理多种多媒体素材，是一项非常耗时的工作。在 Authorware 中提供了 4 种多媒体素材管理工具：外部媒体内容文件、外部媒体浏览器、媒体库和模块。多媒体素材管理工具用于协助对多媒体素材的管理，以达到节省时间、提高效率的目的，其中外部媒体内容文件和外部媒体浏览器需要协同工作。

1. 外部媒体内容文件和外部媒体浏览器

外部媒体浏览器就是在多媒体应用程序开发阶段，用来管理外部媒体内容文件的工具。

当使用外部内容方式将多媒体素材链接到应用程序中时，Authorware 将为该多媒体素材建立了一个外部链接，该文件就成为了外部内容文件。在 Authorware 中保存的只是该文件的链接，文件内容仍保存在程序之外。这种内容外置的方式使用户无论在开发阶段还是在程序打包之后都可以对文件内容进行修改。

（1）外部链接的建立。建立外部链接有两种方法：一是先选择“文件”|“导入”菜单项，利用“导入”对话框加载文件时，选中“链接到文件”复选框；二是在将外部媒体文件拖曳到设计窗口中流程线的同时按住 Shift 键。

（2）外部媒体浏览器。选择“窗口”|“外部媒体浏览器”菜单项，将打开“外部媒体浏览器”对话框，如图 6-36 所示。在对话框中将显示当前多媒体应用程序中所有的外部链接媒体文件，并可以方便地实现外部链接的修改、修复以及重建等。

如果需要修改被链接的外部文件，只需在该对话框中的媒体列表中，选择要被替换的文件，单击“浏览”按钮，选择新文件并单击“导入”按钮即可。当然，如果对外部内容文件进行了移动操作，会使其保存路径发生变化，破坏已建立的外部链接。修复链接的方法同修改链接的方法一样，只是在导入文件时，选择发生了路径变化的原文件即可。

2. 媒体库

媒体库是一个特殊的 Authorware 文件，它包含了图标以及图标内容的集合。媒体库可以包含显示图标、计算图标、数字电影图标、声音图标和交互图标，其他类型的图标不可以放置在媒体库中。需要注意的是，当用户使用媒体库中的内容时，不是对库中的内容进行复制，而是建立一个链接。

（1）媒体库的创建和打开。选择“文件”|“新建”|“库”菜单项，此时会打开一个“多媒体素材库”对话框，如图 6-37 所示。向多媒体素材库中添加图标，只需将图标从“图标”工具箱或流程线中拖曳到“多媒体素材库”对话框即可。

选择“文件”|“打开”|“库”菜单项，在打开的对话框中选择要打开的库，单击“打开”按钮即可打开一个媒体库。

（2）多媒体素材库中图标的使用和删除。将多媒体素材库中图标拖曳到流程线上的适当位置，流程线上就会新增一个标题以斜体方式显示的、具有链接关系的图标。用户可以在媒体库中对图标内容进行修改，但在设计窗口中对链接的图标进行修改时将会有许多的限制。

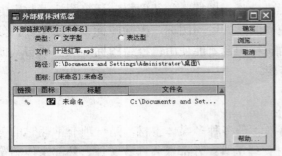

图 6-36 "外部媒体浏览器"对话框

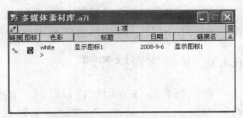

图 6-37 媒体库对话框

在多媒体素材库中选择了要删除的图标,按 Delete 键可向系统发出删除请求,将选定的图标从媒体库中删除。如果该图标已经与流程线建立了链接关系,Authorware 将会弹出一个对话框,提示删除该图标将打破已建立的链接,并询问是否放弃或确认删除操作,单击"继续"按钮即可删除图标。

(3)多媒体素材库的激活和保存。选择"窗口"|"函数库"菜单项,在其级联菜单中选择要激活的媒体库名字,即可激活选中的媒体库。

激活要保存的媒体库,选择"文件"|"保存"菜单项,即可保存多媒体素材库中的内容。

3. 模块

Authorware 中的模块是包含流程线上的一段连续的可以实现特定功能的图标集合的文件。由此可见,与媒体库只能保存单个的图标不同,模块强调的是功能,可以保存相关的可以实现某个特定功能的有序图标。另外,与媒体库图标和外部媒体文件不同的是,模块不与任何文件链接,每当将模块增加到流程线时,就已经将模块的整个内容复制到程序中,此时对流程图中的模块内容进行修改不会影响模块文件。

(1)模块的创建。在设计窗口中按住鼠标左键并拖曳,用产生的虚线框选中要保存为模块的各个图标。然后选择"文件"|"存为模版"菜单项,在打开的"保存在模版"对话框中选择路经并输入名字,单击"保存"按钮即可创建一个模块文件。

(2)模块的使用。如果模块存放在"知识对象"文件夹中,在知识对象窗口中就可直接找到该模块,否则需要建立一个快捷方式并存放于知识对象文件夹中,才能在知识对象窗口中找到它。选择"窗口"|"知识对象"菜单项,打开"知识对象"窗口。在"知识对象列表"窗口中选中要使用的模块,并拖曳到流程线,系统即可完成对模块的复制操作。

熟练地掌握 Authorware 提供的 4 种多媒体素材管理工具,不仅能方便地实现各种多媒体素材的管理,而且可以实现程序的模块化和一定程度的软件复用。

6.4.4 文字对象处理

Authorware 除了能够将各种媒体素材组织和整理以外,也提供了丰富的文字信息处理功能。在显示图标中,Authorware 提供了文字工具,能够提供按照特定的格式书写文字、导入外部文字素材、设计文字效果等。

(1)文字对象的创建和导入。在流程线上增加用以显示文本信息的显示图标,双击该图标打开演示窗口和绘图工具箱。选择文本工具,单击会出现文本输入框,此时系统将出现文本编辑区域，并且该区域处于文本的编辑状态；用户可以根据需要输入相应的文本信息。

选择"选择"|"移动工具"菜单项，退出文本编辑状态。单击文本四周出现的 8 个控点，可调整文本对象的显示格式，如图 6-38 所示。

Authorware 除了支持使用文字工具编辑显示文字以外，也支持将.txt 和.rtf 格式的文本文件导入到显示图标中进行显示。双击流程线上的显示图标后，选择"文件"|"导入和导出"|"导入媒体"菜单项。在"选择媒体"对话框中，选择需要导入的文本文件，单击"确定"按钮。

在导入文本过程中，Authorware 允许对导入的文本文件进行详细设置。当选择了导入目标文件后，系统将弹出"RTF 导入"对话框，如图 6-39 所示。

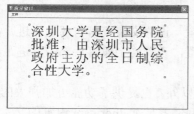

图 6-38　文字工具

图 6-39　"RTF 导入"对话框

在文本文件导入过程中，系统允许使用"硬分页符"选项来设置文本的导入形式。

忽略：将全部文本导入到一个显示图标中。

创建新的显示图标：在此模式中，文件中的每页都会在流程线上新建一个显示图标。

"文本对象"属性将设置导入的文本文件对象的属性。

标准：创建一个不带有滚动条的文本对象。

滚动条：创建带有滚动条的文本对象。

编辑或导入文本后，用户可以设置显示图标中的文本对象格式，为显示文字定制特定的效果。通过选择"文本"|"字体"菜单项、"文本"|"大小"菜单项和"文本"|"格式"菜单项可以设置显示文本的字体、大小和文本风格；单击绘图工具箱色彩栏上的"前景色"和"背景色"按钮，均可以打开"颜色选择工具箱"，设置当前图形填充的前景色和背景色。

选择"文本"|"卷帘文本"菜单项时，显示图标中被选择的文本对象将增加滚动条，便于滚动浏览文本信息，如图 6-40 所示。

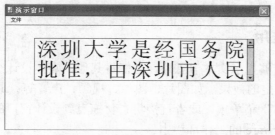

图 6-40　增加了滚动条的文本对象

选择"文本"|"消除锯齿"菜单项将增加选定文本对象的文本平滑效果；而选择"文本"|"对齐"菜单项则可以设置文本在文本对象中的对齐方式。

除了可以修改文本的显示效果以外，Authorware 也允许对段落的显示效果进行调整。当使用"选择/移动"工具选择了指定文本对象时，文本对象将出现一条水平线和 5 个控制点标记，如图 6-41 所示。

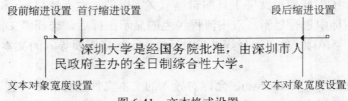

图 6-41　文本格式设置

文本宽度设置：设置整个文本对象的显示宽度。
段前缩进设置：调整文本在文本对象中的显示位置，设置文字段落前部的缩进距离。
段后缩进设置：调整文本在文本对象中的显示位置，设置文字段落后部的缩进距离。
首行缩进设置：调整文本首行的缩进距离。

在 Authorware 中除了提供显示图标表达文字信息以外，也提供了功能更加强大的 RTF 文字编辑功能来实现更好的文字显示效果。RTF 文本编辑器是 Authorware 内置的文本编辑器。选择"命令"|"RTF 文本编辑器"菜单项，打开 RTF 文本编辑器，如图 6-42 所示。

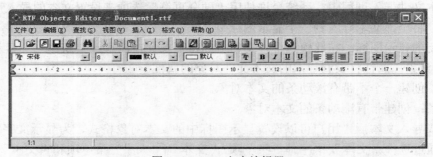

图 6-42　RTF 文本编辑器

RTF 文本编辑器的使用方式与 Word 类似。Word 也能制作 RTF 格式的文本文件，但在 Authorware 中提供的 RTF 文本编辑器可使用 Authorware 定义的变量和函数。

在 Authorware 中可以通过知识对象使用 RTF 对象，并通过 RTF 对象向导选择 RTF 文本的源文件。

6.4.5　多媒体对象应用

Authorware 除了能够显示文本信息外，也能将其他多媒体设计工具创作的素材进行组织，并按要求展现出特定的效果，如图片、图像、视频、声音等；通过选择"文件"|"导入和导出"|"导入媒体"菜单项，或者直接将素材拖曳到设计窗口的主流程线上等将各种多媒体素材加入 Authorware 的工作环境中。

1. 对图像的支持
下面以导入图像文件为例介绍 Authorware 对多媒体对象的支持。
（1）导入或替换图像。导入图像文件后，或者双击已经导入的图片，将打开"属性：

图像"对话框，对图像的属性进行设置，如图 6-43 所示。

图 6-43 "属性：图像"对话框

单击"导入"按钮，可以选择其他图片来替换当前显示图片。同样，在"属性：图像"对话框中，也可以通过显示模式、颜色等功能来设置图像的显示方式，以及图像的前景色和背景色。

在 Authorware 中也可以通过设置图像的显示状态来调整被导入图像的显示方式。在"属性：图像"对话框中提供了原始状态、比例状态和裁切状态 3 种显示方式，如图 6-44 所示。

原始显示

比例显示

裁切显示

图 6-44 图像的显示方式

"原始"：按照图像的原始大小显示，允许设置图片的显示位置。

"比例"：允许设定图像显示的大小，位置，以及长宽方面的缩放比例。

"裁切"：允许设定图像的显示位置，以及原始图像的显示大小和显示区域。

（2）调整图像尺寸。在显示图标中，用户也可以对已经导入的图像文件尺寸和位置进行调整。选择调整目标后，被选择的图像周围将出现 8 个控制点。通过鼠标拖曳这 8 个控制点可以调整图像的显示大小。在拖曳过程中，按住 Shift 键可以实现等比例缩放。当调整完图像大小后，系统将提示您已经改变了图像的原始大小，是否继续，如图 6-45 所示。单击"确定"按钮，图像的大小随之改变。后续的图像尺寸改变操作，将不再提示。

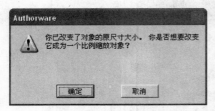

图 6-45　图像调整提示框

（3）设置图像层次。在设计过程中，可以通过设定不同图像的显示层次来调整多个显示图像的显示效果。根据图像的位置不同，分为以下两种情况进行处理。

① 当多个图像存在于同一个显示图标中时，可以通过选择"修改"|"置于上层-置于下层"菜单项调整不同图像的显示层次，调整多个图像的显示层次效果。

② 当多个图像存在于不同的显示图标中时，流程线后面显示图标将覆盖前面图标上的图像。可以在"属性：显示图标"中设置图像的显示层，从而改变不同显示图标的显示层次，如图 6-46 所示。

图 6-46　显示图标的层次

显示图标的默认显示层次为第 0 层，数字越大，图像越靠前。

（4）图像对象对齐。Authorware 也提供了对多个图像对象位置进行排列的功能。选择"修改"|"排列"菜单项，将打开"排列工具栏"，如图 6-47 所示。

（5）图像群组。Authorware 允许将多个图像对象进行群组，实现多个图像的整体移动，或者对多个图像同时调整大小。

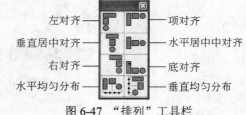

图 6-47　"排列"工具栏

使用"选择/移动"工具选择了多个图像后，通过"修改"|"群组"菜单项将多个图像进行群组；同样，通过选择"修改"|"取消群组"菜单项取消多个图像的群组。

2. 对动画的支持

Authorware 除支持静止图像显示以外，也能够实现简单的动画效果。目前在 Authorware 中能够实现的动画效果有两类。

（1）Authorware 内部制作的动画。目前在 Authorware 中提供了两种简单的动画方式，用于实现文本、图形、图像等对象的运动效果，以及类似于幻灯片的过渡效果。

运动动画主要依靠移动图标完成。由于移动图标本身不包含任何对象，只是记录对象的运动过程，因此每个移动图标一定要配合显示图标才能使用。

（2）Authorware 引用的外部动画。Authorware 支持大多数动画格式，如 GIF 动画、Flash 动画、3ds max 动画等。

3. 对声音的支持

除了支持图像格式以外，Authorware 也支持多种声音格式，如 WAV、AIFF、SWA、VOX、PCM 和 MP3 等。在多媒体应用程序制作中，可以使用声音图标实现各种声音素材的播放。

4. 对视频的支持

同样，在 Authorware 中也可以通过数字电影图标对以下文件格式进行播放。

位图序列：Authorware 支持连续播放一系列位图文件来实现连续的图像播放，构成简易的视频播放效果。插入到数字电影图标中的文件序列，文件名后面必须有 4 为连续编号，如 Filename0001-Filename2000。

视频文件：支持 AVI 格式的多媒体文件。

动画文件：支持 3ds max 制作的动画文件。

Director：支持由 Director 制作的动画文件。

MPEG：支持由 MEPG 进行编码的视频格式文件。

WMV 文件：支持使用 Windows Media Video 编码的多媒体格式。

与此同时，Authorware 中提供的 DVD 图标能够实现 DVD 视频对象的播放；用户也可以在流程线上选择"插入"|"媒体"|Flash Movie 和"插入"|"媒体"|QuickTime 菜单项插入特定的媒体播放图标，实现 Flash 文件和 QuickTime 文件的播放。

6.4.6 多媒体程序交互

Authorware 的最大特点就是便于设计交互式多媒体应用软件，通过让用户实时参与媒体的演示过程，增加多媒体系统的演示效果。例如计算机辅助教学程序、网络游戏、交互性广告等。用户的参与可以是有意识的询问、在一定程度上对原有顺序和内容的改变，也可以是随机的、无意识的单击等行为。

目前 Authorware 能够提供的交互过程分为以下 3 种。

① 用户的输入。多媒体应用程序能够根据用户的操作，如单击、在键盘上按键等，执行不同的分支，展现不同的效果。

② 交互的界面。利用演示窗口中提供的元素，如按钮、下拉菜单、特定区域、特定对象等，实现多媒体应用程序与用户的交互功能。

③ 程序的响应。多媒体应用程序针对用户的操作所采取的动作。

交互响应的过程：Authorware 的典型交互路径包括交互图标、响应图标、响应类型和响应分支 4 个部分，如图 6-48 所示。

在 Authorware 中可以通过交互图标提供 11 种不同类型的交互响应方式，使人机交互设计变得非常简单。在设计过程中，只需要在流程线上增加交互图标，并且根据多媒体应用软件的要求设定交互方式即可。

双击并打开交互图标的演示窗口，为交互过程增添向导或者提示，如输入文字、图形、图片等。在增加响应图标（如显示图标）时，选择或

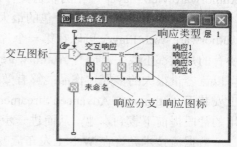

图 6-48　交互过程

调整相应图标的交互类型。单击响应图标上方的响应方式符号，在"属性"面板上查看或者设置相应的交互属性，在"类型"下拉列表框中更改交互响应方式的类型。

6.4.7　发布与打包

利用 Authorware 完成多媒体应用软件的设计工作之后，可以利用 Authorware 提供的发布功能将设计工作生成为可正式发布的产品。在发布多媒体作品时，首先需要考虑使用何种介质来作为存储程序的载体，例如是使用光盘，还是网络？

1. 光盘发布

一个完整的 Authorware 多媒体应用软件不仅要包括 Authorware 应用程序文件，同时也需要包括一些辅助文件来支持应用程序文件的运行，如外部媒体素材文件、Xtras 插件、动态链接库 DLL、媒体库文件等。支持文件在 Authorware 应用程序文件的打包过程中是不处理的，在最终发布的多媒体作品光盘上，一般需要包括以下外部文件。

（1）多媒体作品使用的所有 Xtras。在多媒体作品发布时，要包括 Authorware 中用来处理图形、声音和各种特殊效果的 Xtras 文件。

（2）所有链接的外部文件。为了让多媒体应用程序在运行时能够找到设计过程中链接的外部媒体素材文件，在发布多媒体作品时，还需要将所有链接的外部文件放在相应的位置，保证多媒体运用系统的正确运行。外部文件主要包括图片、图形、外置声音文件、数字化电影等。

图 6-49　"打包文件"对话框

多媒体作品的打包过程分为以下两个步骤。

（1）选择要打包的多媒体作品。选择"文件"|"发布"|"打包"菜单项，弹出"打包文件"对话框，如图 6-49 所示。

（2）单击"打包文件"下拉框，选择"应用平台 Windows XP、NT 和 98 不同"选项，并选中"打包时使用默认文件名"复选框，单击"保存文件并打包"按钮，开始打包。

2. 网络发布

利用 Authorware 制作的多媒体作品除了可以在磁盘上运行以外，还通过 LAN、Internet 和 Intranet 进行网络发布和下载播放。将 Authorware 作品进行网络传播，首先要考虑的是带宽，即传输速率问题。

Authorware Web Player 是在 Web 上发布 Authorware 多媒体作品的工具，用户可以利用 Authorware Web Player 产生的映射文件来管理、控制下载过程和播放。

对多媒体作品进行 Web 打包的最大好处之一就是可以把该多媒体作品分成多个片段。Authorware Web Player 可以在第一个片段被下载完后就开始运行多媒体作品，而无须等到所有的片段都下载完。而且 Authorware Web Player 仅仅在需要某个片段时下载它，这样就可以让容量很大的多媒体作品能够有效地运行，并减少等待延迟现象。如果在 Web 服务器上安装了 Authorware Advanced Streamer，则 Authorware Web Player 还会把用户最有可能使用的片段提前下载到本地，从而进一步改善运行状况。

数据流技术允许在 Web 上发布流畅的、支持跨平台的交互式多媒体片段，使得在网络上应用多媒体应用程序像在本机上运行 Authorware 片段一样，如引入文本、图形、声音、动画、视频以及所有的交互响应、数据跟踪和数据库管理等。在 Web 页面中，允许将片段嵌入到某一个网页中或者让片段以全屏方式运行。

多媒体作品的网络打包过程如下。

（1）选择"文件"|"发布"|"Web 打包"菜单项，在弹出对话框中选择要打包的文件，单击"打开"按钮。

（2）在弹出的"选择目的映射文件"对话框中，接受默认设置，单击"保存"按钮。

（3）在"分片前缀"文本框中输入该片段的前缀，"分片大小"文本框中输入平均段文件的大小（4～500K），如图 6-50 所示。

（4）单击"确定"按钮，开始打包。

图 6-50 "Authorware Web 打包：分片设置"对话框

打包结束后弹出 main.aam 代码，至此网络打包过程完毕。

总之，Authorware 是一款非常优秀的多媒体著作工具。通过提供各种功能强大的图标，能够帮助开发人员方便地制作出界面友好、交互性和感染力强的优秀多媒体作品。

6.5　基于页的多媒体著作工具

互联网的快速发展极大地促进了多媒体在网络应用和通信方面的成功。而 World Wide Web（WWW）作为互联网上的主要应用，成功地将多种媒体格式组织在一起，增加了表现作品和特定内容的效果。作为当前主流网页编程和制作工具之一的 Dreamweaver 结合了强大的可视化布局工具和稳定的基于文本的 HTML 编程功能，能够方便地创建、管理和维护 Web 站点，也让网页多媒体设计过程变得易于使用。

Dreamweaver 能够让初学者立即开始创建 Web 页面，也能让熟悉编码的高级开发人员根据需要直接设计代码。本书将以 Adobe Dreamweaver CS3 为例，介绍多媒体网页开发过程。

6.5.1　Dreamweaver 概述

Dreamweaver 是由美国 Macromedia 公司开发的集网页制作和管理于一身的所见即所得网页编辑器。它是第一套针对专业网页设计师特别开发的视觉化网页开发工具，利用它可以轻而易举地制作出各种能够跨越平台限制和跨越浏览器限制的网页。

Dreamweaver、Flash 和在 Dreamweaver 之后推出的针对专业网页图像设计的 Fireworks 被 Macromedia 公司称为 DREAMTEAM（梦之队），国内也有人将这 3 个工具统称为网页制作三剑客。Macromedia 公司于 2005 年被 Adobe 公司并购，故此软件现已为 Adobe 公司旗下产品。

1. Dreamweaver 的主要特色

在 Dreamweaver 中提供了可视化布局、应用程序开发和代码编辑等功能，降低了网页制作的难度，使得各个技术级别的开发人员和设计人员都能够快速掌握网页开发技巧，将更多的注意放在网页的设计过程中，而不受网页制作过程的干扰。

与此同时，Dreamweaver 提供了网页开发过程中所需的各种软件工具的集合，便于在开发过程中对网页中的元素进行编辑，增强网页开发过程中各类工具的协调工作能力。随着网页开发技术的发展，Dreamweaver 中已经积累了丰富的网页设计模版、模块，在开发过程中可以根据需要挑选相应的网页模块，加快软件开发过程。

Dreamweaver 具备了强大的网页编辑功能，使其成为网页设计人员构建网站和应用程序的专业选择。

2. Dreamweaver 的发展简史

目前，Dreamweaver 已经发布了多个版本，如 Dreamweaver 3.0、Dreamweaver 4.0、Dreamweaver 5.0、Dreamweaver MX、Dreamweaver MX 2004、Dreamweaver 8.0 和被 Adobe 收购后发布的最新版本 Dreamweaver CS3，如图 6-51 所示。

(1) Dreamweaver 3.0　　　　　　(2) Dreamweaver 4.0

(3) Dreamweaver 5.0　　　　　　(4) Dreamweaver MX

(5) Dreamweaver MX 2004　　　　(6) Dreamweaver 8.0

图 6-51　Dreamweaver CS3 的先前版本

如今，有超过 3200 万的专业人士借助 Dreamweaver 进行 Web 开发。而 Dreamweaver 已成为专业 Web 开发所用的行业标准解决方案。

3. Dreamweaver 的启动和退出

开机进入 Windows XP 系统后，单击任务栏上的"开始"按钮，并选择开始菜单中的"所有程序"│Adobe Dreamweaver CS3 菜单项来启动 Dreamweaver。

如果要退出 Dreamweaver，可以选择"文件"│"退出"菜单项，或按 Ctrl+Q 键，或单击 Dreamweaver 应用程序窗口右上角的"关闭"按钮即可。

4. Dreamweaver 的起始页

启动 Dreamweaver 后，系统将弹出起始页，便于快速开展工作，如图 6-52 所示。

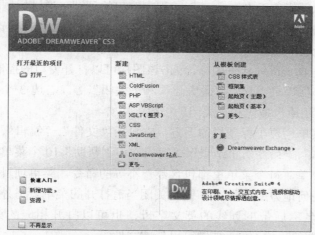

图 6-52 Dreamweaver CS3 起始页

起始页中提供的内容如下。

（1）打开最近的项目。访问最近打开文档的快速连接。

（2）新建。创建各种类型的新文档、站点等。

（3）从模板创建。各类站点开发起始点的页面设计范例。

（4）快速入门。Dreamweaver 指南和教程的程序资源。

（5）扩展。Dreamweaver Exchange 连接（包含能够扩展程序工具的资源）。

当开始创建新页面或者单击"起始页"中的其他选项时，起始页自动关闭。系统将根据用户的选择，进入 Dreamweaver 工作主界面的不同工作状态。

5. Dreamweaver 的窗口构成

以新建 HTML 为例，介绍 Dreamweaver 的工作窗口，如图 6-53 所示。

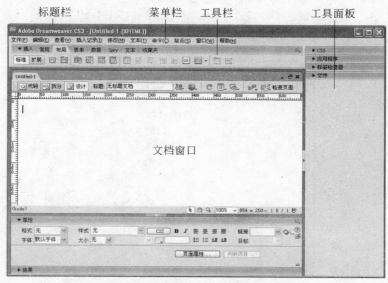

图 6-53 Dreamweaver 主界面

（1）标题栏。标题栏位于 Dreamweaver 程序窗口的顶端，通过标题栏来显示应用程序名称（Adobe Dreamweaver CS3）和当前编辑或查看的文件信息。如果当前文件还没有被保存，则该文件名后会有一个星号（*）。

标题栏最左边是 Dreamweaver 图标，单击该图标可以打开窗口的控制菜单，它包括"还原"、"移动"、"大小"、"最小化"、"最大化"和"关闭"等。右边 3 个按钮分别是"最小化"按钮、"最大化/还原"按钮和"关闭"按钮。

（2）菜单栏。菜单栏位于标题栏的下方，它包括"文件"、"编辑"、"查看"、"插入记录"、"修改"、"文本"、"命令"、"站点"、"窗口"和"帮助"10 个菜单选项。单击菜单选项名称即可打开该菜单，每个菜单里都包含数量不等的命令。菜单项目与可执行操作相对应；单击菜单外的任何地方或者按 Esc 键将关闭当前打开的菜单。另外，按住 Alt 键的同时，再按菜单选项名称后带下划线的英文字母，也可以打开相应的菜单选项，例如按 Ctrl＋S 键可以保存文件，按 Ctrl＋N 键可以新建文件等。

（3）工具栏。工具栏位于菜单栏的下方，提供了直接执行菜单项的功能按钮。Dreamweaver 的工具栏根据创建文件类型的不同有一定的改变，能够提供设计当前文件所常用的一些菜单项，如图 6-54 所示。

图 6-54　工具栏

单击工具栏上的命令按钮，将执行相应的系统功能。如果不了解某个工具按钮的功能，可以将鼠标指针指向该按钮，稍候片刻就会出现对该按钮功能的简单提示。

（4）文档窗口。Dreamweaver 的文档窗口提供了对网页进行设计和编码的主要功能，允许对网页的主题内容（body）部分进行编辑，如图 6-55 所示。

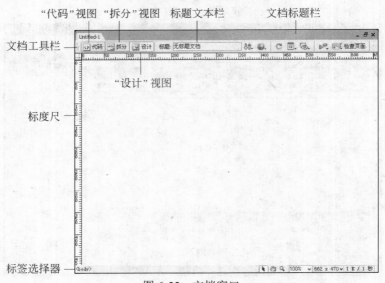

图 6-55　文档窗口

当新建一个 Web 页面时，文档窗口将在文档标题栏处显示一个新的标签页，用于显示新建的网页名称。初始建立网页时，网页的名称都为"Untitled-数字"构成。对网页命名后，相应的标签页名称也会跟随改变。

"标题文本栏"用于设置网页在显示时的文档界面名称，在网页的标题栏或者最小化时显示。

除此以外，Dreamweaver 的文档窗口提供了"设计"视图、"代码"视图和"拆分"视图（同时显示"设计"视图和"代码"视图）3 种视图模式，如图 6-56 所示。

"拆分"视图　　　　　　　　　　　　　　　　　"代码"视图

"设计"视图

图 6-56　文档窗口的 3 种模式

①"设计"视图允许用户利用"所见即所得"（What you see is what you get，WYSIWYG）的方式编辑网页，创建网页的方式类似于编写 Word 文档。在"设计"视图中可以直接插入文字、图像、动画、表格、超文本链接等，利用鼠标和菜单等实现网页的版面设计，适合初级网页设计人员使用。

②"代码"视图主要提供 HTML 的编码界面，便于程序设计人员通过编写代码的方式设计 Web 页面文档。通过代码进行网页设计可以较好地控制各个网页元素的显示位置，实现一些"设计"视图所不能完成的功能，适合具有一定网页编程经验的设计人员。

③"拆分"视图在一个视图中分块显示"设计"视图和"代码"视图。用户可以根据需要在"拆分"视图的不同部分通过文档编辑或者 HTML 代码设计的方式制作网页。在一个视图上进行的修改将即时体现在另外一个视图中，便于网页设计人员进行程序设计。当然，对于初学用户而言，拆分视图也是一个较好的学习网页代码设计的工具，通过实际效果和代码的对应关系了解 Web 页面的实现过程。

（5）"属性"面板。当在文档窗口的"设计"视图中选择特定的网页元素时，如文字、图像、链接等，Dreamweaver 窗口下方的"属性"面板将显示该元素的相关属性。利用"属性"面板可以查看或者设置当前选择对象的属性，如图 6-57 所示。

图 6-57　"属性"面板

（6）"工具"面板。在 Dreamweaver 中提供了 CSS（Cascading Style Sheets，层叠样式表）样式、应用程序、标签检查器和文件 4 个"工具"面板。Dreamweaver 将各种面板组织到面板组中，并将各个面板显示为选项卡。单击面板上的倒三角展开或者折叠每一个面板；同时，也可以让各个面板停靠在面板组中，或者取消停靠。

① "CSS 样式"面板。随着网页设计技术的发展，越来越多的网站开始使用 CSS 来进行页面样式调整。Dreamweaver 中的"CSS 样式"面板可以帮助网页设计人员查看和修改当前所选页面元素的 CSS 规则和属性，以及查看整个页面的 CSS 规则和属性，如图 6-58 所示。

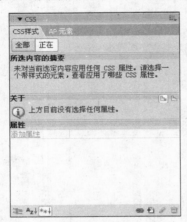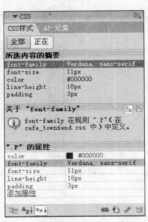

CSS面板初始状态　　　　　　　具有CSS属性的网络元素

图 6-58　CSS 样式面板

"CSS 样式"面板中提供了"全部"和"正在"两个切换按钮，便于查看影响页面，或者当前选定元素的 CSS 属性。当选择"正在"模式时，"CSS 样式"面板将显示"所选内容的摘要"、"关于"和"属性"3 个窗格。

"所选内容的摘要"窗格：显示当前所选网页元素的 CSS 属性。

"关于"窗格：显示所选属性的位置。

"属性"窗格：允许网页设计人员查看和修改当前所选内容的 CSS 属性规则。

② "应用程序"面板。"应用程序"面板组集成了数据库、绑定、服务器行为、组件这 4 个重量级的面板，能实现从定义数据库连接、定义数据集、添加动态数据到网页中的所有功能，如图 6-59 所示。

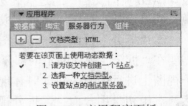

图 6-59　应用程序面板

通过网页访问数据库方面的内容超出本书的涉及范围，请感兴趣的读者查看其他相关动态网站设计书籍。

③ "标签检查器" 面板。标签检查器用于编辑或添加属性及属性值，修改属性表中的标签和对象。在查看各个标签的属性时，可以选择 "按类别组织" 属性 和 "按字母排序" 属性 两种方式，如图 6-60 所示。

按类别组织

按字母排序

图 6-60　标签检查器面板

单击 "属性" 标签，可以对标签的属性值进行修改。单击最后一个属性名称下方的空白位置，可以为标签增加一个新属性。

④ "文件" 面板。文件面板协助网页设计人员查看和管理 Dreamweaver 站点中的文件，便于将来为网页元素增添超链接时，通过 "指向图标" 设定目标对象，如图 6-61 所示。

"文件" 面板中的文件浏览方式与 Windows 资源浏览器一致。在该面板中还提供了链接远程主机 、刷新 、获取文件 、上传文件 、取出文件 、存回文件 、同步 、展开以显示本地和远端站点 等功能，便于网页设计人员进行本地站点文件和远程站点文件的管理和同步，以及和配置管理工具集成开发。

图 6-61　文件面板

6.5.2　站点规划

在创建网站之前，需要对当前 Internet 上的网站有一个清晰的认识。每个站点都是由无数独立的网络页面、图片、音乐、视频、数据库等组成的文件集合，各种网页元素通过超链接彼此链接。因此，可以认为网站站点是组成多媒体网站的所有文件和资源的集合。

在 Dreamweaver 中允许在本地计算机上创建站点，即在硬盘上创建目录来存储网站的相关资源，例如网页、图片、音乐、视频等。与此同时，为了保证本地站点和远程站点的同步更新，Dreamweaver 也可以随时将本地站点中的网站资源上传到远程服务器上，便于进行本地站点和远程站点上的文件管理。

1. 定义站点

合理的站点结构能够加快站点的设计过程，提高网页设计人员的工作效率，节省制作和维护的时间。一般而言，在创建网页站点之前，首先利用 Dreamweaver 在本地计算机上构建出整个站点的目录结构，并设置站点信息。

定义站点的步骤如下。

（1）创建本地文件目录。在本地文件目录中定义一个新的文件夹来存储新网站所需要的所有资源，例如 E 盘的 Multimedia 目录。为了保证网站中的资源能够正确存储，在创建本地文件目录时需要确保磁盘已经预留了存储相关文件的存储空间。

（2）建立站点。启动 Dreamweaver，在 Dreamweaver 起始页中选择"新建"|"Dreamweaver 站点"菜单项或者选择"站点"|"新建站点"菜单项，打开"站点定义向导"，如图 6-62 所示。

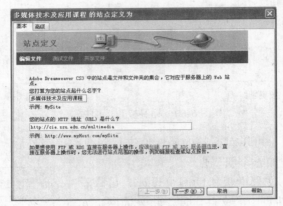

图 6-62　建立站点向导（1）

在"站点向导（1）"中设定当前创建网站的站点名称，以及当前站点完成后，在网络上的访问网络地址，单击"下一步"按钮，进入"站点向导（2）"，如图 6-63 所示。

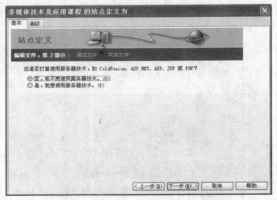

图 6-63　建立站点向导（2）

根据创建网站的类型，设计人员可以在"站点向导（2）"中选择建设网站的技术。如果当前创建的网站需要能够根据用户的输入进行计算，或者需要与数据库交互，那么在"站点向导（2）"中选择"是，我想使用服务器技术"；否则，如果只需要展示某些信息，完成各个页面之间的静态链接，则在"站点向导（2）"中选择"否，我不想使用服务器技术"。

本书主要介绍多媒体网站的创建过程，并不介绍根据用户的输入信息进行计算，以及网站数据库访问技术。选择"否，我不想使用服务器技术"。如果读者感兴趣，可以参考其他"动态网页设计"方面的书籍。

单击"下一步"按钮，进入"站点向导（3）"，如图 6-64 所示。

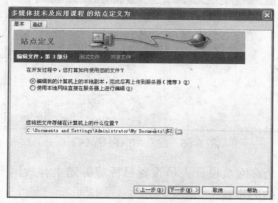

图 6-64　建立站点向导（3）

"站点向导（3）"中允许网站设计人员选择创建和修改网站资源的方式。"使用本地网络直接在服务器上进行编辑"允许直接通过网络修改远程服务器上的网站资源；"编辑我的计算机上的本地副本，完成后再上传到服务器（推荐）"让网页设计人员在本机目录中存储当前设计的所有网站资源和文件。只有当网页或者网站资源组织好以后，再将所创建的文件通过网络上传到目标远程服务器上。

一般情况下建议使用"编辑后再上传"方式，避免让其他人员访问到未完成的网页。单击"文件夹浏览按钮"⬜设定本地站点对应的文件目录，如图 6-65 所示。

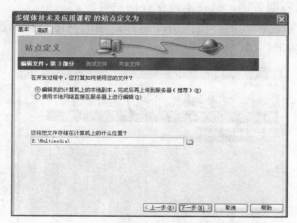

图 6-65　设定站点本地目录

单击"下一步"按钮，进入"站点向导（4）"，如图 6-66 所示。

在 Dreamweaver 中集成了多种本地站点与远程站点同步网站资源的方式。在"站点向导（4）"中，网站设计人员可以选择适合需要的网络链接方式，例如：本地/网络、FTP、WebDAV、RDS 和 SourceSafe （R）数据库。

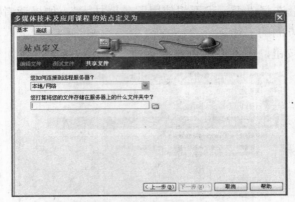

图 6-66　建立站点向导（4）

①"本地/网络"：允许网页设计人员设置目标服务器上存放网页的远程目录，便于实现本地站点和远程站点的同步。

② FTP：当网站设计完成后，或者完成部分网页功能时，通过 FTP 将制作的网站资源上传到指定服务器上；也可以通过 FTP 将远程服务器上的资源下载到本地。

③ WebDAV：Dreamweaver 可以连接到使用 WebDAV（基于 Web 的分布式创作和版本控制）的服务器。WebDAV 是对 HTTP 协议的扩展，允许以协作方式编辑和管理远程 Web 服务器上的文件。

④ RDS：连接到 RDS 服务器来处理文档而无须创建 Dreamweaver 站点。

⑤ SourceSafe 数据库：允许设计人员通过其他版本控制工具来管理当前网站中的资源。

⑥ 无：不连接远程服务器，只在本地保存网站资源。

一般情况下，网站设计人员会根据情况选择适当的网络链接情况。在本书中，选择"无"，即不链接到服务器，如图 6-67 所示。

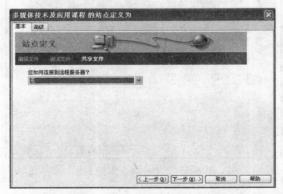

图 6-67　设定远程服务器连接方式

单击"下一步"按钮，进入"站点向导（5）"，如图 6-68 所示。

在站点向导（5）界面中显示了创建当前站点过程中的设置信息，单击"完成"按钮，完成站点创建过程。

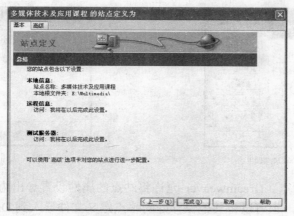

图 6-68　建立站点向导（5）

Dreamweaver 除了让设计人员通过站点创建向导方式建立站点外，也提供了站点属性的高级设置方式，如图 6-69 所示。

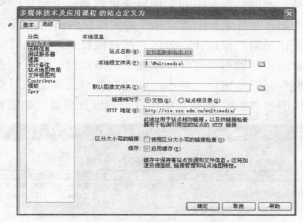

图 6-69　站点高级属性设置

选择左侧属性列表中的不同分类，网站设计人员可以在右侧设定网站的不同属性。

2. 站点管理

Dreamweaver 中提供了站点管理功能，允许网站设计人员管理多个网络站点。

选择"站点"|"管理站点"菜单项，打开站点管理器，如图 6-70 所示。

站点管理器将列举出 Dreamweaver 中管理的站点。设计人员可以在管理器中新建、编辑、复制、删除站点，也能够将站点的目录结构信息导出，或者将其他站点的信息导入到当前站点管理器中。

（1）编辑站点。在站点列表中选择需要编辑的目标站点，单击"编辑"按钮。系统将弹出"网站属性设置"，便于修改目标站点的相关属性。

（2）复制站点。选择特定站点后，单击"复制"按钮将在 Dreamweaver 中复制一份当前网站站点的设置，如图 6-71 所示。

（3）删除站点。单击"删除"按钮将删除左侧处于选择状态的站点。

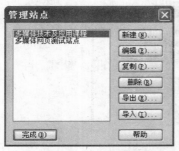

图 6-70 站点管理器

图 6-71 复制网站站点

（4）导出/导入站点。Dreamweaver 允许将站点的属性设置导出为后缀名为（*.ste）的站点定义文件。同样，也可以将其他保存好的站点定义文件导入到 Dreamweaver 中，并生成相应的站点设置。

3. 网站目录组织

在 Dreamweaver 中创建了站点后，Dreamweaver 将在工作环境和本地文件目录中形成文件对应关系。而此时，本地站点对应的文件目录仍然是一个空文件夹。为了便于网站管理和维护，可以在站点（本地目录）中建立相应的文件目录结构，组织各种网页素材。

网站的目录结构设计采用规范设计，即建立网站根目录，再在网站根目录下建立各级栏目的目录；创建目录结构可以在"文件"面板中的站点窗口进行，也可以在本地文件目录中进行。由于"文件"面板的窗口比较小，创建文件目录的工作可以在站点管理器中进行。单击"文件"面板中的"扩展/折叠"按钮打开站点管理器，如图 6-72 所示。

图 6-72 站点管理器窗口

站点管理器左侧显示的是和远程站点相关的信息，右侧显示本地站点中的文件目录。网站设计人员可以像建立本地文件目录那样为本地站点创建相应的文件目录，并且为网站增加其他资源。

根据网站设计的目标不同，网站的目录结构组织也有一定的区别。通常情况下会建立以下目录结构，如图 6-73 所示。

其中，image 目录用于存放网站中使用到的图片文件；css 目录存放网站中使用的样式表；scripts 目录容纳网站中的所有脚本文件；背景音乐或其他声音文件放入 media 目录中；web 目录中存放网页文件（用户也可以根据需要建立子目录，对网页内容进行再次组织）；当系统出错时，可以将出错的信息引导到 error 目录中的指定错误页面。

一般情况下，网站服务器将在目录中寻找名为 index.html，或者 index.htm 的页面作为该文件夹的默认打开文件，因此在制作网站的过程中应当将网站的首页改为这两个名字之一（部分服务器也设置 default.html，或 default.htm 为默认页面）。

4. 站点地图

在创建完站点，并建立了各级文件目录和网页资源文件后，Dreamweaver 可以将本地站点中的文件生成本地站点地图，便于网站设计人员对不同的网页素材文件进行布局。

站点地图将网页显示为图标，采用树型结构组织各类网站素材。

在"文件"面板中，选择"站点视图"下拉列表中的"地图视图"，如图 6-74 所示，打开站点地图。

图 6-73　通用站点目录结构

图 6-74　站点视图下拉列表

站点地图显示从主页开始的两个级别深度的站点结构，如图 6-75 所示。网站设计人员可以将新文件添加到 Dreamweaver 站点中，或者添加、删除、修改已经存在的网站链接。在站点地图中也可以选择网页，在文档窗口中对打开页进行编辑。

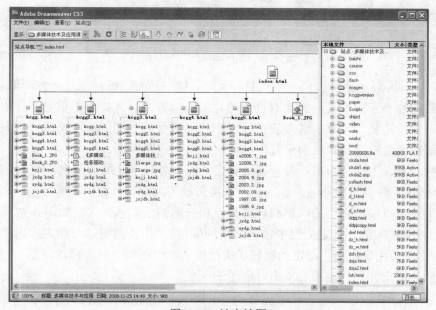

图 6-75　站点地图

6.5.3　多媒体网页创作

Dreamweaver 强大的网页制作能力使得网页创作过程变得非常简单。利用设计视图，制作网页的过程与编写文档的方式相同。用户可以在网页设计过程中为网页增加文字、图形、图像、视频、动画等多媒体信息，也可以通过 Dreamweaver 提供的各种属性设置功能增强各种媒体素材的表现效果，创作具有交互性的多媒体网站。

1. 网页属性设置

在创作多媒体网站之前，网站设计人员可以通过 Dreamweaver 的"属性"面板调整网页的基础属性，如网页显示大小、背景色等。单击"属性"面板上的"页面属性"按钮打开"页面属性"对话框。

在"页面属性"对话框中提供了 5 类网页属性的设置功能。

（1）"外观"分类设置选项：允许设置 Web 页面上显示文字的默认字体、大小和文本颜色。同样，在该分类中也可以设置当前网页的背景颜色、背景图像和背景图像的重复方式，如图 6-76 所示。

图 6-76　"页面属性"对话框

当前，Dreamweaver 中提供了不重复、重复、横向重复、纵向重复 4 种图像显示方式，允许在背景图片小于网页页面大小时设置图片的显示方式。选择"不重复"选项将仅显示背景图像一次；选择"重复"选项将在横向和纵向重复或平铺图像；选择"横向重复"选项可横向平铺图像；选择"纵向重复"选项可纵向平铺图像。

页面的左右、上下边距用于设置网页界面间隔屏幕显示区域的距离。

（2）"链接"分类设置选项：显示页面链接所使用的字体、大小、链接颜色和链接样式等信息。用户可以根据页面的风格和样式设定相应的链接显示方式，如图 6-77 所示。

其中，"链接颜色"指定应用于链接文本的颜色；"已访问链接"指定应用于已访问链接的颜色；"变换图像链接"指定当鼠标（或指针）位于链接上时应用的颜色；"活动链接"指定当鼠标（或指针）在链接上单击时应用的颜色。

（3）"标题"分类设置选项：设置 Web 页面中各级标题文本的字体、大小和颜色信息，如图 6-78 所示。

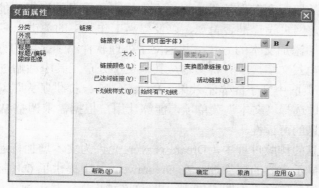

图 6-77　链接分类属性设置

图 6-78　标题分类属性设置

（4）"标题/编码"分类选项：提供网页显示标题、文档类型、网页编码方式等属性设置。默认在创建网页过程中使用 Unicode（UTF-8）编码，如图 6-79 所示。当然，也可以根据网页的显示内容选择相应的编码格式，如简体中文（GB-2312）。

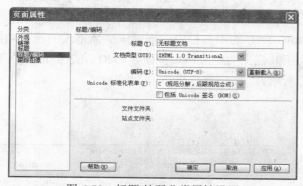

图 6-79　标题/编码分类属性设置

（5）在设计 Web 网页的过程中，可以根据需要插入一个图像文件，并在设计页面时使用该文件作为参考。"跟踪图像"分类选项用于选择跟踪图像，并设置跟踪图像的不透明度。当文档在浏览器中显示时，跟踪图像并不出现。

2. 网页添加文本

众所周知，文本是 Web 页面中最常见的元素。在网页的创作和显示过程中，网页中的文本如果具有较好的组织和表现效果，将极大地提高浏览者的兴趣。能否对各种文本控制手段运用自如是决定网页设计是否美观，以及提高工作效率的关键。

Dreamweaver 中添加文本的方式与其他文字处理软件添加文字的方式相同。用户可以选择直接通过键盘输入文字，或者将文本从其他文字处理工具中粘贴过来。

为了提高 Web 页面中文字的显示效果，Dreamweaver 提供了大量对文本进行排版和格式设置的功能。通过选择"文本"菜单项，能够让用户根据需求调整 Web 页面文字的显示效果，增强文本信息的可读性。

在进行文字信息的排版过程中，Dreamweaver 允许为文本增加标题信息，对内容进行组织和分类，保证显示内容的层次性。在 Dreamweaver 中提供了 6 种标准标题，分别以指定的字体样式显示相关信息，如图 6-78 所示。这 6 种标题的显示样式如图 6-80 所示。

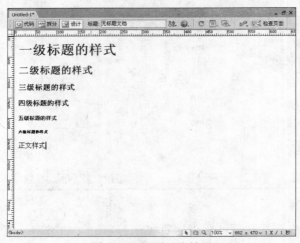

图 6-80　标题对比效果

选定将要改变格式的文字，使用"属性"面板"上的"格式"下拉列表改变选定字体的标题格式，如图 6-81 所示。

与此同时，Dreamweaver 的工具栏中也提供了字体格式的设置功能。选择工具栏中的"文本"选项卡，利用工具栏上的相应格式按钮（如 h1、h2 和 h3 等）可以为指定文字设定显示效果，如图 6-82 所示。

图 6-81　格式下拉列表

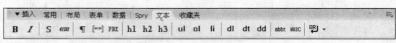

图 6-82　文本工具栏

3. 向网页添加图形和图像

图片资源作为 Web 页面文字信息的补充，可以在提高网页信息的可读性的同时，增加了页面的显示效果。

根据 Web 2.0 页面元素标准，目前在 Internet 上运行的网页支持使用*.gif、*.jpg、*.jpeg和*.png4 种图形和图像文件。Dreamweaver 的强大功能使得在 Web 页面中插入图形和图像

信息变得非常简单。选择"插入记录"|"图像"菜单项，打开"选择图像源文件"对话框，如图6-83所示。

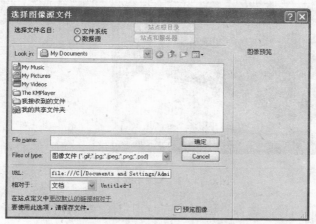

图6-83　选择图像源文件对话框

选择了图像文件后，"选择图像源文件"对话框右侧将显示图像预览，便于查看和挑选目标图像文件。

与此同时，"选择图像源文件"对话框也可以设置当前图片的保存位置。对话框底部的"相对于"下拉列表用于设置查找和链接图片的方式。Dreamweaver默认以相对于"文档"的方式查找图片文件，目标图片的链接地址为图片文件相对于当前Web页面保存地址的相对地址。当选择以"站点根目录"方式链接图片文件时，Dreamweaver将在Web页面中保存当前图片文件的绝对地址，如图6-84所示。

相对于文档链接图片

相对于站点根目录

图6-84　图像文件链接方式

在网页设计过程中，系统推荐以相对于"文档"的方式查找图片文件。当使用绝对地址保存图片链接时，Web页面中保存了图片在本机上的绝对地址。网页发布后，目标服务器的图片放置位置不一定和本机的图片位置相同，并且由于Web页面中存储的是图片地址，在网页的显示过程中容易出现找不到目标图片而显示不正常。

为了确保图片引用的正确性，图像文件必须位于当前站点中。如果图像文件没有保存在当前站点中时，Dreamweaver会询问是否要将此文件复制到当前站点中。

插入图片以后，可以在文档设计窗口中查看插入图片的显示效果，如图6-85所示。

在文档设计窗口中，可以利用鼠标对显示图片的大小进行调整。选择目标图片后，图片的右边、底部和右下角将出现相应的调整点，用户可以根据需要调整图片的宽度、高度和整体大小。在调整图片大小的过程中按住键盘上的Shift键允许对图片进行等比例调整，避免调整图片过程中出现图像比例失调。

图 6-85　插入图片显示效果

Dreamweaver 的图像"属性"面板允许对指定图像的各种属性进行修改，如图 6-86 所示。

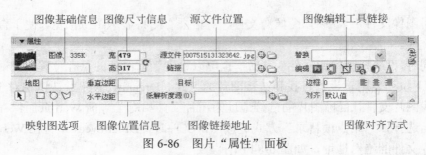

图 6-86　图片"属性"面板

① 图像基础信息：显示当前图像的预览图和图像实际占用空间大小。用户可以为当前图像设定一个别名，从而在 Web 页面程序设计过程中进行调用（如 JavaScript、VBScript）。

② 图像尺寸调整：设置图像的显示宽度和高度。图片的尺寸改变后，图像尺寸文本框右边将出现一个"撤销"按钮 ，单击该按钮将重置图像的显示尺寸为原始尺寸。

③ 源文件位置：设定当前图像源文件的名称和位置。

④ 图像链接地址：设定图像链接的网页文件地址；当设定了图像的链接地址后，图像"属性"面板中的"目标"下拉列表由灰色变为运行状态，设置目标网页打开的位置。其中，_blank 将链接的文件加载到一个未命名的新浏览器窗口中；_parent 将链接的文件加载到含有该链接的框架的父框架集或父窗口中。如果包含链接的框架不是嵌套的，则链接文件加载到整个浏览器窗口中；_self 将链接的文件加载到该链接所在的同一框架或窗口中。此目标是默认的，所以通常不需要指定它；_top 将链接的文件加载到整个浏览器窗口中，会删除所有框架。

⑤ 替换：指定在只显示文本的浏览器或已设置为手动下载图像的浏览器中代替图像显示的替换文本。对于使用语音合成器（只显示文本的浏览器）的有视觉障碍的用户，将大声读出该文本。在某些浏览器中，当鼠标指针滑过图像时也会显示该文本。

⑥ 图像位置信息：设置当前图片的显示位置。

⑦ 边框：设定图像的边界，单位为像素。

⑧ 图像对齐方式：设定图像相对于当前网页的水平对齐方式，分别为左对齐、居中对齐、右对齐。

⑨ 对齐：对齐同一行上的图像和文本。

⑩ 低解析度源：指定加载主图像之前应该加载的图像。在网页设计过程中，有些时候需要显示占用空间较大的图像文件。为了保证在下载该图像文件过程中的页面美观，可以设置一张低解析度源的小容量的照片。在主图像文件下载显示之前，网页中的图像位置将显示该小容量的照片。

为了便于快速设置图像源文件、图像链接或者低解析度源文件，Dreamweaver 提供了 3 种方式来指定目标链接文件。

① 文件浏览：单击"文件浏览"按钮📁，打开"选择图像源文件"和"选择文件"对话框，指定目标对象。

② 直接输入 URL 地址：直接在"属性"面板对应的文本框中输入资源的访问地址。

③ 指向文件图标：将"指向文件"图标⊕拖曳到"文件"面板中的指定文件，如图 6-87 所示。

同时，Dreamweaver 中也集成了一些简单的图形或图像编辑功能。

编辑：启动 Dreamweaver 在"外部编辑器"首选参数中指定的图像编辑器打开选定的图像，并编辑选定图像；编辑选项处将显示外部浏览器的快捷方式图标，如 Photoshop 为 📷。

优化📷：打开"优化"对话框，允许按要求对选定图片进行设置。

裁剪📷：裁切图像的大小，删除所选图像中不需要的区域。

重新取样📷：对已调整大小的图像进行重新取样，提高图片在新的大小和形状下的品质。

亮度和对比度📷：调整选定图像的亮度和对比度。

图 6-87　指向文件图标设定目标链接地址

锐化▲：调整图像的锐度。

图像映射将一幅图像分割为若干个区域，允许将这些子区域设置为热点区域，将图像的指定部分链接到其他不同的页面，对指定内容进行特殊说明和介绍。

目前在 Dreamweaver 中提供了矩形热点区域▢、圆形热点区域◯和多边形热点区域▽，能够在选定的图像指定特定的热点，如图 6-88 所示。

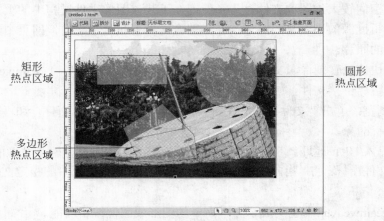

矩形
热点区域

圆形
热点区域

多边形
热点区域

图 6-88　热点区域

在设置热点区域过程中，可以使用调整热点工具▶对已经设置的热点区域的位置、大小进行调整。选择需要调整的目标对象，被调整的热点区域边缘将出现多个调整点。修改这些调整点的位置可以进一步设置热点区域的形状。

选择指定热点区域后，可以查看和设置热点区域的目标链接地址，如图 6-89 所示。热点区域的链接地址设置与其他对象的网页链接地址设置类似。

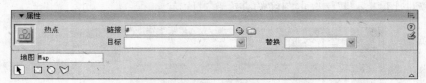

图 6-89　热点区域"属性"面板

4. 嵌入多媒体素材

在 Web 页面中嵌入多种媒体格式，可以增强网页内容的表现效果，美化网络页面。目前，Web 页面除了可以使用文字、图形和图像素材以外，也能将声音、视频、动画等其他媒体素材嵌入到网页中。

在 Dreamweaver 中，选择 "插入记录"|"媒体"菜单项，将各种媒体素材插入到网页中。

（1）嵌入 Flash 动画。Flash 文件是当前网页中最常见的多媒体文件。正是因为 Flash 文件占用空间小、效果好，并且具有一定的交互功能，很多网页都利用 Flash 来实现简单的动画和视频，增强网页的宣传效果、增加网页与目标用户的交互性。

在 Dreamweaver 中，选择"插入记录"|"媒体"|Flash 菜单项，或者插入工具栏中的"插入媒体"按钮🗅中的"🗅 Flash 子项"在网页的指定位置添加 Flash 文件，如图 6-90 所示。

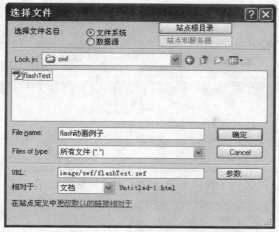

图 6-90 "选择文件"对话框

选择指定的 Flash 文件，单击"确认"按钮。此时，Dreamweaver 将弹出"对象标签辅助功能属性"对话框，如图 6-91 所示。

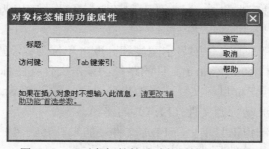

图 6-91 "对象标签辅助功能属性"对话框

该对话框允许为插入的 Flash 文件增加标题，增加快速访问键和相应的 Tab 索引信息。选择"确定"按钮，查看插入 Flash 文件后的文档设计窗口，如图 6-92 所示。

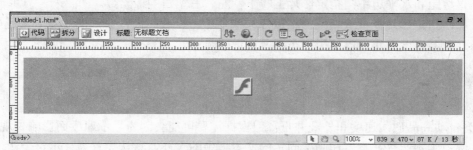

图 6-92 插入 Flash 后的文档设计窗口

在文档设计窗口的工具栏中选择预览窗口，或者按 F12 键预览插入后的效果，如图 6-93 所示。

在文档设计窗口选择插入的 Flash 文件，"属性"面板将显示当前文件的属性信息，并允许用户进行定制，如图 6-94 所示。

图 6-93 Flash 网页预览

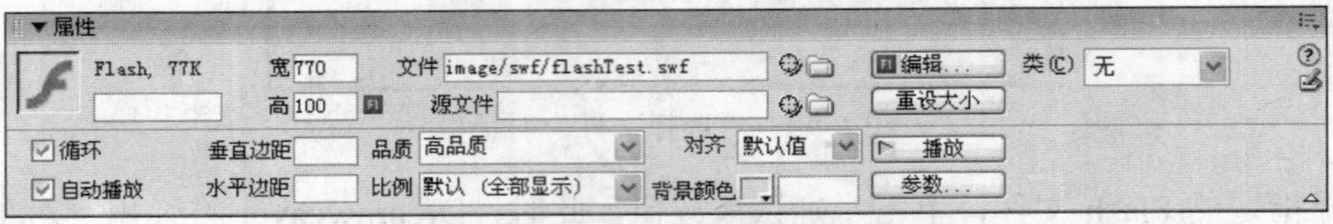

图 6-94 Flash 属性对话框

"属性"面板左侧显示当前 Flash 文件占用的空间大小。可以为该 Flash 文件指定一个名称来标识该影片，便于进行脚本撰写。

宽和高：设置当前 Flash 文件的显示宽度和高度，单位为像素。

文件：指定 Flash 或 Shockwave 文件的路径；单击文件夹图标浏览到某一文件，或者利用"指向文件"图标 定位目标文件。当然也可以直接输入 Flash 文件的路径。

源文件：指定 Flash 动画源文件（FLA）的路径。

编辑：启动 Flash 制作工具来更新 FLA 文件。如果没有安装 Flash，此选项将被禁用。

重设大小：将选定影片的尺寸重置到其初始大小。

循环：使影片连续播放；如果没有选中该选项，影片在播放一次后即停止。

自动播放：加载页面时自动播放影片。

垂直边距和水平边距：指定影片上、下、左、右空白的像素数。

品质：指定影片在播放期间的播放效果或质量。设置越高，影片的观看效果越好；但这要求处理器速度更快，以使影片在屏幕上正确显示。

① 低品质：着重显示速度而非外观。

② 高品质：着重外观而非显示速度。

③ 自动低品质：首先着重显示速度，但如有可能则改善外观。

④ 自动高品质：速度和外观并重，但根据需要可能会因为显示速度而影响外观。

比例：确定影片在宽度和高度固定的文本框中的尺寸，默认设置为显示整个影片。

① 全部显示：Dreamweaver 的默认模式，表示在宽、高文本框中测试影片如何适应所调整的大小；

② 严格匹配：对影片进行缩放以适合设定的尺寸，而不管纵横比如何（可能显示部分背景）。

③ 无边框：使影片适合设定的尺寸，以便不显示任何边框并保持原始的长宽比（可能会裁减某些影片）。

对齐：确定影片在页面上的对齐方式。

背景：指定影片区域的背景颜色。在不播放影片时（在加载时和在播放后）显示此颜色。

播放：在 Dreamweaver 的文档设计窗口中预览插入的 Flash 文件。

参数：打开"参数"对话框，设定传递给影片的附加参数，如图 6-95 所示。

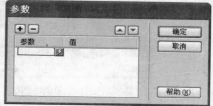

图 6-95　"参数"对话框

（2）插入 Flash 文字。在网页中插入 Flash 文字是 Dreamweaver 4.0 以上版本才支持的功能，允许在网页中以 Flash 的方式增加网页文字内容，并为该文字增加网页链接。Dreamweaver 生成字体 Flash 动画时，允许对目标动画中文字的字体、字型和字号等信息进行设置。

选择"插入记录"|"媒体"|"Flash 文本"菜单项，或者单击"插入"工具栏中的"插入媒体"按钮 中的" Flash 文本"子项打开"插入 Flash 文本"对话框，如图 6-96 所示。

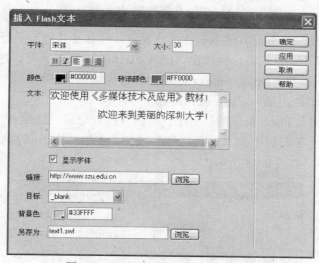

图 6-96　"插入 Flash 文本"对话框

字体：生成目标 Flash 文件中的字体格式；字体大小、粗体、斜体和对齐方式等。

颜色：设置目标文字在 Flash 中的显示颜色。

转滚颜色：设置鼠标经过 Flash 文本时，Flash 中的文本显示颜色。

文本：输入目标 Flash 文件中显示的文本内容。

显示字体：钩选该选项框允许实时查看输入的文本样式。

链接：设置目标 Flash 文件指向的网络链接。可以通过浏览、输入目标对象的地址两种方式指定目标页面。

目标：选择链接页面转到的目标框架或者目标窗口，类似图片链接目标。

背景色：选择 Flash 文件的背景颜色。

另存为：选择生成 Flash 文件的保存地址和保存名称。默认名称为 tex1.swf，或者输入新的名称。如果为当前 Flash 文件增加了目标链接，生成的 Flash 文件必须保存到与当前

HTML 文档相同的目录中，确保文档相对链接的有效性。

选择"确定"按钮，查看生成后的 Flash 文本如图 6-97 所示。

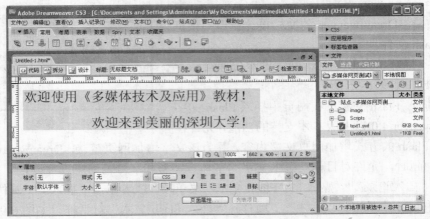

图 6-97　生成的 Flash 文本

利用"属性"面板对 Flash 文本影片进行设置，使该影片能够更好的满足要求。双击生成的 Flash 文本影片，系统将再次弹出"插入 Flash 文本"对话框，进行再次编辑。

（3）插入 Flash 按钮。Dreamweaver 除了能够方便地插入 Flash 文件、生成 Flash 文字外，也能够在 Web 页面中插入 Flash 按钮对象。

将光标放在要插入 Flash 按钮的位置上，选择"插入记录"|"媒体"|"Flash 按钮"菜单项，或者"插入"工具栏中的"插入媒体"按钮 中的" Flash 按钮"子项打开"插入 Flash 按钮"对话框，如图 6-98 所示。

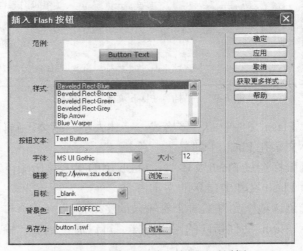

图 6-98　"插入 Flash 按钮"对话框

样式：在 Dreamweaver 中提供了多种按钮样式，用户可以选择所需要的按钮风格。

按钮文本：显示在按钮上的文本信息。

字体：按钮上的文本显示样式。

大小：设置按钮文本显示的尺寸数字值。

链接：设置单击 Flash 按钮后的链接目标，可以通过浏览、输入目标对象的地址两种方式指定目标页面。

目标：选择链接页面所要转到的目标框架或者目标窗口，具体内容查看图片链接。

背景色：选择 Flash 文件的背景颜色。

另存为：输入保存生成 Flash 按钮的文件名；可以选择默认的名称 button1.swf，或者输入新的名称。如果为当前 Flash 按钮增加目标链接，生成的 Flash 文件必须保存到与当前 HTML 文档相同的目录中，确保文档相对链接的有效性。

插入 Flash 按钮后，利用 Flash "属性" 面板中提供的播放功能查看插入按钮的实际效果图，如图 6-99 所示。

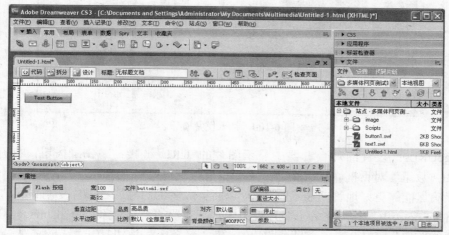

图 6-99　Flash 按钮效果图

（4）图片查看器。Dreamweaver 中包含一个可以用作 Web 相册的 Flash 图片查看器，查看一系列由 JPEG 或 SWF 图像文件组成的图像列表。插入图片查看器后，可以对其属性进行设置，包括显示大小、背景颜色、显示字体等。

在图片查看器中，允许为每个显示的图像定义链接和题注，并使用 "上一个" 和 "下一个" 按钮按顺序查看图像。同样，也可以直接输入图像的编号跳到特定的图像，或者将图像设置为用幻灯片放映格式播放。

选择 "插入记录" | "媒体" | "图片查看器" 菜单项，Dreamweaver 将生成图片查看器 flash 文件。保存该文件后，将在页面的指定位置插入图片查看器，如图 6-100 所示。

选择插入的图片查看器后，右侧工具栏中的 Flash 元素将显示图片查看器的基础信息，如图 6-101 所示。

bgColor：设置当前 Flash 元素插件的背景颜色。

captionColor：设置图片查看器标题文字的颜色。

captionFont：设置图片查看器标题文字的字体。

captionSize：设置图片查看器标题文字的大小。

frameColor：设置图片查看器外框的颜色。

frameThickness：以像素为单位，设置图片查看器外框的厚度。

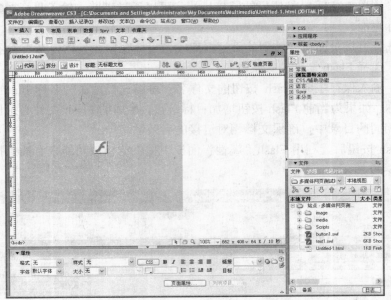

图 6-100　插入图片查看器

imageURLs：设置图片查看器中显示图片的 URL 链接；单击 按钮，打开"编辑 imageURLs 数组"对话框。

为了确保能够更好地管理显示照片，可以将要显示的照片或者影片复制到网站目录中，例如 image\photo 中，然后将各个照片设为图片查看器的查看对象。单击 imageURLs 数组对话框中的图像列表，设置各个显示图片的源地址（单击 按钮打开"选择文件"对话框）。选择增加 或删除 按钮将添加后续照片，或者删除已有图片，如图 6-102 所示。

图 6-101　图片查看器属性信息

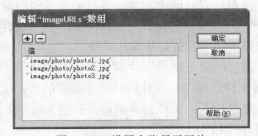

图 6-102　设置多张显示照片

imageCaption：设置图片显示列表中每个图片的标题；单击 按钮，打开"编辑 imageCaptions 数组"对话框。双击蓝色横条编辑图片显示标题内容。选择增加 或删除 按钮将添加后续照片的显示标题或者删除已经存在的图片标题，如图 6-103 所示。

imageLinks：设置单击每个图片的跳转链接地址；单击 按钮，打开"编辑 imageLinks 数组"对话框。此时，对话框将列出与图像标题相等数量的默认网络链接。

　　　　多媒体技术及应用（第 2 版）

双击默认内容修改各个图片的链接地址。选择增加⊞或删除⊟按钮将添加后续照片的链接地址，或者删除已经存在的图片链接地址，如图 6-104 所示。

图 6-103　多张图片标题设置

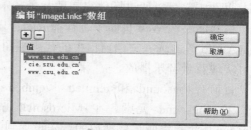

图 6-104　多张图片链接地址设置

imageLinkTarget：设置链接页面转到的目标框架或目标窗口。

slideAutoPlay：选择是否在启动页面时，自动启动图片查看器。

slideDelay：设置每张图片的显示延迟时间，单位为秒。

slideLoop：选择是否循环播放图像列表中的照片。

showControls：设置是否显示图片浏览控制工具栏。

title：设置图片控制栏中的显示文字信息。

titleColor：设置控制栏中显示文字的颜色。

titleFont：设置控制栏中显示文字的字体。

titleSize：设置控制栏中显示文字的大小。

transitionsType：设置图像的切换方式。

设置图像查看器的属性后，通过 Flash "属性"面板中的"播放"按钮在设计窗口中查看图片查看器的显示效果，如图 6-105 所示。

图 6-105　图片查看器预览效果

（5）增加背景音乐。随着 WWW 技术的发展，许多公司和组织都提供了一些名为"插件"的功能组件来增强 Web 页面的功能，让网页完成一些标准 HTML 所不具备的功能。在 Web 页面中，可以通过插件来实现背景音乐的播放。

目前能够在 Web 页面中进行播放的音乐格式主要有 WAV、MP3、AIF、AU、MIDI 和 Real Audio 等。选择文档窗口中的代码视图，在<body>和</body>中的任何位置进行编程，即可实现背景音乐播放。

目前有<bgsound>和< embed ></embed>两种方式将音乐设置入网页中。

① <bgsound>元素。在 Microsoft® Internet Explorer 3.0 以上的版本中，允许使用<bgsound>元素将所需要播放的音乐设置到网页中。

<bgsound>元素语法如下：

```
<bgsound src="音乐文件位置" loop="循环次数" balance="声道设置" delay="播放延迟
设置" volume="音量设置">
```

其中参数含义如下。

音乐文件位置：设置音乐文件存放的相对位置，或绝对位置。

循环次数：设置音乐在播放过程中的重复次数；可以设置为具体的数值，或者设定为无限制重复播放 infinte。

声道设置：设置音乐在播放过程中的声道，该属性值默认为 0。-10000 代表左声道，10000 代表右声道，0 代表立体声。

播放延迟设置：设置音乐的播放延迟时间。

音量设置：设置音乐的播放音量，默认为 0。其中-10000 代表静音。

例如：

```
<bgsound src="music.mid" loop=3>
```

播放网页同级目录中的 music.mid 文件，循环播放 3 次；

```
<bgsound src="http://csse.szu.edu.cn/multimedia/music/example.mp3" loop=
"infinte">
```

无限循环播放 http://csse.szu.edu.cn/multimedia/music/example.mp3 处的 example.mp3 文件。

值得注意的是<bgsound>元素只能在 Internet Explorer 中进行使用，换到 Firefox 等其他浏览器中则不一定有效。网页最小化时，音乐停止。

② < embed ></embed>元素。< embed >元素允许在 Web 页面中嵌入音乐播放插件来实现背景音乐播放功能。

< embed ></embed>元素语法如下：

```
<embed name="插件名称" src="音乐文件位置" title="说明文字" align="对齐方式"
autostart="自动播放" height="高度" width="宽度" pluginspage="插件位置"
hidden="隐藏" starttime="开始时间" hspace="水平间距" vspace="垂直间距" units=
"容器单位" controls="外观设置" loop="循环次数" volume="音量" palette="前景色|
背景色" > </embed>
```

其中参数含义如下。

插件名称：设定插件的别名，便于在 Web 页面程序设计过程中进行调用（如 JavaScript、VBScript）。

音乐文件位置：设置音频或视频文件的位置，可以是相对路径、绝对路径或 URL。

说明文字：规定音频或视频文件的说明文字。

自动播放：true 或 false；设置音频或视频文件是否在下载完之后就自动播放。

循环播放：正整数、true 或 false；设置音频或视频文件是否循环及循环次数。

开始时间：mm:ss（分:秒）；设置音频或视频文件开始播放的时间。未定义则从文件开头播放。

音量大小：0～100 的整数；设置音频或视频文件的音量大小。未定义则使用系统本身的设定。

高度/宽度/垂直边距和水平边距：取值为正整数或百分数，设定窗口的高度和宽度。

容器单位：pixels、en；指定高和宽的单位为 pixels 或 en。

外观设置：console、smallconsole、playbutton、pausebutton、 stopbutton、volumelever；设定窗口的外观。

前景色和背景色：color|color；设置嵌入的音频或视频文件的前景色和背景色，第一个值为前景色，第二个值为背景色，中间用"|"隔开。color 可以是 RGB 色（RRGGBB），也可以是颜色名（RED、GREEN 等），还可以是 transparent（透明）。

对齐方式：设定窗口和当前行中的对象的对齐方式。

插件位置：设置使用插件的下载位置。

当系统中安装了需要的插件时，Web 页面将自动调用该插件；如果插件未安装，网页将到指定位置下载插件，并提示用户安装插件。然后利用插件播放音乐，如图 6-106 所示。

(a) Windows Media Player　　　　(b) Apple QuickTime

图 6-106　音乐播放插件

在<body>和</body>中插入<embed>元素后，切换到设计视图即可查看插件标识图，并对插件的基本属性进行设置，如图 6-107 所示。

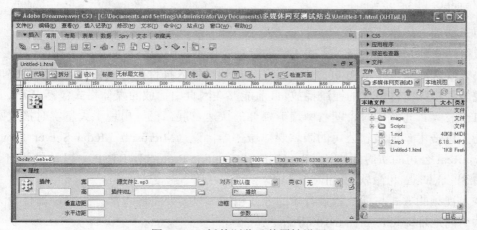

图 6-107　插件浏览及其属性设置

"属性"面板中的设置分别对应<embed>元素的各项属性。单击"参数"按钮，将打开参数对话框，为插件增加其他属性信息，如图 6-108 所示。其中，增加⊞或删除⊟按钮用于增加或者删除参数；向上▲和向下▼按钮用于调整各个参数的位置。

图 6-108　参数设置对话框

例如：

```
<embed src="1.mid" align="center" border="0" width="1" height="1" width=
"100" autostart="true" loop="true" title="Midi 音乐示例"></embed>
```

用于自动播放网页同级目录中的 1.mid 文件。

```
<embed src=" http://cie.szu.edu.cn/multimedia/music/example.mp3" quality=
high pluginspage="http://www.macromedia.com/shockwave/download/index.cgi?
P1_Prod_Version= ShockwaveFlash" type="application/x- shockwave-flash"
width="1" height="1"></embed>
```

用于将播放指定 URL 地址处的 MP3 文件。

```
<embed src="1.swf" quality=high pluginspage="http://www.macromedia.com/
shockwave/download/index.cgi?P1_Prod_Version=ShockwaveFlash" type="application/
x-shockwave-flash" width="1" height="1"></embed>
```

用于将播放网页同级目录中的 1.swf 文件。

```
<embed width=1 height=1 autostart="true" loop="true" controls=PlayButton
console=clip1 nolabels=true type="audio/x-pn-realaudio-plugin" src="1.ram">
</embed>
```

用于播放 ram 格式的音乐文件。

值得注意的是，使用嵌入方式播放的背景音乐不会因为目标网页最小化而停止。

（6）嵌入视频。在 Web 页面中，除了可以通过嵌入插件的方式播放音乐文件外，也能够实现多种视频文件格式的在线播放。目前能够在网页中播放的媒体格式包括 WMV、Real、QuickTime 等。与此同时，随着网络流媒体的快速发展，已经出现了大量实时播放网络视频流的先进技术，如微软公司的微软媒体服务器协议（Microsoft Media Server Protocol，MMS），Real 公司的实时流协议（Real Time Streaming Protocol，RTSP），以及最新的 Adobe 公司的 Shockwave 和微软的 Silverlight 技术。

嵌入视频的方式与播放背景音乐的方式相同，只需要将嵌入部分的 src 属性设为视频素材的访问地址即可，如图 6-109 所示。

图 6-109　网络视频播放

6.5.4　创建用户交互性

除了能够将文本、图像、音乐、动画和视频等多种媒体进行集成以外，Web 页面最大的优点在于能够提供丰富的交互功能。通过为网页元素增加链接，允许用户在浏览网页内容的同时选择感兴趣的内容进行细致浏览，改变了人们阅读和学习知识的方式和方法。

一般而言，在创作和设计 Web 页面时就应当根据需要表达的内容来设计页面内容的浏览方式，以及和用户的交互方式。好的浏览方式和交互方式能够极大地方便内容阅读，提高用户浏览网页的兴趣。

1. 浏览方式

目前互联网已经成为人们寻找信息、资源的最好平台，各种各样的信息都以不同的方式出现在网络中。可以发现，网页组织信息的方式主要有以下 3 种。

（1）线型超链接结构。将多个网页按照一定的先后顺序链接起来，在没有完成上一个网页的访问之前就无法进入下一个网页，而当前页面也只能返回到上一个页面，如图 6-110 所示。

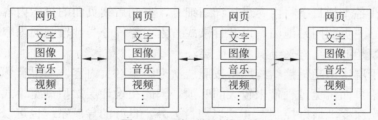

图 6-110　线型超链接结构

线型超链接结构最常用于需要按步骤进行的栏目上，比如用户注册、建立订单、教程、网上购物等。与此同时，对于内容较多的信息，也常采用线型超链接结构来进行组织。通过"上一页"和"下一页"链接将前后 Web 页面链接起来，达到线性浏览的效果。

在线型浏览过程中，有时需要根据实际的阅读情况对浏览过程进行调整。根据浏览情况的不同，主要可以分为带抉择的线型结构和带选项的线型结构两种。

① 带抉择的线型超链接结构。在浏览过程中根据需要选择线型链接结构的不同流向，

对浏览过程进行定制，如图 6-111 所示。

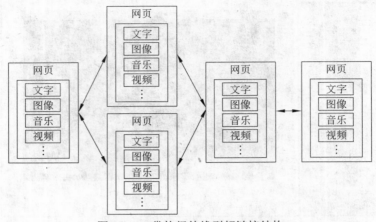

图 6-111　带抉择的线型超链接结构

② 带选项的线型超链接结构。允许在浏览过程中直接转向线型超链接结构中的其他页面，如图 6-112 所示。

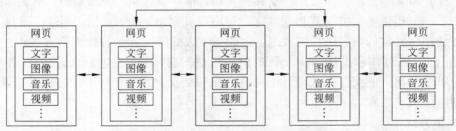

图 6-112　带选项的线型超链接结构

（2）层次型超链接结构。层次型超链接结构类似于一棵倒置的树，通过位于上端的页面链接到后续页面，实现网站内容的导航过程，如图 6-113 所示。

层次型超链接结构允许上端页面直接链接到树的某一个分叉，便于将内容分成若干个大栏目，然后在各个栏目中将内容进行详细细分，直到后续页面的显示内容不需要细分为止。目前，网站主页、网站地图，以及目录式搜索引擎等分类性较强的内容表现网页，几乎都采用层次型超链接结构来组织页面链接。

然而，由于层次型超链接结构严格按照层次来组织网页内容，如果目标网页所在的层次比较深，将给页面浏览过程带来较大的麻烦。因此在设计层次型浏览模式时，应当尽量限制网页的层次深度，最好控制在 4 层以内。另外，良好的导航系统也可以弥补层次型结构在这方面的缺点。

（3）网状超链接结构。网状超链接结构是指多个网页之间相互提供超链接的一种结构。任何一个页面都可以直接跳转到其他相关页面，如图 6-114 所示。

网状超链接结构在每个网页中都提供了转向其他页面的超链接，允许用户在浏览过程中在不同页面之间随心所欲地跳转。然而，正是由于这种链接的频繁存在，使得开发和维护页面之间的跳转关系变得非常困难。例如，以网状超链接结构开发的 10 个页面中，超链接总数就到达 $10 \times 9 = 90$ 个。因此，在网站的开发过程中，应当慎重使用网状超链接结构。

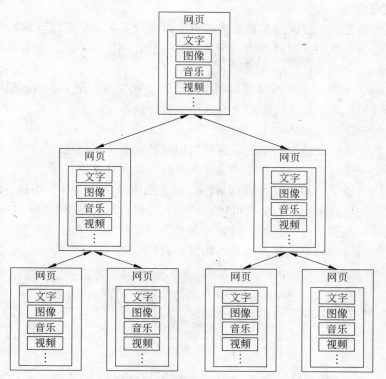

图 6-113　层次型超链接结构

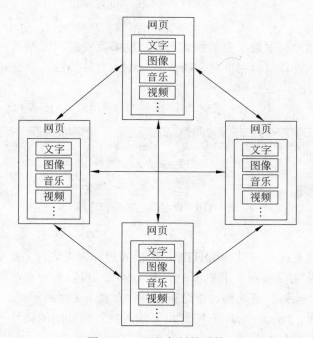

图 6-114　网状超链接结构

2. 文本超链接

在页面中为指定的关键词增加超链接，单击该部分文字信息将跳转到其他相关的 Web 页面中。文本链接一般用于对网页中的部分信息进行详细说明，允许直接跳转到相关知识点，对选定部分的内容进行详细介绍。

在 Dreamweaver 中，可以在编辑和创作网页的过程中为指定文字增加超链接，也可以在网页创建完成后打开网页文件为指定内容增加超链接。

为文字增加超链接的步骤如下。

（1）在文档窗口的设计窗口中选定需要增加超链接的文字信息。

（2）设置文字信息的属性，并在"属性"面板中设置链接信息。

在"属性"面板中，单击文件夹图标 ，或者拖曳"指向文件"图标 来定位文字超链接在本站点中的目标页面。当然也可以直接输入跳转目标的网络路径或 URL。

（3）设定目标网页的打开方式。设置"属性"对话框中的"目标"下拉列表内容，选择单击文字链接后目标页面的打开方式，如图 6-115 所示。

图 6-115　设定文字链接和目标

（4）在设计视图中查看指定文字的显示样式，选择网页预览功能检查超链接的正确性。

3. 图片超链接

图片作为多媒体网页中最主要的媒体元素，能够直观的表现网页内容，增加用户浏览网页的兴趣。在制作或者编辑网页时，Dreamweaver 允许为图片增加超链接，便于通过超链接跳转到图片内容的详细介绍。

图片超链接的设置方式与设定文本超链接的方式相似，如图 6-116 所示。

图 6-116　设定图片链接和目标

4. 高级交互性

在设计和制作网页时，可以利用 HTML 提供的控件来完成许多更加复杂的交互功能。

选择"插入记录"|"表单"菜单项中的子菜单项，可以为网页增加许多高级控件，如文本域、文本区域、按钮、复选框、单选按钮等，如图 6-117 所示。

插入高级控件后，Dreamweaver 将弹出"输入标签辅助功能属性"对话框，对插入的控件进行设置，如图 6-118 所示。

使用表单控件设计高级网页交互功能已经超出了本书的涉及范围，读者可以继续浏览学习其他网页设计书籍了解此部分高级功能的使用。

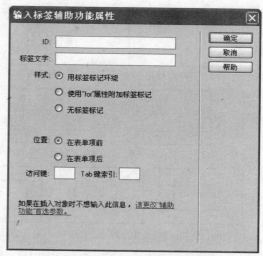

图 6-117 "插入记录"|"表单"菜单项子项　　　图 6-118 "输入标签辅助功能属性"对话框

6.5.5 网页内容布局

在建设网站之前，设计人员需要对网站进行一系列的分析和估计，并且根据分析的结果提出合理的建设方案，这就是网站的规划与设计。网站的规划与设计可分为网站定位、内容收集、栏目规划、目录结构设计、网站标志设计、风格设计、导航系统设计等 7 个环节。在创建 Web 页面之前，对网页的整体布局和风格设计将决定未来网站的整体显示效果。

目前，Dreamweaver 中已经集成了大量经典的页面布局，设计人员可以套用各种经典的页面布局，也可以根据需要设计特定的网站页面布局。

1. 网页框架设计

随着网页设计技术的不断发展，人们希望能够在同一个浏览器窗口中组织和管理多个 Web 页面，并且利用多个页面来表现和组织不同类型的信息。框架正是在这种环境下产生的一种网页设计技术。

常见的框架类型有两框架结构、三框架结构等，将浏览器窗口分为两个或者 3 个部分。

在 Dreamweaver 中可以方便地插入和设计页面框架。选择"插入记录"|HTML|"框架"菜单项中的子菜单项，或者使用"布局"工具栏中的"框架"按钮□为网页插入框架代码。

不同的框架模板代表了不同的网页内容组织方式，框架中各个网页的编辑方式与独立网页的编辑方式一致，可以利用 Dreamweaver 文档窗口中的不同视图调整各个部分的内容。目前，Dreamweaver 中支持的框架效果如图 6-119 所示。

插入框架后，Dreamweaver 将弹出"框架标签辅助功能属性"设置对话框，允许设计人员对框架中的各个部分进行命名，如图 6-120 所示。通过为框架的不同部分进行命名，网页设计人员可以在 Web 应用程序中灵活控制框架结构，实现更加丰富的页面布局功能。

2. 页面排版技术

为了使网页中的内容显示整齐、规范，必须按照特定的格式对网页中显示的内容进行排版。如果仅利用 Dreamweaver 设计视图中的基本功能对页面内容进行排版，在网页尺寸

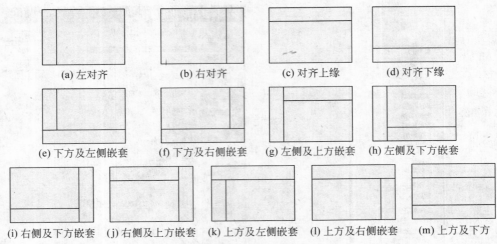

(a) 左对齐
(b) 右对齐
(c) 对齐上缘
(d) 对齐下缘
(e) 下方及左侧嵌套
(f) 下方及右侧嵌套
(g) 左侧及上方嵌套
(h) 左侧及下方嵌套
(i) 右侧及下方嵌套
(j) 右侧及上方嵌套
(k) 上方及左侧嵌套
(l) 上方及右侧嵌套
(m) 上方及下方

图 6-119　框架效果图

框架标签辅助功能属性
为每一框架指定一个标题。
框架:
bottomFrame
标题:
bottomFrame
确定
取消
帮助
如果在插入对象时不想输入此信息，
请更改"辅助功能"首选参数。

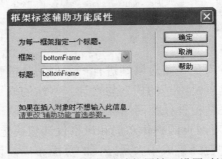

图 6-120　“框架标签辅助功能属性”设置对话框

发生变化时，网页上的信息和元素的位置将随之发生改变。并且，设计视图不能对非规则元素进行排版，网页布局效果较差。

目前在 Web 页面中主要通过两种方式进行页面内容排版，即表格（Table）和 Div 布局；在 Dreamweaver 中，设计人员也可以通过菜单项，或者“布局”工具栏中的功能按钮实现网页内容排版，如图 6-121 所示。

标准
扩展

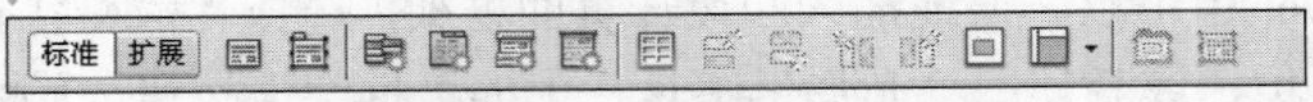

图 6-121　布局工具栏

（1）表格（Table）排版。在 HTML 语言中提供了表格元素，允许在网页中对其他元素进行定位。在指定位置插入表格后，对表格的风格进行设置（颜色设为无，边框设为 0，表格间距设为 0），对页面的显示区域进行分块。

Web 页面中的表格设计与常见的文本编辑软件的表格设计相似，可以对表格的显示样式和风格进行设计，例如合并单元格、删除单元格、插入单元格等。

Dreamweaver 中提供了强大的表格工具，选择“插入记录”|“表格”菜单项，或者“布局”工具栏中的“表格”按钮，可以在网页的指定位置插入表格，并对表格属性进行设置，如图 6-122 所示。

该对话框允许对插入表格的样式和风格进行设置，例如表格大小、页眉、辅助功能信息等。其中，表格大小用以设置表格的形状和外观，包括插入表格的行数和列数，以及各个表格的宽度等。在页面布局中，表格的边框、单元格边距和单元格间距一般都设置为 0，隐藏表格样式，避免表格占用网页空间，如图 6-123 所示。

目前 Dreamweaver 中提供了无页眉、左侧页眉、顶部页眉和顶部页眉 4 种页眉表现方式，设置表格的页眉位置。

"表格"对话框的辅助功能部分允许设置插入表格的标题，便于在脚本编程中对表格进行调用。同时，该部分也能够对表格的标题对齐方式、标题内容的显示风格进行设置。

在插入表格后，单击单元格下对应的绿色箭头，将弹出表格风格调整菜单，允许对插入后的表格属性进行调整，如图 6-124 所示。

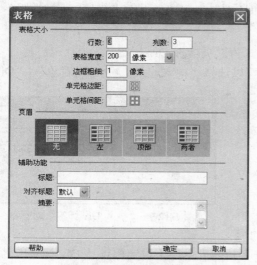

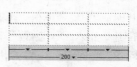

图 6-123　插入后的表格

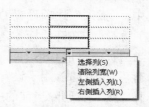

图 6-122　插入表格对话框　　　　　图 6-124　表格样式调整菜单

同样，也可以利用表格的"属性"面板对插入的表格风格进行调整，包括设置表格的背景颜色、边框颜色和表格背景图片等，如图 6-125 所示。

图 6-125　表格"属性"面板

插入的表格元素将网络页面分为多个独立的区域，网页设计人员可以在表格的不同位置添加信息内容，包括文字、图片、动画等网页元素，如图 6-126 所示。当然，设计人员也可以继续调整表格的样式来修改页面的布局方式。

图 6-126　表格中插入网页内容

（2）Div 元素排版。利用 Div 进行页面布局是最近几年兴起的一种新的网页布局技术，能够对网页中的任何元素进行精确定位，包括段落、单词、GIF 和 JPEG 图像、QuickTime 电影等。同时，Div 块也能够避免网页内容在不同的浏览器和操作系统上显示风格的不统一性。

Div 元素布局允许网页设计人员不必过多地关心表格中的行数和列数，更不用根据内容反复调整单元格的高度和宽度，主要考虑网页的布局即可。

在网页设计过程中，Div 元素可以为 Web 页面内的块内容提供组织结构和背景颜色，允许对块内信息的显示格式单独进行调整。一般 Div 元素都与层叠样式表（Cascading Style Sheets，CSS）配合使用，在样式表中设定各种网页元素的属性。通过设定 Div 元素的属性来改变块内容的显示风格，将 Div 起始标签和结束标签之间的内容进行排版，实现整个 Web 页面内容的排版。

目前在 Dreamweaver 中可以通过两种方式为网页增加 Div 标签。

① 插入 Div 标签。在 Dreamweaver 中可以选择"插入记录"|"布局对象"|"Div 标签"菜单项，或在"插入"工具栏的"布局"类别中，单击"插入 Div 标签"按钮，为网页插入 Div 标签。此时，系统将弹出"插入 Div 标签"对话框，如图 6-127 所示。

图 6-127　"插入 Div 标签"对话框

其中，"插入"选项设置 Div 标签的插入位置，即在插入点、在开始标签之后和在结束标签之前；当网页中附带 CSS 样式时，"类"选项将列出所有可选的样式，用于设置当前 Div 块的风格。选择"无"将删除当前的所选样式。ID 下拉列表框用于设定标识该 Div 标签的名称。如果输入与其他标签相同的 ID，Dreamweaver 将会提醒该标签名已存在。

单击"确定"按钮，Dreamweaver 将在网页中插入一个带有占位符文本的框状 Div 标签，允许设计人员在标签内增加内容，如图 6-128 所示。当鼠标指针移到该框的边缘时，插入的 Div 标签将会高亮显示。

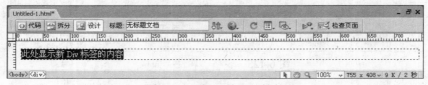

图 6-128　插入的 Div 标签

单击 Div 标签的边缘后，可以在 Div 标签的"属性"面板中对该标签使用的类和 ID 进行修改，如图 6-129 所示。

图 6-129　Div 标签"属性"面板

单击"属性"面板中的编辑按钮✍，Dreamweaver 将弹出 Div 标签属性设置代码区，允许对 Div 标签进行编程设计，如图 6-130 所示。

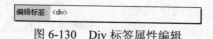

图 6-130　Div 标签属性编辑

② 绘制 AP Div。Dreamweaver 除了能够插入 Div 标签以外，还能够利用鼠标在网页的特定位置绘制 Div 标签区域。绘制 Div 区域将使网页的分块操作变得简单易用，降低网页排版布局的难度。

选择"插入记录"|"布局对象"|AP Div 菜单项，或在"插入"工具栏的"布局"类别中，单击"绘制 AP Div"按钮🗐，在网页中绘制 Div 标签。此时，在设计窗口中的鼠标光标变为"+"形状。

按住鼠标左键拖曳，即可在网页的指定位置绘制相应的 Div 块，如图 6-131 所示。

当鼠标移动到处于被选择状态的 Div 块上，Dreamweaver 将提示设计人员当前块的一些基础信息，便于查看当前 Div 块的显示位置和显示形状，如图 6-132 所示。

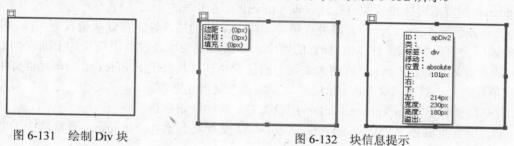

图 6-131　绘制 Div 块　　　　　　　　　　图 6-132　块信息提示

单击块标志🗐或 Div 块边框，Dreamweaver 的"属性"面板中将显示当前 Div 块的基础信息，如图 6-133 所示。

图 6-133　Div 块"属性"面板

① 左、上（Position）：决定 Div 标签的放置位置。在网页代码设计中，Position 对应 2 个子元素：Left 和 Top。Left 表示 Div 标签左边的位置，Top 为 Div 上边的位置；其中，Position 元素具备相对 relative 和绝对 absolute 两种位置设置方式。

绝对定位设置 Div 在页面上的精确位置，而不考虑其他页面要素的定位设置。例如：

```
H4 { position: absolute; left: 100px; top: 43px }
```

将块<H4>的起始位置精确地定在距离浏览器左边 100 像素，距离其顶部 43 像素的位置。此时，块中的文字将从左到右，从上到下载入浏览窗口；

相对定位设定 Div 块的位置是相对于其他元素的位置。例如：

```
H5 { position: relative; left: 40px; top: 10px }
```

相对定位的关键在于将要定位的网络元素的位置是相对于它通常应在的位置进行定位。一般而言，相对定位单元嵌入在静态定位单元之间，将自己的定位设置为相对静态定位单元的位置。使用相对定位时要特别小心，否则容易将页面弄得非常乱。

② 宽（Width）和高（Height）：设置 Div 块的宽度和高度；宽度和高度属性只有在使用绝对定位的时候才有效。例如：

```
H5 { position: absolute; left: 200px; top: 40px; height: 150px; width: 120px }
```

在浏览器左 200 像素，下 40 像素的位置显示一个高为 150 像素，宽为 120 像素的块。需要注意的是，部分浏览器可能不支持高度属性。

③ 剪辑（Clip）：剪辑用于裁剪采用绝对定位的块元素，准确定义 Div 块中的可见部分。剪辑的左、右、上、下分别定义 Div 块中的可见部分在块中的位置和大小。对应代码为

```
clip:rect (top, right, bottom, left);
```

④ 可见性（Visibility）：设置当前 Div 块的显示效果，主要包括可见（visible）、隐蔽（hidden）和继承母体要素的可视性设置（inherit）这 3 种；

⑤ Z 轴（Z-index）：设置堆叠在屏幕上的 Div 块的层次性。在默认情况下，Div 块堆叠的顺序为它们出现在 HTML 标记的顺序，即后出现块堆叠在早出现块的上面。当多个 Div 块重叠显示时，Z-index 值越大块显示的位置越高；具有正 Z-index 值的单元群都堆叠在父单元之上，具有负 Z-index 值的单元群堆叠在父单元之下。

⑥ 背景颜色（Background-color）：设置 Div 块的背景颜色。

⑦ 层背景颜色（Layer-background-color）：设置块元素在 Netscape 浏览器中的背景颜色。

⑧ 背景图片（Background-image）：设置 Div 块的背景图片。

⑨ 层背景图片（Layer-background-image）：设置块元素在 Netscape 浏览器中的背景图像。

6.5.6　多媒体网页发布

网站制作的最后一步是将完成的网站资源在 Internet 上发布，使得能够访问 Internet 的用户都能够查看和浏览网站所表达的信息内容。

所谓的网站发布也就是将完成的网站资源上传到指定的 Web 服务器上，通过连接 Internet 的服务器发布网站信息。

1. 常见 Web 服务器

目前发布网站资源最常用的服务器有 Windows 系列操作系统中的互联网信息服务器（Internet Information Server，IIS）和 Apache 服务器。

（1）IIS 服务器。IIS 是微软公司推出的一种网页服务器组件。它包括 Web 服务器、FTP 服务器、NNTP 服务器和 SMTP 服务器，分别用于网页发布、文件传输、新闻服务和邮件发送等。IIS 的推出使得在网络（包括互联网和局域网）上发布信息成了一件非常容易的事。

IIS 可以运行于 Windows 2008 Server、Windows 2003 Server、Windows 2003 Advanced Server、Windows XP、Windows 2000 Server、Windows 2000 Advanced Server、Windows.net

Server 等微软操作系统产品中。IIS 在这些操作系统上的配置方法基本相似。

（2）Apache 服务器。Apache 是目前世界上使用最多的 Web 服务器软件，它可以运行在几乎所有广泛使用的计算机平台上。Apache 取自 a patchy server 的读音，意思是充满补丁的服务器。因为 Apache 服务器是自由软件，不断有人为它开发新的功能、新的特性、修改原来的缺陷。Apache 的特点是简单、速度快、性能稳定，并可做代理服务器来使用。

目前很多著名网站都使用 Apache 服务器来发布网站信息，例如 Amazon.com、Yahoo!、W3 Consortium、Financial Times 等。

如果读者想了解 IIS 服务器和 Apache 服务器的设置，请参考其他有关网站服务器设置方面的书籍。

2. 网站发布

只有将网站资源上传到 Web 服务器的指定文件目录中，Web 服务器才能将上传的站点资源发布。一般情况下，系统管理员将向设计人员提供相应的网络目录，网站设计人员只需要将网站资源文件上传到该目录即可。值得注意的是，IIS 的站点访问目录为系统管理员指定的特定文件目录，而 Apache 服务器的网页目录为服务器安装位置中的 HTML 文件夹。

在 Dreamweaver 中提供了将本地站点文件上传至远程站点的功能，网站设计人员可以利用内置的 FTP、网络文件目录共享等功能将完成的网站资源复制到 Web 服务器上的指定文件目录中。

使用"文件"面板中的"链接远程主机"按钮 连接到远程 Web 服务器，形成本地站点目录与目标服务器文件夹的对应关系。选择需要上传的文件或者目录，单击"上传文件"按钮 ，将本地站点中被选择文件被上传到远程站点中。

网站资源上传完成后，立即可以使用系统管理员提供的网络地址来访问网站。如果指向服务器的网络域名为 http://www.ServerName.com，即可在浏览器中通过该网址访问完成的网站。

在某些情况下，系统管理员会要求网站设计人员将站点资源上传到某一个特定目录，例如，IIS 指定网页目录中的特定子目录，或者 Apache 服务器 HTML 目录中的某个子目录，此时，用户可以通过"http://www.ServerName.com/子目录名/"来访问上传的网站。

例如，本课程在深圳大学计算机与软件学院的 Web 服务器上设立了课程交流网站，所有与本课程相关的网站资源都上传到了服务器网页目录中的 Multimedia 子目录。

当前深圳大学计算机与软件学院的 Web 服务器网址为：http://csse.szu.edu.cn，从而本课程交流网站的访问地址相应为：http://csse.szu.edu.cn/multimedia/，如图 6-134 所示。

当然，系统管理员也可以在 IIS 或者 Apache 服务器中建立虚拟目录，将服务器中的某个文件目录映射成为 Web 共享目录。从而用户可以通过"http://www.ServerName.com/共享目录名/"来访问网站。

由于对服务器进行设置的内容超出了本书所涉及的范围，如果读者感兴趣可以查看其他 Web 服务器设置方面的书籍。

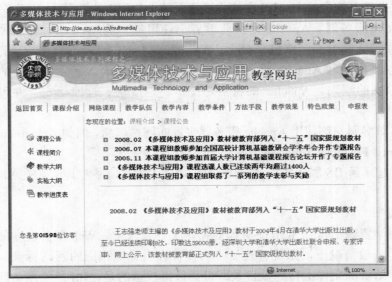

图 6-134 "多媒体技术与应用"课程教学网站

本 章 小 结

多媒体著作工具能将文本、图形、图像、动画、视频和音频等多媒体素材按照一定的要求和目的集成或组织成为结构完整的多媒体应用软件。

本章首先对多媒体著作工具的功能和类型进行了介绍，然后给出了对多媒体著作工具进行评价和选择的标准和指标。根据多媒体著作工具的创作方法和特点的不同，将其划分为基于页或卡片、基于图标以及基于时间等 3 种多媒体著作工具。

本章最后介绍了基于图标和流程线的多媒体著作工具 Authorware 和基于页或卡片的多媒体著作工具 Dreamweaver 的使用，以及使用多媒体著作工具开发多媒体应用的过程。

习 题 6

一、单选题

1. 需要多媒体著作工具的原因是_____。

    A. 简化多媒体创作过程

    B. 比用多媒体程序设计的功能、效果更强

    C. 需要开发人员懂得较多的多媒体程序设计

    D. 降低对多媒体开发人员的要求，但开发人员需要了解多媒体程序的各个细节

2. _____的多媒体著作工具不是根据多媒体著作工具的创作方法和特点划分的。

    A. 基于页或卡片   B. 基于图标   C. 基于时间   D. 基于兼容机

3. 要使 Authorware 演示窗口的大小可调，应该在设置演示窗口的大小时选择_____。

    A. 使用全屏   B. 根据变量

    C. 800×600（SVGA）   D. 640×400（Mac Portable）

4. 在声音图标属性对话框的计时选项卡中，速率文本框内输入数值_____表示声音按原速度播放。

    A. 1   B. 50   C. 100   D. 200

5. 在 Authorware 中，下面_____交互在执行时是不可见的。

    A. 热对象   B. 热区域   C. 文本输入   D. 按键

6. Authorware 的媒体库不可以包含_____图标。

    A. 显示图标   B. 运动图标   C. 声音图标   D. 数字电影图标

7. Authorware 的编辑窗口有两种：设计窗口和_____。

    A. 演示窗口   B. 变量窗口   C. 函数窗口   D. 知识对象窗口

8. 设置等待图标时，在属性:等待图标对话框中，选中_____复选框，可在运行过程中出现"继续"按钮。

    A. 鼠标单击   B. 按键   C. 显示按钮   D. 显示倒计时

9. 当流程线上的分支图标上显示"C"字样时，表示该分支为_____。

    A. 顺序匹配   B. 可重复方式随机匹配

    C. 非重复方式随机匹配   D. 按计算路径匹配

10. _____结合了显示图标和分支图标的功能。

    A. 框架图标   B. 交互图标   C. 群组图标   D. 视频图标

11. Authorware 提供了 4 种媒体管理工具，其中需要协同工作的是_____。

    A. 模块、媒体库   B. 媒体库、外部媒体浏览器

    C. 媒体库、外部媒体内容文件   D. 外部媒体浏览器、外部媒体内容文件

12. 用户通过_____完成对知识对象的设置。

    A. 编制程序   B. 向导界面   C. 执行命令   D. 以上都不是

13. 在弹出目标网页时，目标设为_____将链接的文件加载到该链接所在的同一框架或窗口中

    A. _blank   B. _parent   C. _self   D. _top

14. 目前主流门户网站主要使用_____方式组织网络页面。

    A. 线型超链接结构   B. 层次型超链接结构

    C. 网状超链接结构   D. 索引链接结构

15. Dreamweaver 的文档窗口提供了多种网页设计视图，除了_____。

    A. 设计视图   B. 代码视图   C. 拆分视图   D.预览视图

二、多选题

1. _____属于以图标为基础的多媒体著作工具。

    A. Authorware   B. Action   C. ToolBook   D. Director

    E. IconAuthor   F. PowerPoint   G. Director   H. Flash

2. Authorware 的设计窗口是编写程序的主要区域，它包含_____。

    A. 媒体库   B. 主流线   C. 开始点   D. "图标"工具箱

    E. 知识对象   F. 支流线   G. 结束点   H. 粘贴指针

3. Authorware 的运动图标提供了多种运动类型，它们是_____。

    A. 指向固定点   B. 指向固定直线上的某点

C. 指向固定直线上的终点　　　　　　D. 指向固定曲线上的某点

E. 指向固定区域内的某点　　　　　　F. 指向固定路径的终点

G. 指向固定路径的中间点　　　　　　H. 指向固定路径上的任意点

4. Dreamweaver CS3 中 Flash 网页元素的品质属性提供了_____选项。

　　A. 低品质　　　　　B. 中等品质　　　　C. 中高品质　　　　D. 高品质

　　E. 中低品质　　　　F. 自动低品质　　　G. 自动高品质　　　H. 自动调整

5. _____被 Macromedia 公司称为网页设计 DREAMTEAM（梦之队）。

　　A. Dreamweaver　　　B. Flash　　　　　C. Photoshop　　　　D. Fireworks

　　E. illustrator　　　　F. Maya　　　　　G. Frontpage　　　　H. 3d max

三、简答题

1. 为什么说 Dreamweaver 是基于页的多媒体著作工具？

2. 多媒体著作工具与多媒体素材制作工具的区别是什么？

3. 如果想要使用 Authorware 做一个登录界面，需要用到哪些图标？

4. 动态链接与超媒体链接的区别是什么？

5. Authorware 中的运动图标和擦除图标是否可以单独使用？

第 7 章　多媒体软件开发技术

优秀的多媒体软件是指能够综合应用各种人机交互手段，结合多种媒体形式来表现特定内容的软件系统。在外观上，多媒体软件必须保证外观颜色、形状和字体的和谐，体现较高的美学水平，富有吸引力；同时，为了向用户展示各种简洁而又令人印象深刻的内容，多媒体软件必须提供明确而连贯的信息导航信息。总而言之，多媒体软件是计算机技术、人文科学、影视技术和专门领域知识的完美结合。

为了保证多媒体软件的开发进度和质量，就必须遵循特定的开发和设计流程。同时，由于多媒体软件的特殊性，在开发过程中还需要遵循某些特定的创作规律和技巧。

7.1　多媒体软件工程概述

从程序设计角度看，多媒体软件设计仍属于计算机软件的设计范畴，因此可借鉴计算机软件的开发方法来开发多媒体软件。

7.1.1　软件生命周期

随着计算机软件开发技术的发展，为了将经过时间考验而证明正确的管理技术和当前能够得到的最好技术方法结合起来，经济地开发出高质量的软件并有效地维护，逐渐形成了一门指导计算机软件开发和维护的工程学科。概括而言，可以将计算机软件从需求分析、设计、软件开发、测试、投入使用、维护和报废的整个过程称为软件的生命周期。

（1）软件需求分析阶段的主要任务是确定当前项目完成的总目标，确定项目的开发策略和必须实现的系统功能。

（2）设计阶段将分析计算机软件的需求，将项目需求变为计算机软件的设计蓝图，便于后期编码工作的进行。

（3）软件开发阶段利用相应的软件工具，按照设计阶段的成果来实现软件产品。

（4）在产品投入使用之前，必须对完成的计算机软件进行测试。通过测试来定位软件开发过程中出现的问题或者错误，确保开发的产品适合用户的需求。

（5）维护阶段的主要任务是通过各种必要的维护活动使得计算机软件系统能够持久地满足用户的需要。

（6）软件报废是指停止软件的使用，停止软件的维护过程。

在实际的软件工程中，计算机软件生命周期的各个阶段将根据软件的规模、种类、开发环境和开发技术等因素进行调整。为了研究软件生命周期的各个阶段和各阶段的执行顺序，通常采用模型来描述软件生命周期，即软件开发模型。常用的软件开发模型有瀑布模型、快速原型模型、螺旋模型以及面向对象开发模型等。

7.1.2 瀑布模型

瀑布模型可以说是传统的软件生命周期模型，它将软件生命周期分为 7 个阶段，即问题定义、需求分析、系统设计、详细设计、编码、测试、运行和维护，如图 7-1 所示。

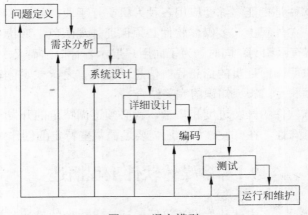

图 7-1　瀑布模型

瀑布模型其实是一种下导式模型，下一阶段的工作必须以上一阶段的工作结果为输入，且必须在上一阶段的工作全部完成并确认后才能展开。因此，瀑布模型的 7 个阶段之间具有严格的顺序性和依赖性，这使软件的开发过程清晰，并容易被控制和掌握。

瀑布模型各个阶段之间严格的顺序性和依赖性，使得整个开发过程完全建立在正确而完整的需求规格说明书的基础上。在开发早期，设计者就详细地列出了用户的需求，并根据需求设计出细节。

然而，在实际的软件开发过程中，用户在软件开发初期并不能很清楚地明白自己的需求，也不能很完整地表达出软件的实际需求；因此，设计人员根据前一阶段产生的不详细、不完整的需求进行分析，导致设计人员对用户的需求也了解得不够透彻，这样就很难得到正确而完整的需求规格说明书，根据其建立的软件设计也就可想而知了。因此，如何让用户能够正确、完整地提出自己的要求，并积极参与到软件的开发当中，及时发现问题，将是解决瀑布模型这一缺点的关键所在。

7.1.3 快速原型模型

在软件的设计和开发过程中，软件工程师可以通过原型系统来实现与用户的交互和互动，从而更快、更准确地掌握真实的软件需求。原型是指快速建立起来的，可以在计算机上运行的计算机程序。原型所实现的功能往往是最终产品的部分功能。

快速原型模型允许开发者根据用户需求迅速建立最初的软件版本，然后交付用户使用并评价其正确性和可用性，给予反馈。快速原型模型使得最终用户能够尽早地融入软件开发群体中，不断深化软件需求。软件系统原型的功能近似于正式交付软件的最初版本，但缺乏细节，需进行进一步细节开发或修正，也可能被摒弃。

快速原型模型通过反复开发与修正，不断修改和完善原型系统，逐渐形成软件系统的最后版本，即产品。当用户需要增加新的功能，或者需要加强某些软件功能来适应新的需求时，可以产生下一个软件版本。快速软件开发的流程如图 7-2 所示。

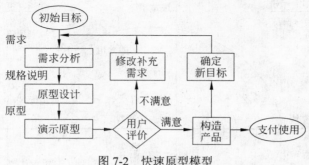

图 7-2　快速原型模型

由于多媒体软件主要用来向用户展示信息，通过图像、音频、文字和链接等方法来实现信息的组织和展示过程，因此，快速原型模型非常适合于这种逻辑简单、表现能力较强的软件系统。因此，许多软件专家极力推荐用这种模型来开发多媒体软件，其优势也十分明显，如开发周期短、效率高、软件产品的可重用、移植性好、版本升级方便。

采用快速原型模型开发多媒体软件的基本步骤如下：

（1）通过访问、面谈或调研等方式获取用户需求；

（2）基于已知的需求分析快速建立软件系统原型；

（3）将原型交给最终用户试用，并获取用户意见反馈；

（4）根据用户意见反馈完善用户需求；

（5）依据新的用户需求，建立新的软件系统原型；

（6）重复步骤（3）～（5），直到该应用软件完成或报废。

在多媒体软件的设计过程中，软件界面的处理和各种媒体素材的配合都要不断地进行修正。通过快速原型模型的不断修改和完善，可以极大地节省开发多媒体应用软件的时间，降低开发成本。

7.1.4　螺旋模型

虽然快速原型法能够将软件开发的风险降到最低，但是它不能够解决软件开发中的所有问题，例如聘请不到开发人员等。为此，科学家 Barry Boehm 于 1988 年提出了螺旋式软件生命周期的概念和模型，如图 7-3 所示。

螺旋模型的每个周期都对应着一个软件开发阶段，每个阶段都是相当于单独的瀑布模型，并采用快速原型法的方式进行开发。当项目开发遇到风险时，项目的规模和工作将被消减；当项目的风险被规避后，项目将正常进行。螺旋模型的最大优点在于能够较好地避免软件开发中遇到的风险，降低项目失败的概率。

在螺旋模型中，每一次新的循环都是在前几次循环的基础上进行的累加、完善与维护，整个软件生命周期便是一个不断革新的原型。

7.1.5　面向对象开发方法

20 世纪 80 年代初，随着计算机软件开发技术的发展，软件开发技术逐渐由面向过程向面向对象发展，并提出了面向对象软件的软件开发方法。

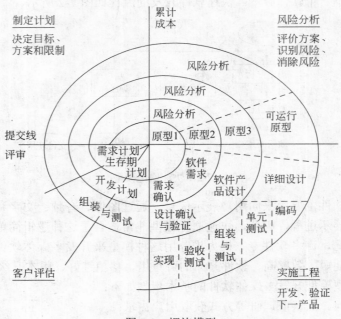

图 7-3　螺旋模型

面向对象开发方法将问题域进行自然切割，以更加接近人类思维的方式建立问题域模型、对客观信息进行结构模拟和行为模拟，不再需要像结构化程序设计那样对问题进行抽象转换，更加符合人类认识问题、解决问题的习惯方式。因此，该方法一经提出，立即就得到了广泛的应用。

多媒体软件是将文本、声音、图形、图像、动画和视频等多种媒体对象按照系统需求有机地组织起来，从而实现某些功能或解决某些问题的特殊软件。可以看出，多媒体软件正是由一个个具有特定内容和属性，并能完成一定操作功能的媒体对象组织而成，符合面向对象设计方法中对象必须具有属性和操作功能的要求。因此，采用面向对象开发方法来设计多媒体软件，将使软件设计过程变得更加自然和简捷。

综合上述软件开发模型，可以认为螺旋模型与面向对象开发方法相结合将是开发多媒体软件的新趋势。

7.2　多媒体软件的开发过程

与一般的计算机软件系统相比，多媒体软件涉及多种媒体的综合使用，强调创意和表现手法。因此，即使采用了相同的软件开发模型进行开发，多媒体软件的具体开发过程都会与通常的计算机软件系统的开发过程有所不同，需要的工作人员也会不同。

本节主要对多媒体软件的开发队伍组成和采用螺旋模型进行多媒体软件开发的各个阶段进行介绍。

7.2.1　多媒体软件的开发人员

由于多媒体软件的开发涉及创作和使用多种媒体元素，在使用每一种媒体时都需要有与之相关的技术和工作人员。正如制作影视作品需要导演、摄影、音乐、编辑和美工等各种创作人员参与一样，多媒体软件也是集体智慧的结晶。

通常情况下，一个完整的多媒体软件开发组至少需要配备以下开发人员。

1. 项目经理

项目经理负责整个项目的开发和实施，包括经费预算、进度安排、人员安排等。在日常工作中，项目经理主持软件开发过程中的各项工作，起到将全组成员团结在一起的核心作用。

2. 多媒体设计师

多媒体设计师的职责是协助项目经理为项目设计脚本和多媒体素材，主要包括以下两类人员。

（1）脚本创作师。包括信息设计师、接口设计师和脚本写作人员等。

（2）专业设计师。包括美术师、动画师、图像处理专家、视频专家和音频专家等。

3. 多媒体软件工程师

多媒体软件工程师负责通过多媒体著作工具或编程语言将多媒体素材按照脚本创作规定的方式组织起来，形成完整的多媒体软件。

4. 软件测试工程师

软件测试工程师主要负责项目的各项测试工作，包括设计测试用例，对多媒体软件产品进行测试等。

7.2.2 多媒体软件的开发阶段

尽管多媒体软件和一般的计算机软件相比具有一定的特殊性，使得多媒体软件的开发过程与一般的信息系统有很大的差别，但是多媒体软件的开发过程仍然可以使用螺旋型模型进行开发。

对于采用螺旋模型进行开发的多媒体软件来说，可以将其开发过程与螺旋模型的各个开发阶段相对应，将开发过程分为以下 6 个阶段。

1. 需求分析

无论采用何种软件开发模型，需求分析总是软件项目开发活动的第一个步骤，是发现、求精、建模、规格说明和复审的过程。对于多媒体软件而言，需求分析主要是完成选题报告和需求规格说明书。

选题报告可包括作品类型、用户分析、内容分析、软硬件支持、成本/效益分析等内容，其目的是确定选题的目标和使用对象，推荐系统的总体设计方案，供主管人员决策。

需求规格说明书描述了目标多媒体软件需要表现的内容、主题、表现方式，详细地描述了用户对目标多媒体软件的需求和约束。

2. 脚本设计

按照软件需求的约定，将目标系统所需要表达的内容用具体的文字描述出来，并对系统各个部分所需要的媒体和表现方式进行设计，这就是通常所说的多媒体表演剧本或系统创作剧本。脚本设计是整个多媒体软件的设计蓝图，所有的系统设计人员都必须根据这个剧本来准备内容素材和设计程序。

与此同时，在进行脚本设计时还必须对多媒体软件的屏幕布局、图文比例、色彩、色调、音乐节奏、显示方式和用户交互方式等内容进行设计，确定多媒体软件的表现形式、界面元素排列位置，以及激活方式等。因此，脚本设计过程实际上是一个创意过程，创意的好坏取决于设计人员对需要表现内容的深刻理解和创作人员的水平，它决定了最终多媒体软件的质量。

3. 素材制作

当完成脚本设计后，就应立即进行多媒体素材的准备工作。多媒体应用软件中的素材可能包括文本、声音、图形、图像、动画和视频等，必须借助特定的媒体采集设备和场所才能够进行创作。

由于多媒体素材的质量将直接影响到多媒体软件的后期制作和系统效果，素材的准备和制作工作必须做得专业一些。在有条件的情况下，应当尽可能地请专业人员利用专业的设备来进行，例如，录制声音时请专业的播音员来朗读，在专门的录音房间进行录制，保证获得的声音纯正、噪声较少。

另外，多媒体素材的准备和制作是非常耗费时间和金钱的工作，而多媒体软件系统又是由大量的多媒体素材组成的，如何有效组织和利用多媒体设备、如何有效采集和制作多媒体素材成为决定多媒体软件开发进度的关键因素。在准备多媒体素材时，可以通过各种途径获取已有的其他素材。但是在使用其他人或公司的素材时，需要特别注意素材的版权问题。

4. 编码集成

编码集成阶段的主要任务是按照前期完成的设计脚本将已经制成的各种多媒体素材连接起来，集成为完整的多媒体应用软件。与影视节目制作相比，它相当于影片的后期制作。

多媒体应用软件集成一般采用两种实现方法：一是采用多媒体编程语言，如 Visual Basic、Visual C++等；二是选用多媒体著作工具，如 Authorware、Dreamweaver 等。前者功能灵活，可以准确地达到脚本规定的设计要求，但编码复杂，需要训练有素的程序员。所以一般情况下采用多媒体著作工具进行开发，仅当多媒体著作工具不能实现需要的功能时，才考虑用程序语言编程。

5. 系统测试

多媒体应用软件制作完成后，必须对它进行彻底的检查，以便改正错误、修补漏洞。有时还要进行优化，比如版面设计是否美观，速度是否可以提高等。对多媒体软件的质量测试，可以从以下 4 个方面进行。

（1）内容：测试系统内容的正确性，应完全符合开发目标。

（2）界面：通过对系统进行多方面的测试，确保无任何缺陷。

（3）数据：应保证数据调用完整无误。

（4）性能：由目标用户代表进行，确保符合开发协议中的要求。

6. 使用与维护

经过检查和优化，确认多媒体软件产品符合用户需求后，就可以交付使用。与此同时，还需要制作一些使用说明书以及包装产品等，送到最终用户手中。

软件维护的目的是使多媒体软件在整个生命周期内都能够满足用户的需求和延长软件使用寿命。对于大型的软件而言，维护是不可避免的。每次进行维护，都应该遵守规定的程序，并填写和更改好有关的文档。

7.3 多媒体软件的界面设计

软件界面是用户与计算机系统进行交互的接口，是联系使用者和计算机软硬件的综合环境。在多媒体软件中，用户界面的设计是一门艺术，它综合了多门学科的内容。

7.3.1 用户界面的特性

1. 可使用性

可使用性是用户界面设计的重要目标，它包括界面使用的简单性、界面术语标准化并具有一致性、拥有帮助功能、快捷的系统响应和较低的系统开销等。与此同时，良好的用户界面还应具有容错能力。

2. 灵活性

用户界面的灵活性是指赋予用户控制软件界面的能力，用户可以根据需要定制和修改界面显示和交互方式。在需要修改和扩展系统功能时，能够提供动态的对话方式，例如修改命令、设置动态菜单等。软件系统能够按照用户的需求，提供不同详细程度的系统响应信息，包括返回信息、提示信息、帮助信息和出错信息等。

3. 复杂性

用户界面的复杂性是指用户界面的规模和组织的复杂程度。在完成预定功能的前提下，应该使得用户界面越简单越好，但也不是把所有功能都安排在一个画面中线性排列。每个画面中的功能数目应该在 7±2 个范围内，这是人们记忆能力的最佳数目。

4. 可靠性

用户界面的可靠性是指软件系统无故障使用的间隔时间。用户界面应该保证用户能够正确、可靠地使用软件系统，保证有关程序和数据的安全性。

7.3.2 屏幕设计的原则

对于应用软件而言，屏幕设计的好坏是决定用户对该软件是否认可的重要因素。而多媒体软件主要强调信息的表达和展示，屏幕的显示效果对多媒体软件的成功与否将起到决定性作用。

屏幕设计应包括屏幕显示元素的布局设计、文字用语的编排以及颜色的使用等。

1. 显示元素的布局

屏幕中各显示元素放置的位置、大小、间距、对齐方式等都属于屏幕布局所涉及的范畴。在进行屏幕布局设计时，设计人员应遵循如下 5 项原则。

（1）平衡原则。屏幕中各显示元素应尽可能地保证上下左右均衡分布，过分拥挤的显示容易产生视觉疲劳和信息接收错误。

（2）预期原则。每一种显示元素的处理效果都具有一致性，确保用户清楚软件的预期操作。在 Windows 环境下的编程工具，如 Visual Basic、Visual C++等都提供了相应的函数和类库，使这些对象的操作处理一致化。

（3）经济原则。在进行界面设计时，既要确保界面元素能够提供足够的信息量以外，还要让软件界面保持简明和清晰，努力以最少的元素显示最多的信息。

（4）顺序原则。对象显示的顺序应该依照使用的顺序排列，不能够进行的操作其交互对象就不应该显示出来。另外，每一次要求用户做的动作应尽量减至最少，减少用户的心理负担。

（5）规范化原则。界面显示元素应对称放置，显示的命令或窗口应依据重要性排列。

2. 文字与用语

软件界面上使用的文字和用语必须保持简练和准确，又不宜产生二义性。在设计软件界面用语的过程中应遵循以下原则。

（1）格式规范。在软件界面中必须保证文字的简洁性，不要使用过多的文字信息。当界面必须显示大量文字信息时，应尽量采取分组或分页措施。

在设计界面文字显示风格时，除了关键字和特殊用语加粗或加大外，同一组或同一行的显示文字应尽量使用同一种字型来表示。

（2）文字用语简洁。软件界面中的文字应避免使用计算机专业术语，尽量采用用户熟悉的行业术语或行话。用语应尽量使用肯定句，而不用否定句；用主动语态而不用被动语态；用礼貌而不过分的强调语句进行文字会话。

另外，在可能的情况下，对不同的用户设计不同的交互术语，按心理学原则组织界面文字信息。

3. 颜色的使用

实践证明，界面元素的颜色搭配对软件界面显示效果影响很大。界面颜色除了是一种有效的强化技术外，还具有较高的美学价值。合适的彩色显示比黑白显示更令人愉悦，且不易引起人的疲劳。但是，纯色对细节的视觉分辨力较好，在界面颜色的搭配过程中，需要在舒适感和细节分辨两者之间进行折衷。

在界面元素的颜色使用过程中，随着界面设计经验的积累，人们形成了大量的启发式信息。例如，除了特殊字词以外，所有文字以同一种颜色显示；对启用的对象和禁用的对象采用不同的颜色进行显示。启用的对象颜色鲜艳，禁用的对象颜色暗淡；用鲜艳的彩色作为前景颜色，用暗色或浅色作为背景色；警告信息用红色表示，或通过闪烁来引起注意；在同一个画面中应当不超过 4 种颜色，用不同层次及形状来配合颜色，以增加变化效果；注意利用颜色提供的信息，如蓝色代表寒冷、绿色代表生态、红色代表警示等。

7.4 多媒体软件的美学原则

广义地说，多媒体就是针对人类感官对各种信息的感知和感觉而发展起来的一门信息技术，强调综合多种媒体技术来增加用户感受。当提高到艺术和美学层次时，它能深入用户心灵、触动用户情绪。根据人类美感的共同性，可从色彩和画面构成两方面来讨论多媒体软件在设计时需要遵从的美学原则。

7.4.1 多媒体软件的色彩

1. 色彩的和谐美

和谐是人类生存原则和自然原则于艺术形式中的集中反映，就色彩而言，凡是在整体色彩布局中能够协调相处，并能诱发出人们相应审美感受的色彩搭配关系，就是符合和谐美的色彩创作原理。同时，色彩的和谐美不仅要求色彩的组合关系要相互匹配，即调和，而且还要彼此独立，即对比。在传统上，常常强调色彩的调和关系，这样产生的是一种极富静谧且优雅的色彩效果，而现代，则注重对比的应用，即将性质相反的颜色并置在一起，这样呈现出的将是一种非常具有动感的色彩效果。

2. 色彩的平衡美

色彩中的平衡是指画面结构中各色彩达到一种"重力"停顿状态时所形成的一种色彩的和谐效果。这里所说的"重力"不是物理意义上的重力概念，而是指视觉上的一种感受，也就是人们常常所说的深色较浅色"重"、暗色比亮色"重"的感觉。在设计时，注意色彩的平衡美将会显示出生动活泼的艺术效果。

3. 色彩的节奏美

色彩的节奏是指色彩的有序的反复或变化。这种有序的反复或变化可以是一个或几个相同色彩的反复，可以是一种颜色按照某种规律渐渐地转到另一颜色的变化组合过程，也可以是色彩的远近、虚实的层次变化组合。这些变化很容易让人联想到漓江的水墨山水，能够让人在色彩的变化之中体会出音乐之美。

4. 色彩的比例美

色彩的比例美是指色彩在组合时，由于面积上大与小、多与少的差异而形成的色彩美。色彩的比例跟和谐与平衡紧密相关，在平衡中谈到，暗色比亮色"重"，这就需要设计者在颜色搭配上适当控制暗色和亮色所使用的面积大小，如缩小暗色的面积或扩大亮色的面积，以达到和谐、平衡的色彩效果。

5. 色彩的间隔美

间隔是为了弥补色彩因对比而过度刺激的缺陷，而在其间加入某种分离色，从而达到色彩整体协调的表现手法。间隔美除了可以使用线条隔离外，还可以选用其他的如点、面等形态，只要能够呈现出间隔调和的色彩效果，手法可以不拘一格。我国传统的艺术珍品如民族服饰、京剧脸谱等都很好地利用了这一艺术手法，值得设计者参考借鉴。

6. 色彩的空混美

空混即空间混合，它是指在一定距离内，人眼自动地把两种以上的对立色彩同化为柔和的中间色而获得画面和谐效果的色彩表现形式。一个最典型的例子就是彩色胶版印刷技术，用该技术印刷前，先准备黑、红、蓝、黄4块色版，在印刷时，按照密度为明暗调节手段用4块色版分别重复印刷来得到色彩空混的效果。但需要注意的是："空间混合不是通过颜色混合的方法达到色彩鲜明，而是以自然的中间色和阴影来增加画面的透明度和光辉性。"空间混合具有掺合性小、颤动性强的表达优势，能使画面熠熠生辉，并让人感到扑朔迷离、回味无穷。

7.4.2　多媒体软件的画面构成

1. 连续

连续是一种没有开始、没有终结、没有边缘的严谨性秩序排列。连续可无限地扩张，它可超越任何框架限制。

2. 渐变

渐变是有一定秩序和规律的逐渐的改变。渐变的程度在设计中非常重要，渐变的程度太大，速度太快，就容易失去渐变所特有的规律性的效果，给人以不连贯和视觉上的跃动感。反之，如果渐变程度太慢，会产生重复感，但慢的渐变在设计中会显示出细致的效果。渐变的类型有形状的渐变、方向的渐变、位置的渐变、大小的渐变和色彩的渐变等。

3. 对称

对称是指视觉上以一个点或一条线为基准，上下或左右看起来相等的形体。对称具有相称、均齐、均整等特征，左右对称的形体向来都被认为是安定且具有庄重和威严的感觉。对称的表现形式包括线对称、点对称和感觉对称。

4. 对比

对比是将相对的要素放在一起相互比较，以形成两种抗拒的紧张状态。对比可以产生明朗、肯定、强烈的视觉效果，给人以深刻的印象。对比现象的强弱与否，依赖于对比要素的配置关系。一般来说，不同的要素结合在一起，彼此刺激，会产生对比的现象，使强者更强、弱者更弱，大者更大、小者更小。

对比的表现形式包括形状的对比、大小的对比、色彩的对比、肌理的对比、位置的对比、重心的对比、空间的对比以及虚实的对比等。

5. 比例

比例是指关于长度或面积等的一种度量对比，它描述的是部分与部分或部分与全体之间的关系。在人类历史中，比例一直运用在建筑、工艺和绘画上，被当成一种美的表征。

6. 平衡

平衡是指两个力量相互保持着。也就是说，将两种以上的构成要素相互均匀地配置在一个基础支点上，以保持力学上的平衡而达到安定的状态。平衡主要分为两类：对称平衡和非对称平衡。

7. 调和

当两种构成要素共同存在时，如果互相差距过大，即造成对比。如果两种构成要素相近，则对比刺激变小，能产生共同秩序使两者达到调和的状态。如黑与白是一种强烈对比的颜色，而存于其间的灰色便是两者的调和色。

调和在视觉上可产生美感。因此，调和的原则一直是人们关心的课题，尤其是关于色彩和造型的调和问题。在造型上，如线的粗细和线的长短都会有影响，但只要在造型上能保持一致，也可产生调和感。

8. 律动

凡是规则的或不规则的反复和排列，或属于周期性、渐变性的现象都是律动，它是一种给人以抑扬顿挫而又有统一感的运动现象。一般来说，律动与时间的关系密切，因为在其他具有时间性的艺术领域中都能表现律动美，如音乐、舞蹈、电影、戏剧和诗歌等。此外，自然界中的海浪、沙丘、麦浪和饮烟等形象，也呈现出视觉的一种律动美。

9. 统一

统一是指结合共同的要素，把相同或类似的形态、色彩和机理等诸要素作秩序性或划一性的组织和整理，使之有条不紊。统一是美好的根本秩序，一般说来，统一可表现出高尚权威的情感，也可以达成平衡及调和的美感。

10. 完整

任何一件艺术作品，不论运用了那种美学原则，到作品完成时，艺术家追求的是作品的完整性。完整性依人类的感觉、需求的不同分为感官方面、知觉方面、意念方面和功能方面。比如一部好的戏剧演出，除了带给观众视觉和听觉方面的完整性外，也会为观众提供剧作家想表达的一个完整的创作意念。

7.5 开发案例1 多媒体交互课件制作

本节以 Authorware 制作唐诗排序题为例，介绍多媒体交互课件的设计开发过程。在开发过程中，将参考螺旋模型来指导整个项目开发。

7.5.1 需求分析

为了帮助学习和理解唐诗《静夜思》，本项目拟定制作一套诗词排序题。

在软件界面上提供该诗的各个句子，要求将诗句拖曳到界面上指定的区域。当诗句的位置放置完后，系统将提示当前语句放置的位置是否正确，同时计算当次答题成绩。用户可以根据系统的提示信息进行再次答题，或者直接退出系统。

7.5.2 脚本设计

在分析了唐诗排序题的需求后，多媒体设计师将从整个多媒体应用软件的内容、交互方式、界面布局，以及问答逻辑方面进行分析。

1. 交互方式设计

经过对传统排序题的格式和答题方法进行分析，本系统拟定采用 Authorware 的目标区交互方式来组织答题过程。即将唐诗的每一句诗句与特定区域绑定。只有将诗句拖曳，并且放置到应用程序界面的指定区域内时，系统才认为对该句子的排序正确。否则，系统将认为对本句子的排序失败。

2. 逻辑分析

唐诗《静夜思》由 4 句诗句组成，将诗句 1 拖曳到诗句 1 的目标区则认为诗句 1 排序正确；将诗句 2 拖曳到诗句 2 的目标区则认为诗句 2 排序正确；将诗句 3 拖曳到诗句 3 的目标区则认为诗句 3 排序正确；将诗句 4 拖曳到诗句 4 的目标区则认为诗句 4 排序正确。

在本次答题过程中，总分设为 100 分。每句诗句的位置放置正确后，将得到总分的 1/4，否则不得分。即每句诗句位置正确放置将得到 25 分成绩。

同时，每句诗句放置位置的右侧将提示该位置诗句排序的结果，即正确，或错误。

3. 界面分析

根据唐诗排序题的任务需求，为了使答题界面美观，便于使用，本项目拟定采用左右分块的方式来组织软件用户界面。页面设计原图如图 7-4 所示。

7.5.3 素材准备和制作

脚本设计阶段的工作完成后，立即将进入多媒体软件工程的素材准备和制作阶段。在本阶段，主要收集唐诗排序题中用到的所有素材文件。

在唐诗排序题中，需要准备唐诗诗句、主题图片，以及提示信息等。在本阶段应当根据项目的实际需要安排不同的技术人员收集、组织和制作各类素材资源。

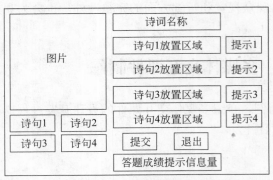

图 7-4　诗词答题界面布局设计

图 7-5　收集的界面图片素材

1. 文本素材准备

根据项目需求，收集唐诗《静夜思》的所有诗句内容，包括作者等信息。

2. 图片、动画素材准备

在界面设计中，需要收集或者创作符合本次唐诗排序题目的图片。本项目拟定采用图 7-5 所示图片。

3. 其他素材准备

除了收集文字和图片素材以外，在软件界面中还涉及各种按钮、提示信息。在设计过程中可以使用 Authorware 中附带的各种按钮样式，也可以使用其他图形软件来设计符合需要的按钮。

图 7-6　按钮图片收集

7.5.4　编码集成

编码集成阶段将按照脚本设计阶段的设计成果来实现多媒体应用软件。一般情况下，Authorware 的创作过程分为以下 6 个步骤。

1. 准备工作环境

在 Authorware 中新建一个项目，命名为"唐诗排序题"。打开项目"属性"窗口，设置窗口的大小为 640×480，取消"显示菜单栏"选项，如图 7-7 所示。

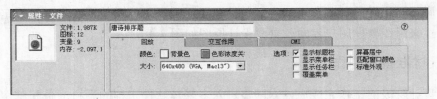

图 7-7　工作环境设置

2. 设置逻辑变量

在时间线上增加一个计算图标，并且命名为"初始化逻辑变量"。在计算图标中定义标识各个答案正确的变量 answer1、answer2、answer3 和 answer4，以及各个答题结果的提示变量 tip1、tip2、tip3 和 tip4。为了统计答题成绩，在计算图标中定义成绩变量 score。定义完变量后，对各个变量进行初始化，如图 7-8 所示。

关闭计算图标，系统将提示为当前项目增加变量，单击"确定"按钮表示同意。

图 7-8　逻辑变量初始化设置

3. 添加诗句显示项

在 Authorware 的"时间线"窗口中增加 4 个显示图标，用以显示唐诗的各个诗句。将各个图标分别命名为将要显示的诗句内容，如图 7-9 所示。

依次打开 4 个诗句显示图标，使用文字工具将各自的诗句内容添加到显示图标中。诗句文字对象的字体设置为"隶书"，字体大小为 18，如图 7-10 所示。

当显示图标增加文字对象后，时间线上的显示图标将由灰色变为黑色，如图 7-11 所示。

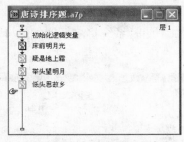

图 7-9　增加诗句显示图标

图 7-10　显示图标"床前明月光"的显示内容

4. 添加交互方式

按照脚本设计阶段的设计结果，将交互图标拖曳到时间线上，实现用户交互。将该图标命名为"交互界面"，如图 7-12 所示。

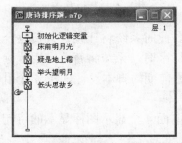

图 7-11　增加诗句内容后的显示图标

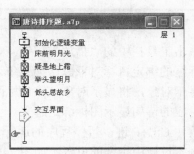

图 7-12　添加交互图标

使用"插入文字对象"功能和"绘制直线"工具,在"交互界面"中交互图标的"演示窗口"中添加相应的文字内容和横线区域。在屏幕的右侧以"隶书"字体,书写大小为36的"静夜思",以及字体大小为24的"——李白"。在唐诗标题的下边绘制4条横线,如图7-13所示。

文字录入后,用鼠标将"静夜思"和"——李白"2个文本对象调整至满意位置。绘制完4根直线后,可以选择"修改"|"排列"菜单项,打开"排列"对话框,对4根直线进行左对齐,以及等距分布。

从"图标"工具箱中拖曳计算图标至时间线上的交互图标右侧,此时系统将弹出"交互类型"对话框。在本项目中需要将指定对象拖曳到特定区域,因此选择"目标区"交互方式,如图7-14所示。

图7-13 增加文字和横线区域的交互图标窗口

图7-14 交互类型选择对话框

同样,将其他3个计算图标拖曳到交互图标的右侧。将这4个计算图标命名为诗句的名称,标志指定的目标区域,如图7-15所示。

双击"交互界面"交互图标,进入交互界面设计窗口,此时系统将演示增加的4个目标区,如图7-16所示。

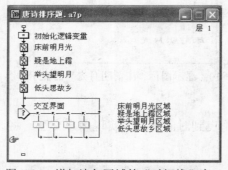

图7-15 增加诗句区域的"时间线"窗口

图7-16 增加了目标区的交互图标窗口

单击工具栏中的"播放"按钮 ▶,运行当前项目。此时系统将让设计人员逐个设置4个目标区的绑定目标对象。即当系统运行到指定的目标区时,系统将暂停。用鼠标单击特定的显示对象,将显示对象与该目标区进行绑定。根据前期的脚本设计,将4个目标区与其相对应的诗句显示图标绑定起来。

按住Ctrl+P键,暂停程序的运行。拖曳鼠标,将前面4个显示图标显示的诗句内容拖曳到脚本设计中指定的位置,如图7-17所示。

用鼠标双击各个目标区,对目标区的大小和位置进行调整,使之处于诗词下方的横线上，包含整个选项区域，如图 7-18 所示。

图 7-17　调整诗句的摆放位置

图 7-18　调整了目标区的交互图标窗口

双击"交互界面"交互图标，打开交互图标设计窗口。选择"插入"|"图像"菜单项，选用内部连接方式将前期准备的图片插入到显示窗口中。插入图片后，按住 Shift 键，用鼠标拖曳方式将图片调整至合适的大小，并放置在指定位置，如图 7-19 所示。

将 2 个运算图标拖曳到"交互界面"交互图标的右侧，分别命名为"提交"和"退出"，如图 7-20 所示。

图 7-19　增加图片后的交互图标窗口

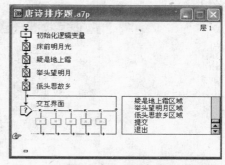

图 7-20　增加提交和退出运算的时间线

双击交互图标"提交"分支和"退出"分支的交互类型按钮━┓━，在"属性：交互图标"对话框中将"提交"分支和"退出"分支的交互类型改为"按钮"类型，如图 7-21 所示。

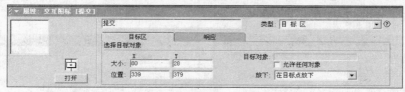

改变之前的交互类型

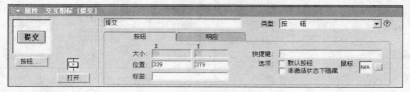

改变之后的交互类型

图 7-21　改变提交和退出的交互类型

打开"交互界面"交互图标的设计界面，将可以看到新增加的"提交"和"退出"按钮。调整按钮的大小，并且将按钮拖曳到脚本设计阶段指定的位置区域，如图7-22所示。

在"提交"分支和"退出"分支交互方式的"属性：交互图标"对话框中单击"按钮"按钮将打开"按钮"对话框，允许对按钮的显示样式进行调整，如图7-23所示。

图7-22　增加提交和退出按钮的交互图标窗口

图7-23　"按钮"对话框

单击"添加"按钮，增加新的按钮风格。此时系统将弹出"按钮编辑"对话框，如图7-24所示。

图7-24　"按钮编辑"对话框

选择按钮的各种状态，单击"导入"按钮分别为按钮的"未按"、"按下"和"在上"状态指定图片，如图7-25所示。

按钮"未按"状态图设置

按钮"按下"状态图设置

图7-25　提交按钮设置

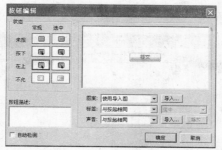

按钮"在上"状态图设置

图 7-25 （续）

设置"提交"按钮和"退出"按钮的显示风格后，可以在"交互界面"交互图标的设计窗口中查看按钮显示效果，如图 7-26 所示。此时"提交"按钮和"退出"按钮将根据鼠标在按钮上的动作显示不同的效果。

在"交互界面"交互图标的设计窗口中使用文字工具，在每个诗句目标区的右侧增加提示信息，即在诗句 1 目标区右侧增加文字信息{tip1}，在诗句 2 目标区右侧增加文字信息{tip2}，在诗句 3 目标区右侧增加文字信息{tip3}，以及在诗句 4 目标区右侧增加文字信息{tip4}。同样，在按钮的底部加入答题成绩提示信息，然后再创建

图 7-26　调整按钮风格的交互图标窗口

另外一个文本对象{score}，用于最终成绩显示。将成绩显示文本对象拖曳到答题成绩提示信息文本对象上。调整各个提示信息的位置，并将这 5 个文本对象的显示颜色设置为红色，如图 7-27 所示。

单击工具栏中的"播放"按钮 ，查看软件的交互界面设计。如果界面不满足要求，按住 Ctrl+P 键，暂停程序的运行，用鼠标调整各个界面元素的位置。可以看到，此时界面的显示效果如图 7-28 所示，满足脚本设计阶段的界面布局要求。

图 7-27　增加提示信息的交互图标窗口

图 7-28　交互界面预览

5. 逻辑代码编写

打开"初始化逻辑变量"计算图标，将所有提示信息（tip1、tip2、tip3、tip4）和最终

成绩变量（score）的值设为无，如图 7-29 所示。

图 7-29 "初始化逻辑变量"计算图标内容修改

　　前期为所有提示信息和最终成绩变量增加内容是为了便于界面设计排版。当界面设计完成后，将提示信息和最终成绩的内容设为无，在开始答题时隐藏提示信息和最终成绩的显示，如图 7-30 所示。

　　依次双击"交互界面"交互图标的诗句分支上的计算图标，为各个分支编写逻辑程序。

　　按照脚本设计阶段的设计结果，当运行到目标区运算图标时，需要设置相应的答案变量值，标识答题正确。例如，当进入"床前明月光"目标区的计算图标时，表示已经将与该目标区绑定的对象拖曳到区域内，此时需要将参数 answer1 的值设置为 1，如图 7-31 所示。

图 7-30 隐藏提示信息的交互界面窗口

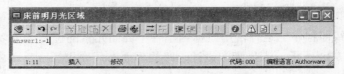

图 7-31 诗句 1 分支的计算图标内容

　　同样的方式设置其他 3 句诗句对应的计算图标内容。

　　打开"提交"按钮对应的计算图标，编写统计答题结果的功能代码，如图 7-32 所示。在"退出"按钮对应的计算图标中增加逻辑代码，如图 7-33 所示。

6. 发布系统

　　使用 Authorware 的发布功能生成目标应用程序。

7.5.5　系统测试

　　完成唐诗排序题的设计工作后，必须通过大量测试来检验生成系统的正确性。

　　在测试过程中，软件测试工程师必须检查整个系统的界面布局、答题逻辑、分数统计等功能是否满足设计需求。在测试过程中，应当尽可能地测试系统的所有功能、逻辑链路。本系统的部分测试结果如图 7-34 所示。

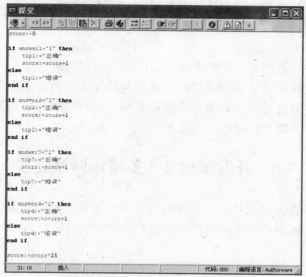

```
score:=0
if answer1="1" then
     tip1:="正确"
     score:=score+1
else
     tip1:="错误"
end if

if answer2="1" then
     tip2:="正确"
     score:=score+1
else
     tip2:="错误"
end if

if answer3="1" then
     tip3:="正确"
     score:=score+1
else
     tip3:="错误"
end if

if answer4="1" then
     tip4:="正确"
     score:=score+1
else
     tip4:="错误"
end if

score:=score*25
```

图 7-32 "提交"按钮分支的计算图标内容

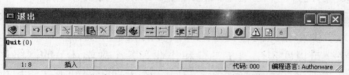

```
Quit(0)
```

图 7-33 "退出"按钮分支的计算图标内容

正确答案测试结果

部分答案错误测试结果

部分选项未答结果

图 7-34 唐诗排序题部分测试过程

当然，也可以由专门的测试人员对照多媒体应用软件的需求对系统进行详细测试。

7.5.6　使用与维护

多媒体应用软件经过测试，检测无误后，即可交付使用。在运行过程中，可以不断修改和完善系统，继续排除设计过程中可能出现的问题。如果需要增加多媒体应用软件的功能，则需要重复上述开发过程，对整个系统的布局、交互性等进行重新设计，按照螺旋模型软件工程思想来指导整个过程。

7.6　开发案例2　多媒体网站建设

本节以制作"多媒体技术及应用"课程交流网站为例，介绍多媒体软件的设计开发过程。同样，在开发过程中使用螺旋模型来指导整个项目的开发。

7.6.1　需求分析

为了加强"多媒体技术及应用"课程的教学效果，提高课程教学质量，使教学内容具有系统性，形成积极、充满生机活力的教学机制，拟建设"多媒体技术及应用"课程网络辅助教学平台，为学生和教师构建良好的网络辅助教学环境。

该辅助教学平台可以实现学习、答疑和作业等各个教学环节的网络化，教师和学生可以方便地利用该平台完成所有教学活动。另外，在本课程网站上还将提供大量的教学和课程参考材料，便于学生在课外学习教学内容。

7.6.2　脚本设计

在分析了"多媒体技术及应用"课程交流网站的需求后，多媒体设计师将从整个多媒体应用软件的内容、交互方式、界面布局等内容进行分析。

1. 课程网站内容

经过对"多媒体技术及应用"课程教学内容和教学特点的分析，本课程网站决定主要提供以下 8 个方面的内容。

（1）课程介绍。对本课程的相关信息进行介绍，包括课程的进展信息、课程介绍、课程教学大纲、实验大纲、教学进度表等，便于用户从整体上了解本课程，如图 7-35 所示。

（2）网络课程。提供本课程的电子教案、实践指导内容，便于学生和老师获取本课程的教学材料。

与此同时，本部分还将提供学生和教师进行交流的平台，包括作业提交、作业批阅等功能。另外，为了让学生随时掌握自己对相关知识点的掌握程度，该模块还将提供习题自测、模拟试题等相关功能，如图 7-36 所示。

（3）教学队伍。介绍本课程主讲教师的基本信息，便于学生在课余时间与授课教师联系，咨询相关知识点；同时，本模块也将提供课程的教学改革、教学研究和最新的教研成果，便于学生掌握本课程的最新教学动态，如图 7-37 所示。

（4）教学内容。介绍课程的教学内容和安排，教学组织和相应的实践教学方式，如图 7-38 所示。

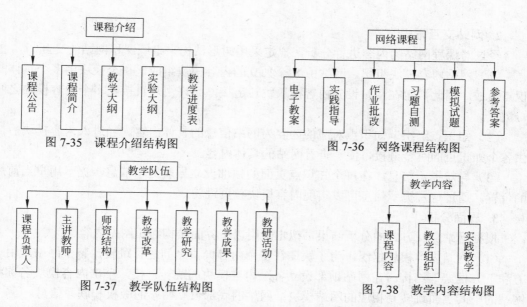

图 7-35　课程介绍结构图

图 7-36　网络课程结构图

图 7-37　教学队伍结构图

图 7-38　教学内容结构图

（5）教学条件。介绍课程开设过程中所具备的教学条件，例如使用教材、课程相关的参考文献资料、课程的实践内容和实践条件，以及学校校园网络对课程的支持等，如图 7-39 所示。

（6）教学方法。提供本课程的教学方法描述，以及在实际的教学过程中是如何应用的，便于教学同行之间进行交流，如图 7-40 所示。

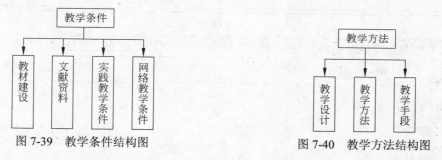

图 7-39　教学条件结构图

图 7-40　教学方法结构图

（7）教学效果。提供学生、同行对本课程的评价，以及本课程的优秀学生作品。与此同时，提供每一章课程内容的教学录像，允许学生在线对课程教学内容进行点评，如图 7-41 所示。

（8）特色政策。提供本课程的特色创新内容，以及学校对课程的相关支持等信息，如图 7-42 所示。

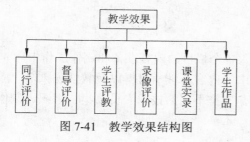

图 7-41　教学效果结构图

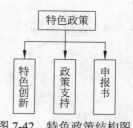

图 7-42　特色政策结构图

2. 网站交互方式

经过对课程网站的内容进行分析，拟定采用树形结构来组织课程网站的交互。

（1）网站内容模块组织。网站由 8 个独立的内容模块组成，每个模块由多个具体的知识点组成。因此拟定在网站设立内容模块跳转链接，允许用户直接在多个内容模块之间跳转浏览。

（2）知识点组织。知识点对应的内容为网站信息的具体内容。当进入内容模块后，提供各个知识点的跳转链接，便于查看网站的具体内容。

（3）导航提示信息。在每个知识点页面的顶部设立导航提示信息，提示用户当前所在的位置。通过位置提示信息可以实现内容模块首页跳转。

3. 界面分析

根据网站交互方式的分析结果，拟定采用以下界面结构组织网站内容。

（1）网站内容模块组织。为了快速在多个内容模块之间进行跳转，整个网站采用"上方和下方框架"结构。在网站顶部设立各个内容模块的跳转链接，单击内容模块名称将使网站的中间页面跳转到相应的网站模块；网站的底部设立网站的版权和联系信息。

（2）知识点组织。在每个内容模块的子页面组中，拟定采用"左侧框架"结构。在页面的左侧设立知识点跳转链接，单击知识点名称将跳转到相应的知识点。

（3）导航提示信息。在每个知识点页面顶部的导航提示信息中提供用户当前所在的"模块"和"知识点"。单击提示信息中的"模块"和"知识点"将直接跳转到相应网络页面。

网站的内容组织框架如图 7-43 所示。

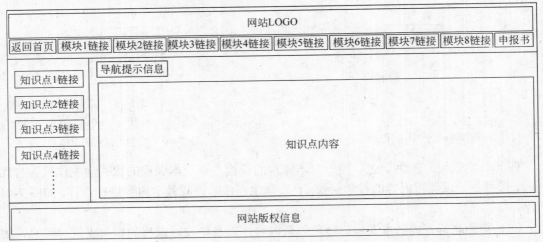

图 7-43　课程网站界面设计

7.6.3　素材准备和制作

网站的脚本设计工作完成后，就立即转入各个栏目的内容准备和制作工作中。

由于课程网站中涉及大量课程教学过程中的内容、教学材料以及教学视频等，应当根据项目的实际情况对项目开发工作进行分工，安排不同的技术人员收集、组织、制作不同的网页元素文件。

1. 文本素材准备

根据上一步骤中完成的设计脚本，可以将本项目按照内容划分为课程内容、教学队伍、教学方式和教学效果 4 个大部分，安排不同的人员收集和撰写相关部分内容文档。

例如在制作课程介绍模块时，就需要向学校教务人员索取与课程相关的介绍内容、课程的教学大纲和实验大纲文件；网络课程模块则需要准备本课程的课程电子教案、实践内容的电子文档，以及部分与课程相关的习题等。

然而，在收集文字素材的过程中可能会出现收集到的文本素材不一定适合在网页上进行显示，文字的内容、格式和组织方式需要进行调整。此时工作人员可以对收集到的信息进行组织，撰写适合目标网页的相关信息。

2. 图片、动画素材准备

为了增加网页的显示效果，必将收集和制作大量内容图片。

（1）收集图片。在本课程网站的建设过程中，需要体现学校信息、课程的相关发展、教材建设、同行评价以及课程获奖内容等信息，因此，网站设计人员必须收集与课程相关的标识（LOGO）文件、图标文件、资料和书籍封面图片等，如图 7-44 所示。

图 7-44　收集的网站图片素材

（2）制作图片。在制作过程中，网页设计人员也可以利用 Photoshop、Flash 等专业图形、图像、动画制作工具来创作符合内容要求的图片和动画文件，例如网站横幅、图标等，如图 7-45 所示。

图 7-45　网站标题栏背景图片

（3）拍摄图片。对于不能使用工具软件创建的图片，可以采用专用设备进行捕获，例如数字照相机等；在"多媒体技术及应用"课程网站的建设过程中，需要体现与课程相关的教研活动，教师照片，以及课程主讲教师与专家交流等场景，就必须通过专用设备进行图像获取，如图 7-46 所示。

图 7-46　专业设备获取的图片素材

3. 视频素材准备

由于本课程网站需要在线提供教师授课视频，便于学生在课余浏览视频来参加课程学习。为了提高获取视频的质量，必须在专业场所进行教学视频拍摄，使用专业的数字摄像机进行视频采集。如果网站建设人员对视频的质量要求不高时，也可以使用数字摄像头或数字摄像机进行视频采集。

目前，本课程交流网站暂时只提供了部门课程内容的教学视频，在将来网站的建设过程中将逐步补充。当前网站上已经具备的部分视频如图 7-47 所示。

图 7-47　网站视频素材

4. 其他素材准备

除了文本、图形、图像、动画和视频素材以外，网站中还需要提供大量的资源供学生查看或者下载，例如教学课件、教学安排、实验教学指导等，如图 7-48 所示。

当然，设计人员也可以利用各种工具软件创建相关的素材资源，对收集或创作素材进行整合，便于在网络上传播。

为了更好地显示网站中的各类信息元素，在收集和制作过程中必须调整各类元素的格式和组织方式，便于将来在网站上发布。

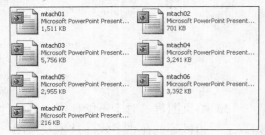

图 7-48　网站的其他资源素材

例如将视频格式从占用空间较大的 AVI 格式转换为目标服务器支持的 WMV 格式或 FLV 格式、将图片转换为 JPEG 或者 GIF 格式等。

7.6.4 编码集成

编码集成阶段将按照脚本设计规定的要求对各类素材进行集成，并完成最终网站系统。一般情况下，网站的编码集成阶段将分为以下 5 个步骤。

1. 构建网站目录

为了较好地组织网站资源，便于设计人员开发和维护网站内容页面，就必须对本地站点的文件组织目录进行规划，对课程网站中用到的各种资源进行有效地组织。

按照脚本设计中规划的模块内容组织网站目录结构是较好的选择，将各个模块的内容以子目录的形式放入 HTML 目录中。

除此以外，网站设计人员也可以根据以往项目经验建立风格文件目录、脚本目录等。因此，本网站建立的目录结构如图 7-49 所示。

站点目录中的 css 文件夹用于存放网页风格文件；Scripts 文件夹放置当前网站中用到的脚本文件；每个目录中的 flash 文件夹和 image 文件夹用来存放当前模块所用到的动画文件和图片文件。

与此同时，网站设计人员可以在 Dreamweaver 中建立课程网站站点，建立站点与本地文件目录的对应关系。

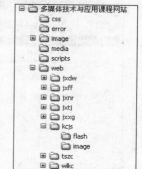

图 7-49　课程网站文件目录结构

建立网络站点的过程如下。

（1）在 Dreamweaver 的起始页中，选择"新建"|"Dreamweaver 站点"菜单项。

（2）利用"新建站点向导"建立 Dreamweaver 站点。

① 设置站点名称和网站地址，如图 7-50（a）所示。

② 单击"下一步"按钮，进入服务器技术选择界面。

本网站暂时用不到数据库服务器，因此选择"否，我不想使用服务器技术"，如图 7-50（b）所示。

③ 单击"下一步"按钮，选择本地文件与服务器文件同步方式，以及本地文件目录，如图 7-50（c）所示。

④ 单击"下一步"按钮，选择网络访问方式。

在建设过程中，本项目选择以 FTP 技术来上传文件，因此在新建站点向导（4）中选择 FTP、并且填写本地站点的上传方式，如图 7-50（d）所示。

⑤ 单击"下一步"按钮，选择版本控制方式，本项目选择"否，不启用存回和取出"，如图 7-50（e）所示。

⑤ 单击"下一步"按钮，查看并确定站点信息，如图 7-50（f）所示。

2. 网站素材组织

为了较好地组织网站素材，便于设计人员将来对网站进行维护和完善，必须对课程网站中用到的各种素材进行有效地组织。

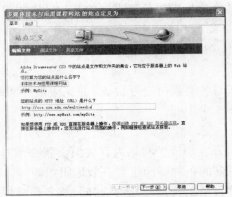

(a) 设置站点名称和网站地址

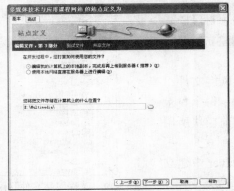

(c) 设置本地目录和文件共享方式

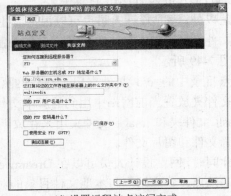

(b) 选择是否选择服务器技术

(d) 设置远程站点访问方式

(e) 选择版本控制方式

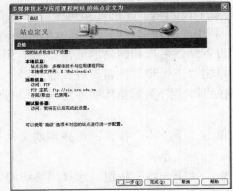

(f) 确认站点信息

图 7-50

　　网站素材组织阶段主要是将前一阶段收集、创作的所有网站素材按照脚本设计规定的方式放入到本地站点目录的指定文件夹中。本项目将各个模块用到的网站素材放入各自的子目录文件夹中，例如"教学队伍"模块中用到的所有图片和动画都放入 jxdw 子目录中的 image 和 flash 目录中；网站中公用的图片、动画、脚本和风格等文件则放入网站根目录中的 image、flash、Scripts 和 css 子文件夹中。

3. 网站风格设计

在将前期收集到的网页素材集成到目标网页中之前，必须确定整个站点网页的风格，尽早对网页的显示字体、显示风格、框架组织方式、站点信息导航方式等进行设计。在设计网站风格过程中，可以首先选定网站首页作为效果测试页面，查看网站的显示效果。

（1）框架组织方式。由于本网站的建设目的是将"多媒体技术及应用"课程的相关信息内容提供给网站用户，按照脚本设计阶段的设计结果，本项目网站采用了"上方和下方框架"框架模版来组织网站信息内容。

创建框架的步骤如下。

① 打开 Dreamweaver，在起始页中选择"新建"|HTML 菜单项，建立新的 HTML 文件。

② 设计主模块框架。选择"布局工具栏中"的"框架图标"，使用"上方和下方框架"选项，如图 7-51 所示。

此时系统将弹出"框架标签辅助功能属性"对话框，如图 7-52 所示。

图 7-51　确认站点信息设置网页框架结构

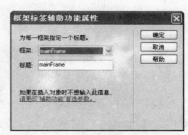

图 7-52　"框架标签辅助功能属性"
对话框

使用系统为框架各个部分网页产生的默认名称，单击"确定"按钮。此时，文档窗口中的网页将分为顶部、主面板和底部 3 个部分，如图 7-53 所示。

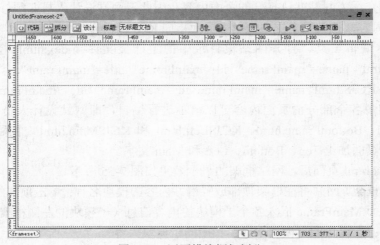

图 7-53　网页模块框架划分

用鼠标分别单击框架的不同部分，选择"文件"|"保存框架"菜单项，保存框架中的上、中、下 3 个部分的内容，如 TopFrame.html、MainFrame.html 和 BottomFrame.html。关闭整个新建页面，系统将让设计人员保存当前框架结构。由于此页面内容为框架的结构组织方式，也是将来网站默认打开的页面，因此将该页面保存为 index.html。

使用文本编辑工具，打开 index.html 文件，将<title>无标题文档</title>修改为<title>多媒体技术及应用</title>。

③ 编辑子模块框架。新建 HTML 文件，使用"左侧框架"选项▯，生成子模块内容框架，如图 7-54 所示。

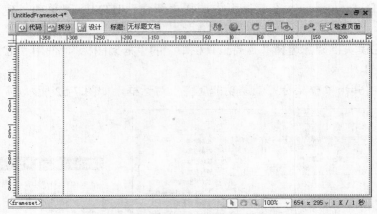

图 7-54　网页子模块框架划分

同样保存左侧框架页面为"模块名称+Left.html"，例如"课程介绍"模块则命名为 KCJSLeft.html，右侧框架为 KCJSMain.html。关闭该新生成页面，Dreamweaver 将提示保存当前框架结构。模块框架的名称，可以使用"模块名称.html"方式，如 KCJS.html。

采用相同的方式创建并保存其他内容模块的网页框架；每个模块的框架页面都存入对应的子目录中，便于将来对网站内容进行组织；例如课程介绍模块的所有网页都保存到 Web 目录中的 kcjs 子目录中。

由于课程介绍为网站默认打开的页面内容，因此，网站设计人员必须修改站点引导页 index.html 的内容，使其将主框架的内容页面指向 KCJS.html。

使用文本编辑工具，打开网站根目录中的主框架文件 index.html，将<frame src="MainFrame.html" name="mainFrame" id="mainFrame" title="mainFrame" />修改为<frame src=" web\kcjs\KCJS.html" name="mainFrame" id="mainFrame" title="mainFrame" />。

网站框架中各个部分的页面内容可以单独进行编辑，即网站设计人员可以单独编辑 TopFrame.html、BottomFrame.html、KCJSLeft.html 和 KCJSMain.html4 个网络页面，例如分别为这 4 个页面加上 Top、Bottom、Left 和 Main 文字。

打开 index.html 页面后，网站框架的显示效果如图 7-55 所示。

利用网站框架，网站将在框架顶部放置网站内容的模块名称；单击顶部的模块名称后，将会在内容页面 MainFrame 嵌入各个子模块的内容信息（子模块的左侧框架显示各个模块的子模块名称；子模块的主模块中显示相应的子模块内容）。

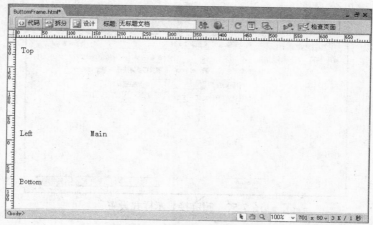

图 7-55　网页框架显示效果

（2）显示风格。整个网站的显示风格决定了网站的内容显示效果，决定了网站的视觉效果。显示风格包括颜色色调、字体、字体大小、超链接样式、文字布局方式等。

站点显示风格的设置主要参考其他成功的网络站点，当然也可以根据网站美工人员的建议进行设置。

本站点在建设过程中，背景颜色为淡蓝色，正文显示字体为"宋体"，字体大小为 14 像素；字体颜色为黑色；单击"页面属性"栏上的"页面属性"按钮，打开"页面属性"对话框，在"外观"选项卡中设置网页的字体显示属性，如图 7-56 所示。

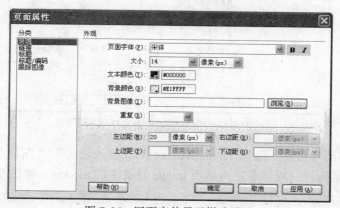

图 7-56　网页字体显示样式设置

选择"链接"选项卡，设置网页超链接的显示效果，如图 7-57 所示。

4. 多媒体网页内容设计

确定了网站的显示风格后，需要将前期整理的各种网站素材利用 Dreamweaver 集成到多媒体网页中，通过集合多种媒体素材来表现整个网络站点的内容。因此，本阶段的工作主要是根据脚本设计阶段的设计结果来组织每个栏目的内容，生成相应的网页文件，并将存放到指定的文件目录中。

本网站的站点导航方式设计步骤如下。

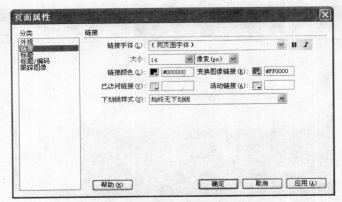

图 7-57　超链接显示样式设置

（1）顶部框架内容设计。

① 在 Dreamweaver 中，打开顶部框架对应的网页文件 TopFrame.html。

② 设置顶部框架页面属性。单击页面"属性"面板上的"页面属性"按钮打开"页面属性"对话框。在"外观"选项卡中设置网页的字体显示属性，如图 7-58 所示。

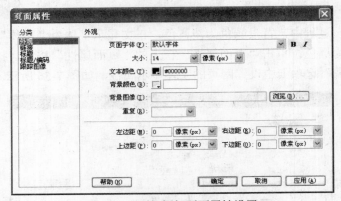

图 7-58　顶部框架页面属性设置

③ 插入顶部图片文件。选择 Dreamweaver 的"插入记录"|"图像"菜单项，为顶部框架页面插入背景图片。顶部图片为站点 image 目录中的 top.jpg，如图 7-59 所示。

图 7-59　顶部框架背景图片

④ 使用布局工具栏中的"绘制 AP Div"按钮在顶部框架页面底部增加 8 个 Div 标签，分别加入各个模块名称，如图 7-60 所示。

图 7-60　顶部框架 Div 设计

为了提高网页的平衡美，必须让每个 Div 元素的位置、大小一致。依次查看各个 Div 元素的"属性"面板，调整 Div 块的位置和尺寸。将"上"设为 100 像素，"高"和"宽"分别设为 30 像素和 74 像素；另外，将相邻 Div 元素之间的间隔设为 3 个像素，即下一个 Div 块的左侧位置为前一个 Div 块结束位置后的 3 个像素。同时，将每个 Div 的文字显示属性设为"居中"。第一个 Div 的相关属性设置如图 7-61 所示。

图 7-61　模块名 Div 属性设置

（2）底部框架内容设计。

① 在 Dreamweaver 中，打开底部框架对应的网页文件 BottomFrame.html。

② 采用和顶部框架相同的方式设置底部框架页面属性。

③ 使用布局工具栏中的"绘制 AP Div"按钮 在底部框架页面中增加 2 个 Div 标签，如图 7-62 所示。为了集中显示版权信息，左侧框架内容选择"右对齐"方式。

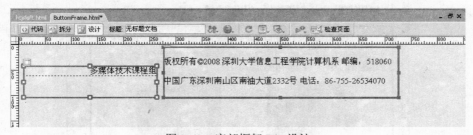

图 7-62　底部框架 Div 设计

（3）模块内容设计。在课程介绍子模块中，主要有课程公告、课程简介、教学大纲、实验大纲和教学进度表 5 个知识点。按照脚本设计的要求，左侧框架将组织各个子模块的标题，便于用户在右侧内容模版中浏览相应的内容。

左侧框架设计步骤如下。

① 在 Dreamweaver 中，打开左侧框架对应的网页文件 KCJSLeft.html。

② 采用和顶部框架相同的方式左侧导航框架的页面属性。

③ 插入页面信息。选择"插入记录"|"图像"菜单项，在网页中插入显示图标，并输入相应的文字信息，如图 7-63 所示。

图 7-63 课程介绍模块名子模块导航

内容框架设计步骤如下。

① 在 Dreamweaver 中，打开内容框架对应的网页文件 KCJSMain.html。

② 采用和左侧导航框架相同的方式设置内容框架的页面属性。

③ 插入页面信息。课程公告部分涉及显示多个公告内容，页面中使用 2 个独立的 Div 标签来组织不同的内容。使用布局工具栏中的"绘制 AP Div"按钮 在页面中增加 2 个 Div 标签。

在主页面中插入脚本设计中指定的模块内容，并且选择"插入记录"|"图像"菜单项 在网页的指定位置插入图片，如图 7-64 所示。

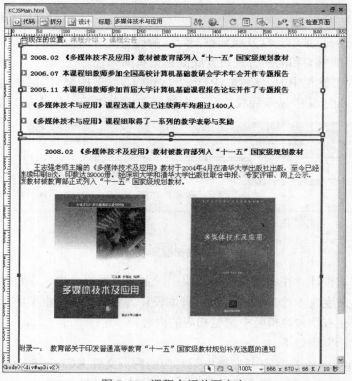

图 7-64 课程介绍首页内容

完成课程介绍模块的所有内容后，网站设计人员可以根据脚本设计阶段的成果开始其他模块网页的设计工作。下面以网络课程模块为例介绍其他模块网页的开发步骤。

多媒体技术及应用（第 2 版）

① 新建一个 HTML 页面。

② 设计子模块与子模块内容框架。单击"布局工具栏中"的"框架图标",选择"左侧框架"选项■,生成子模块内容框架;其中,左侧框架页面保存为 WLKCLeft.html;内容框架页面保存为 WLKCMain.html;关闭整个页面,Dreamweaver 将提示保存框架页面,将网页框架页面保存为 WLKC.html。

③ 增加左侧框架页面信息。首先根据上一个模块的左侧导航页面属性信息,设置左侧导航页面的页面属性。

按照脚本设计的要求,网络课程模块将分为电子教案、实践指导、作业批改、习题自测、模拟试题和参考答案 6 个知识点。因此,左侧框架页面内容设计如图 7-65 所示。

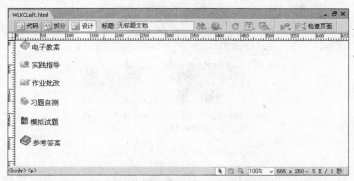

图 7-65　网络课程模块名子模块导航

④ 内容框架页面设计。根据脚本设计要求,在 Dreamweaver 中打开内容框架页面 WLKCMain.html,使用工具栏中的"绘制 AP Div"按钮■在页面中增加 7 个 Div 标签。在 Div 块内插入相应的电子教案截图和电子教案名称,如图 7-66 所示。

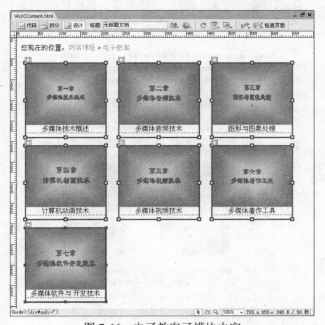

图 7-66　电子教案子模块内容

（4）网页效果预览。在 Dreamweaver 中，打开网站首页文件 index.html，即可打开整个网页框架，查看网页的整体效果，如图 7-67 所示。

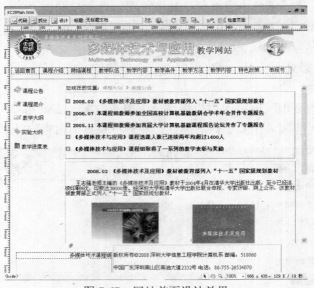

图 7-67　网站首页设计效果

单击文档窗口中的预览功能按钮，选择在 Internet Explorer 中浏览网页真实效果，如图 7-68 所示。

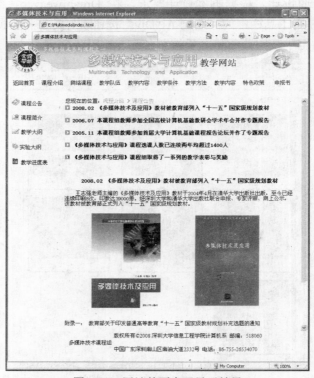

图 7-68　网站首页实际显示效果

5. 网页链接设计

所有课程内容的多媒体网页都完成后，网站设计人员必须为网页上的相应元素增加超链接，便于用户浏览。因此，本阶段的主要工作就是按照脚本设计中规定的交互方式，设置各个网络元素的超链接内容。

（1）顶部框架的超链接设计。在网站的顶部框架中列出了各个模块的名称，以及返回首页等信息。单击模块名称，框架中间的内容界面将链接到指定的模块信息内容。

顶部框架的超链接设计步骤如下。

① 适用 Dreamweaver 打开 index.html 文件。

② 设置超链接内容。在打开的网页中，用鼠标选择相应的网络元素，为该元素设置超链接内容。例如，在顶部框架中选择文字"课程介绍"，使用"属性"面板的指向图标 或设置链接文本框内容，设置该元素的链接目标（子模块框架页面 KCJS.html），如图 7-69 所示。

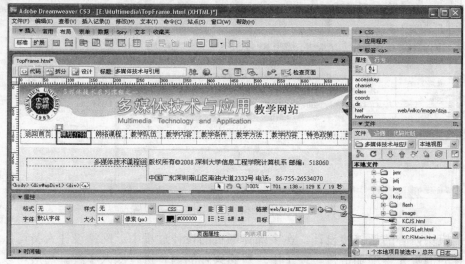

图 7-69　顶部页面框架超链接内容设置

③ 设置链接目标。单击模块名称后，模块的相关内容将在"上方和下方框架"框架模版的中间部分出现，即在 Mainframe 部分出现。因此，除了设置超链接的内容外，还需要对超链接出现的框架目标进行设置。

选择"属性"面板中的"目标"下拉框，选择 MainFrame，如图 7-70 所示。

其他模块的超链接内容和目标的设置方式与"课程介绍"模块的设置方式相同。

图 7-70　顶部框架页面超链接目标设置

其中，返回首页是指单击该元素后，直接跳到网站首页。本网站在打开之时将显示"课程介绍"内容，因此，该元素的超链接内容也是指向 KCJS.html 文件。

（2）左侧框架的超链接设计。网站框架的中间区域用于显示模块的相关信息。其中左侧框架提供了各个模块的知识点名称，单击知识点名称，网站的内容框架页面将显示知识点的相应内容。

现在以"课程介绍"模块的内容来介绍左侧框架页面的超链接设置步骤。

① 使用 Dreamweaver 打开 Web\kcjs 目录中的 KCJS.html 页面。

② 选择左侧框架页面的知识点名称，使用"属性"面板的指向图标⊕或设置链接栏的内容，为该元素增加链接目标，如图 7-71 所示。

图 7-71　左侧框架页面超链接内容设置

（3）模块内容的超链接设计。在多媒体网页的设计过程中，网站设计人员可以为介绍模块内容的网页元素增加链接，便于用户对感兴趣的内容进行深入了解。一般可以对内容模块中的关键词、图片、动画等资源增加链接。

现以"网络课程"模块为例介绍模块内容的超链接设置步骤。

① 使用 Dreamweaver 打开 Web\wlkc 目录中的 WLKC.html 文件。

② 选择模块内容页面中的幻灯片截图，用"属性"面板的指向图标⊕或设置链接栏内容，为该元素添加的链接目标，如图 7-72 所示。

③ 将该图片超链接的打开目标设为"_blank"，即在新的浏览器窗口打开页面，如图 7-73 所示。

④ 用鼠标选中需要增加超链接的文字，同样通过指向图标⊕或设置链接栏内容，为该元素添加的链接目标，如图 7-74 所示。

⑤ 将文字超链接的打开目标设为"_blank"，如图 7-75 所示。

网站的其他模块、知识点和模块内容的超链接设置方式与上述内容一致。当所有网页都按照脚本设计规定的内容设置完交互方式后，本阶段工作完成。

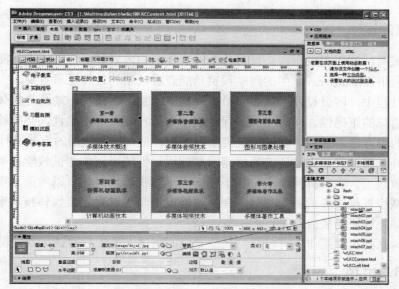

图 7-72　图片超链接内容设置

图 7-73　图片超链接的打开目标设置

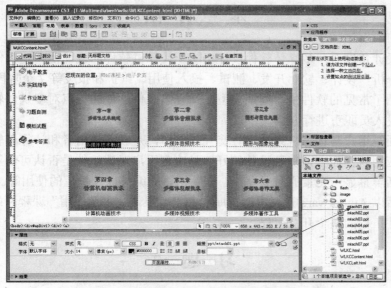

图 7-74　模块内容文字超链接内容设置

图 7-75　模块内容文字超链接打开目标设置

第 7 章　多媒体软件开发技术

7.6.5　系统测试

课程交流网站制作完成后，必须对各个网页显示的内容和交互方式进行测试。设计人员可以直接利用 Dreamweaver 中的网站预览功能查看网站的最终显示效果。

在测试过程中，网页设计人员必须检查网站中的文字、图片、动画等媒体元素，确保网站所表达信息的正确性。同时，为了保证网站与用户交互的正确性，必须检查网页中的各个超链接的内容是否正确，以及超链接指向的内容是否按照预期的方式进行显示。

除此以外，网站设计人员还必须检测网站的运行性能。例如测试教学视频在目标网络环境中的播放效果。当目标网络的带宽不能够满足系统需求时，可以考虑采用更好的媒体压缩算法来减少视频文件的占用空间；在必要情况下，可以采用流媒体技术来组织视频素材，保证视频能够流畅播放。

当然，网站的测试工作也可以交给其他专门的测试人员进行测试。

7.6.6　使用与维护

网站平台经过测试，检测不到错误后，就可以正式投入使用。在运行过程中，如果发现新的、未检测出的错误，设计人员将对问题进行修改。如果需要对网站的内容进行增添或更新，就需要重复上述各个开发阶段，根据新的需求重新设计网站。

新版本的课程网站改进了原有网站的缺点，通过不断完善系统来满足用户新的需求，体现了螺旋模型的原型迭代过程。

本 章 小 结

从程序设计角度看，多媒体软件设计仍属于计算机软件的设计范畴。软件的生命周期可分为需求分析、设计、软件开发、测试、投入使用、维护和报废等 7 个阶段。

本章介绍了常见的软件生命周期模型，结合多媒体软件的特点对多媒体软件工程的生命周期和开发人员职责进行介绍。

软件界面是用户与计算机系统进行交互的接口，是联系使用者和计算机软硬件的综合环境。对于应用软件而言，屏幕设计的好坏是决定用户对该软件是否认可的重要因素。屏幕设计应包括屏幕显示元素的布局设计、文字用语的编排以及颜色的使用等。

本章最后以 Authorware 开发唐诗排序题和"多媒体技术及应用"课程网站为例，介绍了多媒体软件工程的整个开发流程。

习　题　7

一、单选题

1. 软件工程是指计算机软件_____的工程学科。
   A. 开发与维护　　　B. 开发与测试　　　C. 测试与维护　　　D. 开发与运行
2. 采用_____再配合面向对象开发方法是开发多媒体软件的新趋势。
   A. 瀑布模型　　　B. 原型模型　　　C. 螺旋模型　　　D. 杰克逊法

3. 信息设计师是_____中的一类。
   A. 项目经理　　　　B. 脚本创作师　　　　C. 专业设计师　　　　D. 软件工程师
4. 在多媒体软件开发中，按照所设计的脚本将各种素材连接起来的阶段是_____。
   A. 需求分析　　　　B. 脚本设计　　　　C. 素材制作　　　　D. 编码集成
5. 在系统测试中，通过对系统进行多方面的测试，确保无任何缺陷的测试是_____。
   A. 内容　　　　B. 界面　　　　C. 数据　　　　D. 运行
6. 在用户界面的特性中，_____体现了多媒体软件赋予用户控制界面的能力。
   A. 可使用性　　　　B. 灵活性　　　　C. 复杂性　　　　D. 可靠性
7. _____可以产生明朗、肯定、强烈的视觉效果，给人以深刻的印象。
   A. 连续　　　　B. 渐变　　　　C. 对称　　　　D. 对比
8. 自然界中的海浪、沙丘、麦浪和饮烟等形象，体现了画面构成中的_____。
   A. 律动　　　　B. 比例　　　　C. 统一　　　　D. 完整
9. 多媒体创作的主要过程需要的步骤是_____。
   A. 应用目标分析、脚本编写、设计框架、各种媒体数据准备、制作合成、测试
   B. 应用目标分析、设计框架、脚本编写、各种媒体数据准备、制作合成、测试
   C. 应用目标分析、脚本编写、各种媒本数据准备、设计框架、制作合成、测试
   D. 应用目标分析、各种媒体数据准备、脚本编写、设计框架、制作合成、测试
10. _____的目的是使软件在整个生命周期内保证满足用户的需求和延长软件使用寿命。
   A. 编码集成　　　　B. 系统测试　　　　C. 软件维护　　　　D. 素材制作

二、多选题

1. 利用瀑布模型进行软件开发，可分为_____阶段。
   A. 问题定义　　　　B. 系统设计　　　　C. 编码　　　　D. 可行性分析
   E. 需求分析　　　　F. 详细设计　　　　G. 测试　　　　H. 运行和维护
2. 多媒体软件设计中的色彩美包括_____。
   A. 和谐美　　　　B. 平衡美　　　　C. 调和美　　　　D. 空混美
   E. 节奏美　　　　F. 比例美　　　　G. 间隔美　　　　H. 统一美
3. 用户界面的特性包括_____。
   A. 可使用性　　　　B. 灵活性　　　　C. 非线性　　　　D. 复杂性
   E. 可靠性　　　　F. 安全性　　　　G. 美观性　　　　H. 操作性
4. 在进行屏幕布局设计时，应遵循_____原则。
   A. 平衡原则　　　　B. 预期原则　　　　C. 经济原则　　　　D. 顺序原则
   E. 美观原则　　　　F. 规范化原则　　　　G. 非预期原则　　　　H. 理解原则
5. 常用的软件开发模型有_____。
   A. 瀑布模型　　　　　　　　　　B. 螺旋模型
   C. 时间线模型　　　　　　　　　D. 面向对象开发模型
   E. 结构化模型　　　　　　　　　F. 多媒体模型
   G. 喷泉模型　　　　　　　　　　H. 快速原型模型

三、简答题

1. 多媒体软件工程与计算机软件工程有什么区别？
2. 多媒体应用软件的性能测试主要是测试那些内容？
3. 在进行软件屏幕设计时，顺序原则如何体现？
4. 为什么说软件使用与维护是软件工程中最长的一个阶段？
5. 如何设计多媒体软件的画面构成才能更好地满足用户需求？

附录 A 实 验 指 导

在本门课程的学习过程中，需要学生动手进行多媒体软件的制作，以加深对理论知识的理解。掌握多媒体技术理论是学习的一个重要方面，亲自动手做实验是从理论到实践的重要一步，而且学习多媒体技术的最终目标是要将它应用到实践中去。多媒体课程的实践环节和多媒体技术的最终应用结合得非常紧密，这是多媒体课程教学的主要特色之一。

在上机实验之前，应当充分做好实验的准备工作。例如，复习和掌握与本次实验有关的教学内容，预习实验内容，对实验中提出的一些问题进行思考，并给出初步的解决方案。实验结束后，要写出规范的实验报告。实验报告应包括实验名称、实验目的、实验环境、实验过程、实验中发生的问题和解决方案以及对本次实验的综合评述等。

实验 1 声音采集与处理

1. 实验目的

（1）通过实验加深对声音数字化的理解。

（2）学会正确连接耳麦以及设置录音和放音的方法。

（3）掌握声音录制方法以及从网上下载音频文件。

（4）掌握一种数字音频编辑软件的使用方法。

2. 实验环境

（1）硬件：MPC、声卡、话筒、音箱或耳麦。

（2）软件：Windows XP 简体中文版、Audition 3.0。

3. 实验要求

（1）使用 Audition 录制自己的声音，时间控制在二三十秒。

（2）降噪处理声音。在机房录音时，计算机的风扇声是避免不了的，这就需要进行降噪处理（效果→修复→降噪器）。

（3）音频文件处理。将空白时间过长及读错的部分剪裁掉，使朗读有流畅的感觉。

（4）从网上下载一段音乐并打开，将其与上面的语音合成到一起。

（5）试着对音频片段进行淡入、淡出、回音和合唱等特殊音效处理。

（6）制作出具有广播级水平的音质效果并保存为指定格式文件。

4. 实验报告要求

按实验报告的格式和要求。

5. 实验思考题

（1）如果录音中出现超过电平上限而产生的爆音，应该如何处理？

（2）如何制作手机铃声？

实验 2　图像获取与处理

1. 实验目的

（1）通过实验加深对图像数字化的理解。

（2）学会正确连接扫描仪以及设置扫描参数和扫描区域。

（3）掌握扫描仪或数码相机获得图像方法以及从网上下载图像素材。

（4）掌握一种数字图像处理软件的使用方法。

2. 实验环境

（1）硬件：MPC、扫描仪或数码相机、彩色打印机。

（2）软件：Windows XP 简体中文版、Photoshop CS3 简体中文版。

3. 实验要求

（1）对自己的旧照片进行修饰（包括对黑白照片上色或色彩缺陷修复），并增加自己的学号和姓名。

（2）打开一幅人物图像和一幅山水画图像，配合应用选择、粘贴等功能，实现将人物置身于山水之间的朦胧效果。

（3）利用滤镜特效，使几幅图像分别产生云彩效果、辐射模糊、素描和纹理效果等视觉效果。

（4）针对当前某个主题进行图像的自由组合和创作。

4. 实验报告要求

按实验报告的格式和要求。

5. 实验思考题

（1）当分别用 RGB、CMYK 和灰度模式保存图像时，图像文件的大小有何变化？

（2）在网上下载并使用电子相册软件，详细讨论它的功能？

实验 3　计算机动画制作

1. 实验目的

（1）通过实验加深对动画原理的理解。

（2）掌握 Flash 的基本使用方法。

（3）具备制作简单动画的初步能力。

2. 实验环境

（1）硬件：MPC。

（2）软件：Windows XP 简体中文版、Flash CS4 简体中文版。

3. 实验要求

（1）动画制作。读者可参照第 4.3.7 节来制作乌龟赛跑和拼图游戏。

（2）交互式动画（创建相册）。新建一个 Flash 文件，选择"修改/影片"命令，调出"影片属性"对话框，将场景工作区设置为 400×300。然后选择工具箱中的矩形工具，在场景中绘制一个跟场景一样大小的矩形。在调色板中设置线性渐变的颜色方式，从左到右分别为淡绿色到绿色。单击工具箱中的油漆桶工具，在矩形上单击以填充色块。

将图层 1 重命名为 background。选择"插入/新建元件"命令，调出"创建新元件"对话框，在"名称"文本框中输入 gray area，然后在"作用"中选择"影片剪辑"，单击"确定"按钮，并转换到符号编辑窗口。单击工具箱的矩形工具，在场景中绘制一个比场景小一点的矩形，并设置为灰色的填充方式。选择"编辑/编辑影片"命令，返回到场景编辑区。选择"窗口/库"命令，将影片符号 gray area 拖曳到场景的工作区域中。

在相册中切换相片时要作成一种淡入淡出的效果，所以需要再放一个没有填充色块的矩形，然后可以利用 as 语句来控制它的透明度，从而达到淡入淡出的效果。单击图层控制区中添加层的图标按钮，新建一个图层，并命名为 Layer2。从图库中将影片符号 gray area 拖曳到场景的工作区中，叠放在原来 gray area 影片符号实例的上方。为了在后面可以用 as 语句对其进行控制，需要给上面的这个矩形命名，通过对应的属性设置，设置其实例名 square。

下面需要给相册添加控制按钮，这里通过从"窗口/共享库/Bottons"中选取两个按钮，摆放到场景的合适位置，这两个按钮是用来前后翻动相册的，所以最好按钮上带有方向箭头，且分别在"属性"面板中给两个按钮命名，即左边的按钮命名为 BACK，右边的按钮命名为 NEXT。

制作一个显示相片数的文本框。在背景图像上输入"现在显示的是第　　张"，然后添加输入文本"1"，并通过对应的属性设置面板对文本框的属性进行设置，设置其变量名为 input 等。

新建一个图层，并命名为 action。单击图层 action 第 1 帧，右击鼠标，从弹出的快捷菜单中选择"动作"命令，调出动作帧面板，切换到专家模式。

在脚本编辑区域中输入如下脚本：

```
square._alpha = 0;
whichPic = 1;
next.onPress = function()
{
    if (whichPic<10 && !fadeIn && !fadeOut)
    {
        fadeOut = true;
        whichpic++;
        input = whichPic;
    }
};
back.onPress = function()
{
    if (whichPic>1 && !fadeIn && !fadeOut)
    {
        fadeOut = true;
        whichpic--;
        input = whichPic;
    }
};
_root.onEnterFrame = function()
{
    if (square._alpha>10 && fadeOut)
```

```
        {
            square._alpha -= 10;
        }
        if (square._alpha<10)
        {
            loadMovie("picture/m"+whichPic+".jpg","square");
            fadeOut = false;
            fadeIn = true;
        }
        if (square._alpha<100 && fadeIn && !fadeOut)
        {
            square._alpha += 10;
        }
        else
        {
            fadeIn = false;
        }
        if (input>10)
        {
            input = 10;
        }
        if (Key.isDown(Key.ENTER))
        {
            fadeOut = true;
            whichpic = input;
        }
};
inputField.onKillFocus=function() {
    input = whichPic;
};
```

最后，在文件夹 picture 中放置十张图像，图像文件名分别定为 m1.jpg～m10.jpg。单击"控制/测试影片"菜单项，此时 Flash 将当前电影按 SWF 格式输出并在一个新窗口中播放该文件，如图 A-1 所示。

图 A-1　播放窗口

4. 实验报告要求

按实验报告的格式和要求。

5. 实验思考题

（1）什么是时间轴特效？哪些对象可以应用时间轴特效？如何删除时间轴特效？

（2）在 ActionScript 中，变量可以分为静态变量和实例变量，二者的功能及区别是什么？

实验 4　视频采集与编辑

1. 实验目的

（1）学会使用各种视频采集设备进行视频采集和播放方法。

（2）掌握视频转换工具的使用方法。

（3）掌握一种视频编辑软件的基本操作。

2. 实验环境

（1）硬件：MPC、摄像头/数码相机/数码摄像机、音箱或耳麦。

（2）软件：Windows XP 简体中文版、WinAVI 视频格式转换软件、Premiere 视频编辑软件。

3. 实验要求

（1）使用视频采集设备录制一段自我介绍，时间控制在二三十秒。

（2）将采集到的视频文件转换为 WMV 或 AVI 格式，比较转换之前和转换之后的文件差别。

（3）将自我介绍剪辑到指定视频文件中。

（4）为视频加上 3 种转场特效，同时对其中 3 段视频采用 3 种视频特效。

（5）为自我介绍增加文字字幕。

（6）将编辑内容渲染为指定格式。

4. 实验报告要求

按实验报告的格式和要求。

5. 实验思考题

（1）各种视频采集设备获取的视频文件采用什么格式保存？为什么要采用这些格式？

（2）视频转换工具的原理是什么？

（3）视频轨道、音频轨道与 Photoshop、Audition 等软件的图层、轨道有什么区别？

实验 5　多媒体著作工具软件

1. 实验目的

（1）学会利用多媒体著作工具进行媒体组织。

（2）掌握多媒体著作工具的组织原理。

（3）熟悉常用的交互方式控制方法。

（4）掌握多媒体著作工具的发布方法。

2. 实验环境

（1）硬件：MPC。

（2）软件：Windows XP 简体中文版、Authorware。

3. 实验要求

（1）创建多媒体应用软件开发项目。

（2）围绕指定主题，利用多媒体著作工具设计多媒体应用软件。

（3）在多媒体应用软件中至少采用 3 种交互方式。

（4）将渲染输出编辑内容。

4. 实验报告要求

按实验报告的格式和要求。

5. 实验思考题

（1）Authorware 属于哪一种多媒体著作工具？为什么？

（2）Authorware 如何组织各种媒体文件？

（3）显示的层次与图层有什么相似之处？Authorware 是如何控制多张图片的显示的？

实验 6 多媒体网页制作工具

1. 实验目的

（1）学会创建多媒体网页站点。

（2）熟悉各种媒体文件的嵌入方法。

（3）熟悉常用的网页排版方式。

（4）掌握多媒体网站的发布方法。

2. 实验环境

（1）硬件：MPC。

（2）软件：Windows XP 简体中文版、Dreamweaver。

3. 实验要求

（1）在本地硬盘创建一个网络站点，对站点进行管理。

（2）围绕指定主题，创作与主题相关的网站。网站要求风格统一、图文并茂。

（3）为网页中的图片和主题文字创建网页链接。

（4）在指定的网络服务器发布网站。

4. 实验报告要求

按实验报告的格式和要求。

5. 实验思考题

（1）使用 Dreamweaver 创建网站有什么优点？

（2）为网页创建链接时，如何选择页面的弹出方式？

（3）在设计视图修改网页和在代码视图修改网页有什么区别？

实验 7 图文声像的整合

1. 实验目的

（1）了解各种多媒体软件工程。

（2）了解多媒体软件工程中的人员设置及分工。

（3）了解多媒体软件的界面设计原则和美学原则。

（4）掌握多媒体软件的开发流程。

2. 实验环境

（1）硬件：MPC。

（2）软件：Windows XP 简体中文版、各种媒体制作和著作工具。

3. 实验要求

（1）围绕指定主题，规划整个多媒体软件项目。

（2）按照多媒体软件工程的各个阶段准备相关设计工件。

（3）按脚本设计需要的内容进行设计和搜集素材。

（4）媒体素材组织和集成。

（5）多媒体软件测试及发布。

4. 实验报告要求

按实验报告的格式和要求。

5. 实验思考题

（1）多媒体软件工程与一般软件工程的差别是什么？

（2）制作不同的多媒体应用软件，软件项目组的人员配置必须相同吗？

（3）多媒体软件测试的目的是什么？

附录 B 习 题 答 案

习 题 1

一、单选题

1. D	2. B	3. A	4. B	5. B
6. D	7. D	8. C	9. D	10. C
11. D	12. D	13. C	14. B	15. D
16. A	17. C	18. A	19. D	20. B

二、多选题

1. CDGH	2. BCDEGH	3. ADG	4. ACDFH	5. CDEFGH

习 题 2

一、单选题

1. B	2. C	3. D	4. D	5. C
6. D	7. D	8. A	9. A	10. D
11. D	12. B	13. B	14. C	15. C

二、多选题

1. ABCH	2. BDFGH	3. ABCEFG	4. BCDG	5. ABCDFG

习 题 3

一、单选题

1. C	2. B	3. A	4. B	5. B
6. A	7. A	8. C	9. D	10. B
11. D	12. A	13. C	14. B	15. D
16. C	17. A	18. B	19. D	20. D

二、多选题

1. ADEG	2. ACE	3. BCGH	4. ACEGH	5. ABDFGH

习 题 4

一、单选题

1. D	2. C	3. D	4. B	5. B

6. B　　　　　7. C　　　　　8. A　　　　　9. D　　　　　10. B

二、多选题

1. CEG　　　　2. AEG　　　　3. ADG　　　　4. ACDF

5. ABCDEGH

习　题　5

一、单选题

1. C　　　　　2. D　　　　　3. B　　　　　4. B　　　　　5. B

6. C　　　　　7. D　　　　　8. D　　　　　9. B　　　　　10. C

11. D　　　　12. D　　　　13. D　　　　14. A　　　　15. D

二、多选题

1. BEFG　　　2. ABDG　　　3. ACDFH　　　4. ABCEG　　　5. ABCF

习　题　6

一、单选题

1. A　　　　　2. D　　　　　3. B　　　　　4. C　　　　　5. B

6. B　　　　　7. A　　　　　8. C　　　　　9. D　　　　　10. B

11. D　　　　12. B　　　　13. C　　　　14. B　　　　15. D

二、多选题

1. AE　　　　2. BCFGH　　　3. ABEFH　　　4. ADFG　　　5. ABD

习　题　7

一、单选题

1. A　　　　　2. C　　　　　3. B　　　　　4. D　　　　　5. B

6. B　　　　　7. D　　　　　8. A　　　　　9. A　　　　　10. C

二、多选题

1. ABCEFGH　　2. ABDEFG　　3. ABDE　　　4. ABCDF　　　5. ABDH